Geographie in der Grundlagenforschung
und als Angewandte Wissenschaft

Göttinger Akzente

GÖTTINGER GEOGRAPHISCHE ABHANDLUNGEN

Herausgegeben vom Vorstand des Geographischen Instituts
der Universität Göttingen
Schriftleitung: Karl-Heinz Pörtge

Heft 100

Verlag Erich Goltze GmbH & Co. KG, Göttingen

Geographie
in der Grundlagenforschung
und als Angewandte Wissenschaft

Göttinger Akzente

Herausgegeben von
Jörg Güßefeldt und Jürgen Spönemann

GÖTTINGER GEOGRAPHISCHE ABHANDLUNGEN 100

1997

ISBN 3-88452-100-4
Druck: Erich Goltze GmbH & Co. KG, Göttingen

INHALT

Vorwort ... VII

GEOGRAPHIE IN DER GRUNDLAGENFORSCHUNG

JÜRGEN BÖHNER, RÜDIGER KÖTHE und CHRISTIAN TRACHINOW:
Weiterentwicklung der automatischen Reliefanalyse auf der Basis von
Digitalen Geländemodellen ... 3

JÜRGEN HAGEDORN, SEONG JO HONG und KURT PRETZSCH:
Die geomorphologische Bedeutung von Schwermetallgehalten holozäner
Auesedimente. Beispiele aus Mitteleuropa ... 23

JÜRGEN SPÖNEMANN:
Zur Morphotektonik eines passiven Kontinentalrandes: Die Highveldstufe in der
südwestlichen Kapregion (Südafrika) ... 43

MATTHIAS KUHLE:
Rekonstruktion der maximalen eiszeitlichen Gletscherbedeckung im Ost-Pamir ... 63

JÖRG GÜSSEFELDT und HANS-DIETER VON FRIELING:
Thesen zur Stadtforschung – Perspektiven für die Zukunft ... 79

GEOGRAPHIE ALS ANGEWANDTE WISSENSCHAFT

DIETRICH DENECKE:
Anwendungsorientierte Ansätze in der Frühzeit der Geographie in Göttingen ... 111

NORBERT NIEHOFF, KARL-HEINZ PÖRTGE und BERNADETT LAMBERTZ:
Zehn Jahre Gewässerrenaturierung an der mittleren Oker: Bilanz einer ökologisch
und ökonomisch begründeten Umweltsanierung ... 127

GERHARD GEROLD:
Bodendifferenzierung, Bodenqualität und Nährstoffumsatz in ihrer Bedeutung
für die Waldrehabilitation und landwirtschaftliche Nutzung in der Ostregion
der Elfenbeinküste ... 147

FRANK LEHMKUHL:
Flächenhafte Erfassung der Landschaftsdegradation im Becken von Zoige
(Osttibet) mit Hilfe von Landsat-TM-Daten ... 179

JÜRGEN SPÖNEMANN und BERND SCHIECHE:
Fernerkundung mittels Satelliten als Datenquelle der Agrarstatistik am Beispiel des
Landkreises Göttingen ... 195

HANS-JOACHIM BÜRKNER, WILFRIED HELLER und HANS-JÜRGEN HOFMANN:
Geographische Aussiedlerforschung in den achtziger und neunziger Jahren ... 215

WERNER KREISEL:
Angewandte Geographie in der Tourismusforschung – Aufgaben und Chancen ... 233

Vorwort

Die „Göttinger Geographischen Abhandlungen" sind 1948 von Hans Mortensen begründet und mit einem Festband aus Anlaß des 80. Geburtstages von Wilhelm Meinardus eröffnet worden. Wie von Mortensen im Vorwort erklärt, sollten die aus dem Geographischen Institut hervorgegangenen größeren Arbeiten, aber auch den Göttinger Raum oder Göttinger Forschungsrichtungen betreffende Arbeiten von außerhalb in der Reihe veröffentlicht werden. Mit 71 Dissertationen und 11 Habilitationsschriften ist das eine Ziel, mit 3 Monographien und 14 Sammelwerken (Symposiumsberichte und Festschriften) das andere in den seither vergangenen 49 Jahren verwirklicht worden.

Institutsreihen dienen der Selbstdarstellung. Es ist zweckmäßig, gehaltvolle Dissertationen auf diese Weise bekanntzumachen, und es ist sinnvoll, das wissenschaftliche Profil eines Institutes durch seine Veröffentlichungsreihe nach außen zu vermitteln. Der regelmäßige Austausch mit rund 200 Partnern, davon 85 im Ausland, und ein fester Stamm von Subskribenten dienen der Verbreitung von Institutsarbeiten. Die Schwerpunkte der Forschung zeichnen sich trotz des breiten Themenspektrums der „Göttinger Geographischen Abhandlungen" deutlich ab: Mit 51 Titeln, rund der Hälfte, hat die Geomorphologie den weitaus größten Anteil. 20 Titel repräsentieren die Siedlungsgeographie als den zweiten traditionellen Schwerpunkt, während andere mit Göttingen verbundene Richtungen, wie die Fremdenverkehrsgeographie und die Agrargeographie, schwächer vertreten sind.

Es ist bekanntlich schwer zu erklären, daß Sachgebiete einer solchen Heterogenität – wie sie auch dem Inhalt dieses Bandes eigen ist – Gegenstand *eines* Faches sind. Die Geographie der Neuzeit hat sich ganz wesentlich aus Bedürfnissen der Praxis entwickelt. „Mathematische Geographie" als Grundlage der Kartographie, „Handlungswissenschaft" und „Warenkunde" als Vorläufer der Wirtschaftsgeographie und „Landeskunde und Landesstatistik" als klassische Aufgabe der Geographie waren solche praxisbezogenen Themen in der Anfangsphase der Göttinger Universität im 18. und frühen 19. Jahrhundert. Sie charakterisieren die Geographie als Wissenschaft vom menschlichen Lebensraum – eine nach Ursprung und Aufgabe angewandte Wissenschaft, vergleichbar den Ingenieur- oder den Agrarwissenschaften. Wie diese hat sie forschungsbezogene Wissenschaften zur Grundlage. Zu solchen wissenschaftlichen Wurzeln der Geographie gehören in erster Linie die Geomorphologie, die Klimatologie, die Geschichtswissenschaften, die Volkswirtschaftslehre und die Sozialwissenschaften.

Die Geographie hat zur Entwicklung dieser Wissenschaften in unterschiedlichem Maße beigetragen. Die geomorphologische Grundlagenforschung stammt zum größten Teil aus der Geographie. Auch die Siedlungsgeschichte ist weitgehend – als Siedlungsgeographie – eine Domäne der Geographie. Die Göttinger Geographie hat an der Grundlagenforschung dieser wie vieler anderer Gebiete bis heute einen erheblichen Anteil. Die Beiträge dieses Bandes zu Methoden der Reliefanalyse mittels digitaler Geländemodelle und durch Auswertung von Schwermetallgehalten, zur Morphotektonik Südafrikas, zur Vergletscherung und Klimageschichte Hochasiens und zur Stadtforschung verdeutlichen das.

Als angewandte Wissenschaft stützt sich die Geographie auf Inhalte und Methoden vieler Nachbarwissenschaften, die sie in eigenständiger Weise verknüpft. Aus der Verbindung von Geo-, Bio- und Bodenwissenschaften zur Erforschung des Landschaftshaushaltes ist die Landschaftsökologie als junge geographische Teildisziplin hervorgegangen. Sie ist mit den Beiträgen zur Renaturierung der mittleren Oker, zu Fragen der Waldrehabilitation und Landnutzung an der Elfenbeinküste und zur Landschaftsdegradation in Osttibet in diesem Band vertreten. Als geographische Informationsquelle mit neuen Perspektiven hat sich die Satellitenfernerkundung erwiesen, wie mit dem Beispiel aus Osttibet und einem agrargeographischen Beispiel aus Südniedersachsen vorgeführt wird. Mit der Migrationsforschung über Aussiedler reagiert die Geographie auf ein aktuell problemträchtiges Phänomen, und die Tourismusforschung wird mit dem Ziel betrieben, die Potentiale und Risiken eines bedeutsamen Dienstleistungszweiges zu erfassen.

Viele praxisorientierte Untersuchungen werfen Fragen grundsätzlicher Art auf, deren Bearbeitung in die Grundlagenforschung hineinführt. Bei den geographischen Schwerpunkten in Göttingen zeichnet sich das besonders in der Landschaftsökologie und der Siedlungsgeographie ab. Es besteht also ein enges Wechselverhältnis: Von der Grundlagenforschung der Basiswissenschaften zur Angewandten Wissenschaft und umgekehrt. Diese Doppelfunktion deutlich zu machen und zugleich einen Bericht über die gegenwärtigen Forschungen des Geographischen Instituts der Georg-August-Universität vorzulegen, ist mit dieser Publikation beabsichtigt. Der 100. Band unserer Institutsreihe ist dazu der geeignete Anlaß.

Die Stiftung der Georg-August-Universität zu Göttingen und der Präsident der Georg-August-Universität haben die Veröffentlichung dieses Bandes finanziell gefördert, was hier dankbar vermerkt wird. In der vorliegenden Form konnte der Jubiläumsband nur erscheinen, weil der Verlag Erich Goltze in großzügiger Weise einen erheblichen Teil der Druckkosten übernommen hat. Auch ihm gilt unser verbindlicher Dank.

Als Mitherausgeber der „Göttinger Geographischen Abhandlungen" von Heft 31 bis Heft 59 hat Hans Poser den Inhalt und das Erscheinungsbild der Reihe wesentlich geprägt. Aus Anlaß seines 90. Geburtstages ist ihm dieser Band gewidmet.

Göttingen, im März 1997   Die Herausgeber

GEOGRAPHIE
IN DER GRUNDLAGENFORSCHUNG

Jürgen Böhner, Rüdiger Köthe und Christian Trachinow

Weiterentwicklung der automatischen Reliefanalyse auf der Basis von Digitalen Geländemodellen

Zusammenfassung: Die statistischen Applikationen des Systems zur Analyse und Diskretisierung von Oberflächen (SADO) stellen hierarchisch gestaffelte, miteinander kommunizierende Methoden und Verfahren dar, die den Leistungsumfang des Programmsystems SARA (System zur Automatischen Relief-Analyse) speziell auf dem Gebiet der statistischen Reliefanalyse erweitern. Auf Basis eines geostatistischen Verfahrens wird die Repräsentativität der morphometrischen Eigenschaften einer Rasterzelle (hier Rasterzelle eines Digitalen Geländemodells) in einem metrischen Repräsentanzmaß erfaßt. Bei flächenhafter Bestimmung der Repräsentanzen identifizieren die linienhaft angeordneten relativen Minima, z.B. Neigungs- oder Wölbungsunstetigkeiten des Reliefs, so daß durch Vektorisierung der Repräsentanzminima ein Polygonmuster entsteht, das benachbarte Rasterzellen mit relativ homogenen morphometrischen Eigenschaften zu Flächeneinheiten zusammenfaßt. Die sich anschließende Clusteranalyse ermöglicht eine flexible Gruppierung von Flächeneinheiten mit vergleichbaren morphometrischen Eigenschaften zu flächenhaften Reliefeinheiten. Dem SARA-Nutzer stehen zusätzliche Anwendungen zur automatischen Ermittlung deskriptiver Statistiken zur Verfügung, die die wichtigsten Merkmale der empirischen Verteilungen verschiedener morphometrischer Reliefparameter (Höhe, Neigung, Exposition, Vertikalwölbung) einer beliebigen diskret abgegrenzten Fläche erfassen.

[Further developments of the automated relief analysis
based on digital terrain models]

Summary: The statistical applications of the system for analysis and discretisation of surfaces (SADO) are hierarchically graduated but mutual connected methods and procedures to enlarge the services provided by the system for automatic relief analysis (SARA) especially for statistical relief analysis. Based on geostatistical procedures the spatial representativness of the morphometric properties of a grid cell (in this case grid cell of a digital terrain model) is evaluated. The matrix of representativness allows to determine unsteadiness e.g. of slope gradient and curvatures of the surface (relief). The vectorizated minima of the representativness separates areas with homogeneous morphometric properties. The cluster analysis leads to a flexible grouping of areas with comparable morphometric properties to separate relief units. The SARA user receives additional applications for the automated derivation of descriptive statistics which contain the main attributes of the empirical distribution of the different morphometric relief parameters (altitude, slope gradient, slope aspect and vertical curvature) of any choosen relief unit.

1. Einleitung

Im folgenden werden Weiterentwicklungen bereits bestehender Verfahren zur automatischen Reliefanalyse erläutert, die inhaltlich wie methodisch eine Erweiterung des Leistungsumfanges des Programmsystems SARA zur automatischen Reliefanalyse darstellen. Das Programm SARA (System zur Automatischen Relief-Analyse) ist ein Werkzeug zur praxisorientierten Auswertung von Digitalen Geländemodellen (DGM) für alle Fragestellung innerhalb der Geowissenschaften (z.B. in der Bodenkunde, Hydrologie, Geologie,

Landschaftsökologie), bei denen das Relief der Erdoberfläche als wichtiger Steuerungsfaktor landschaftsökologischer Prozesse eine Rolle spielt. SARA arbeitet unabhängig vom Landschaftstyp und von den Rasterweiten der verwendeten DGM. Es ermöglicht neben der Klassifizierung morphometrischer Reliefparameter (wie z.B. Neigung, Exposition, Wölbungen) und der Ermittlung linienhafter Reliefeinheiten (Tiefenlinien, Kulminationslinien und Neigungsunstetigkeiten) die Ermittlung flächenhafter morphographischer Reliefeinheiten in 3 voneinander unabhängigen Kategorien. Kategorie 1 gliedert das Relief u.a. in relative „Hoch" und „Tiefpositionen" (wie z.B. Scheitel- und Senkenbereiche, vgl. Abb. 1)[1], Kategorie 2 in Bereiche mit konvergenten bzw. divergenten Abflußverhältnissen (vgl. Abb. 2) und Kategorie 3 in Bereiche relativer Reliefversteilungen und -verflachungen.

Der Schwerpunkt dieses Beitrags soll jedoch auf den statistischen Verfahren zur Weiterentwicklung der automatischen Reliefanalyse liegen, mit deren Hilfe u.a. eine Subdifferenzierung der von SARA bisher ermittelbaren Reliefeinheiten und zudem eine Beschreibung der Individuen der Reliefeinheiten mittels deskriptiver Statistik erreicht werden soll. Aus diesem Grund soll das Programm SARA hier nicht weiter vorgestellt werden. Detaillierte Beschreibungen von SARA finden sich bei KÖTHE & LEHMEIER (1993), KÖTHE, GEHRT & BÖHNER (1996) und KÖTHE (1997).

Mit dem System zur Analyse und Diskretisierung von Oberflächen (SADO) werden statistische Applikationen eines Programmkonzepts vorgestellt, das auf Basis unabhängiger, aber miteinander komunizierender Verfahren verschiedene diskrete Oberflächeninformationen (hier Reliefinformationen) liefert. Im Rahmen der Reliefanalyse kann mit Hilfe eines geostatistischen Verfahrens die räumliche Repräsentanz eines beliebigen morphometrischen Reliefparameters für jede Rasterzelle eines DGM quantifiziert werden, so daß sowohl typische (repräsentative) Positionen des Reliefs durch die Repräsentanzmaxima, als auch Linien mit signifikanten Änderungen eines morphometrischen Reliefparameters durch die Lineamente der Repräsentanzminima identifiziert werden. Durch Vektorisierung der Repräsentanzminima entsteht ein geschlossenes Polygonmuster, das kleine morphometrisch homogene Flächeneinheiten abgrenzt. Diese Flächeneinheiten werden schließlich durch ein automatisches Gruppierungsverfahren zu flächenhaften Reliefeinheiten zusammengefaßt.

2. Statistische Verfahren zur Reliefanalyse

In Ergänzung zu den morphographischen Ansätzen von SARA wurde mit dem System zur Analyse und Diskretisierung von Oberflächen (SADO) ein methodisch unabhängiges Konzept entwickelt, das auf Grundlage verschiedener statistischer Verfahren diskrete Informationen über eine durch metrische Werte (xyz-Werttripel) vertretene kontinuierliche Oberfläche liefert. Der neutrale Begriff „Oberfläche" soll verdeutlichen, daß SADO auf *beliebige Oberflächen* anwendbar ist. Die Vorstellung des Konzeptes beschränkt sich jedoch im folgenden auf die *Erdoberfläche* als Untersuchungsgegenstand, also auf eine Applikation zur automatischen Reliefanalyse, die den Leistungsumfang von SARA insbesondere bei der automatischen Ermittlung *flächenhafter Reliefeinheiten* erweitert. Bevor die Konzepti-

---

[1] Alle Abbildungen in diesem Beitrag (Ausnahme Abb. 7) zeigen das Gebiet der DGK5 4426/18 „Schweckhäuser Berge" im östlichen Vorland des Göttinger Waldes. Das DGM für dieses Testgebiet wurde freundlicherweise vom Niedersächsischen Landesverwaltungsamt, Abt. Landesvermessung, zur Verfügung gestellt.

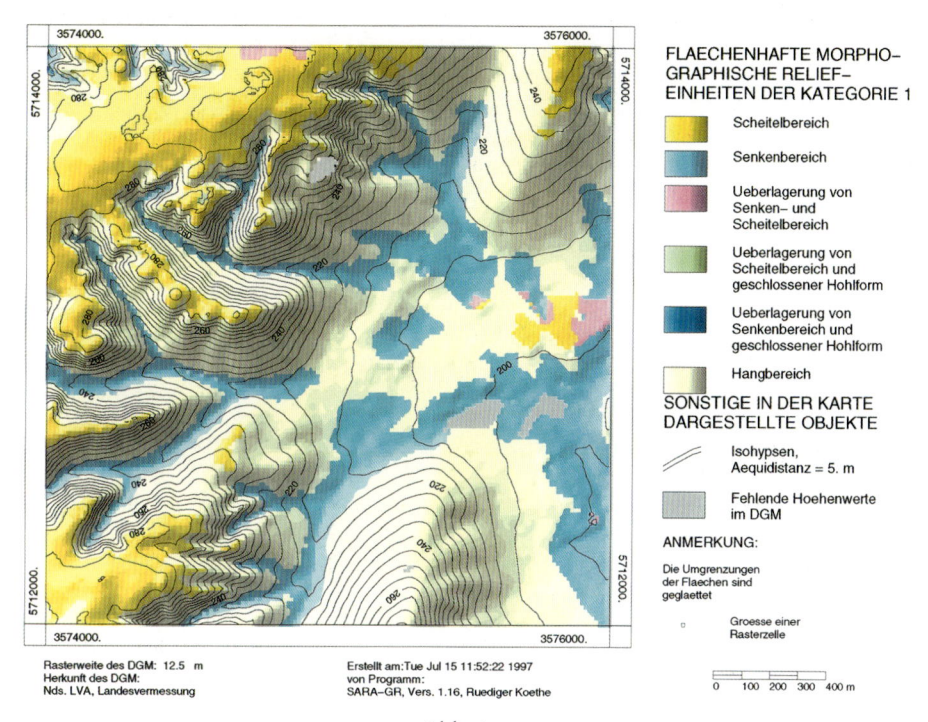

Abb. 1:
Flächenhafte Reliefeinheiten der Kategorie 1, ermittelt von SARA
Areal relief units of category 1, derived by SARA

on sowie die einzelnen Verfahren näher beschrieben werden, soll kurz die Problemstellung präzisiert werden.

In den Geowissenschaften wird das Relief der Erde als wesentlicher Steuerungsfaktor für verschiedenste Prozesse in der Landschaft betrachtet. Mit der zunehmend deterministischen Bewertung des Reliefeinflusses auf räumliche Ausprägungen sowie Verteilungs- und Verbreitungsmuster verschiedener Geofaktoren wächst der Bedarf an rechnergestützten Verfahren zur Ermittlung diskreter Reliefinformationen. Aufgrund des Anwendungspotentials von der Unterstützung geowissenschaftlicher Kartierungen bis hin zur systemanalytisch-geoökologischen Grundlagenforschung genießen Programmsysteme wie SARA eine wachsende Akzeptanz – ein Aspekt, der auch in der weiten Verbreitung von SARA zum Ausdruck kommt.

So umfassend der Konsens über die Notwendigkeit derartiger Programmsysteme ist, so vielfältig sind die Anforderungen an die automatische Reliefanalyse. Bereits durch den hohen Spezialisierungsgrad der geowissenschaftlichen Teildisziplinen und die damit verbundenen sehr unterschiedlichen Fragestellungen erwächst die Forderung nach einer möglichst problemorientierten Differenzierung einer kontinuierlichen Oberfläche in diskrete, morphometrisch relativ homogene Reliefeinheiten. So ist für geländeklimatologische oder pflanzensoziologische Fragestellungen der Exposition bei der Differenzierung des Reliefs eine größere Bedeutung beizumessen als etwa den Wölbungsradien, die beispielsweise bei

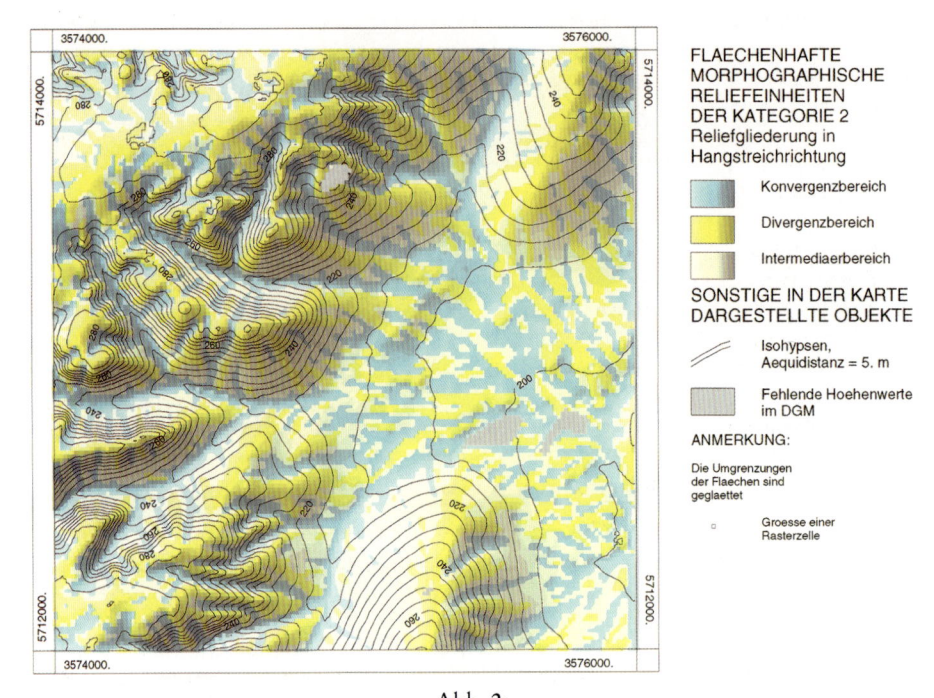

Abb. 2:
Flächenhafte Reliefeinheiten der Kategorie 2, ermittelt von SARA
Areal relief units of category 2, derived by SARA

Untersuchungen zum hydrologischen Prozeßgeschehen in den Vordergrund zu stellen sind. Wird zusätzlich berücksichtigt, daß jede geowissenschaftliche Teildisziplin unterschiedlichste Raumdimensionen abdeckt, so erweitert sich der Anforderungskatalog um eine möglichst maßstabsorientierte Differenzierung oder Generalisierung bei der Abgrenzung von Reliefeinheiten. Als Beispiel sei auf die Anforderungen der Bodenkartierung hingewiesen, die als begleitende Informationen für die Detailkartierung von Böden eine wesentlich differenziertere Reliefgliederung benötigt als bei der Erstellung kleinmaßstäbiger Bodenkarten.

2.1. Zielsetzung und Konzeption

Als SARA-Applikation zielt das SADO-Konzept daher auf eine möglichst flexible, problem- wie maßstabsorientierte automatisierte Ermittlung morphometrisch homogener Reliefeinheiten. Methodisch stellt SADO eine Sammlung unabhängig interpretierbarer, aber miteinander kommunizierender statistischer Verfahren dar, die sich in ihrer hierarchischen Anordnung zum Gesamtkonzept ergänzen. Auf Basis digitaler Geländedaten sowie der via SARA abgeleiteten morphometrischen Reliefparameter Hangneigung, Exposition, Vertikal- und Horizontalwölbung werden folgende Reliefinformationen ermittelt:
- Ermittlung der räumlichen Repräsentanz: Für jedes Rasterelement eines DGM wird mit Hilfe einer modifizierten Semivariogrammanalyse die Repräsentativität einer morphometrischen Eigenschaft bewertet. Als Repräsentanzmaß wird die mittlere Distanz

bestimmt, in der sich die morphometrische Eigenschaft des untersuchten Rasterelementes mit der Flächenumgebung „weitgehend" deckt (vgl. Kap. 2.3).
- Abgrenzung morphometrisch homogener Flächeneinheiten: Auf Basis der Ergebnisse der Repräsentanzanalyse werden räumlich benachbarte Rasterelemente, die bezüglich eines morphometrischen Reliefparameters eine vergleichbare Ausprägung aufweisen, zu Flächeneinheiten zusammengefaßt. Die kontinuierliche (DGM-) Oberfläche wird durch eine Vektorisierungsroutine in diskret abgegrenzte Flächen gegliedert (vgl. Kap. 2.4).
- Deskriptiv-statistische Beschreibung von Flächeneinheiten: Die morphometrischen Eigenschaften der Rasterzellen einer beliebigen Fläche (oder flächenhaften Reliefeinheit, s.u.) werden durch verschiedene statistische Zentral- und Streuungsmaße beschrieben. In der deskriptiven Statistik sind das arithmetische Mittel, der Median, die Standardabweichung, die Schiefe sowie die Kurtosis der Reliefparameter erfaßt.
- Ermittlung flächenhafter Reliefeinheiten: Ausgehend von Teilergebnissen der deskriptiven Statistik werden Gruppen von Flächen, die eine relativ homogene Ausprägung bestimmter morphometrischer Reliefparameter aufweisen, durch cluster-analytische Verfahren zu flächenhaften Reliefeinheiten zusammengefaßt (vgl. Kap. 2.4).

Durch die räumlich hierarchische Staffelung der Verfahren werden also zunächst benachbarte Rasterzellen aufgrund *einer* morphometrischen Eigenschaft zu Flächeneinheiten, und anschließend diese Flächen unter Berücksichtigung *verschiedener* Reliefparameter cluster-analytisch zu Reliefeinheiten zusammengefaßt. Die deskriptive Statistik ist als weiterer Punkt aufgeführt, da sie in der Standardkonfiguration des Programmablaufes die Basisdaten für die cluster-analytischen Verfahren bereitstellt. Sie kann aber als unabhängiges Programm auf beliebige Flächeneinheiten, also auch auf via SARA oder SADO ermittelte Reliefeinheiten angewendet werden.

2.2. Repräsentanzanalyse

Die Repräsentanzanalyse basiert auf der Grundannahme, daß in einem Kontinuum wie der Erdoberfläche die morphometrischen Eigenschaften eines Oberflächenelementes (im DGM durch eine Rasterzelle vertreten) mit wachsenden Distanzen in der Nachbarschaft durch die Eigenschaften der Flächenumgebung abgelöst werden. Die Distanzabhängigkeit dieser Nachbarschaftsbeziehung ist dabei charakteristisch für die relative Lage des Oberflächenelementes (der Rasterzelle) innerhalb der Flächenumgebung (innerhalb eines DGM-Ausschnittes). Diese Grundannahme kann auf der Prämisse aufbauen, daß die morphometrischen Eigenschaften der Erdoberfläche nicht im statistischen Sinne zufällig, sondern durch geomorphologische Prozesse und Prozeßkombinationen determiniert sind und folglich Regelhaftigkeiten aufweisen, die sich auch in unterschiedlich dimensionierten statistischen Nachbarschaftsbeziehungen ausdrücken müssen.

Zur quantitativen Erfassung der Distanzabhängigkeit von Nachbarschaftsbeziehungen hat sich in der Geostatistik die Semivariogrammanalyse etabliert. Im Gegensatz zur üblichen Anwendung der Semivariographie im Rahmen von Punktschätzungen, die an rechenzeitaufwendige Modellanpassungen durch z.B. lineare oder sphärische Semivariogrammmodelle gebunden sind, soll hier das Semivariogramm umgekehrt Auskunft über die räumliche Repräsentanz einer bereits bekannten Eigenschaft des untersuchten Oberflächenelemenetes geben. Da die morphometrische Eigenschaft jeder Rasterzelle eines DGM im statistischen Sinne exakt ist, erfolgt die Repräsentanzschätzung direkt auf Basis eines modifizierten Semivariogrammes, dessen Semivarianzen die mittleren quadratischen Abweichungen der Variablenwerte vom Wert der untersuchten Rasterzelle in Kreisradien von 1

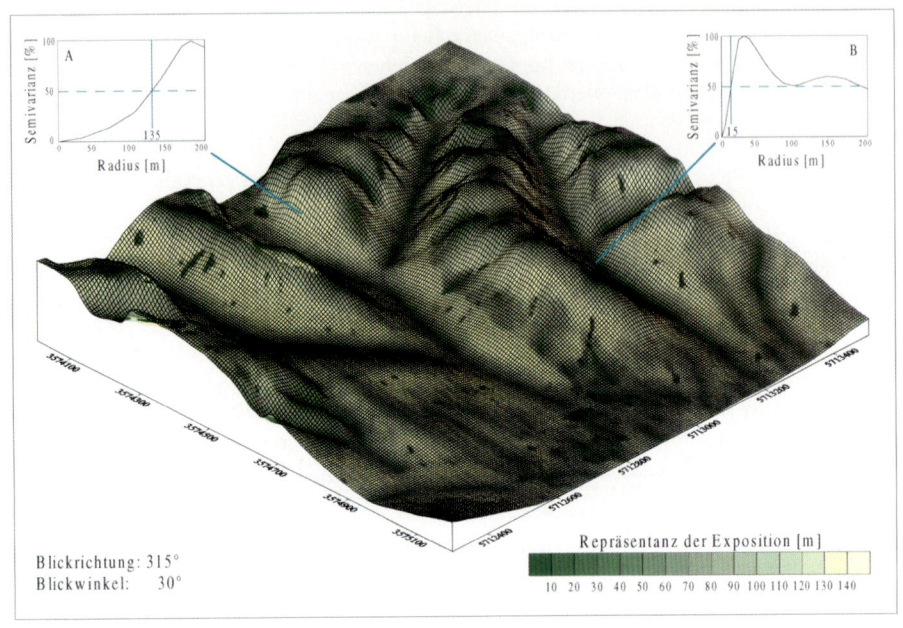

Abb. 3:
Repräsentanz der Exposition, abgeleitet aus Semivariogrammen mit
maximalen Suchradien von 200 m
*Representativness of slope aspect, derived from semivariograms with
maximal search radius of 200 m*

bis n Rasterzellen angeben. Damit wird durch die Semivarianzen erfaßt, wie stark und in welchen Distanzen die Eigenschaften des untersuchten Rasterelementes durch die Eigenschaften der Flächenumgebung abgelöst werden.

Diese Aussage kann am Beispiel des Reliefparameters Exposition durch zwei Semivariogramme verdeutlicht werden, die dem Blockbild der Abb. 3 positionsgerecht zugeordnet sind. In beiden Darstellungen sind die Semivarianzen als Prozentangaben der maximalen Semivarianz angegeben. Die zunächst rein visuelle Beurteilung der Semivarianzen ermöglicht eine erste Abschätzung der Repräsentanzen unter Berücksichtigung der jeweiligen Reliefsituation. Während das Semivariogramm A für eine Position im mittleren Hangniveau einer südexponierten Talflanke einen starken Anstieg der Semivarianz erst in Distanzen von etwa 120 m erkennen läßt – in dieser Distanz drückt sich u.a. der Expositionswechsel des Gegenhanges aus – wird im Semivariogramm B bereits in einer Distanz von ca. 35m zur untersuchten Talposition durch die nördlichen und südlichen Expositionen der flankierenden Unterhänge, das Semivarianzmaximum erreicht.

Diese rein visuelle Beurteilung der Semivariogramme löst aber keineswegs das Problem, aus den Semivarianzen ein für alle Variogrammtypen gleichermaßen schlüssiges Repräsentanzmaß abzuleiten. SADO bietet zu diesem Problem unterschiedliche Lösungen. Neben der Zusammenfassung aller Steigungen der Distanzintervalle der Semivariogrammfunktion in einem Invers-Distanz gewichteten Mittelwert liefert auch die Distanz, in der 50% der Semivarianz des ersten signifikanten Maximums erreicht werden, ein plausibles Repräsentanzmaß. In den Semivariogrammen der Abb. 3 sind die Distanzen, die dieses letztgenannte Kriterium erfüllen, eingezeichnet. Weitere Verfahren, wie eine vorläufige Modellanpassung

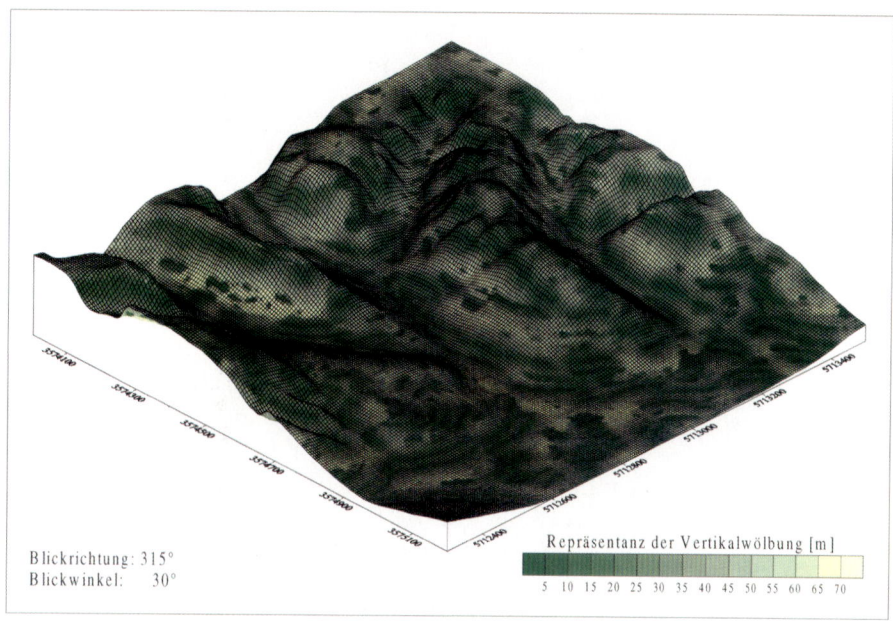

Abb. 4:
Repräsentanz der Vertikalwölbung, abgeleitet aus Semivariogrammen mit
maximalen Suchradien von 200 m
*Representativness of vertical curvature, derived from semivariograms with
maximal search radius of 200 m*

durch Polynomendivision n-ter Ordnung, können zwar optional eingesetzt werden, führen aber nur zu einer erhöhten Rechenzeit, ohne daß damit schlüssigere Ergebnisse verbunden wären. Das hier vorgestellte Verfahren wurde daher in die Standardkonfiguration implementiert, wobei sowohl der zu untersuchende Reliefparameter als auch die Maximaldistanz frei zu wählen sind. In den Abbildungen 3 bis 6 sind die Ergebnisse der Repräsentanzanalysen für verschiedene Reliefparameter dargestellt. Der Aspekt einer zunehmenden Generalisierung in der räumlichen Auflösung der Repräsentanzen bei wachsenden Suchradien wird in den Ergebnissen der Abbildungen 5 und 6 deutlich. Aus der flächendeckenden Bestimmung der Repräsentanzen lassen sich zwei für geowissenschaftliche Fragestellungen zentrale Informationen ableiten:

- Auswahl typischer Oberflächenpositionen: In der Repräsentanzmatrix geben die Maxima 'repräsentative' bzw. für die Flächenumgebung typische Positionen des Reliefs an und können damit bei induktiv ausgerichteten pedologischen, ökologischen oder geländeklimatologischen Untersuchungen die Auswahl von Bohr- oder Meßpunkten unterstützen.

- Abgrenzung homogener Flächen: In Abhängigkeit vom untersuchten Reliefparameter markieren die häufig in Lineamenten angeordneten relativen und absoluten Minima der Repräsentanz z.B. Neigungs- und Wölbungsunstetigkeiten des Reliefs sowie Expositionswechsel im Bereich von Tiefen- oder Kulminationslinien. Aufgrund dieser spezifischen Positionen liefern die Repräsentanzminima Hinweise auf mögliche Begrenzungen von Flächeneinheiten, die bezüglich des untersuchten Reliefparameters homogene Eigenschaften aufweisen.

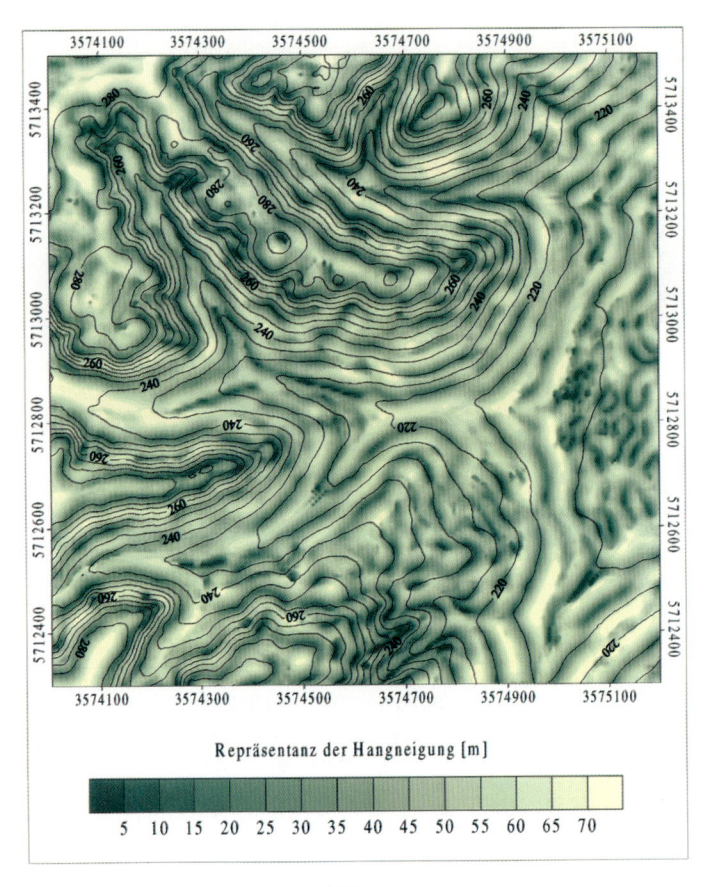

Abb. 5:
Repräsentanz der Hangneigung, abgeleitet aus Semivariogrammen mit
maximalen Suchradien von 100 m
*Representativness of slope gradient, derived from semivariograms with
maximal search radius of 100 m*

2.3 Abgrenzung morphometrisch homogener Flächeneinheiten

Bevor auf das Verfahren zur Abgrenzung diskreter Flächen, insbesondere auf die Algorithmen zur Vektorisierung der Repräsentanzminima eingegangen wird, soll mit Rücksicht auf die sehr unterschiedlichen Ansätze in der automatischen Reliefanalyse zunächst der Begriff der „morphometrisch homogenen Flächeneinheit" im Sinne des SADO-Konzeptes präzisiert werden. Für fast alle automatisierten Verfahren zur Reliefanalyse liefern DGM-Daten als Modell der realen Oberfläche der Erde die Datengrundlage, wobei die einzelne Rasterzelle das kleinste auswertbare Flächenelement darstellt. Die Rasterweite des DGM ist aber eine Größe, die sich überwiegend an problemexternen Faktoren wie etwa dem Verfahren der DGM-Erstellung, der geodätischen Datenerhebung, der Digitalisierung (u.a.), nicht aber an reliefimmanenten Dimensionen orientiert.

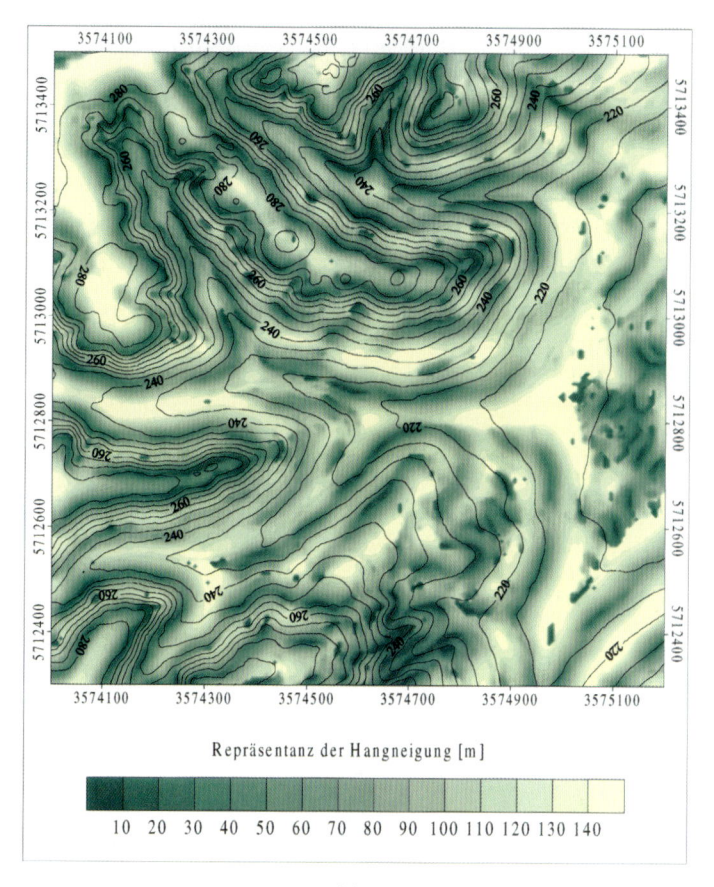

Abb. 6:
Repräsentanz der Hangneigung, abgeleitet aus Semivariogrammen mit
maximalen Suchradien von 200 m
*Representativness of slope gradient, derived from semivariograms with
aximal search radius of 200 m*

Der Verfahrensschritt der Oberflächendiskretisierung auf Grundlage der räumlichen Repräsentanz zielt daher auf eine Ermittlung kleiner, morphometrisch homogener Flächeneinheiten, deren Begrenzungen sich aus z.B. Neigungs- oder Wölbungsunstetigkeiten des Reliefs selbst ergeben. Dieser Aspekt ist im weiteren Verfahren von zentraler Bedeutung, da in den in Kap. 2.4 beschriebenen clusteranalytischen Verfahren nicht mehr Rasterzellen des DGM, sondern Oberflächenelemente des Reliefs (Flächeneinheiten, bestehend aus benachbarten Rasterzellen) zu flächenhaften Reliefeinheiten zusammengefaßt werden.

Im Vergleich der Abbildungen 3 bis 6 wird deutlich, das die Repräsentanzminima in Abhängigkeit des untersuchten Reliefparameters sehr unterschiedliche Grundlagen für eine mögliche Flächendiskretisierung liefern. Während sich die Repräsentanzminima der Exposition an Expositionswechseln wie Tiefen- und Kulminationslinien orientieren und damit z.B. gleichsinnig exponierte Talflanken begrenzen, leistet die Analyse der Vertikalwölbungsradien und der Hangneigung eine häufig höhenlinienparallele Flächendifferenzierung. Der zunächst rein visuelle Vergleich der Analyseergebnisse von Hangneigung und Vertikalwölbung macht aber deutlich, daß die Repräsentanzminima der Hangneigung (Abbildungen 5 und 6) durch Identifikation der Neigungsunstetigkeiten bereits ein wesentlich geschlosseneres Flächenmuster ergeben als die z.T. diffus auslaufenden Repräsentanzminima der Vertikalwölbungsradien (Abb. 4).

Da sich gleichzeitig bei den Analyseergebnissen der Hangneigung deutliche Kongruenzen zu den via SARA ausgewiesenen flächenhaften Reliefeinheiten der Kategorie 1 (vgl. Abb. 1) ergeben, werden im Hinblick auf die Zielsetzung einer Subdifferenzierung dieser Reliefeinheiten die Neigungsrepräsentanzen bei der Abgrenzung morphometrisch homogener Flächeneinheiten bevorzugt. Optional kann aber jeder Reliefparameter sowie eine Kombination unterschiedlicher Reliefparameter durch geometrische Mittelwertbildung ausgewählt werden. Eine Überprüfung dieser Ergebnisse steht allerdings bisher aus.

Um durch die Vektorisierung der Repräsentanzminima Flächenbegrenzungspolygone zu ermitteln, wird zunächst aus der ursprünglichen Repräsentanzmatrix (Ursprungsmatrix) durch eine Spline-Routine eine Vektorisierungsmatrix abgeleitet (siehe Abb. 7), die unter Berücksichtigung räumlicher Trends die Repräsentanzwerte für die Positionen zwischen den Rasterzellen der Ursprungsmatrix bestimmt. In Abb. 7 sind die Rasterelemente der ursprünglichen Repräsentanzmatrix durch Kreuze, die Rasterelemente der Vektorisierungsmatrix durch Punkte dargestellt. Die Randzeilen und Randspalten, im Schema durch Rau-

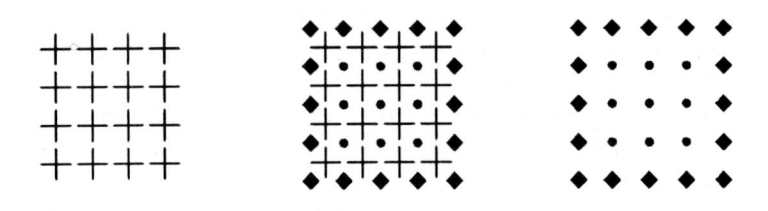

Abb. 7:
Ableitung der Vektorisierungsmatrix aus der Repräsentanzmatrix
Derivation of the vectorization matrix from the matrix of representativness

ten symbolisiert, werden extrapolativ ergänzt, so daß die Vektorisierungsmatrix gegenüber der Ursprungsmatrix um eine Zeile und eine Spalte erweitert ist. Dieser programminterne Verfahrensschritt ist notwendig, da jeder Linienabschnitt eines Begrenzungspolygons zwischen den Rasterzellen des DGM verlaufen muß, um eine eindeutige Zuordnung der Rasterzellen zu einer Flächeneinheit zu gewährleisten.

Die Vektorisierung der Repräsentanzminima setzt sich aus einem Identifikationsverfahren und einem kombinierten Reduktions- und Ergänzungsverfahren zusammen. Im Identifikationsverfahren wird mit Hilfe regelmäßiger Matrixausschnitte von 3 x 3 Rasterelementen überprüft, ob das Zentralelement des Ausschnittes als Begrenzungsposition zwischen Flächeneinheiten und damit als Stützstelle eines Begrenzungspolygons zu bewerten ist. Wird der Matrixausschnitt in vier Sektoren von jeweils 2 x 2 Rasterelementen zerlegt, die sich im Zentralelement überlagern, so ist das Kriterium einer Grenzposition von dem

Zentralelement erfüllt, das in keinem Sektor ein Maximum annimmt. In Tabelle 1, einem Ausschnitt aus einer Vektorisierungsmatrix, wird dieses Kriterium vom ersten Zentralelement (kursiv, fett markiert) erfüllt.

Tab. 1:
Datenbeispiele zur Identifikation von Grenzen zwischen morphometrisch homogenen Flächeneinheiten (0 = Grenzelement)
Data samples for the identification of boundary lines between morphometric homogeneous areal units

Vektorisierungsmatrix						Identifikation						Ergänzung/Reduktion					
34.5	38.3	45.3	53.6	58.9	52.2	1	1	1	1	1	1	1	1	1	1	1	1
14.8	*__10.3__*	36.3	46.2	52.8	14.0	0	0	1	1	1	0	0	0	1	1	1	0
27.1	26.7	15.7	23.0	24.6	20.8	1	0	0	0	0	1	1	1	0	0	0	1
69.0	45.8	27.5	51.1	51.2	63.0	1	1	0	1	1	1	1	1	0	1	0	1
71.5	41.1	71.6	71.5	55.7	46.0	1	0	1	1	1	0	1	0	1	1	1	0
72.2	42.0	73.3	77.2	67.7	42.7	1	0	1	1	1	0	1	0	1	1	1	0

Mit diesem Ansatz werden die zunächst räumlich unscharfen Lineamente der Repräsentanzminima als 1 bis 2 Rasterzellen breite, z.T. unterbrochene „Depressionslinien" der „Repräsentanzoberfläche" identifiziert. Das abschließende Reduktions- und Ergänzungsverfahren schließt verbleibende Lücken zwischen den Linenabschnitten in der kürzesten Distanz und reduziert gleichzeitig alle Linienabschnitte unter dem Minimumkriterium auf die Breite einer Rasterzelle. In Tabelle 1 markieren die 0-Signaturen die Stützstellen der Begrenzungspolygone. Die unterstrichene 1 symbolisiert eine Reduktion (bzw. Linienausdünnung), die unterstrichene 0 symbolisiert eine Ergänzung. Im Ergebnis ensteht ein geschlossenes Polygonmuster, das eine eindeutige Zuordnung jeder Rasterzelle des DGM zu einer Flächeneinheit ermöglicht. Es sei darauf hingewiesen, daß die Vektorisierung der Repräsentanzminima ein nicht zu unterschätzendes Problem darstellt: Das Relief der Erdoberfläche läßt sich nicht *vollständig* in diskrete Flächen gliedern, da die Werteänderung der morphometrischen Reliefparameter im Raum durchaus „fließend" – ohne objektiv ermittelbare – Grenzen sein kann. Für eine Flächendiskretisierung müssen aber *geschlossene* Polygone vorliegen, so daß auf jeden Fall eine (willkürliche) Grenzlinie gefunden werden muß. Zur Lösung dieses Problems sind noch Verbesserungen des entwickelten Verfahrens nötig.

Nach Zuordnung der Rasterzellen zu den 1 bis i Flächeneinheiten kann für jede Flächeneinheit eine deskriptive Statistik bestehend aus arithmetischem Mittel, Median, Standardabweichung, Schiefe und Kurtosis für verschiedene, optional auszuwählende Reliefparameter erstellt werden, wobei die Auswahl unabhängig ist vom Eingangsparameter der Repräsentanzanalyse. Mit der deskriptiven Statistik steht ein Datensatz zur Verfügung, der die Variationen in den morphometrischen Eigenschaften eines Untersuchungsgebietes weitgehend unabhängig von der Rasterweite des DGM erfaßt und damit für weiterführende Auswertungen wie etwa Vergleiche zwischen unterschiedlichen Untersuchungsgebieten oder auch zwischen Geländemodellen mit unterschiedlichem Generalisierungsstatus eine geeignete Datengrundlage liefert.

2.4. Ermittlung flächenhafter Reliefeinheiten (Clusteranalyse)

Durch die Berücksichtigung der räumlichen Repräsentanz bei der Abgrenzung morphometrisch homogener Flächeneinheiten kann das bisher beschriebene Verfahren vollständig auf fixe (oder auch programmintern abgelegte) Schwellenwerte verzichten und entspricht damit dem SARA-Prinzip einer weitgehend reliefunabhängigen Flächendiskretisierung. Dieser Aspekt ist allerdings auch mit der Konsequenz verbunden, daß z.B. bei einer Flächendiskretisierung auf Basis der Neigungsrepräsentanz Flächeneinheiten in Verebnungsbereichen getrennt werden, die nur sehr geringe Neigungsunterschiede aufweisen, und damit für z.B. pflanzensoziologische oder auch bodenkundliche Fragestellungen möglicherweise kaum relevant sind.

Die Zielsetzung des weiteren Verfahrens besteht daher in einer Gruppierung von Flächeneinheiten, die sich bezüglich mehrerer Reliefparameter soweit ähneln, daß sie als relativ homogene Gruppe zu einer flächenhaften Reliefeinheit zusammengefaßt werden können und sich gleichzeitig von anderen homogenen Gruppen deutlich unterscheiden. In dieser Zielsetzung ist bereits das methodische Problem der optimalen Gruppierung angesprochen. Trotz unterschiedlichster Inhalte wird dieses Problem zumindest abstrakt in allen empirischen Wissenschaften behandelt, mit der Konsequenz, daß in der Literatur eine Fülle unterschiedlichster Gruppierungsroutinen, zumeist mit dem englischen Begriff „Clusteranalyse" bezeichnet, vorgeschlagen werden.

In den Geowissenschaften bilden die 'hierarchischen Clusteranalysen' die wohl bekanntesten, weil am häufigsten verwendeten Verfahren zur automatischen Gruppierung. Das namensgebende Gliederungsprinzip leistet eine hierarchisch gestaffelte Einordnung der Elemente in Gruppen, Untergruppen, Subgruppen usw., wobei eine einmal ermittelte Gruppierung im nachgeschalteten Gliederungsschritt (sowohl bei agglomerativen als auch bei divisiven Verfahren) nicht mehr aufgelöst werden kann. Damit wird also a priori vorausgesetzt, daß sich die zu gruppierenden Elemente einem hierarchischen Gliederungsprinzip unterordnen, wobei die Gliederungskriterien selbst für bestimmte, z.B. sozial- oder wirtschaftsgeographische Fragestellungen eine interessante Interpretationsgrundlage bieten. So könnte z.B. in einer Untersuchung zum Einkaufsverhalten mit einer hierarchischen Cluster-analyse untersucht werden, ob bestimmte Kaufgewohnheiten tatsächlich eine zunächst geschlechtsspezifische Differenzierung und nachgeschaltet eine am Berufsstand orientierte Differenzierung in soziale Gruppen zulassen.

Mit diesem kleinen Ausflug in eine sozialgeographische Fragestellung wird aber auch deutlich, warum die weit verbreiteten hierarchischen Verfahren für eine Gruppierung von Flächeneinheiten (Elementen) zu flächenhaften Reliefeinheiten (Cluster bzw. Gruppen) im Sinne des SADO-Konzeptes kaum hilfreich sind. Eine Hierarchie zwischen den Reliefparametern (Variablen) kann sich bestenfalls aus der Fragestellung ergeben und ist folglich nur inhaltlich, nicht aber methodisch zu begründen. Aus diesem Grund wurde ein nichthierarchischer Gruppierungsalgorithmus implementiert, der die Auswahl der Eingangsvariablen (Reliefparameter) sowie verschiedene Möglichkeiten ihrer mathematischen Modifikation (Quadrieren, Logarithmieren, ...) dem Nutzer überläßt. Im folgenden sollen kurz die einzelnen Verfahrensschritte der clusteranalytischen Gruppierung erläutert werden.

Nach Auswahl der Reliefparameter, die bei der Gruppierung berücksichtigt werden sollen, und der Festsetzung der Gruppenanzahl werden die Mittelwerte der berücksichtigten Reliefparameter programmintern standardisiert der Clusteranalyse übergeben. Durch die Standardisierung wird die Abweichung eines Flächenmittelwertes (z.B. der Neigung) vom arithmetischen Mittel aller Flächen(neigungen) als Vielfaches der Standardabweichung ausgedrückt. Diese in der Statistik als z-Transformation bezeichnete Modifikation stellt sicher, daß alle Variablen (hier: Reliefparameter) gleichgewichtet bei der Gruppierung berücksichtigt werden.

Im Gruppierungsalgorithmus sind zwei sich ergänzende Verfahren kombiniert. Das iterierte Minimaldistanz-Verfahren nach Forgy (1965) teilt in einer ersten Näherung die Flächeneinheiten (Elemente) in eine vom Nutzer festgesetzte Anzahl von Gruppen auf, wobei jeweils Flächeneinheiten mit relativ ähnlichen morphometrischen Eigenschaften zusammengefaßt werden. Nach Berechnung der sog. Cluster-Centroide, den arithmetischen Mittelzentren der jeweiligen Gruppe (z.B. Gruppenmittel von Hangneigung und Höhe), wird die Gruppenzugehörigkeit jeder Flächeneinheit überprüft und gegebenenfalls korrigiert. Jede Flächeneinheit wird schließlich der Gruppe (dem Cluster) zugeordnet, in der die quadratischen Abweichungen zwischen den Cluster-Centroiden und den morphometrischen Eigenschaften der Flächeneinheit ein Minimum annehmen. Obwohl für nicht-hierarchische Verfahren allgemein gefordert wird, daß sich die Gruppengrößen nicht zu sehr unterscheiden, ist das iterierte Minimal-Distanzverfahren in der Lage, auch kleinere homogene Gruppen zu identifizieren. Dieser Aspekt ist im Hinblick auf die Abgrenzung von Reliefeinheiten mit relativ geringen Flächenanteilen als wesentlicher Vorteil zu bewerten.

Das Ergebnis dieser vorläufigen Gruppierung wird anschließend der „hill-climbing"-Routine (RUBIN 1967), einem Austauschverfahren zur Optimierung der Clusterlösung, übergeben. In dieser Routine werden durch ständigen Austausch von Flächeneinheiten neue Gruppen gebildet, wobei mit jeder Änderung auch die Cluster-Centroide sowie die Cluster-Varianzen neu berechnet werden. Da die Cluster-Varianz als mittlere quadratische Abweichung der morphometrischen Flächeneigenschaften von den jeweiligen Cluster-Centroiden Auskunft über die Homogenität jeder Gruppe gibt, wird die Summe der Cluster-Varianzen, die sog. Zielfunktion, als Maß für die Güte der erzielten Clusterlösung verwendet, d.h. das Austauschverfahren wird solange fortgesetzt, bis die Zielfunktion ein Minimum annimmt. Dieses wird möglicherweise nicht das absolute, sondern nur ein lokales Minimum sein, da nicht jede Kombination von Gruppenzugehörigkeiten überprüft werden kann.

Die Kombination beider Verfahren bietet zunächst den Vorteil einer unproblematischen und schnellen Bearbeitung einer großen Anzahl von Flächeneinheiten, wie sie z.B. bei umfangreichen DGM-Daten oder auch bei Kombination der Repräsentanzen verschiedener morphometrischer Parameter durch geometrische Mittelwertbildung entstehen. Gleichzeitig hat sich bei Testläufen herausgestellt, daß die Ergebnisse dieser Verfahrenskombination weitgehend unabhängig sind von der Startpartition, also von der Reihenfolge, in der die Flächenelemente den Routinen übergeben werden.

Neben der Möglichkeit einer methodisch subjektiven Festsetzung der Clusteranzahl wird auch eine Routine zur automatischen Ermittlung „optimaler" Clusteranzahlen oberhalb einer festzusetzenden Zielfunktion angeboten. Bei der automatischen Ermittlung einer optimalen Clusterzahl (o) wird die Analyse unter ständiger Erweiterung der Clusteranzahl nach Überschreitung der Mindestzielfunktion bis zu einer Clusteranzahl o+1 fortgesetzt, die gegenüber der optimalen Clusterzahl (o) keine wesentliche Verbesserung der Zielfunktion mehr bietet. Da die Zielfunktion in Abhängigkeit von den berücksichtigten Reliefparametern sehr unterschiedliche Wertdimensionen annimmt, wird zur einheitlichen Beurteilung der Clusterlösungen die Zielfunktion als nicht erklärte „Restvarianz" in Prozent der Gesamtvarianz angegeben. Damit gibt die „Restvarianz" an, wieviel Prozent der ursprünglichen Variationen in den morphometrischen Eigenschaften der Flächeneinheiten durch die Clusterlösung noch nicht erfaßt sind. Je größer die Cluster-Anzahl, desto vollständiger sind die morphometrischen Variationen auf die unterschiedlichen Cluster verteilt.

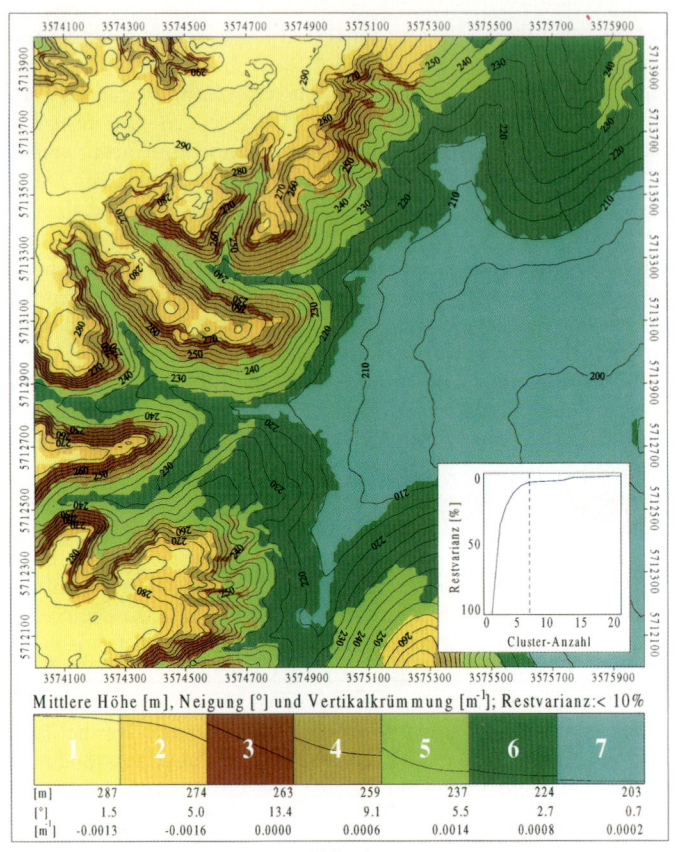

Abb. 8:
Clusteranalytische Gliederung des Reliefs in 7 Reliefeinheiten;
die Restvarianz der Clusterlösung liegt unter 10%; die mittlere Vertikalwölbung der
Reliefeinheiten ist als Kehrwert der Vertikalkrümmungsradien mit 4 Dezimalstellen
angegeben
Clusteranalytical differentiation of the surface into 7 relief units

Als Beispiele sind in den Abbildungen[2] 8 und 9 die Ergebnisse clusteranalytischer Gruppierungen von Flächeneinheiten zu flächenhaften Reliefeinheiten dargestellt, die auf Basis der Hangneigungsrepräsentanz (Abb. 5) diskretisiert wurden. Als Eingangsvariablen wurden die Parameter Höhe, Neigung und Vertikalwölbung berücksichtigt. In den Legenden sind neben den Ganglinien der Restvarianz, die bei Lösungen von 1 bis 20 Clustern verbleiben, auch die tolerierten Höchstwerte der Restvarianz angegeben (< 10% in Abbildung

---

[2] In den Abbildungen 8 bis 12 treten z.T. ca. 1 mm dicke farbige Flächenumgrenzungen auf, die keine eigenständigen Flächen darstellen, sondern auf technische Probleme bei der Kartenerstellung zurückzuführen sind. Bei der späteren Integration der Verfahren in SARA entfällt dieses Problem natürlich.

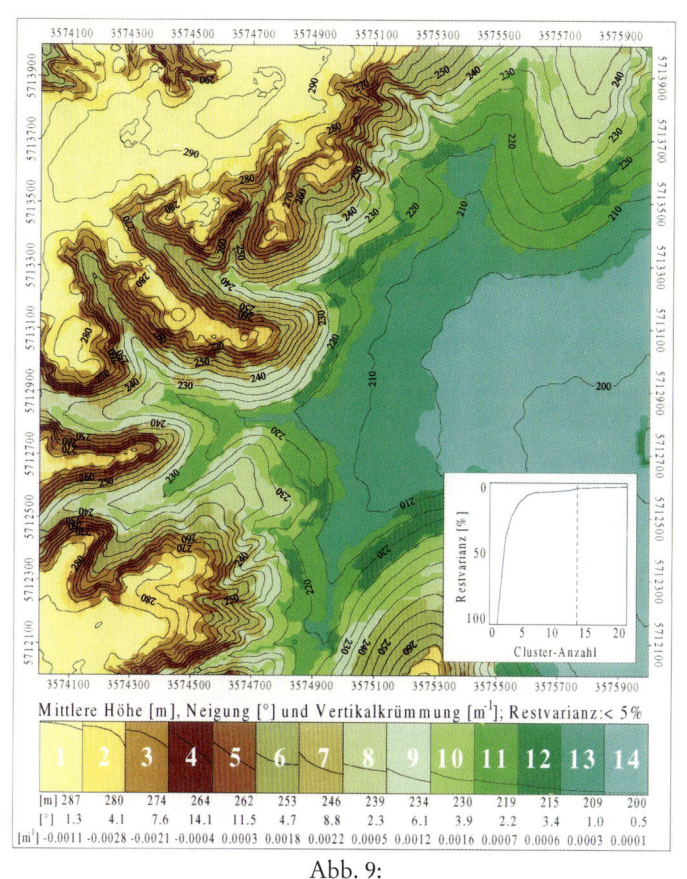

Abb. 9:
Clusteranalytische Gliederung des Reliefs in 14 Reliefeinheiten;
die Restvarianz der Clusterlösung liegt unter 5%; die mittlere Vertikalwölbung der Reliefeinheiten ist als Kehrwert der Vertikalkrümmungsradien mit 4 Dezimalstellen angegeben
Clusteranalytical differentiation of the surface into 14 relief units

8, < 5% in Abb. 9). Aus den retransformierten Cluster-Centroiden (Cluster-Zentren) wurden Idealprofile abgeleitet, die die mittleren morphometrischen Eigenschaften jeder Reliefeinheit (jedes Clusters) symbolisieren. Die retransformierten Cluster-Centroide sind tabellarisch den Clustern zugeordnet.

Bei einer tolerierten Restvarianz von (höchstens) 10% überschreitet der Graph der Zielfunktion (hier: Graph der Restvarianz) erst bei Gruppierungen in mehr als 5 Clustern das geforderte Varianzkriterium. Da oberhalb von 7 Clustern eine erste deutliche Verflachung des Kurvenverlaufes in den Restvarianzen auftritt, wird für das in Abb. 8 geforderte Varianzkriterium eine Gruppierung in 7 Clustern als optimale Lösung angenommen. Eine Restvarianz von < 5% (vgl. Abb. 9) wird erst bei 10 Clustern erreicht. Eine signifikante Verflachung des Kurvenverlaufes zur automatischen Ermittlung der geeigneten Clusterzahl tritt hier nach 14 Clustern auf.

Der Vergleich beider Lösungen verdeutlicht zunächst den Aspekt einer flexiblen Flächendifferenzierung bzw. Generalisierung in Abhängigkeit vom geforderten Varianzkrite-

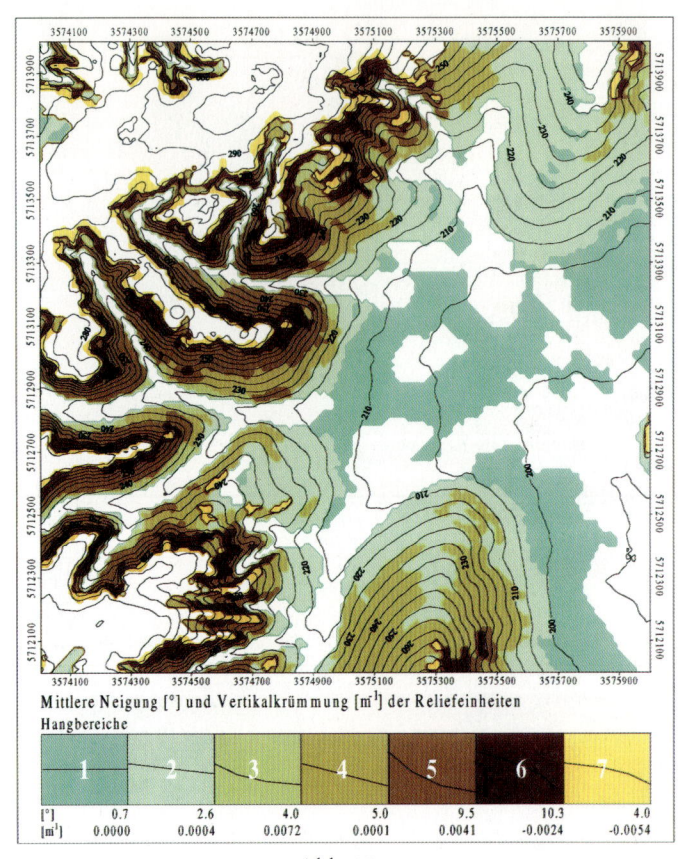

Abb. 10:
Clusteranalytische Differenzierung der SARA-Hangbereiche in 7
Reliefeinheiten; die Restvarianz der Clusterlösung liegt unter 5%, die
mittlere Vertikalwölbung der Reliefeinheiten ist als Kehrwert der
Vertikalkrümmungsradien mit 4 Dezimalstellen angegeben
Clusteranalytical differentiation of SARA slope areas into 14 units

rium. Während in Abb. 9 eine sehr weitreichende Differenzierung erreicht wird, die z.B. in den mittleren bis unteren Hangniveaus sowie den Talniveaus des Testgebietes verschiedene Verflachungen (Cluster 6, 8 und 11) aufdeckt, bleibt dieser Aspekt in Abb. 8 unterdrückt. In beiden Lösungen übereinstimmend, weisen jeweils die Cluster 1 und 2 bemerkenswerte Kongruenzen zu den via SARA ermittelten Scheitelbereichen (flächenhafte Reliefeinheiten der Kategorie 1, vgl. Abb. 1) auf. Bei den von SARA ermittelten Senkenbereichen ist diese Deckung (mit abschnittsweise wechselnden Clustern, z.B. Cluster 6, 8, 10 und 11 in Abb. 9) jedoch nur im stärker reliefierten Westteil zu beobachten, wo die Ausweisung der Senkenbereiche als 'sehr sicher' bezeichnet werden kann, wohingegen im Ostteil des Gebietes (Schweckhäuser Wiesen) die Senkenbereiche z.T. unplausibel sind, was nicht an der geringen Reliefenergie, sondern an verbesserungswürdigen Schwächen bei der Ausweisung von Senkenbereichen liegt.

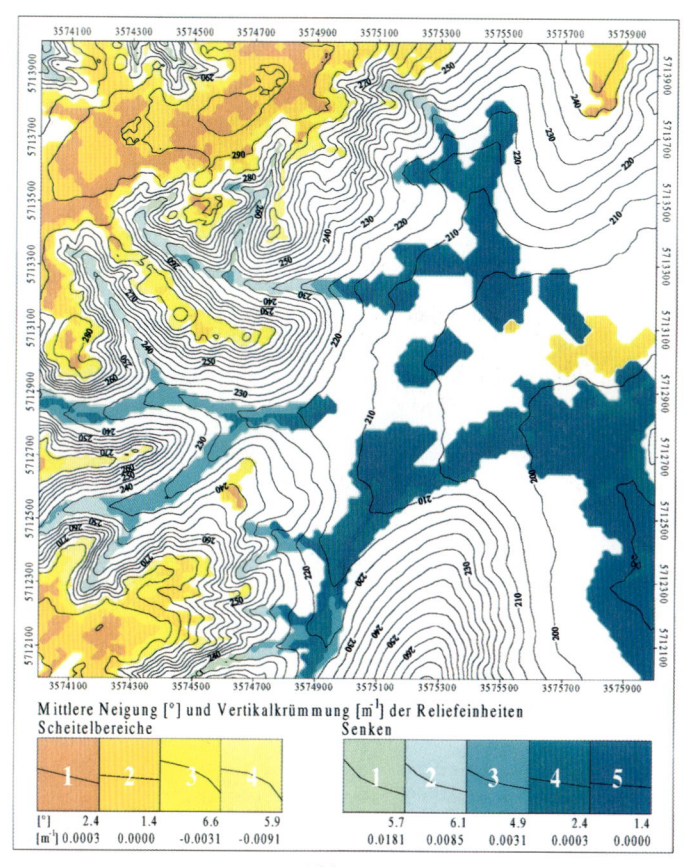

Abb. 11:
Clusteranalytische Differenzierung der SARA-Senkenbereiche (SARA-Scheitelbereiche) in 4 (5) Reliefeinheiten; die Restvarianz der Clusterlösung liegt unter 5%, die mittlere Vertikalwölbung der Reliefeinheiten ist als Kehrwert der Vertikalkrümmungsradien mit 4 Dezimalstellen angegeben
Clusteranalytical differentiation of SARA valley grounds (SARA summit areas) into 4 (5) units

Die Möglichkeit einer weiteren Differenzierung der via SARA ausgewiesenen flächenhaften Reliefeinheiten kann am Beispiel der Abbildungen 10 und 11 diskutiert werden. In Abb. 10 sind nur die von SARA ausgewiesenen Hangbereiche, in Abb. 8 nur Senken und Scheitelbereiche (vgl. Abb. 1) des Testgebietes dargestellt. Die Untergliederung dieser flächenhaften Reliefeinheiten erfolgte durch Verschneidung mit den Ergebnissen cluster-analytischer Gruppierungen in 14 (Lösung 1) bzw. 13 Cluster (Lösung 2) nach dem oben beschriebenen Verfahren. Bei beiden Lösungen wurden als Eingangsvariablen nur die morphometrischen Reliefparameter Neigung und Vertikalwölbung berücksichtigt. Im Hinblick auf eine verbesserte Differenzierung in den Verebnungen wurden allerdings die Hangneigungen zur Gliederung der Scheitel und Senkenbereiche logarithmiert übergeben (Lösung 2). In beiden Lösungen wurde als Varianzkriterium übereinstimmend eine Restvarianz von maximal 5% gefordert.

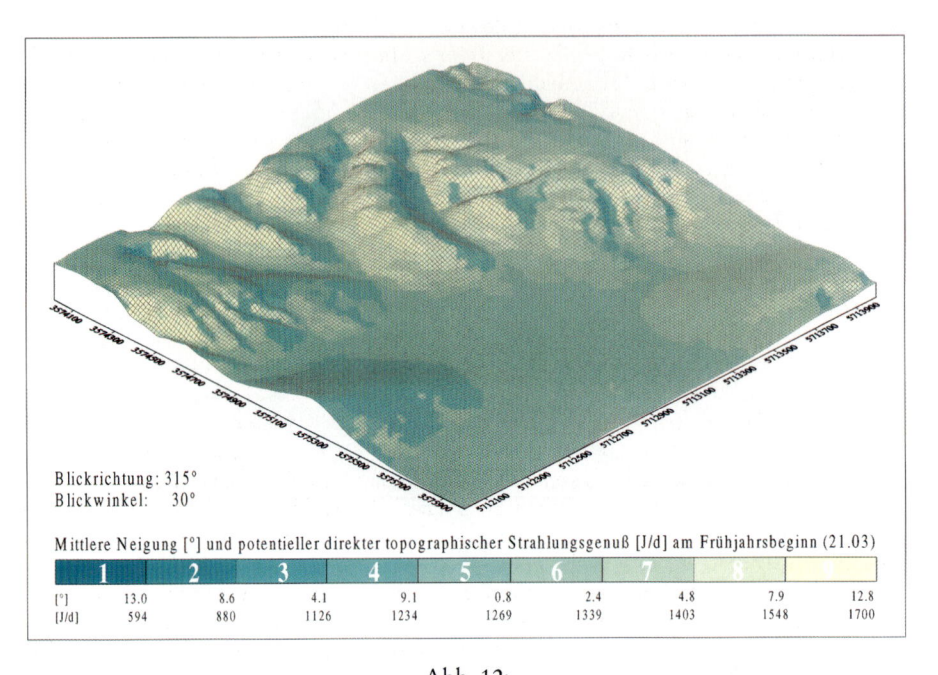

Abb. 12:
Clusteranalytische Differenzierung des Untersuchungsgebietes (9 Einheiten) in Abhängigkeit der Neigung sowie des potentiellen direkten topographischen Strahlungsgenusses zum Frühjahrsbeginn (21.3.); die Restvarianz der Clusterlösung liegt unter 5%
Clusteranalytical differentiation of the test area (9 units), regarding the slope gradient and the potentially direct topographical insulation at the beginning of spring (21.3.)

Von den 14 Clustern, die bezüglich Neigung und Vertikalwölbung gruppiert wurden, treten 8 Cluster im Bereich der Hangpartien auf. Aus Gründen der Darstellbarkeit sind in Abb. 10 die Versteilungen mit stark konvexer Krümmung zu einem Cluster zusammengefaßt (Cluster 6, Neigung: 10.3°, Vertikalwölbung: -0.0054 m^{-1}). Danach ergibt sich eine Gliederung der Hangpartien in gering bis schwach geneigte, gestreckte Hangpartien (Cluster 1 und 2), in konkav gekrümmte, mäßig bis stark geneigte Hangbereiche (Cluster 3 und 5), in gestreckte, mäßig geneigte Hangbereiche (Cluster 4) sowie konvex gekrümmte Versteilungen (Cluster 6), die zumeist im oberen Hangbereich ausgebildet sind und z.T die SARA-Scheitelbereiche begrenzen. Ein stärker konvex gekrümmter, mäßig geneigter oberer Hangabschnitt (Cluster 8) ist als Bestandteil der Hanggliederung nur z.T. ausgebildet bzw. geht bereits in die SARA-Scheitelbereiche ein.

In der zweiten Clusterlösung, die die logarithmierten Hangneigungen als Eingangsvariable berücksichtigt, treten 4 der 13 Cluster in den SARA-Scheitelbereichen auf, 5 Cluster entfallen auf die Senkenbereiche (die restlichen 4 Cluster sind ausschließlich in den Hangbereichen ausgebildet). Die von SARA ermittelten Senkenbereiche im Westen (= Talböden der Täler im Bereich der Schweckhäuser Berge) werden durch die Ergebnisse der Clusteranalyse überwiegend in Richtung ihrer Längsprofile differenziert. Die Cluster 1 und 2 bezeichnen die mäßig geneigten, vertikal konkav gekrümmten oberen Talabschnitte.

Mit abnehmender Neigung im Bereich der unteren Hangabschnitte sind auch geringere Vertikalkrümmungen verbunden (Cluster 3) bis schließlich in den Verebnungen gering bis schwach geneigte, gestreckte Senkenabschnitte (Cluster 4 und 5) ausgewiesen werden. Die SARA-Scheitelbereiche lassen eine überwiegend zentral-periphere Gliederung in gering geneigte schwach konkave bis gestreckte Reliefeinheiten (Cluster 1 und 2) und peripher anschließende, mäßig geneigte, mäßig bis stark konvex gekrümmte Reliefeinheiten (Cluster 3 und 4) erkennen. Die bereits bei der Hangdifferenzierung angesprochenen Oberhangpartien gehen z.T. in die Cluster 3 und 4 ein.

Die o.g. Differenzierung der Reliefeinheiten der Kategorie 1 von SARA (vgl. Abb. 1 und 2 mit Abb. 10 und 11) durch die clusteranalytischen Verfahren von SADO zeigt somit einerseits die Möglichkeiten der Subdifferenzierung der Reliefeinheiten von SARA auf und stellt andererseits die Voraussetzung für eine sinnvolle deskriptive Statistik für einzelne individuelle Flächen dar. *Diese beiden Punkte sind die zentralen Aspekte der Weiterentwicklung der automatischen Reliefanalyse.* Die Subdifferenzierung ist – nebenbei bemerkt – natürlich auch auf die Reliefeinheiten der Kategorie 2 (Abb. 2) anwendbar.

In den bisher genannten Beispielen wurden bei der Oberflächendiskretisierung ausschließlich reliefimmanente Kriterien bzw. morphometrische Reliefparameter berücksichtigt. Durch die Abb. 12 soll daher abschließend auf die Möglichkeit der Einbeziehung reliefexterner Parameter bei der Ermittlung diskreter Flächeneinheiten hingewiesen werden. Das Ergebnis der Flächendifferenzierung in 9 Einheiten berücksichtigt neben der Hangneigung den mit Hilfe eines Strahlungsmodells ermittelten potentiellen direkten topographischen Strahlungsgenuß zum 21.3. eines Jahres (vgl. BÖHNER & PÖRTGE 1997). Der Termin des Frühjahrsbeginns wurde gewählt, weil eine Differenzierung des Reliefs aufgrund dieses Parameters z.B. die Bewertung des Bodenwasserhaushalts ermöglicht.

Literatur

BÖHNER, J. & K.-H. PÖRTGE (1997): Strahlungs- und expositionsgesteuerte tagesperiodische Schwankungen des Abflusses in kleinen Einzugsgebieten. – Peterm. Geogr. Mitt., 141: 35–42.

FORGY, E.W. (1965): Cluster Analysis of Multivariate Data: Efficiency versus Interpretability of Classifications (abstract.). – Biometrics, 21: 768.

KÖTHE, R. (1997): SARA – Ein Programmsystem zur automatischen geomorphographischen Reliefanalyse und seine Anwendung am Beispiel der Bodenkartierung. – [Diss. am Geogr. Inst. Univ. Göttingen – in Vorbereitung]

KÖTHE, R., E. GEHRT & J. BÖHNER (1996): Automatische Reliefanalyse für geowissenschaftliche Anwendungen – derzeitiger Stand und Weiterentwicklung des Programms SARA. – Arbeitshefte Geologie, 1/1996: 31–37; Hannover.

KÖTHE, R. & F. LEHMEIER (1993): SARA – Ein Programmsystem zur Automatischen Relief-Analyse. – Standort – Z. f. Angewandte Geographie, 4/93: 11–21; Bochum, Hamburg.

RUBIN, J. (1967): Optimal Classification into Groups: An Approach for Solving the Taxonomy Problem. – J. Theoretical Biology, 15: 103–144.

Jürgen Hagedorn, Seong Jo Hong und Kurt Pretzsch

Die geomorphologische Bedeutung von Schwermetallgehalten holozäner Auesedimente. Beispiele aus Mitteleuropa

Zusammenfassung: Die Tiefenverteilung von Schwermetallgehalten in holozänen Auesedimenten im Bereich der mittleren Leine und der unteren Werra wird zur Differenzierung und Korrelierung der Sedimente und als Datierungshilfe genutzt. Dafür müssen in den Einzugsgebieten verschiedene Phasen von Bergbau, Verhüttung und Glasproduktion oder von anderen die Schwermetallgehalte beeinflussenden Aktivitäten aufgetreten sein, deren zeitliche Stellung bekannt ist. Außerdem sollten bekannte Alter einiger Horizonte eine grobe zeitliche Einstufung der Schwermetallgehalte ermöglichen. Die Sedimente der geologisch ähnlichen Einzugsgebiete zeigen, anthropogen bedingt, unterschiedliche Gehalte und Tiefenverteilungen der Schwermetalle. Vor allem die Schwermetallmaxima der einzelnen Profile sind gut mit Phasen des Bergbaus und der Verhüttung im Harz und Harzvorland, der mittelalterlichen Rennfeuerverhüttung und der Glasherstellung seit der frühen Neuzeit korrelierbar. Eine bronzezeitliche Erhöhung der Schwermetallgehalte kann in einzelnen Profilen wahrscheinlich gemacht werden. In genügend tiefen Profilen wird die Erhöhung des geogenen Schwermetallgehaltes durch das Einsetzen anthropogener Einflüsse deutlich. Insgesamt tragen die Schwermetallanalysen wesentlich zur Korrelation und Absicherung von Datierungen und zur Differenzierung der Sedimente auch hinsichtlich ihrer Herkunft aus unterschiedlichen Einzugsgebieten bei.

[The geomorphological significance of heavy metal concentration of Holocene floodplain sediments. Examples from Central Europe]

Summary: *Variations of heavy metal concentration of vertical alluvial profiles in the Holocene floodplains of the Leine river (Lower Saxony), the Werra river (Northern Hassia), and some tributaries are used for differentiation, correlation, and finally dating the sediments. As a prerequisite historical stages of mining, smelting, and glassmaking or other activities having influenced the heavy metal concentration have been considered. Furthermore the ages of some sediment horizons could serve as a rough time-scale of the heavy metal variations. The sediments of the various catchments reveal very different heavy metal concentrations as well as significant variations of the vertical distribution. As the geological situation is very similar, the differences must result from varying human influences. Peak values of heavy metal concentration at the Leine river can be correlated with phases of high mining and smelting activities in the Harz mountains and surroundings, at the Aue river with smelting activities of the Middle Ages, and at the Werra river and its tributaries with glassmaking subsequent to the Middle Ages. Maybe the heavy metal concentration has increased already in the Bronze Age in some vertical profiles, but there is no clear evidence. The heavy metal concentration of the lowermost parts of long vertical profiles corresponds with the geogenic background, thus indicating a deposition before the beginning of human influence. The analysis of heavy metal concentration is shown to be very helpful in correlating and dating Holocene floodplain sediments as well as in determining their origin from different catchments.*

1. Problemstellung

Der Schwermetallgehalt von Auesedimenten ist in jüngerer Zeit in verschiedenen Regionen der Erde erfolgreich benutzt worden, um das Ausmaß der Kontamination der Fließgewässer als Folge des neuzeitlichen und des mittelalterlichen Bergbaus und der damit verbundenen Erzverhüttung zu belegen. Zu nennen sind hier u.a. Arbeiten über Flüsse der Colorado Front Range (WOLFENDEN & LEWIN 1978), in Wales (WOLFENDEN & LEWIN 1977, 1978, TAYLOR 1996), in England (MACKLIN et al. 1994) und in Polen (KLIMEK & ZAWLINSKA 1985). Aber auch in Deutschland wurden entsprechende Untersuchungen u.a. im Gebiet des Harzes an Söse und Sieber (FYTIANOS 1978) und an der Oker (MATSCHULLAT et al. 1991, NIEHOFF et al. 1992) durchgeführt. Dabei gelang es, nach Art und Menge unterschiedliche Kontaminationen der Okersedimente den einzelnen Entwicklungsphasen des Harzer Bergbaus besonders am Rammelsberg bei Goslar zuzuordnen.

Die Tiefendifferenzierung der Schwermetallgehalte in den Auesedimenten der Leine, d.h. die Zuordnung von Schwermetallmaxima oder -minima zu bestimmten Zeitabschnitten der Sedimentation, führte PRETZSCH (1994a) zu dem Versuch, die Schwermetallgehalte in Umkehrung der bisherigen Fragestellung zur Differenzierung der Sedimente und zur Korrelierung von Profilen unterschiedlicher Lokalität zu benutzen. Dieser Versuch erschien besonders lohnend, weil die Möglichkeiten einer absoluten und sogar einer relativen Datierung der recht homogenen Auesedimente sehr beschränkt sind. Andererseits hängen z.B. Aussagen über die holozäne fluviale Dynamik ganz wesentlich von einer ausreichenden Datierung oder stratigraphischen Einordnung von Sedimenthorizonten und von der Korrelation verschiedener Profile ab.

Für das Gelingen eines solchen Ansatzes müssen verschiedene Voraussetzungen möglichst erfüllt sein: Der Schwermetallgehalt der verschiedenen Sedimenthorizonte muß im wesentlichen durch den ursprünglichen Schwermetalleintrag bestimmt sein. Die Phasen des Bergbaus und der Verhüttung oder anderer erhöhter Schwermetalleinträge in einem Einzugsgebiet müssen bekannt und wenigstens grob datiert sein. Aus den Sedimenten müssen, möglichst in einem Referenzprofil, Datierungen vorliegen, in die die Schwermetallkurve eingehängt werden kann. Wieweit diese Voraussetzungen gegeben und welche Folgerungen dann möglich sind, soll im Rahmen der methodischen Überlegungen und in den nachfolgenden Beispielen aus den Einzugsgebieten der Leine und der Werra (vgl. Abb. 1) erörtert werden.

2. Methoden

Die Entnahme von Sedimentproben im Gelände erfolgte an natürlichen Aufschlußwänden, in Grabungen und durch Rammkernbohrungen. Bei den Rammkernbohrungen wurden jeweils 1 m lange Kerne mit einem Durchmesser von 5 cm geborgen. Durch ein PVC-Rohr in der Sonde wurde eine Kontamination des Sedimentkerns durch den Kontakt mit der Sonde selbst weitgehend vermieden. Auch eine nachfolgende Berührung des Bohrgutes mit Metall wurde vermieden. Sogenante „Blindproben" haben erwiesen, daß eine nachträgliche Kontamination der Proben jedenfalls vernachläsigt werden kann. Die Beprobung der Kerne erfolgte in der Regel im Abstand von 5 cm, teilweise von 10 cm. Dieser Beprobungsabstand hat sich in den Untersuchungen für die Fragestellung als hinreichend erwiesen.

Auf Grund der Ausstattung des Physiogeographischen Labors im Geographischen Institut der Universität Göttingen und im Hinblick auf die für die Fragestellung erforderliche Genauigkeit der Analysen wurde kein Gesamtaufschluß der Proben, sondern ein partieller Salpeteraufschluß durchgeführt. Die Proben wurden auf dem Sandbad mit 2-normaler Salpetersäure (HNO_3) zwei Stunden gekocht. Dabei ging ein Großteil der am Sediment ange-

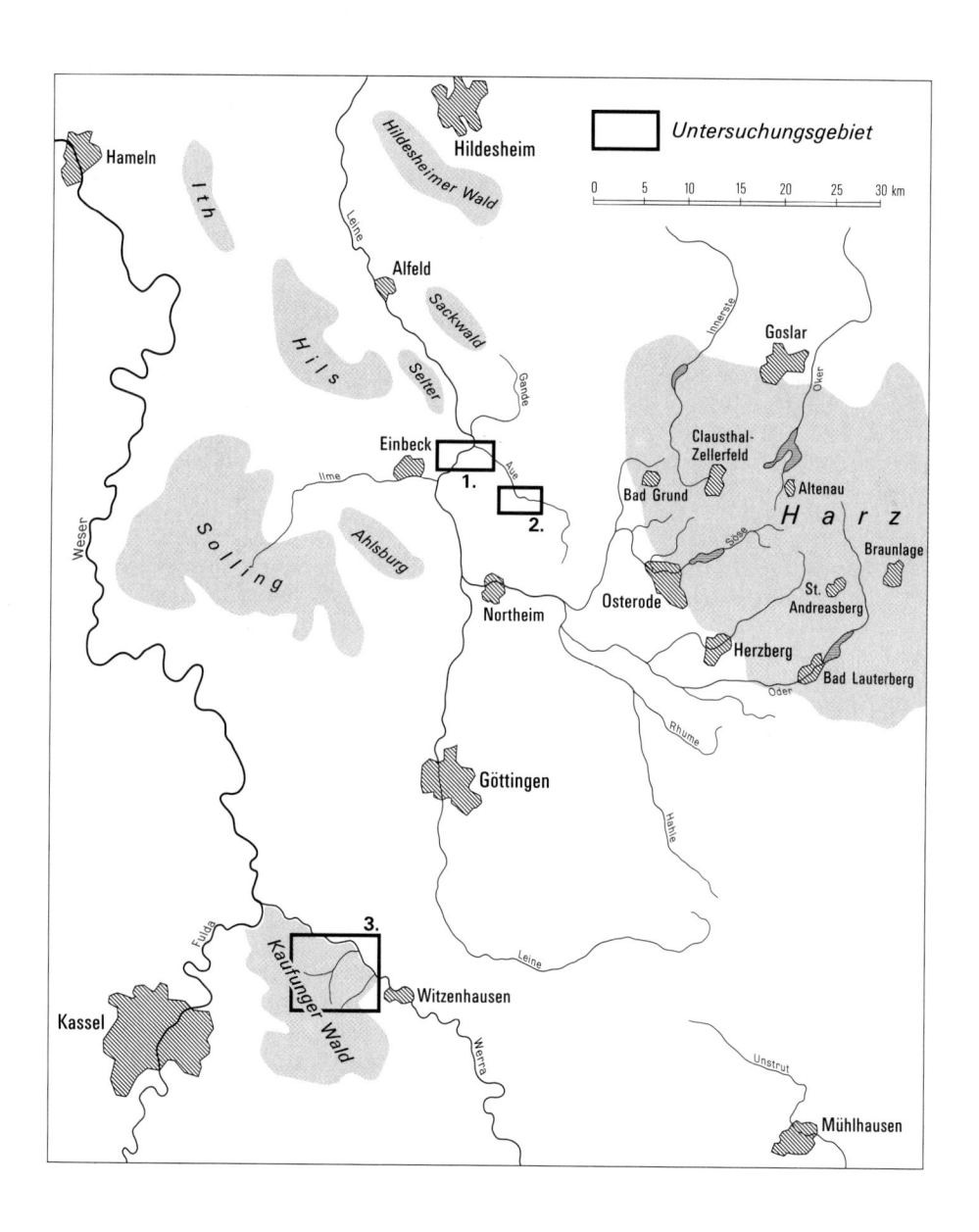

Abb. 1:
Lage der Untersuchungsgebiete
Location of study areas

lagerten Schwermetalle in Lösung. Das Aufschlußverfahren wird von ANDERSSON (1975) und THIEMEYER (1989) als relativ effektiv erachtet. Es bringt über 80% der Schwermetalle in Lösung, wobei die verschiedenen Schwermetalle unterschiedliche Lösungsraten aufweisen. Nach THIEMEYER (1989) werden außerdem ca. 35% der Tonfraktion gelöst. In Lösung gehen bei diesem Verfahren oxidische, organisch gebundene und an leichter verwitterbare Silikate gebundene Schwermetalle. Nach ZEIEN & BRÜMMER (1989) ist z.B. Blei in organischen Substanzen und Mn-Oxiden gebunden, Kupfer in organischen Substanzen und in geringem Maße in kristallinen Fe-Oxiden.

Die Schwermetallgehalte in der Lösung wurden nach dem Abfiltrieren mit dem AAS mittels Flamme und Graphitrohr gemessen. Untersucht wurden die Konzentrationen von Blei, Kupfer, Zink und Cadmium, von denen nach der Literatur im Hinblick auf die Einträge durch Bergbau und Verhüttung die klarsten Aussagen zu erwarten waren. Die Methodik der AAS-Messung wird eingehend von HEINRICHS (1975) und HEINRICHS & HERRMANN (1990) beschrieben und muß hier nicht weiter erörtert werden.

Für alle Proben wurden weiterhin das Korngrößenspektrum, der Glühverlust als Maß für die enthaltene organische Substanz, der $CaCO_3$-Gehalt und der pH-Wert bestimmt, um mögliche Korrelationen der Schwermetallgehalte mit diesen Parametern feststellen und mögliche Abhängigkeiten bestätigen oder ausschließen zu können. Zur Datierung der Sedimente dienten ^{14}C-Datierungen, Pollenanalysen von eingelagerten Mudden und Artefaktfunde.

3. Beispiele für die Anwendung von Schwermetallgehalten für die Differenzierung und Korrelierung von durch Bergbau und Verhüttung beeinflußten Auesedimenten im mittleren Leinetal

Die Möglichkeiten der Differenzierung von Auesedimenten mit Hilfe der Schwermetallgehalte soll am Beispiel von zwei Profilen aus dem Bereich des mittleren Leinetals bei Einbeck (vgl. Abb. 2) dargestellt werden. Das Einzugsgebiet liegt vor allem in triassischen bis jurassischen Sedimentgesteinen, dehnt sich aber im Osten bis in das paläozoische Grundgebirge des Harzes aus. Im mittleren Leinetal konnte PRETZSCH (1994 a) die über einem basalen Schwemmlöß oder einem schwarzen (Leine-)Ton folgenden holzänen Auesedimente nach Korngrößenspektrum, Kalkgehalt und Glühverlust wie folgt gliedern und zeitlich einordnen: Ältester Auelehm vom Präboreal bis zum älteren Subatlantikum, Alter Auelehm von der Eisenzeit bis zum Mittelalter, Junger Auelehm ab dem späten Mittelalter, Jüngster Auelehm ab Mitte des 19. Jh. Eingeschaltet sind verschiedene Schwemmzungen der Nebenbäche und Mudden als Zeugnisse alter Rinnensysteme. Die verschiedenen Auelehme werden mindestens stellenweise auch durch fossile Bodenbildungen voneinander getrennt, unter denen eine Schwarzerde besonders auffällig und weit verbreitet ist. Pollenanalytisch kann deren Bildung nach PRETZSCH (1994 a) in das Präboreal bis Boreal gestellt werden. Nach WILDHAGEN & MEYER (1972) soll sie sogar bis zum Ende des Subboreals angedauert haben.

Das Ausgangs- und Referenzprofil für die Untersuchung der Schwermetalle (Abb. 3) wurde durch eine Grabung erschlossen, die von PRETZSCH (1994a) südlich von Olxheim durchgeführt wurde. Sie erschließt die Sedimentfolge des Jungen und Jüngsten Auelehms. Betrachtet man die Schwermetallkonzentrationen, so fällt auf, daß alle gemessenen Gehalte oberhalb von 60 cm Tiefe deutlich ansteigen und nach Erreichen ihrer maximalen Werte zur Oberfläche hin wieder abnehmen. Unterhalb von 60 cm verlaufen die Kurven mehr oder weniger oszillierend mit einer zur Tiefe hin abnehmenden Tendenz, so daß die gemessenen absoluten Minima – mit leichter Abweichung beim Kupfer – am Fuß des Profils in 2 m Tiefe erreicht werden.

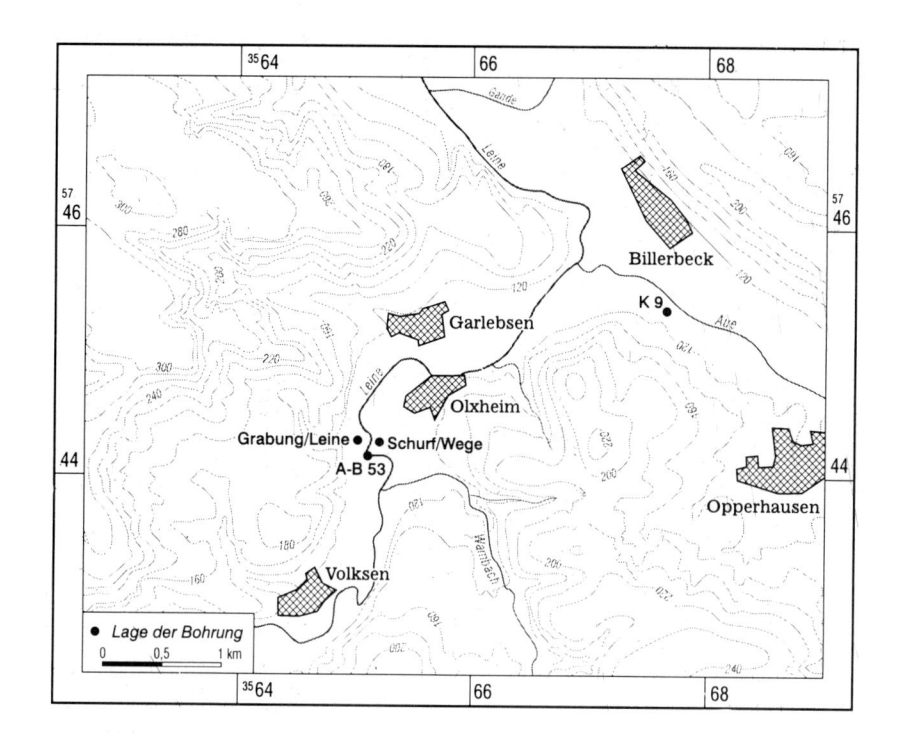

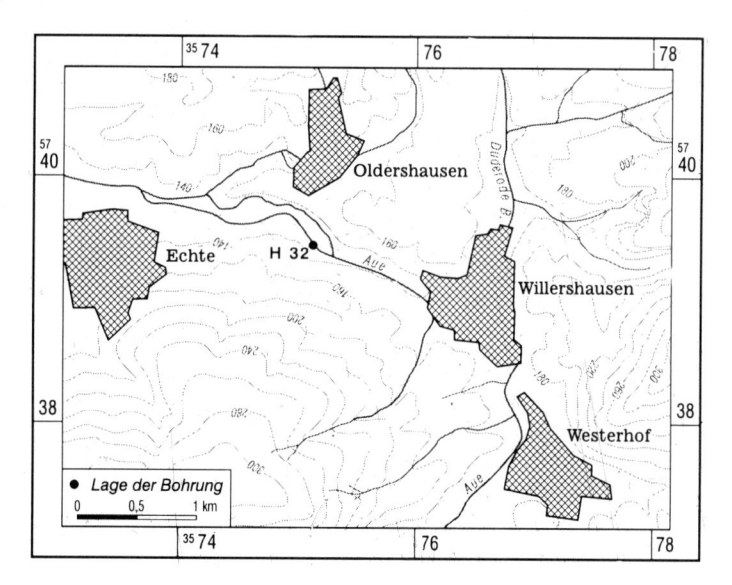

Abb. 2:
Lage der Grabungs- und Bohrprofile im mittleren Leinetal
und im Auetal
Field site location in the Leine and Aue valleys

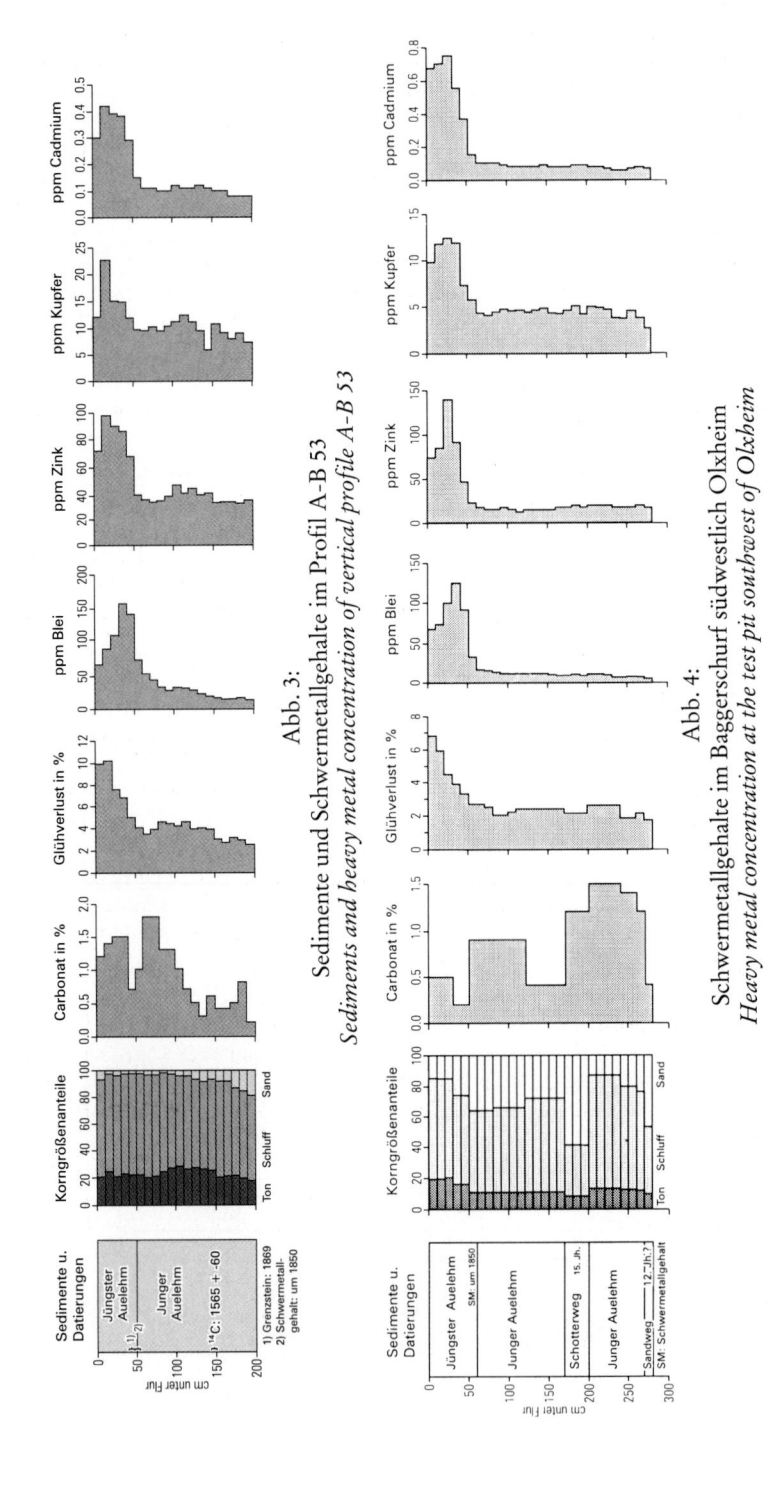

Abb. 3:
Sedimente und Schwermetallgehalte im Profil A-B 53
Sediments and heavy metal concentration of vertical profile A-B 53

Abb. 4:
Schwermetallgehalte im Baggerschurf südwestlich Olxheim
Heavy metal concentration at the test pit southwest of Olxheim

Das Bleimaximum von 157 mg/kg Trockenmasse (Tm) wurde für 40 cm Tiefe bestimmt. An der Oberfläche erreicht der Bleigehalt nur noch 66 mg/kg Tm, zur Tiefe hin nimmt er bis 95 cm Tiefe schnell auf 27,5 mg/kg Tm ab, pendelt bis 120 cm Tiefe und nähert sich dann einem Wert von 14,2 mg/kg Tm, der unterhalb 190 cm noch um weitere 1,6 mg unterschritten wird. Die Bleikurve zeigt keinerlei Korrelation mit der über das gesamte Profil ziemlich gleichbleibenden Verteilung der Korngrößen, abgesehen davon, daß das absolute Bleiminimum mit dem Minimum der Tonanteile und dem Sandmaximum zusammenfällt, was hier für die weitere Interpretation aber ohne Belang ist. Der im Glühverlust dokumentierte, zur Oberfläche zunehmende Gehalt an organischem Material könnte zwar zum Anstieg des Bleigehaltes beitragen, steht aber im Widerspruch zur Abnahme des Bleis oberhalb von 40 cm Tiefe und kann daher für den Kurvenverlauf ebenfalls nicht ausschlaggebend sein. Entsprechendes gilt für den z.T. erhöhten Carbonatgehalt unterhalb von 60 cm Tiefe. Nach ABO-RADY (1977) wirken die Carbonate zwar als „Verdünnungsfaktoren". Bei maximalen Carbonatgealten von 2% kann dieser Effekt jedoch vernachlässigt werden.

Es kann daher davon ausgegangen werden, daß die Verteilung der Bleigehalte als Funktion der Tiefe durch externe Faktoren und d.h. vor allem durch den unterschiedlichen primären Eintrag gesteuert worden ist. Dabei kann jedoch nicht ausgeschlossen werden, daß möglicherweise eine Tiefenverlagerung des Bleis nach dem ursprünglichen Eintrag stattgefunden hat. Eine solche Mobilisierung durch Lösung der Oxide und Hydroxide der Schwermetalle ist nach den Untersuchungen von HEINRICHS et al. (1986) besonders bei pH-Werten unter 6 gegeben. Der im Profil erreichte pH-Wert von 6,1 bis 7,2 läßt die Wahrscheinlichkeit einer Umlagerung nach Lösung daher als sehr gering erscheinen. Auch wegen der nach verschiedenen Autoren (WOLFENDEN & LEVIN 1978, TAYLOR 1996) geringen Mobilität gerade des Bleis darf man davon ausgehen, daß durch Umlagerung keine grundsätzliche Veränderung der Verteilung im Sediment erfolgt ist.

Die Gehalte an Kupfer, Zink und Cadmium steigen wie die des Bleis ab 60 cm deutlich zur Oberfläche an, erreichen ihr Maximum aber erst in 30 cm Tiefe. Die tiefenwärtige Abnahme der Schwermetallgehalte erfolgt beim Kupfer mit besonders starken Schwankungen. Die Kurven von Zink und Cadmium zeigen besonders große Ähnlichkeiten in ihrem Verlauf. Allen drei Schwermetallen ist gemeinsam, daß sich die jeweiligen Gehalte zwischen 60 cm und 140 cm auf etwa gleichem Niveau bewegen, um dann nochmals deutlich abzunehmen. Hinsichtlich der Beziehung zu Korngrößenverteilung, Glühverlust, Carbonatgehalt und pH-Wert gelten die Feststellungen, die für das Blei getroffen wurden.

Die besonderen Umstände dieses Grabungsprofils erlauben es, eine begrenzte Datierung der hier aufgeschlossenen Auesedimente vorzunehmen. In der Grabung wurden u.a. ein Grenzstein, ein Knochen und eine Gürtelschnalle gefunden. Die Setzung des Grenzsteins darf mit ziemlicher Sicherheit mit der unmittelbar benachbarter Grenzsteine zeitlich parallelisiert werden. In den Katasterunterlagen über die Verkoppelung 1869/70 ist das Datum 2.12.1869 für diese Setzungen angegeben. Nach der Tiefe des Steins ist danach eine Sedimentation von ca. 45 cm Auelehm erfolgt. Diese Datierung wird durch entsprechende Lage eines auf 1880 zu datierenden Abbruchhorizontes am nahegelegenen Leineturm unterstützt (PRETZSCH, 1994 a, 1994 b). Der Knochen, ein Schienbeinknochen einer Ziege oder eines Schafes[1], wurde in 145 cm Tiefe gefunden und mit 1565 ± 60 AD datiert[2]. Eine

---

[1] Bestimmung durch Herrn Frisch, Schleswig-Holsteinisches Landesmuseum, Schleswig
[2] AMS-Datierung des Instituts für Mittelenergiephysik der ETH Zürich nach Aufbereitung im Radiokarbonlabor des Geographischen Instituts der Universität Zürich (UZ-2630/ETH-6789)

Verlagerung des Knochens kann sicher nicht ausgeschlossen werden, doch spricht die noch im 18. und 19. Jh. vorhandene Benennung des Ablagerungsortes als Brück-Anger durchaus für die Möglichkeit einer primären Ablagerung. Jedenfalls sind die Sedimente im Hangenden jünger als 1500 AD. Die kupferne Gürtelschnalle, die in 195 cm Tiefe gefunden wurde, ist in die Zeit des 12. bis 15. Jh. zu stellen[3]. Ergänzend ist auf den Fund eines Ziegelsteins in 160 cm Tiefe hinzuweisen, der frühestens aus dem 11. Jh. stammen kann, wahrscheinlich aber wesentlich jünger ist. Nach diesen Datierungen lassen sich die obersten 45 cm der Auesedimente und damit die Maxima der Schwermetallgehalte mit Sicherheit der Zeit nach 1870 zuweisen, der deutliche Anstieg muß etwas früher erfolgt sein. Auch die gegenüber der Basis leicht erhöhten Schwermetallgehalte oberhalb 140 cm Tiefe gehören auf jeden Fall bereits in die Neuzeit.

Versucht man, die so zeitlich grob eingehängten Schwermetallgehalte in Beziehung zu Bergbau- und Verhüttungsphasen im Einzugsgebiet zu bringen, so ist zu beachten, daß die Leine über ihren größten Nebenfluß, die Rhume, an den südwestlichen Harz und das westliche Harzvorland angeschlossen ist (Abb. 1). Dies ist ein Bereich, aus dem eine frühe Bergbau- und Verhüttungstätigkeit gut belegt ist, wenn auch gerade wegen der Vielfalt der Standorte eine genaue zeitliche Differenzierung vor allem auch hinsichtlich der Intensität der Förderung und Verhüttung schwerfällt (vgl. DENECKE 1978). PRETZSCH (1994 a) hat nach eingehenden Literaturstudien und unter Benutzung von Archiven die wesentlichen Phasen des Bergbaus für die wichtigsten Abbaugebiete zusammengestellt. Die Ergebnisse sind in Abb. 5 zusammengefaßt. Es ergibt sich daraus zunächst eine deutliche Beziehung zu den Befunden im Grabungsprofil. Das Bleimaximum kann der Zeit höchster Produktivität in Erzbergbau und -verhüttung zwischen 1860 und 1880 zugeordnet werden. Es wird wie die Anstiege der Gehalte der anderen untersuchten Schwermetalle wahrscheinlich durch die beginnende allgemeine Industrialisierung im Einzugsgebiet noch verstärkt

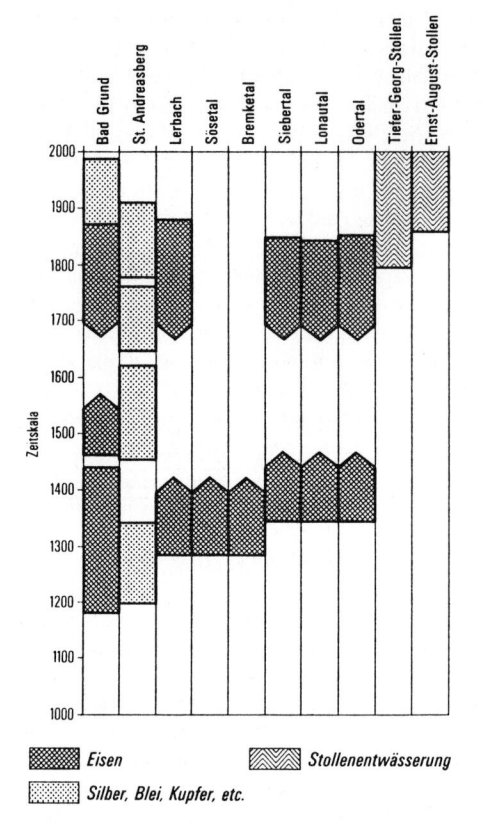

Abb. 5:
Bergbauphasen im Oberharz
Stages of mining in the Upper Harz mountains

---

[3] Herr Dr. G. Stephan, Seminar für Ur- und Frühgeschichte der Universität Göttingen gab diese Einstufung mit der Einschränkung, daß es kaum Literaturbearbeitungen gebe. Eine mögliche Einordnung als neuzeitlich ist nach den Fundumständen auszuschließen.

worden sein. Die weitaus jüngeren absoluten Maxima von Kupfer, Zink und Cadmium könnten in die Periode zwischen 1935 und 1945 fallen. Der höhere Schwermetallgehalt bis ca. 140 cm Tiefe kann in die Zeit zwischen der Mitte des 16. Jh. und dem Ende des 17. Jh. gestellt werden, beginnend mit dem Erzbergbau im St. Andreasberger Revier. Es soll hier wegen der schwachen Ausprägung anderer Maxima davon abgesehen werden, noch weitere Interpretationen vorzunehmen. Stattdessen folgt ein Vergleich der Ergebnisse mit einem benachbarten Profil.

Nur wenig entfernt von dem behandelten Grabungsprofil wurde auf der anderen Seite der Leine ein Baggerschurf durchgeführt, der das Ziel hatte, dort nach Bohrungen und Literaturunterlagen (DENECKE 1969) in der Aue vermutete historische Wege aufzuschließen (PRETZSCH 1994 a). Das Ergebnis der einschlägigen Untersuchungen der Sedimente ist in Abb. 4 dargestellt. Bei ähnlichen Voraussetzungen hinsichtlich der Eigenschaftem der Sedimente, abgesehen von den künstlichen Aufschüttungen der Wege, zeigt sich ein ganz ähnlicher Kurvenverlauf der Schwermetallgehalte wie vorher. Das gilt vor allem hinsichtlich des Anstieges in den oberen 50 cm und der Verspätung der absoluten Maxima von Kupfer, Zink und Cadmium gegenüber dem Blei, aber mit einer Doppelgipfeligkeit dieser drei Schwermetallkurven gegenüber dem Blei, mit dessen absolutem Maximum ihr zweites Maximum zusammenfällt. Auch hier ist eine leichte Verminderung der Schwermetallgehalte zur Basis hin ab ca. 190 cm Tiefe festzustellen, die mit der Abnahme der Gehalte im Profil A-B 53 ab 140 cm Tiefe parallelisiert werden kann. Dazu gibt auch das in beiden Profilen ausgeprägte Kupferminimum an dieser Stelle Anlaß.

Dieses Profil mag zunächst belegen, daß die gefundene Differenzierung der Schwermetallgehalte mit der Tiefe über den lokalen Befund hinaus im gleichen Einzugsgebiet grundsätzlich regelhaft erfolgt, wie das nach den bestimmenden Faktoren zu erwarten ist. Damit ist eine Korrelation der Auensedimente der beiden Profile und eine Übertragbarkeit der im Profil A-B 53 gewonnenen Datierungen möglich. Umgekehrt kann versucht werden, die Datierungen des Profils A-B 53 durch solche aus dem Schurf zu ergänzen. Für den Schotterweg als jüngerem der beiden angeschnittenen Wege zeichnet sich nämlich nach sorgfältiger Interpretation der vorhandenen Quellen (PRETZSCH 1994 a) eine Anlage um die Mitte des 15. Jh. ab, was die Datierung der hangenden Sedimente in Korrelation mit Profil A-B 53 mit „nach 1500" oder entsprechend den Bergbauaktivitäten „nach Mitte des 16.Jh." unterstützt. Der ältere Sandweg ist möglicherweise schon im 12. Jh. enstanden. Signifikante Schwermetallgehalte sind dieser Zeit in den beiden Profilen nicht zuzuordnen.

4. Schwermetallgehalte in Sedimenten des Auetals und ihre Beziehung zu mittellalterlicher Verhüttungstätigkeit und zu den Sedimenten des Vorfluters Leine

Im Tal der Aue, einem kleinen Zufluß der Leine, der nahe der vorstehend behandelten Lokalitäten mündet (s. Abb. 2), zeigt sich ein ganz anderes Bild der Schwermetallbelastung der Auesedimente, wie das Profil der Rammkernbohrung L 32 (Abb. 6) verdeutlicht, die von LENIGER (1991) bis zur Schotterbasis abgeteuft und analysiert wurde. Alle analysierten Schwermetalle zeigen ein ausgeprägtes Maximum in 210–220 cm Tiefe, von dem aus die Gehalte nach unten und nach oben deutlich absinken. Nach unten erfolgt die Abnahme bei Blei und Cadmium sehr rasch ohne größere Schwankungen, bei Kupfer und Zink langsamer, und bei diesen beiden Metallen sind vier sekundäre Maxima in jeweils etwa gleicher Tiefe zu erkennen. Zur Oberfläche hin pendeln sich die Schwermetallgehalte auf ein gegenüber der Basis deutlich höheres Niveau ein, aber es fehlt völlig das aus der Leine bekannte neuzeitliche Maximum. Auffällig ist ein Sekundärmaximum nur des Kupfers bei 140 cm Tiefe und ein schwaches Maximum aller Metalle außer Kupfer bei 110 cm. Die für die Auesedimente der Leine so typischen Maxima in ca. 50 cm Tiefe mit leichtem Abfall der Gehalte zur Oberfläche fehlen.

Die Beziehung der Schwermetallgehalte zu den Sedimenteigenschaften zeigen, daß das absolute Maximum in 210 cm in einem Horizont hoher Tongehalte und hoher Glühverluste auftritt und daß Entsprechendes auch für das sekundäre Kupfer- und Zinkmaximum in 290 cm gilt, wo ein fossiler Boden nachgewiesen werden konnte. Der Vergleich mit dem Gesamtprofil macht aber auch deutlich, daß die Schwermetallgehalte der absoluten Maxima nicht durch diese Eigenschaften allein erklärt werden können, sondern daß zur Erklärung dieses Maximums externe Faktoren angenommen werden müssen. Da kein Anschluß des Gewässers an das Harzer Bergbaurevier vorhanden ist, was auch aus den gänzlich anderen Kurvenverläufen deutlich wird, ist hier an eher lokale Einflüsse zu denken. Die maximalen Schwermetallgehalte sind mit 24,6 mg/kg Tm beim Blei, 27,9 mg/kg Tm beim Zink und 3,9 mg/kg Tm beim Kupfer erheblich niedriger als an der Leine, was ebenfalls für eine durch lokale Einflüsse bedingte Verteilung der Schwermetallgehalte spricht. Auch das offenbare Fehlen eines Einflusses der Industrialisierung kann auf die abseitige Lage des relativ kleinen Einzugsgebietes zurückgeführt werden.

Leider fehlt weitgehend die Möglichkeit zu einer direkten Datierung im Profil selbst. Eine Pollenanalyse im fossilen Oberboden war wegen der geringen Pollenzahl und schlechten Pollenerhaltung nicht möglich. Mit Einschränkungen könnte der fossile Bodenhorizont aber mit der ca. 10 km talabwärts gefundenen und pollenanalytisch ins Präboreal datierten fossilen Schwarzerde parallelisiert werden, womit allerdings kein wesentlicher Erkenntnisfortschritt verbunden wäre. Von DENECKE (1969) wurde jedoch nur etwa 800 m talaufwärts der Bohrung L 32 eine Rennfeuerstelle gefunden. Nach mündlicher Mitteilung von D. Denecke ist eine Benutzung der Rennfeuerstellen des westlichen Harzvorlandes im frühen Mittelalter anzunehmen, da eine zunehmende Besiedlung des Gebietes erst mit dem Auftreten der -hausen-Ortsnamen verbunden ist und da es für hochmittelalterliche Metallverarbeitungsstellen bessere und eindeutigere Belege gibt. Da diese „Öfen" wegen der Vergrusung und Verschlackung häufig nur einmal benutzt worden sind, befinden sich wahrscheinlich mehrere historische Rennfeuerstellen in der näheren Umgebung. Diese eine wurde zufällig durch oberflächennahe Schlackenfunde entdeckt. Wahrscheinlich ist hier das Eisenerz des Lias gamma von Echte verhüttet worden.

Danach erscheint eine Datierung der Schwermetallmaxima in 210–220 cm Tiefe in das Mittelalter recht gut abgesichert. Davon ausgehend könnte das Sekundärmaximum in 260 cm, knapp oberhalb des wahrscheinlich präborealen bis borealen fossilen Bodens analog zu der Darstellung von NIEHOFF et al. (1992) vielleicht in die Bronzezeit gestellt werden, aber letztlich gibt es dafür keine hinreichenden Belege. Entsprechendes gilt für eine zeitliche Zuordnung der anderen Maxima.

Die bisher an Profilen aus dem Leinetal und aus dem Auetal vorgestellten Schwermetallverteilungen in Auesedimenten können bei der Auswertung anderer Profile herangezogen werden. Dies sei am Beispiel einer Kernbohrung (K 9, Abb. 7) dargestellt, die an der Mündung der Aue in die Leine abgeteuft wurde (Lage s. Abb. 2). Die Schwermetalle – abgesehen vom Kupfer – zeigen in den obersten 50 cm des Profils ihre höchsten Werte, was den Verhältnissen in der Leineaue entspricht. Allerdings erreichen die Werte in K 9 nur 16 – 50% von denen in A-B 53. Dies kann als eine „Verdünnung" unter dem Einfluß der Aue angesehen werden und entspricht einer Verzahnung der Sedimente von Aue und Leine in diesen Horizonten im Jüngeren Auelehm seit ca. 1850. Ein abwärts folgendes Schwermetallminimum korreliert mit einem kolluvialen Eintrag in die Aue. Die im Liegenden anschließenden Schwermetallgehalte liegen bis 270 cm Tiefe alle deutlich unter denen, die in der Leineaue in diesen Tiefen erreicht werden, aber höher als die an der Aue, abgesehen von den dortigen mittelalterlichen Maxima. Auch dies würde einer Verzahnung der Sedimente aus beiden Einzugsgebieten entsprechen. Dabei fällt die Absenkung der Schwermetallgehalte gegenüber der Leineaue stärker ins Gewicht, was für einen größeren Anteil der Sedimentation aus dem Aue-Einzugsgbiet spricht. Die im Auetal in der Bohrung L 32 deutlich ausgeprägten mittelalterlichen Schwermetallmaxima sind in K 9 so nicht mehr vorhanden.

Deutlich erkennbar sind dagegen Schwermetallmaxima oberhalb und unterhalb eines fossilen Oberbodens in 220–240 cm Tiefe, der wegen seiner typischen Ausprägung als die bereits erwähnte, bis in das Boreal, nach WILDHAGEN & MEYER (1972) bis in die Bronzezeit, gebildete Feuchtschwarzerde angesprochen werden kann. Pollenanalytische Bestimmungen einzelner Horizonte im Liegenden unterstützen diese stratigraphische Einstufung des Bodens (vgl. Abb. 7). Eine Pollenanalyse des Bodens selbst war wegen zu geringer Pollendichte leider nicht möglich, und ebenso fehlt eine Schwermetallbestimmung, da das Probenmaterial aus diesem Horizont verbraucht war, ehe sich die Durchführung als sinnvoll und möglich erwies. Auffällig ist das rapide Absinken aller Schwermetallkonzentrationen knapp unterhalb des Bodens auf bis zur Basis der Auenesedimente etwa gleichbleibende Werte, die als Grundbelastung (geogener *Background*), d.h. als von anthropogenen Einflüssen unbeeinflußt angesehen werden können. Der anthropogene Einfluß setzte daher um die Zeit der Bodenbildung ein und kann als frühestens bronzezeitlich angesehen werden. Die hier diskutierten Maxima könnten also eine Entsprechung zu denen darstellen, die für die Bohrung L 32 in 260 cm Tiefe auftreten. Es muß offen bleiben, ob es möglicherweise zu einer Kontamination älterer Schichten durch Verlagerungen auch im Zuge der Bildung des fossilen Bodens gekommen ist.

Diese stratigraphische Einstufung hilft in Verbindung mit den Schwermetallgehalten bei der Klärung einer anderen Frage, die bei der pollenanlytischen Untersuchung einzelner Horizonte im untersten Abschnitt des Profils aufgetreten war[4]. Hier zeigte sich unterhalb des fossilen Bodens zunächst eine klare Abfolge mit einem Anstieg der EMW- und Corylus-Werte zwischen 338 und 250 cm und einer Dominanz der Betula-Werte mit ca. 80 % in 338 cm Tiefe und Pinus-Anteilen von über 80% zwischen 250 und 268 cm Tiefe, so daß eine Zuordnung zum späten Präboreal bis zum beginnenden Boreal erfolgen konnte. Dagegen führten die Befunde unterhalb 440 cm zunächst zu Verwirrung. Hier auftretende Pollen von Fagus, Carpinus und Juglans führten zu einer erheblich jüngeren Einstufung mit maximal römerzeitlichem Alter. Die Schwermetallgehalte schließen diese Datierung wegen des Fehlens anthropogener Einflüsse jedoch eindeutig aus. Eine gesicherte Erklärung für den zunächst irreführenden pollenanalytischen Befund kann hier nicht gegeben werden, am ehesten wäre an eine zufällige Verunreinigung zu denken.

5. Beispiele für die Differenzierung von Auesedimenten durch Schwermetalle an der unteren Werra und in ihren Nebentälern unter dem Einfluß von Glashütten

Bei dem letzten hier vorzustellenden Untersuchungsgebiet handelt es sich um das Tal der unteren Werra zwischen Witzenhausen und Hedemünden mit den aus dem Kaufunger Wald mündenden Nebentälern des Rautenbachs und des Hungershäuser Bachs (Abb. 8). Diese Täler wurden von HONG (1995) eingehend bearbeitet. In der Bohrung H 222 in der Aue der Werra zeigt sich bei ähnlichem Sedimentaufbau wie in der Leineaue ein hinsichtlich der Schwermetallgehalte von den Verhältnissen an der Leine gänzlich abweichendes

---

[4] Die Pollenanalyse wurde von Herrn Dr. Bartens, Institut für Palynologie und Quartärwissenschaften der Universität Göttingen, durchgeführt.

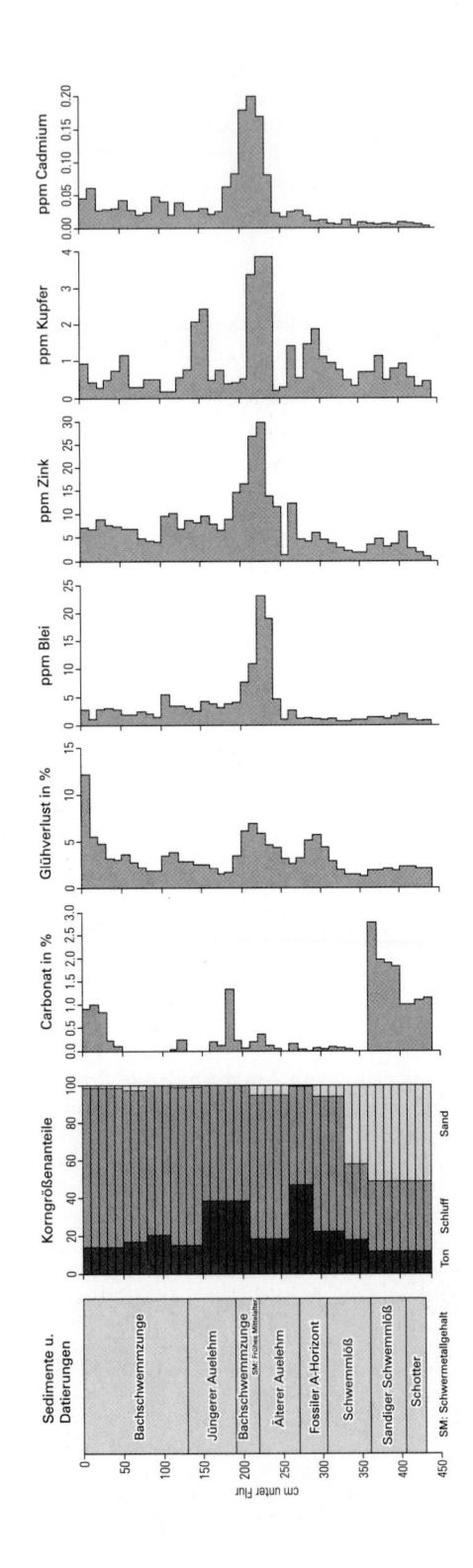

Abb. 6:
Sedimente und Schwermetallgehalte im Profil L 32
Sediments and heavy metal concentration of vertical profile L 32

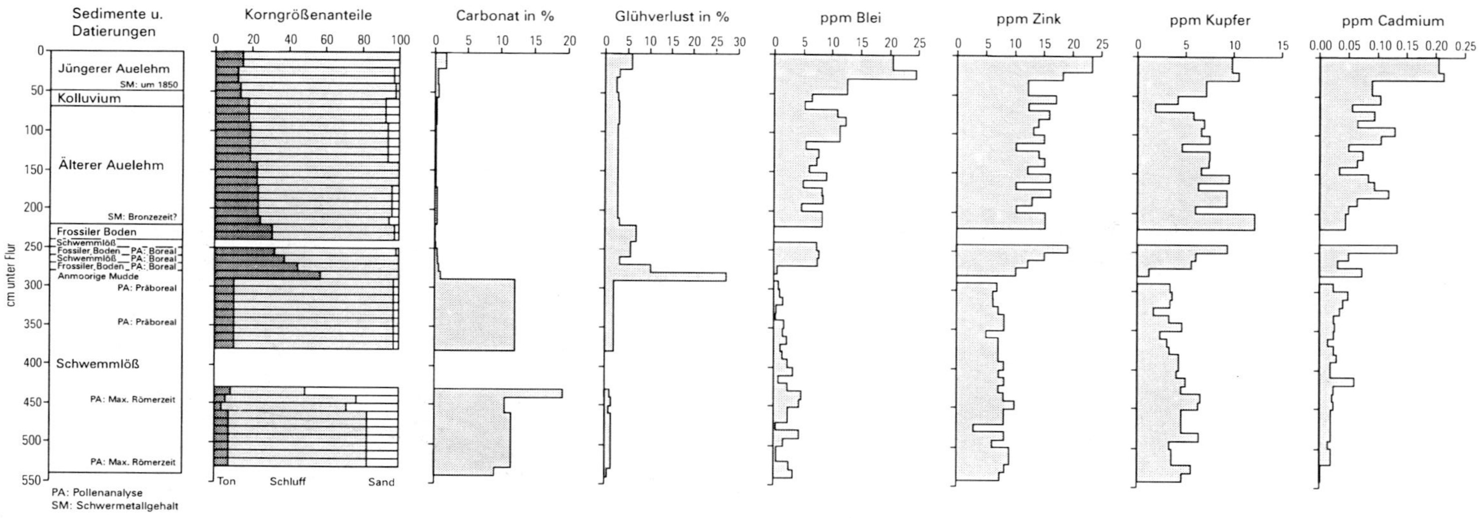

Abb. 7:
Sedimente und Schwermetallgehalte im Profil K 9
Sediments and heavy metal concentration of vertical profile K 9

Bild (Abb. 9). Das ist trotz ähnlicher geologischer Verhältnissen kaum anders zu erwarten, da ein Anschluß an ein altes Bergbau- und Verhüttungsgebiet fehlt. Die Verhüttung des Kupferschiefers im entfernten Sontra bis Mitte des 20. Jh. und zeitweilig auch im näher gelegenen Albungen schlägt sich in den Schwermetallgehalten jedenfalls nicht signifikant nieder.

Die Schwermetallgehalte steigen zur Oberfläche hin zwar leicht an, aber ohne die ausgeprägten Maxima, die in der Leineaue charakteristisch sind, ja ohne hier überhaupt ihre absoluten Maxima zu erreichen, wenn man vom gerade erreichten Höchstwert beim Blei einmal absieht. Mit 4,8 mg/kg Tm für Blei, 12,5 mg/kg Tm für Kupfer, 8,7 mg/kg Tm für Zink und 0,22 mg/kg Tm für Cadmium betragen die Gehalte für Blei und Zink nur 3 bzw. 9%, für Kupfer und Cadmium immerhin über 50% der Gehalte in Grabung A-B 53. Die Werte für Blei und Zink sind auch deutlich niedriger als beim Profil im Auetal (L 32). Umso auffälliger sind einige schwache Maxima für Blei, Kupfer und Zink bzw. Blei und Kupfer, die in 200 cm, 310 cm, 350 cm und 375 cm Tiefe auftreten. Dabei wird mit 375 cm Tiefe ein Horizont erreicht, der nach einer Pollenanalyse und einer ^{14}C-Datierung (5620 ± 60 BP) in das Subboreal einzuordnen ist[5, 6]. Vor einer Interpretation dieser Maxima erscheint es zweckmäßig, die Befunde aus den beiden in der Nähe mündenden Nebentälern mitzuteilen, um mögliche lokale Faktoren besser abschätzen zu können.

Die Bohrungen im Rautenbachtal (H 54, s. Abb. 10) und im Tal des Hungershäuser Baches (H 215, s. Abb. 11) haben beide nur Auesedimente von weniger als 200 cm Mächtigkeit durchteuft, die nach pollenanalytischen Befunden[6] im wesentlichen seit dem Mittelalter abgelagert worden sind. In beiden Profilen sind Schwermetallmaxima zu erkennen, die nicht aus den Eigenschaften der Sedimente erklärt werden können und nach ihrer Lage zu den pollenanalytisch datierten Horizonten als mittelalterlich bis neuzeitlich anzusehen sind.

Am Rautenbach fallen die Maxima für Blei und Kupfer in knapp 140 cm Tiefe auf, die trotz geringer Gehalte von knapp 6 bzw. 12 mg/kg Tm gegenüber den Minima von nur 1–2 mg/kg recht ausgeprägt sind. Erst bei 80 cm Tiefe erfolgt ein erneuter deutlicher Anstieg der Blei- und Kupfergehalte, der sich beim Kupfer bis zur Oberfläche fortsetzt, während das Blei von 25 cm aufwärts wieder abnimmt. Abweichend davon erreicht Zink seine höchsten Werte zwischen 110 und 200 cm und weist ein weiteres leichtes Maximum zwischen 20 und 60 cm auf. Mit durchweg etwas geringeren absoluten Werten sind die Schwermetallgehalte am Hungershäuser Bach ähnlich verteilt.

Sucht man nach einer anthropogenen Beeinflussung der Schwermetallverteilung, so ist festzustellen, daß im Einzugsgebiet dieser Bäche als Gewerbe oder Industrie nur die Glasmacherei bekannt ist. Sie wird nach LANDAU (1843) für den Kaufunger Wald erstmals 1446 erwähnt, und schon für den Beginn des 16. Jh. ist der Betrieb von Wanderglashütten aus fast allen kleinen Tälern des Kaufunger Waldes mit einem Bachlauf und auch für Ziegenhagen überliefert. Erst im Ausgang des 17. Jh. nahm der Betrieb wegen Holzmangels beständig ab (LEISS 1966). Die Tätigkeit der mit der Glasmacherei verbundenen Köhlerei ist durch zahlreiche alte Meilerplätze auch im Gelände gut dokumentiert. Neben der Produktion von farbigen Gläsern und Fensterglas ist ab 1583 die Kristallglasherstellung bekannt, zu der neben

---

[5] Die ^{14}C-Datierung einer Schnecke (UZ-3600/ETH-12324) erfolgte mit der AMS-Technik am Institut für Mittelenergiephysik der ETH Zürich, die Aufbereitung im ^{14}C-Labor des Geographischen Instituts der Univ. Zürich.

[6] Die Pollenanalyse wurde von Herrn Prof. Grüger, Institut für Palynologie und Quartärwissenschaften der Universität Göttingen, durchgeführt.

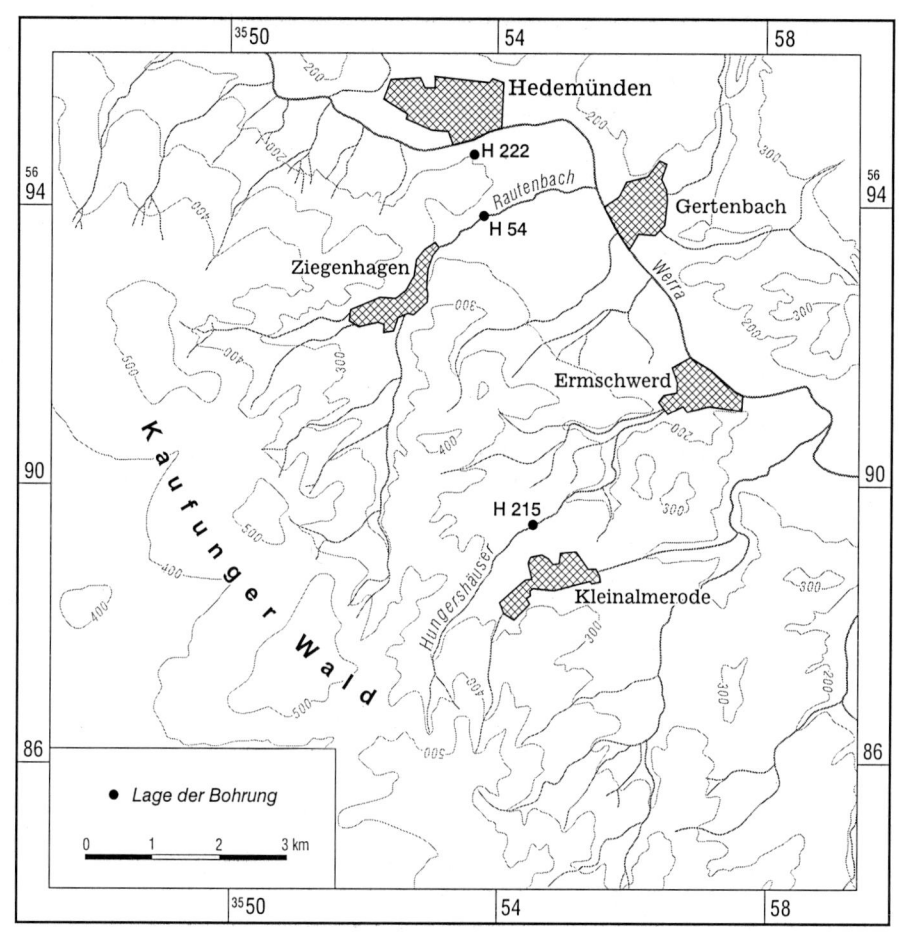

Abb. 8:
Lage der Bohrprofile im Werratal und seinen Nebentälern
Sites of drillings in the valleys of the Werra river and its tributaries

Blei nach Rechnungsbelegen auch Kupfer und Zinn verwandt wurden. Bei Ziegenhagen existiert im Einzugsgebiet des Rautenbachs noch der Ortsteil Glashütte, der den Standort einer hier bis 1907 bestehenden festen Hütte ausweist, die etwa 1780 errichtet wurde (SAUER 1979). Ein Vertrag von 1641 über die Errichtung einer Hütte im Einzugsgebiet des Rautenbaches erwähnt bereits die Sorgen über eine Waldvernichtung durch die Holzkohlegewinnung (SAUER 1979).

Mit diesen historischen Daten läßt sich zumindest der Anstieg der Schwermetallgehalte in den Sedimenten des Rautenbaches bei 80 cm und der – außer beim Kupfer – ab ca. 25 cm folgende Abfall gut mit der Betriebszeit der festen Glashütte vom ausgehenden 18. bis zum beginnenden 20. Jh. parallelisieren. Die tiefer im Sediment liegenden Schwermetallmaxima dürften auf verschiedene Phasen der Aktivität von Wanderglashütten zurückzuführen sein, die dazwischen liegenden Minima für Kupfer und Blei auf den Rückgang der Glasmacherei im 17. Jh. Da die Gehalte auch an der Basis der Auesedimente offenbar über der Grundbe-

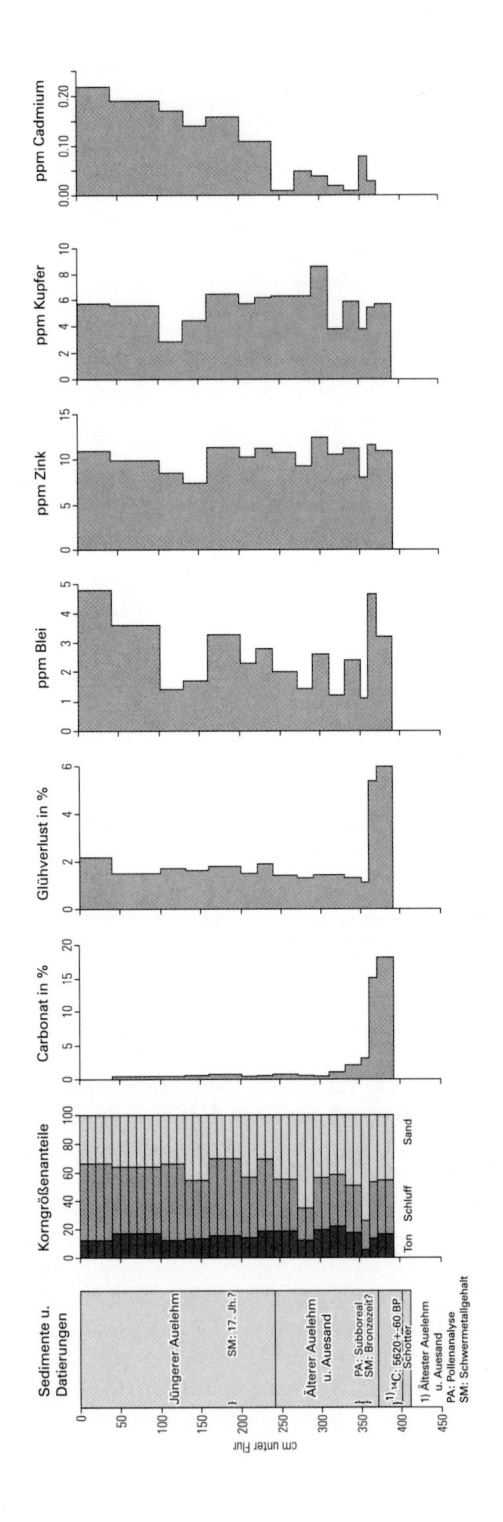

Abb. 9:
Sedimente und Schwermetallgehalte im Profil H 222
Sediments and heavy metal concentration of vertical profile H 222

Abb.10:
Sedimente und Schwermetallgehalte im Profil H 54
Sediments and heavy metal concentration of vertical profile H 54

Abb.11:
Sedimente und Schwermetallgehalte im Profil H 215
Sediments and heavy metal concentration of vertical profile H 215

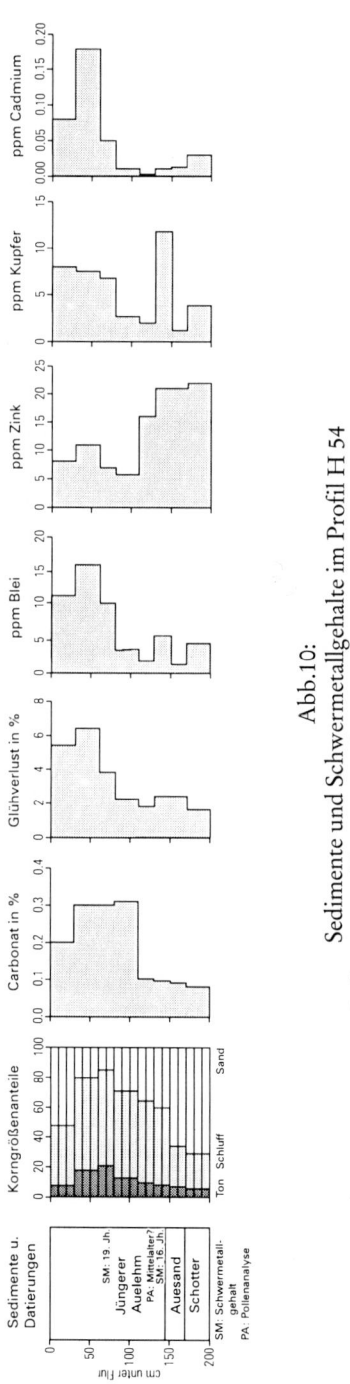

lastung liegen, ist anzunehmen, daß diese erst in der Zeit der ersten Wanderglashütten im 16. Jh. abgelagert wurden. Die sich v.a. auf den Nachweis von Getreidepollen gründende pollenanalytische Datierung ins Mittelalter steht nicht im Widerspruch dazu. Für die auf niedrigerem Niveau i.a. ähnliche Schwermetallverteilung am Hungershäuser Bach wird man grundsätzlich die gleichen Ursachen annehmen dürfen wie für das Rautenbachtal, auch wenn hier konkrete Daten fehlen.

Geht man aus diesen Nebentälern zurück in das Werratal, so wäre es möglich, die Schwermetallmaxima in etwa 200 cm Tiefe mit dem durch die Glashütten verursachten Eintrag aus den Nebentälern zu erklären und das nach oben folgende Minimum mit dem Niedergang dieses Gewerbes am Ende des 17. Jahrhunderts. Damit ergibt sich auch eine Korrelation zwischen den unterschiedlich mächtigen Sedimenten in Haupttal und Nebentälern, die für weitere flußmorphologische Überlegungen von Nutzen sein kann. Für die Schwankungen der Schwermetallgehalte unterhalb von 200 cm Tiefe lassen sich dagegen aus den Verhältnissen in den Nebentälern keine Erklärungen ableiten. Sie müssen auf Ereignisse im weiteren Einzugsgebiet der Werra zurückgeführt werden. Dabei wären die Schwermetallmaxima in 360 cm Tiefe unter Bezug auf die benachbarten Datierungen möglicherweise auf einen bronzezeitlichen Bergbau zurückzuführen.

6. Ergebnisse und Folgerungen

Anhand der Veränderungen der Schwermetallgehalte als Funktion der Tiefe in sieben Grabungs- und Bohrprofilen aus Auesedimenten der Leine und Werra und einiger kleiner Nebenflüsse konnte gezeigt werden, daß sich für die unterschiedlichen Einzugsgebiete unterschiedliche Charakteristika der Schwermetallverteilung ergeben. Diese können zunächst für eine Differenzierung der Sedimentfolge oder für deren Unterstützung herangezogen werden. Sie können in dem jeweiligen Einzugsgebiet auch zu einer Korrelierung der Horizonte voneinander entfernt gelegener Profile und – soweit in einem Profil auf andere Weise Datierungen erfolgt sind – zu einer Übertragung der Daten genutzt werden. An Flußmündungen lassen sich bei unterschiedlichen Schwermetallgehalten und -verteilungen in Haupt- und Nebenfluß deren Anteile an der Sedimentation grob abschätzen. Diese Anwendungen sind umso zuverlässiger, je klarer Schwermetallmaxima und -minima in den Sedimenten ausgeprägt sind. Sie können durchaus wichtige Beiträge im Rahmen der fluvialmorphologischen Analyse von holozänen Sedimenten liefern. Der analytische Aufwand hält sich zwar in Grenzen, übersteigt aber für ein Institutslabor doch das für Routineuntersuchungen vertretbare Maß, so daß nur eine jeweils konkreten Fragestellungen entsprechende gezielte Anwendung empfohlen werden kann. Dazu gehört in manchen Fällen auch die Beschränkung der Analysen auf nur ein oder zwei Schwermetalle.

Danksagung: Die Verfasser danken für vielfältige Hilfe und Unterstützung: Herrn Dr. Keller, ^{14}C-Labor des Geographischen Instituts der Universität Zürich, für die Radiokarbondatierungen, Herrn Prof. Grüger und Herrn Dr. Bartens, Institut für Palynologie und Quartärwissenschaften der Universität Göttingen, für die Pollenanalysen, Herrn Dr. Stephan, Seminar für Ur- und Frühgeschichte der Universität Göttingen, für archäologische Bestimmungen, Herrn Frisch, Schleswig-Holsteinisches Landesmuseum, Schleswig, für eine Knochenbestimmung und schließlich Frau Walther, Herrn Zimmermann und Herrn Schmitt, Geographisches Institut der Universität Göttingen, für die AAS-Messungen.

Literatur

ABO-RADY, M.D.K. (1977): Die Belastung der Oberen Leine mit Schwermetallen durch kommunale und industrielle Abwässer – ermittelt anhand von Wasser-, Sediment-, Fisch- und Pflanzenuntersuchungen. Diss. Univ. Göttingen.

ANDERSSON, A. (1975): Relativ efficiency of nine different soil extractions. Swedisch J. agric. Res., 5: 125–135.

DENECKE, D. (1969): Methodische Untersuchungen zur historisch-geographischen Wegeforschung im Raum zwischen Solling und Harz. Gött. Geogr. Abh., 54.

DENECKE, D. (1978): Erzgewinnung und Hüttenbetriebe des Mittelalters im Oberharz und im Harzvorland. Archäol. Korrespondenzbl., 8, H. 2: 77–85.

FYTIANOS, K. (1978): Untersuchungen auf Schwermetalle in Fließgewässern und Flußsedimenten des West-Harzes. Diss. Univ. Göttingen.

GEYH, M. (1983): Physikalische und chemische Datierungsmethoden in der Quartärforschung. Clausthaler Tekton. Hefte, 19.

HEINRICHS, H. (1975): Die Untersuchung von Gesteinen und Gewässern auf Cd, Sb, Hg, Tl, Pb und Bi mit der flammenlosen Atom-Adsorptions-Spektralphotometrie. Diss. Univ. Göttingen.

HEINRICHS, H. & A.G. HERRMANN (1990): Praktikum der Analytischen Geochemie. Berlin, Heidelberg, New York, London, Paris, Tokyo, Hong Kong.

HONG, S.J. (1995): Holozäne und aktuelle Fluß- und Talentwicklung auf der Nordostabdachung des Kaufunger Waldes, Nordhessen. Diss. Univ. Göttingen.

KLIMEK, K. & L. ZAWILINSKA (1985): Trace elements in alluvia of the Upper Vistula as indicators of Palaeohydrology. Earth Surface Processes and Landforms, 10: 273–280.

LANDAU, G. (1843): Geschichte der Glashütten in Hessen. Zeitschr. des Vereins f. hessische Geschichte und Landeskunde, 3: 280–352.

LEISS, W. (1966): Der Kaufunger Wald, ein Zentrum der Glasfabrikation im 16. und 17. Jahrhundert. Werraland, 18: 60.

LENIGER, M. (1991): Geomorphologische Untersuchungen zur holozänen Entwicklung im Einzugsgebiet der Aue (südl. Bad Gandersheim). Dipl. Arb. Geogr. Inst. Göttingen (unveröff.).

MACKLIN, M.G., RIDGWAY, J., PASSMORE, D.G. & B.T. RUMSBY (1994): The use of overbank sediment for geochemical mapping and contamination assessment: results from selected English and Welsh floodplains. Appl. Geochem., 9: 689–700.

MATSCHULLAT, J., HEINRICHS, H., SCHNEIDER, J. & M. STURM (1987): Schwermetallgehalte in Seesedimenten des Westharzes (BRD). Chem. Erde, 47: 181–194.

MATSCHULLAT, J., NIEHOFF, N. & K.-H. PÖRTGE (1991): Zur Element-Dispersion an Flußsedimenten der Oker (Niedersachsen); röntgenfluoreszenz-spektrometrische Untersuchungen. Z. dt. geol. Ges., 142: 339–349.

NIEHOFF, N., MATSCHULLAT, J. & K.-H. PÖRTGE (1992): Bronzezeitlicher Bergbau im Harz? Berichte zur Denkmalpflege in Niedersachsen, 1/92: 12–14.

PRETZSCH, K. (1994a): Spätpleistozäne und holozäne Ablagerungen als Indikatoren der fluvialen Morphodynamik im Bereich der mittleren Leine. Göttinger Geogr. Abh., 99.

PRETZSCH, K. (1994b): Der Leineturm der Einbecker Landwehr. Einbecker Jb., 43: 59–73.

SAUER, W. (1979): Von der Glasherstellung in Ziegenhagen. Werraland, 31: 6.

TAYLOR, M.P. (1996): The variability of heavy metals in floodplain sediments: a case study from mid Wales. Catena, 28: 71–87.

THIEMEYER, H. (1989): Schwermetallgehalte von typischen Böden einer Toposequenz im Hessischen Ried. Geoökodynamik, 10: 47–62.

WILDHAGEN, H. & B. MEYER (1972): Holozäne Boden-Entwicklung, Sediment-Bildung und Geomorphogenese im Flußauen-Bereich des Göttinger Leinetal-Grabens. Gött. Bodenkdl. Ber., 21.

WOLFENDEN, P.J. & J. LEWIN (1977): Distribution of metal pollutants in floodplain sediments. Catena, 4: 309–317.

WOLFENDEN, P.J. & J. LEWIN (1978): Distribution of metal pollutants in active stream sediments. Catena, 5: 67–78.

ZEIEN, H. & G.W. BRÜMMER (1989): Chemische Extraktionen zur Bestimmung von Schwermetallverbindungsformen in Böden. Mitt. Dt. Bodenkdl. Ges., 59/I: 505–510.

Jürgen Spönemann

Zur Morphotektonik eines passiven Kontinentalrandes: Die Highveldstufe in der südwestlichen Kapregion (Südafrika)

Zusammenfassung: Die Entwicklung der Kontinentalen Randabdachung war von Impulsen unterschiedlicher räumlicher Reichweite abhängig: Von der großräumig wirksamen Plattentektonik und von untergeordneten kleinräumigen tektonischen Deformationen. Als Ergebnis der Plattentektonik sind Relikte alter Rumpfflächen erfaßt und einer Sequenz zugeordnet worden, die vier Stockwerke von wahrscheinlich Gondwana- bis zu tertiärzeitlicher Entstehung umfaßt. Aus Höhenunterschieden der Sequenz werden tektonische Deformationen erschlossen, zu denen die Komsberg- und die Roggeveldstufe als Flexurstufen tertiären Alters gehören. Zusammen mit anderen Flexurstufen der kontinentalen Randabdachung Südafrikas sind sie eine Folge der Plattentektonik. Die Bokkeveldstufe wird als rupturabhängige Abtragungsstufe interpretiert, die sehr wahrscheinlich während des spätest-kreidezeitlichen Oranje-Abflusses durch die Knersvlakte entstanden ist.

Durch die Auswertung von antezedenten Tälern, Flußumlenkungen, strukturunabhängigen Wasserscheiden, Pfannen und Rupturen sind neotektonische Deformationen kleinräumiger Abmessungen erfaßt worden. Sie bilden im Vorland der Highveldstufe Wölbungen, Mulden, Flexuren und Brüche. Das Westkaroo-Becken wird als neotektonische Senke interpretiert. Junge Zerrungsspalten und Bruchstufen sind Anzeichen rezenter tektonischer Bewegungen.

Die Kontinentale Randabdachung und ebenso die Highveldstufe sind polygenetischer Entstehung und werden durch ein Modell morphotektonischer Phasen erklärt.

[Morphotectonics of a passive continental margin: The Highveld Escarpment of the southwestern Cape Region (South Africa)]

Summary: The development of landforms of the continental margin implies processes of different scales: Plate tectonics of macroscale consequences and subsequent neotectonics of minor extent. As a macroscale phenomenon the planation surfaces of the region are studied. In accordance with the findings of the adjoining regions four main surfaces are distinguished and related to the post-African Surface (Tertiary), the African Surface (Late Cretaceous), the pre-African Surface 1 (Cretaceous), and the pre-African Surface 2 (from Gondwana?). Due to marked height variations of the surfaces monoclinal dislocations of the Komsberg Escarpment and of the Roggeveld Escarpment are deduced and dated as Tertiary. The Bokkeveld Escarpment is interpreted as a rupture-bound erosional landform, which most likely resulted from an old Orange River course in the Latest Cretaceous.

Based on antecedent rivers, river diversions, structure-independent watersheds, pans, and ruptures neotectonic features are deduced. Upwarps and downwarps, flexures, and ruptures have developed in the foreland of the Highveld Escarpment. The Western Karoo is interpreted as a structural basin of Tertiary age. Obviously young extension joints and fault scarps indicate recent tectonic activities.

The continental margin as well as the Highveld Escarpment are polygenetic landforms which are explained by a model of morphotectonic phases.

1. Einleitung

Die nach dem Zerbrechen Gondwanas sich voneinander entfernenden Kontinentalränder werden als passiv bezeichnet, weil die mit der Kollision von Plattenrändern verbundenen aktiven Krustendeformationen fehlen. Dies bedeutet nicht, daß passive Kontinentalränder völlig frei sind von tektonischen Bewegungen. In den letzten Jahren sind viele Erkenntnisse zur jungen Tektonik im südwestlichen Afrika gewonnen worden, was auf dem *Centennial Geocongress* 1995 in Johannesburg durch ein Sitzungsthema unterstrichen wurde: „*Intraplate tectonics of southern Africa after the break-up of Gondwana: From the Cretaceous Kimberlitic eruptions to the Ceres earthquake*".

Die jungen tektonischen Deformationen bestehen aus epirogenen Verbiegungen und aus Verwerfungen, die das Relief der Erdoberfläche und die exogenen Formungsprozesse direkt beeinflussen. Es entstehen Wölbungen, Mulden und Bruchstufen, mit der Folge von Gefällsveränderungen und Flußumlenkungen. Abtragungs- und Ablagerungsprozesse werden verstärkt oder abgeschwächt. Der Zweig der Geowissenschaften, der sich mit diesen Beziehungen befaßt, wird als Morphotektonik bezeichnet (vgl. OLLIER 1985). In der Geomorphologie wird der Einfluß der Tektonik in jüngster Zeit wieder stärker berücksichtigt. Da viele schwache Krustendeformationen nur auf geomorphologischem Wege ermittelt werden können, bietet die Morphotektonik einen notwendigen interdisziplinären Ansatz.

2. Stand der Forschung

Der passive Kontinentalrand besteht aus dem Schelf und der Kontinentalen Randabdachung. Während der Schelf durch ein dichtes Netz von Bohrungen und geophysikalischen Messungen gut erforscht ist und eine Fülle von Erkenntnissen zu seiner postgondwanazeitlichen Dynamik vorliegen (vgl. DINGLE et al. 1983), sind die Aussagen über die Wirkung der Plattendrift auf die Kontinentale Randabdachung spärlich und im wesentlichen auf die Große Randstufe beschränkt, die in weiten Teilen Südafrikas einen markanten Übergang vom Hochland zum Küstentiefland bildet. Allgemein wird heute ein plattentektonischer Impuls der Randstufenbildung angenommen (OLLIER & MARKER 1985, HÜSER 1989). Offen ist die Frage, welchen Anteil die Erosion an der Stufenentwicklung hat. Von ROGERS (1928) bis BIRKENHAUER (1991) herrscht die Meinung vor, daß die Große Randstufe nach Lage und Habitus eine durch Erosion geschaffene Resistenzstufe ist. Auch jüngst publizierte Modellvorstellungen zur post-gondwanazeitlichen Morphogenese des südwestlichen Afrikas (GILCHRIST et al. 1994) enthalten als Kern diese Aussage. Bei detaillierter Betrachtung treten jedoch Widersprüche auf. So nehmen PARTRIDGE & MAUD (1987, 188) einerseits ein erosives Rückschreiten der Großen Randstufe an, stellen aber andererseits fest (l.c., 195), daß sie an der Westküste generell mit einer miozänen Hebungsachse korrespondiert. Tatsächlich muß man ihren Profilen (l.c., Fig. 5, sections 18, 19) entnehmen, daß die Große Randstufe des Namaqualandes eine erosiv überformte Flexurstufe ist. Zu einem analogen Ergebnis sind SPÖNEMANN & BRUNOTTE (1989) im mittleren Namibia gekommen.

Bei der Erforschung der Kontinentalen Randabdachung hat die Große Randstufe als ihre auffälligste Großform ganz im Vordergrund gestanden. In Wirklichkeit dominiert sie im südwestlichen Afrika als ausgeprägte Steilstufe nur im südlichen Namibia, im benachbarten Namaqualand und am Highveld. Die übrigen Abschnitte der Kontinentalen Randabdachung sind teils die mäßig geböschten, weitgehend ungegliederten Ebenen der sog. Randstufenlücken – in Namibia zwischen Swakop und Huab, in der Kapregion in der Knersvlakte – und teils – im nordwestlichen Namibia nördlich des Huab – ein durch Zerrungs- und Bruchtektonik überprägtes Tafel- und Kammbergland (BRUNOTTE & SPÖNEMANN 1997). Im übrigen ist die Große Randstufe in der Kapregion nur das innere Randelement einer Abdachung, die aus einem Komplex von Härtlingsbergen der Kapketten, intermontanen Ebenen und Becken besteht. Die Fixierung auf die Große Randstufe hat den Blick dafür verstellt, daß die kontinentale Randabdachung nicht nur (im Sinne der Flächentreppe, vgl. HENDEY 1983) ein mehrphasiges Gebilde ist, sondern auch einer polygenetischen Entwicklung unterlegen hat.

Aus der südwestlichen Kapregion liegen dazu keine Untersuchungen vor. Außer in geomorphologischen Übersichten (WELLINGTON 1955, KING 1963) wird die Highveldstufe dieses Raumes nur randlich berücksichtigt. OLLIER & MARKER (1985, Fig. 5a) machen auf die Diskrepanz zwischen der Lage der Randstufe und dem Verlauf der Hauptwasserscheide aufmerksam, und BIRKENHAUER (1991, Fig. 6.1) skizziert die Beziehung zwischen Stufe und Vorlandverebnungen. Die beiden morphogenetischen Hauptprobleme der Highveldstufe sind damit angesprochen: 1. Wie ist ihre Lage zu erklären? 2. Wie ist das Verhältnis von Stufen- zu Vorlandentwicklung?

3. Form, Verlauf und Lage der Highveldstufe

Der untersuchte Abschnitt setzt mit ost-westlicher Richtung am Komsberg ein und geht mit nordwestlicher Richtung in die Roggeveldberge über. Bei Calvinia setzt die Stufe nördlich der Bloukransberge aus und wird von den Keiskiebergen abgelöst, auf die nach einer mehrere km breiten Lücke die Hantamsberge folgen. Eine ausgeprägte Reliefversteilung fehlt hier. Sie setzt erst etwa 70 km westlich der Bloukransberge in den Bokkeveldbergen wieder ein und reicht als markanter Steilhang nach Norden bis zur Knersvlakte (Abb. 1).

Das Stufenprofil variiert in bekannter Weise mit den beteiligten Gesteinen, den Karoo-Sandsteinen und -Tonschiefern, Dolerit-Intrusionen und Tafelberg-Sandsteinen (Tab. 1; vgl. MOON & SELBY 1983). Letztere verursachen mit mächtigen quarzitischen Bänken den steilsten Stufenanstieg. Der Übergang zur Fußfläche ist in den Tonschiefern und dünnbankigen Sandsteinen flach konkav, im quarzitischen Sandstein und im Dolerit knickartig. Pedimente im Sinne von Felsfußflächen wurden, im Unterschied zu BIRKENHAUER (1991, 266), nicht beobachtet. Die Stufenhöhe, definiert als Höhenunterschied zwischen Stufenfuß und Plateaurand, beträgt am Komsberg rund 500 m, erreicht die größten Werte mit rund 1000 m im Südabschnitt der Roggeveldstufe und vermindert sich im Nordabschnitt und an der Bokkeveldstufe auf rund 600 m. Da die Abdachung des Plateaus sich von rund 1600 m bei Sutherland auf rund 1000 m an den Hantamsbergen und 800 m oberhalb der Bokkeveldstufe gleichmäßig senkt, spiegelt die Stufenhöhe das Niveau des Stufenvorlandes wider, das an der Roggeveldstufe im Westkaroo-Becken trotz der binnenwärtigen Situation besonders tief liegt.

Der Stufengrundriß wechselt vom schwach gegliederten Komsberg-Abschnitt über die stark zerschnittene Roggeveld- zur gleichmäßig gebuchteten Bokkeveldstufe. Dabei vereinigt der Roggeveld-Abschnitt zwei widersprüchliche Merkmale in sich: Einerseits reichen breite Buchten und schmale Täler bis zu 20 km in das Plateau hinein und zerlegen die Stufe in unterschiedlich gestaltete Strecken, so daß eine erosive Formung in erheblichem Ausmaß wirksam gewesen sein muß. Andererseits hat dieser Abschnitt im ganzen einen ausgesprochen geradlinigen Verlauf, wobei seine Richtung mit der tektonischen Großform des Karoobeckens (im geologischen Sinne) nur ungefähr übereinstimmt und im Nordteil von der nördlichen bis nordöstlichen Generalrichtung des Streichens auffallend abweicht. Das wird durch die Strecken unterstrichen, die wie an der Richtschnur abgeschnitten erscheinen.

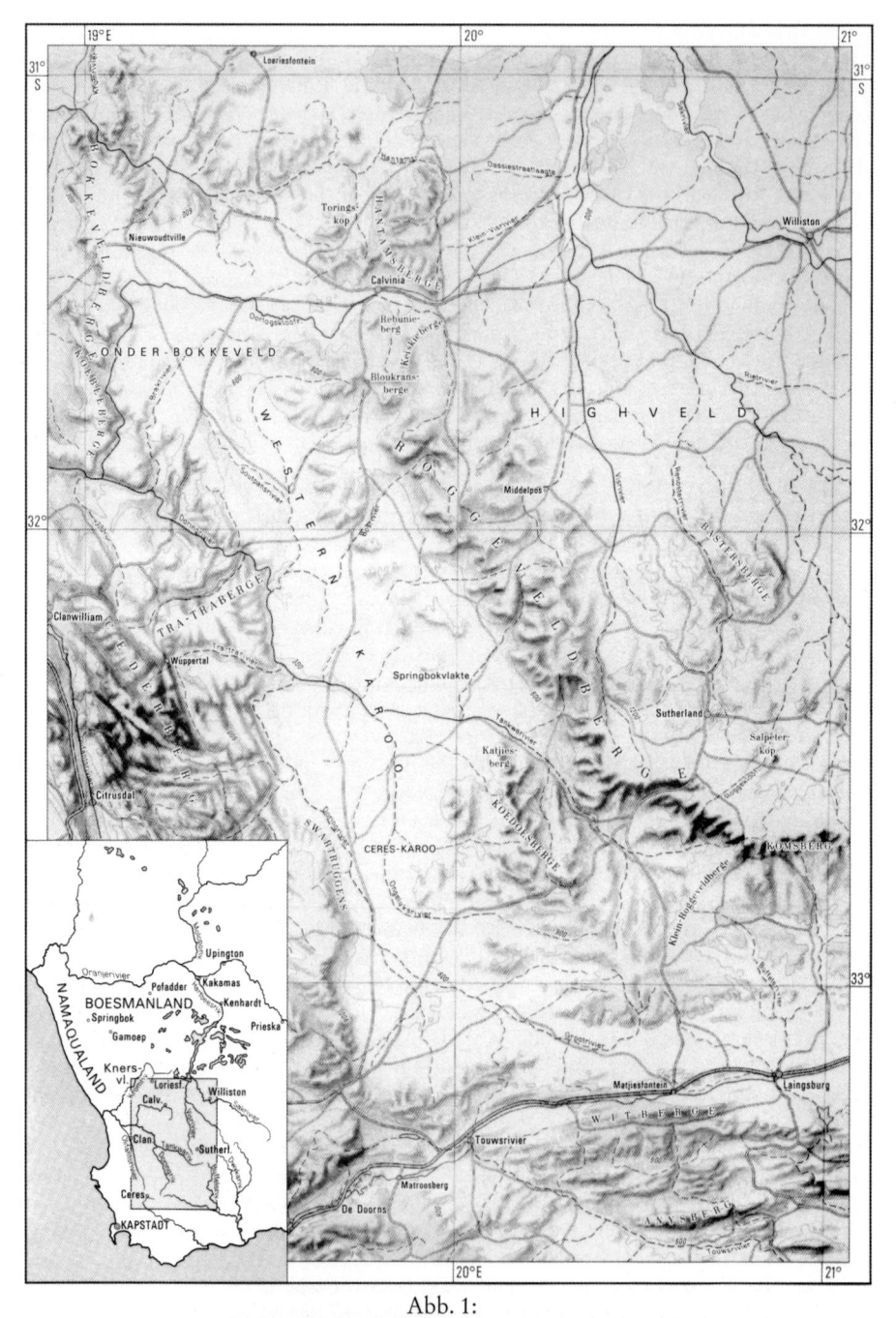

Abb. 1:
Übersichtskarte der südwestlichen Kapregion
(nach Top. Karte South Africa 1 : 1 Mill. 1988, verändert)
Locality map of the southwestern Cape Region
(from top. map of South Africa 1 : 1 Mill. 1988, modified)

Die Auswertung der LANDSAT-Bilder zeigt, daß der Grundriß der Highveldstufe in den Details der Stufentäler und -buchten durch Rupturen vorgezeichnet ist (Abb. 2 u. 3). Ein Teil ihrer Richtungen stimmt mit der Hauptrichtung der Stufe überein und verweist auf eine entsprechende tektonische Beanspruchung. Die Parallelität von Rupturen und Stufengrundriß äußert sich besonders ausgeprägt an den geradlinigen Plateaukanten der Roggeveldstufe und in der Übereinstimmung der Bokkeveldkante mit dem gewinkelten Grundriß der unmittelbar benachbarten Klüftung (Abb. 2). Die „Amphitheater" der Stufe (vgl. BIRKENHAUER 1991, 173) setzen sich aus klüftungsabhängigen Abtragungsstufen zusammen, die als Rupturstufen bezeichnet werden.

Die Lage der Highveldstufe bietet im Untersuchungsraum zwei Probleme: Zwischen der Roggeveld- und der Bokkeveldstufe liegt eine Unterbrechung; als südöstliche Fortsetzung der Roggeveldstufe kann die Komsbergstufe entweder direkt oder auf dem Umweg über die Koedoesberge gelten (OLLIER & MARKER 1985, Fig. 5a). Alle diese Konstellationen sind unter der Annahme einer rein erosiven Stufenentstehung nicht befriedigend zu erklären. Als auffälliges Lagermerkmal muß in diesem Zusammenhang die Beziehung der Roggeveldstufe zum Becken der Westlichen Karoo beachtet werden, dessen östliche Flanke sie bildet. Es scheint auch kein Zufall zu sein, daß das Nordende der Roggeveldstufe, also der Beginn der Stufenlücke an den Hantamsbergen, am Bloukranspaß mit dem Nordrand des Westkaroo-Beckens zusammenfällt. Es ist also zu untersuchen, ob zwischen der Highfeldstufe und dem Westkaroo-Becken ein morphogenetischer Zusammenhang besteht. Dem dient eine Analyse der Flächenstockwerke.

4. Flächenstockwerke und großräumige Morphogenese

Aus dem Untersuchungsgebiet liegen keine einschlägigen Veröffentlichungen vor, wohl aber aus den Nachbargebieten. Im Buschmannland hat MABBUTT (1955) die, seiner Meinung nach früh- bis mitteltertiäre, *„Bushmanland Surface"* (nach PARTRIDGE & MAUD 1987 *„African Surface"*; hier abgekürzt als AS) und eine ältere, von ihm als kretazisch eingestufte *„Namaqua Highland Surface"* (hier: preAS-1) identifiziert. PARTRIDGE & MAUD (1987) und DE WIT (1988) haben diese Gliederung um ein miozänes, durch Kalkkrusten charakterisiertes Stockwerk (*„post-African 1 Surface"*; hier: postAS) ergänzt. Nach eigenen, noch unveröffentlichten Untersuchungen (gemeinsam mit E. BRUNOTTE 1990 und J. HAGEDORN 1994) fallen AS und postAS im Buschmannland weithin zusammen und sind nur im unmittelbaren Einflußbereich des Oranje und seiner größeren Seitentäler einige Dekameter voneinander entfernt. Ausgedehnte Reste von postAS reichen den Angaben von DE WIT (1988, 65 u. Fig. 2) zufolge nach Osten bis an den Zusammenfluß von Vaal und Oranje. Bei Prieska konnten in den Doringbergen mit der Kalkkruste als Referenzniveau zwei höhere Stockwerke in Form von ausgedehnten Kappungsflächen ermittelt und als AS und preAS-1 eingestuft werden. Das AS-Stockwerk ist bereits von DU TOIT (1910) als *„Kaap Peneplain"* beschrieben und durch eine weit verbreitete Schotterstreu definiert worden. Nach der Auffassung von DINGLE & HENDEY (1984, 20 u. Fig. 3) ist es Teil der spätkretazischen Oberfläche, auf der ein Altlauf des Oranje/Vaal-Systems die Schotter verfrachtet hat. Die Datierung wird durch einen kürzlich noch einmal überprüften Dinosaurierfund (DE WIT et al. 1992) gestützt.

Nach den Rekonstruktionen der Paläo-Talsysteme durch DINGLE & HENDEY (1984) war das Highveld seit der Kreide über den Sakrivier mit dem Oranje verbunden. In der Spätkreide bis ins Frühtertiär nahm der Oranje vorübergehend den Weg über die Knersvlakte, floß also am Nordende der Bokkeveldstufe vorbei. Anknüpfend an die erwähnten eigenen Untersuchungen, bei denen Kieselkrusten (vgl. BEETZ 1938, 55) als Relikte von AS (PARTRIDGE & MAUD 1987) und Kalkkrusten als Merkmal von postAS bestätigt werden

Abb. 2:
LANDSAT-Mosaik der südwestlichen Kapregion
Mosaic of LANDSAT images of the southwestern Cape Region

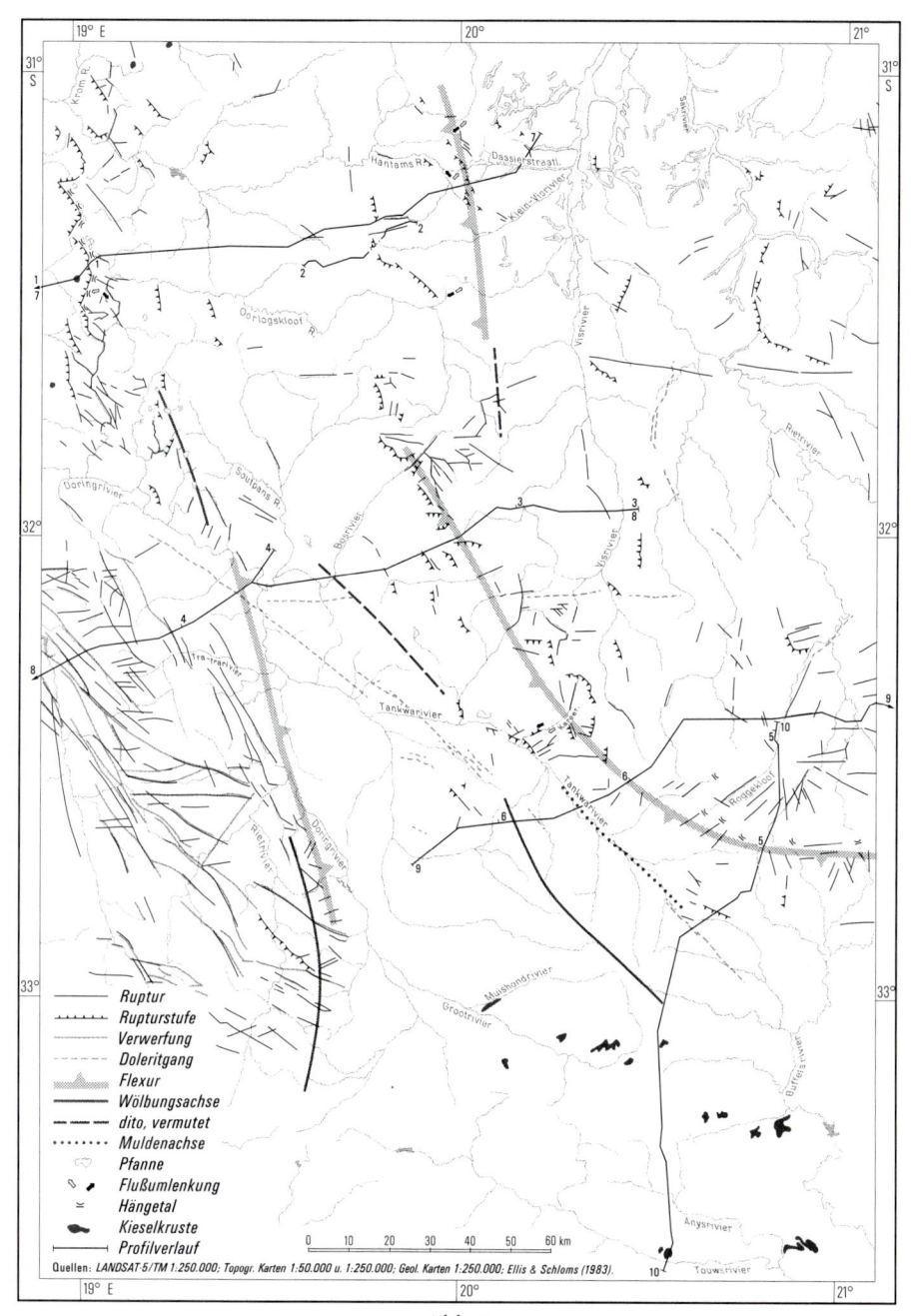

Abb. 3:
Morphotektonische Übersicht der südwestlichen Kapregion
Morphotectonic reconnaissance map of the southwestern Cape Region
(legend: Rupture, rupture scarp, fault, dolerite dyke, flexure, upwarp axis, ditto assumed, downwarp axis, pan, river diversion, wind gap, silcrete, location of sections)

49

konnten, wurde die Verbindung vom Buschmannland zum Highveld hergestellt. In der Umgebung der Hantamsberge wurden zahlreiche Kalkkrustenvorkommen gefunden. Auf einer Kappungsfläche über Dolerit und Ecca-Tonschiefern in Wasserscheidenlage nördlich der Dassiestraatlaagte ist ihre Reliktnatur besonders deutlich. Ebenheiten dieser Art werden deshalb mit postAS korreliert (Abb. 5, Profil 7). Sie werden von Flächenresten überragt, deren Kappungscharakter sie als ehemalige Rumpfflächen ausweist. In den Keiskiebergen wurden ausgedehnte Reste solcher Kappungsflächen am Westrand über Siltstein und Dolerit, am Ostrand über Sandstein und Dolerit gefunden. Bezogen auf postAS, werden sie als AS eingestuft. Die gleiche Vertikalgliederung nehmen PARTRIDGE & MAUD (1987, Fig. 13 u. 14) an. Eine Gipfelflur auf Dolerit- und Sandsteinerhebungen kann wegen der Gesteinsunabhängigkeit der Höhen als Indikator eines preAS-1-Stockwerks gewertet werden. Eine analoge Vertikalgliederung kommt in der Umgebung der Hantamsberge mehrfach vor, beispielsweise am Toringskop und an den Rebuniebergen. In den Hantamsbergen weist das oberste Dolerit-Plateau mit Resten alter Talsysteme Rumpfflächenrelikte auf, die als preAS-2 in die Gliederung einbezogen und als Gondwana-Relikt (vgl. KING 1963, 218) interpretiert werden (Abb. 4, Profil 2).

Diese Vertikalgliederung ist auf dem Highveld nach Süden bis an die Komsbergstufe zu verfolgen (Abb. 5, Profile 8 bis 10). Bei Sutherland bieten kretazische Magmatite (DE WET 1975) eine Zeitmarke der Morphogenese und der Stockwerkgliederung. Um die Vulkanruine des Salpeterkop herum bilden die Gipfel freigelegter Trachytstöcke mit den Gipfelhöhen von Sandstein- und Doleritkuppen sowie Kappungsflächen auf Sandstein und Dolerit ein Niveau, das aus einer Rumpffläche hervorgegangen sein muß (Abb. 4, Profil 5). Die Durchbruchsstrecke des Roggeklooftales ist von ihr vererbt worden (vgl. DE WET 1975, 197). Vulkanite vom Salpeterkop und aus dem Raum Sutherland sind radiometrisch datiert worden und zeigen mit rund 75 Ma ein spätkretazisches Alter des Vulkanismus an (DINGLE et al. 1983, 242).

Unterhalb dieses Stockwerks ist eine durch Kalkkrustenrelikte gekennzeichnete Ebene entwickelt, die westlich Sutherland Basaltgänge rumpfflächenartig kappt. Ein oberstes Stockwerk wird bei Sutherland von ausgedehnten Kappungsflächen über Sedimentgesteinen und Dolerit vom Komsberg bis zu den Roggeveldbergen gebildet. Diese Sequenz von Flächenstockwerken, die durch Kappungsflächen und Kalkkrustenrelikte (unterste Fläche), Gipfelflur mit Kappungsflächen und Talepigenese (mittlere Fläche) und Gipfelflur (oberste Fläche) definiert ist, wird mit postAS, AS und preAS-1 gleichgesetzt, wobei der spätkretazische Vulkanismus den *terminus post quem* für AS und postAS darstellt.

Vom südlichen Vorland der Highveldstufe ist eine Stockwerkgliederung seit langem bekannt (vgl. WELLINGTON 1955, Fig. 15). Mit den Scheitelflächen der Klein-Roggeveldberge, einer diagonal zur Kapfaltenstruktur verlaufenden Wasserscheide, korrespondieren die Scheitelflächen der südlich benachbarten Kapketten (Lenz 1957, Fig. 6). Die Talentwicklung dieses Stockwerks ist nach MASKE (1957, 16) postmittelkretazischen Alters. Weit verbreitete Reste eines jüngeren als des Klein-Roggeveld-Niveaus kommen in Form von Pedimentresten vor, die vielfach mit Kieselkrusten bedeckt sind (LENZ 1957, HAGEDORN 1988, JACOBS & THWAITES 1988). Da diese Pedimente spätkretazische Sedimente kappen, beispielsweise am Rande der Oudtshoorn-Mulde (THERON et al. 1991, Fig. 8.3), müssen sie jünger als diese sein. Diese Kieselkrusten werden vom SOUTH AFRICAN COMMITTEE FOR STRATIGRAPHY (1980, 610) als alttertiär eingestuft. Das durch sie markierte Stockwerk kann deswegen als spätkretazisch bis alttertiär datiert werden und gehört demnach zur *African Surface* (vgl. PARTRIDGE & MAUD 1987, Fig. 1). BIRKENHAUER (1991, Fig. 6.1) unterscheidet gleichfalls zwei Stockwerke (T1 und T2), die dem Scheitelniveau der Klein-Roggeveldberge bzw. dem Pedimentniveau entsprechen. Er weist ihnen ein unterkretazisches Alter zu (l.c., Tab. 17.1), was mit ihrer Beziehung zur Oudtshoorn-Mulde

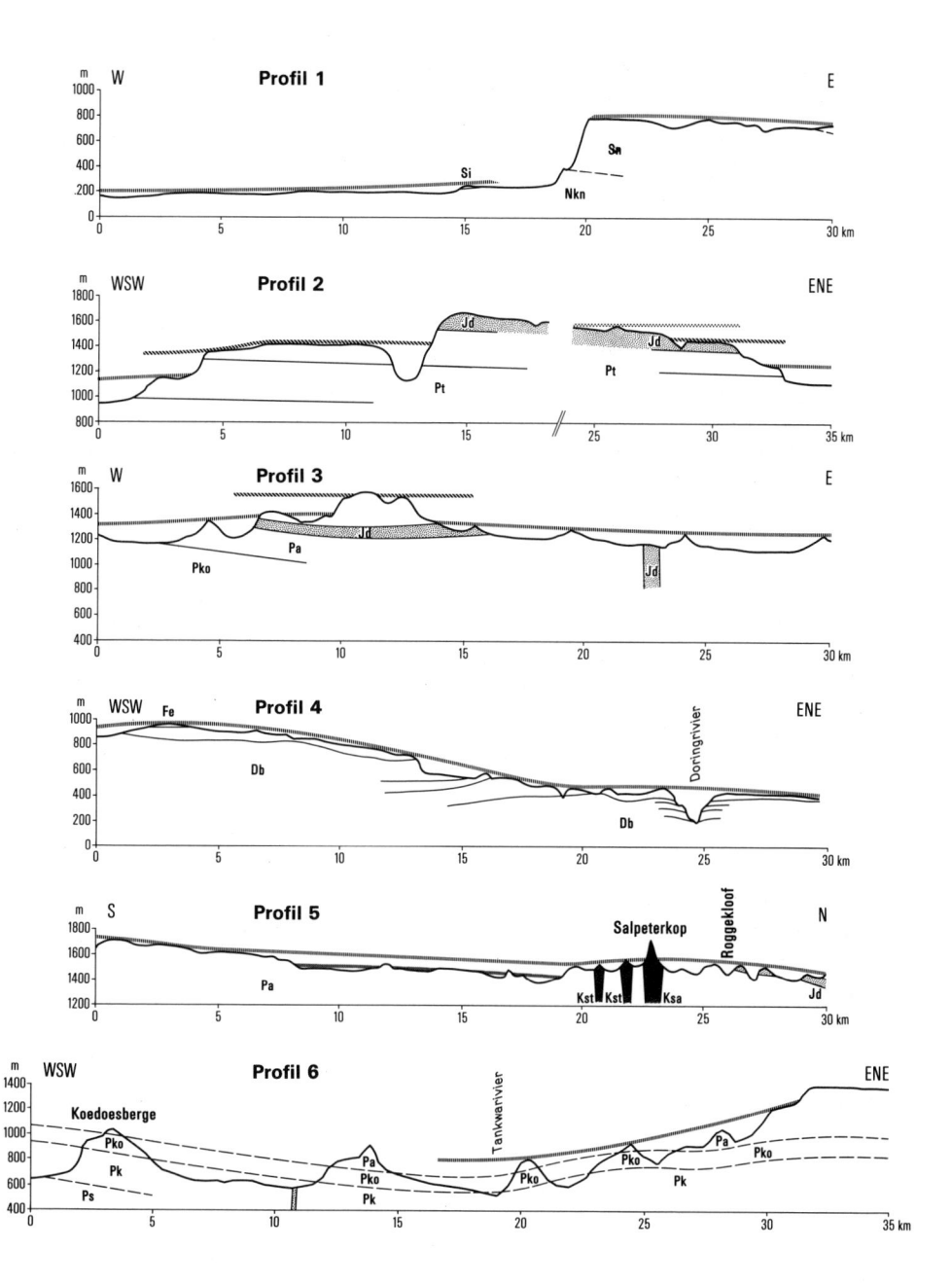

Abb. 4:
Profile der Highveldstufe mit Vorland (Lage siehe Abb. 3; nach Top. Karten
1 : 50000 und Geol. Karten 1 : 250000 und 1 : 1 Mill.;
Legende siehe Abb. 5 u. Tab. 1)
Sections of the Highveld Escarpment with foreland (location see Abb. 3;
*from top. maps 1 : 50000 and geol. maps 1 : 250000 and 1 : 1 Mill.;
legend see* Abb. 5 *and* Tab. 1*)*

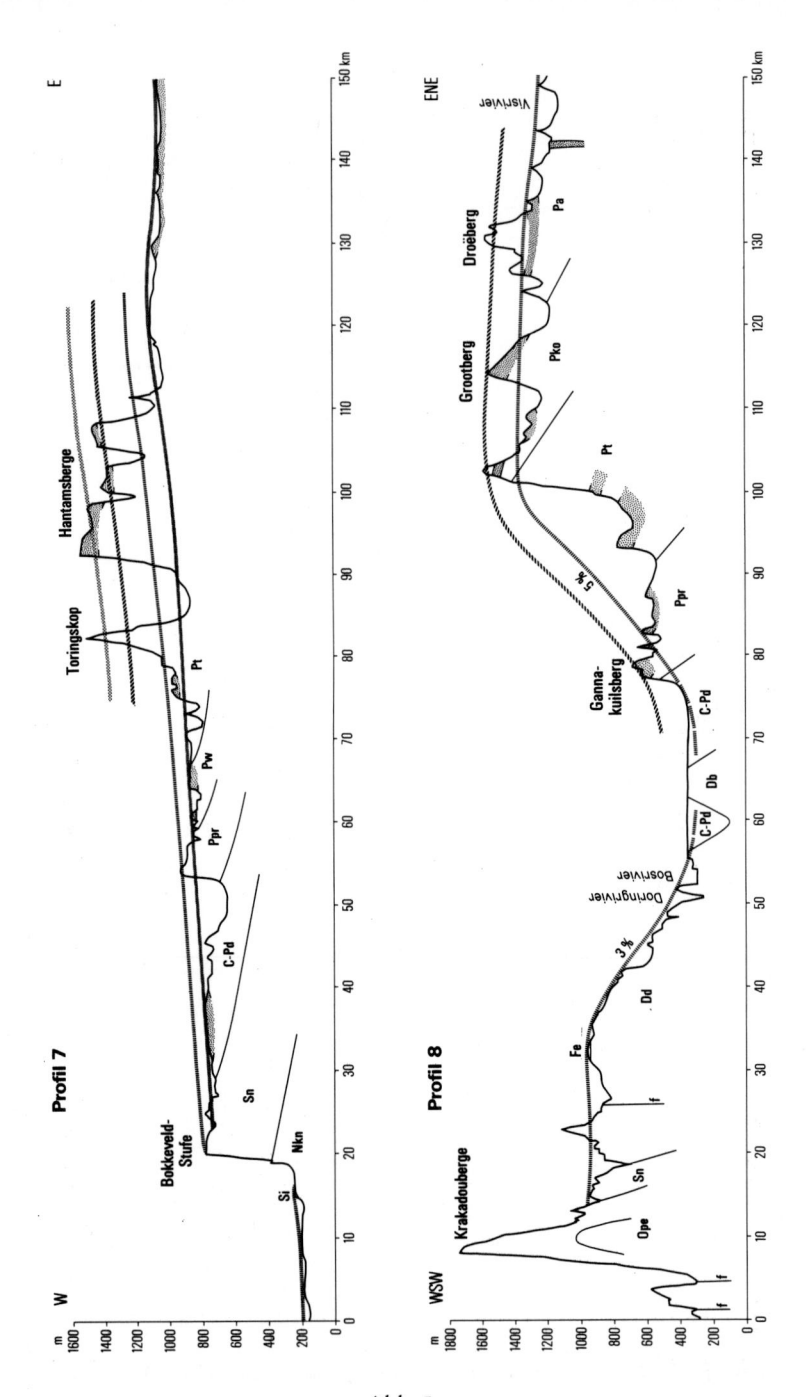

Abb. 5:
Profile des Untersuchungsgebietes (Lage siehe Abb. 3; Quellen wie Abb. 4;
Legende siehe Tab. 1)
*Sections of the study area (location see Abb. 3; sources as Abb. 4;
legend see Tab. 1)*

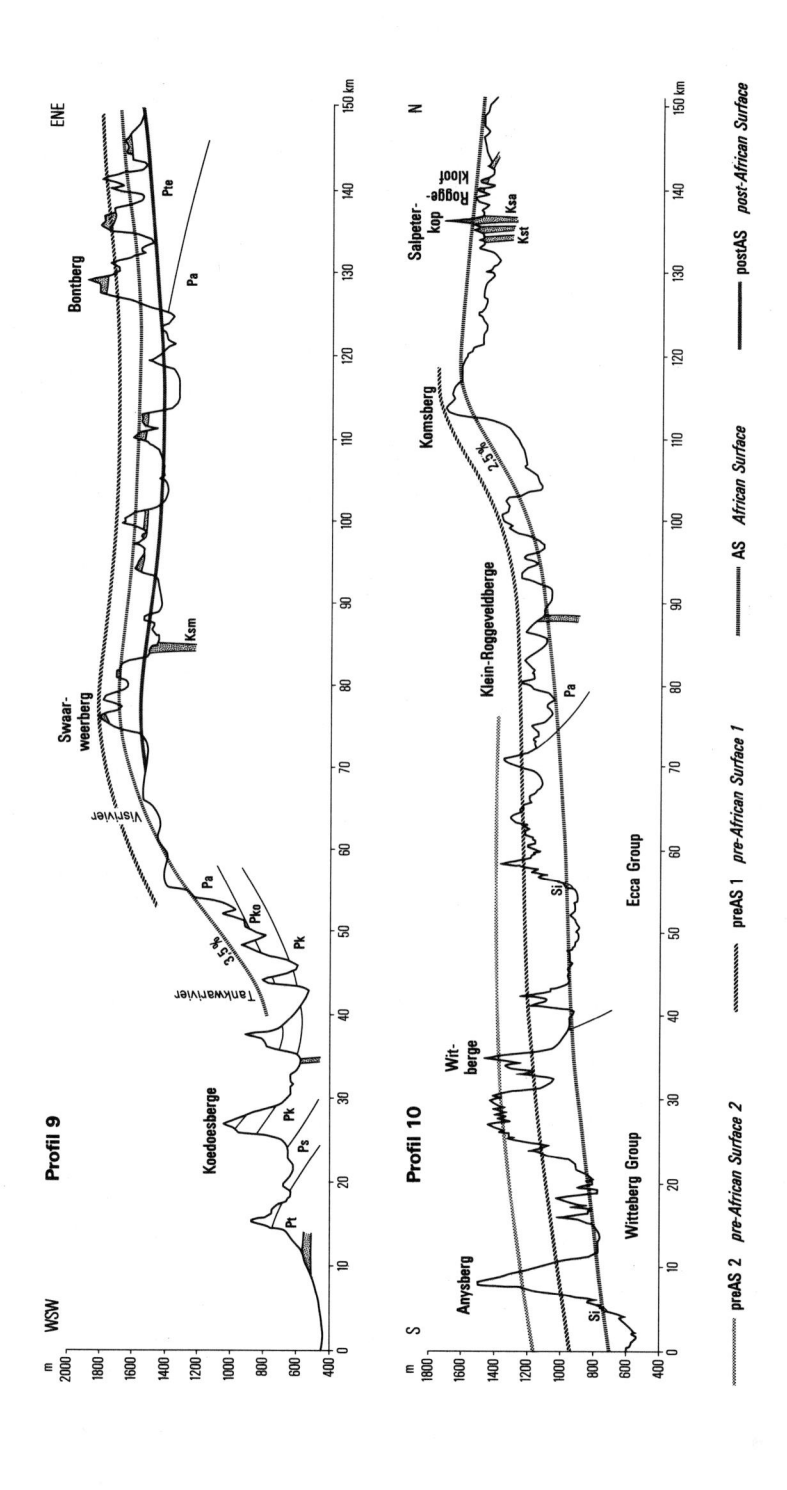

zu Abb. 5; *part of* Abb. 5

Ecca	Ps	Sandstone, siltstone, shale		Fe; Si	Ferricrete; Silcrete
	Pt	Shale, sandstone		Ksa	Agglomerate, tuff, breccia
	Pw	Carbonaceous shale		Ksm	Melilite basalt
	Ppr	Shale, siltstone	Cretaceous	Kst	Trachyte
	C-Pd	Tillite, sandstone, mudstone, shale not differentiated	Mesozoic	Jd	Dolerite
Witteberg					
Bokkeveld	Db	Quartzitic sandstone, shale	Beaufort	Pte	Mudstone, siltstone, sandstone
Tafelberg	Sn	Quartzitic sandstone, shale, tillite		Pa	Mudstone, siltstone, sandstone
	Ope	Quartzitic sandstone		Pko	Sandstone, siltstone, shale
Knersvlakte	Nkn	Shale, siltstone, sandstone, limestone		Pk	Shale, siltstone, sandstone

Tab. 1:
Lithologische Übersicht (Quellen: Geol. Karten 1 : 250000)
Lithological summary (sources: Geol. maps 1 : 250000)

nicht zu vereinbaren ist (vgl. LENZ 1957, 226), und übersieht außerdem die spätkretazische Entwicklung auf dem benachbarten Highveld.

Zwischen den Stockwerken des Stufenvorlandes und des Highveldes liegt ein Höhensprung von 250 bis 300 m (Abb. 5, Profil 10). Die Natur dieses Höhensprunges bildet den Kern der Frage nach der Morphogenese der Komsbergstufe. Verwerfungen kommen nach den geologischen Erkenntnissen (vgl. THERON 1983, THERON et al. 1991) nicht infrage. Es muß deshalb eine monoklinale Abbiegung als Ursache der Stufenbildung angenommen werden. Eine rein erosive Entstehung ist wegen der unterschiedlichen Höhenlage der gesamten Stockwerkfolge ober- und unterhalb der Stufe auszuschließen. Ein ungelöstes Problem stellt der östlich anschließende Abschnitt der Nuweveldstufe dar, dessen Vorland westlich des Dwykariviers mit einer markanten Stufe vom Vorland der Komsbergstufe abgesetzt ist. Nach Westen ist dagegen der Übergang in die Roggeveldstufe an der Flanke der Tankwamulde mit der Annahme einer Abbiegung im Einklang (Abb. 5, Profil 9).

Erkenntnisse zur Stockwerkgliederung des Westkaroo-Beckens fehlen zwar, aber das Pediment-Stockwerk läßt sich über Kieselkrustenreste (Abb. 3) bis in die Ceres-Karoo südwestlich der Koedoesberge verfolgen. Auf der zum Westkaroo-Becken geneigten Abdachung der Tratraberge sind (im Rahmen gemeinsam mit J. Hagedorn betriebener Untersuchungen) Reste einer Verwitterungsdecke und einer mächtigen Eisenkruste (Abb. 4, Profil 4) gefunden worden. Sie sprechen dafür, daß es sich bei der abgebogenen und stark zertalten Hochfläche um die *African Surface* handelt – wie schon von BARNARD & GREEFF (1993, 139) angenommen –, was sich gut in den bisher entwickelten Zusammenhang fügt. Weiter nördlich sind Reste von Kieselkrusten vom Fuß der Bokkeveldstufe (Abb. 3 u. Abb. 4, Profil 1) und von der nordwärtigen Abdachung des Bokkeveldes (westlich Loriesfontein) bekannt (ELLIS & SCHLOMS 1983). Dort beginnt die Knersvlakte mit dem Kromrivier, durch dessen Tal in der spätesten Oberkreide und im frühesten Paläozän nach den Rekonstruktionen der Paläo-Talsysteme (DINGLE & HENDEY 1984, 21 u. Fig. 3) der Oranje geflossen ist. Offenbar hat seine Erosionskraft die Entstehung der Bokkeveldstufe begünstigt, die seit Ausbildung der Kieselkrusten (vermutlich im Alttertiär) nicht mehr verlegt worden ist.

5. Talsysteme und Morphotektonik

Das Westkaroo-Becken wird vom Doringrivier entwässert, der nach Querung der westlichen Kapgebirgsausläufer in den Olifantsrivier mündet. Im SW-Viertel des Beckens entspringend, fließt er in der Ceres-Karoo (Abb. 1) zunächst am Fuß der Swartruggens in einem flachen Kastental. Dann tritt er – einer Ruptur folgend – in einem zunehmend stärker eingetieften Kerbtal in das Bergland über, von wo er durch Talmäander wieder in das Becken zurückkehrt. Dort nimmt er von Osten den Tankwarivier und von Westen den Tra-trarivier auf und schneidet erneut mit Talmäandern in die Flanke des Beckens, die Tra-traberge, ein. Kurz bevor er das Becken in einem Durchbruchstal nach Westen verläßt, mündet in ihn mit einem ausgeprägten Talmäander der aus den Roggeveldbergen stammende Bosrivier. Es ist evident, daß es sich bei diesem Verlauf des Doringriviers und seiner Seitentäler um eine antezedente Talentwicklung handelt, die durch eine flexurartige Verbiegung der heutigen Beckenflanke ausgelöst worden ist (Abb. 5, Profil 8).

Diese Flexur folgt anscheinend einer ausgedehnteren Störung, denn sowohl nach Norden als auch nach Süden schließen sich flache Rücken an, die als junge Aufwölbungen interpretiert werden. Der Scheitel des südlichen Rückens, die Wasserscheide zwischen Doringrivier und Rietrivier, verläuft unabhängig von der Wechselfolge von Sand- und Siltsteinen der Witteberg-Serie und von den Strukturen der Kapfaltung (GEOL. KARTE 1 : 250000; DE BEER 1992, Fig. 2). Er kann also weder gesteinsbedingt sein noch zum System der ursprünglichen Kapfaltung gehören und wird deshalb als neotektonische Aufwölbung angesehen. Im Norden ist die Wasserscheide zwischen Brakrivier und Soutpansrivier in flachen Mulden mit mehreren Pfannen besetzt, die auf den Sand- und Tonsteinen der Bokkeveld-Serie offenbar keine Lösungsformen darstellen und deshalb als Relikte eines epirogen veränderten Talsystems gedeutet werden.

Von der Ostseite des Beckens ist das obere Tankwatal als geologische Mulde bekannt (vgl. Abb. 3 bis 5). Ihre Ostflanke geht in die südliche Roggeveldstufe über, so daß ein genetischer Zusammenhang anzunehmen ist. Ihre Westflanke ist Teil der Koedoesberge, deren Scheitel die Kapfaltenstrukturen quert, was eine junge Aufwölbung sehr wahrscheinlich macht. Rupturen in Form von Zerrungsspalten am mittleren Tankwatal, an einem nördlichen Ausläufer der Koedoesberge, am Katjiesberg und in der nördlichen Verlängerung des Scheitels zeigen mit der Frische ihrer Form (vgl. Abb. 6) jüngste tektonische Bewegungen an.

Den Mittelabschnitt des Westkaroo-Beckens durchzieht diagonal eine flache Wasserscheide, die anscheinend die Fortsetzung der Koedoesberg-Achse bildet. Sie zeichnet sich durch ein desorganisiertes Abflußsystem aus und wird an ihrem Ostrand, in Verlängerung der Tankwamulden-Achse, von einigen abflußlosen Pfannen begleitet. Es wird vermutet, daß die Bewegungen entlang beider Achsen sich abgeschwächt bis hierher auswirken.

Der nördliche Beckenrand wird durch eine Schar Ost-West-streichender Rupturen markiert, denen streckenweise tief eingeschnittene Täler folgen. Die Rupturen lassen sich über die Highveldstufe nach Osten verfolgen, und Ruschelzonen am Bloukranspaß beweisen, daß sie mit Verwerfungen verbunden sind. Ihr Alter ist zwar nicht bekannt, aber die unmittelbar oberhalb des Beckenrandes gelegene Wasserscheide zum Oorlogskloofrivier ist ein Indiz für ein relativ geringes Alter der Dislokationen. Im ganzen gesehen, zeichnet sich mit diesem nördlichen Beckenrand, mit der Doringrivier-Flexur und der Tankwamulde eine neotektonische Konstellation ab, die die Entstehung des Westkaroo-Beckens als junge geologische Senke vermuten läßt. Diese Vermutung stimmt mit der morphogenetischen Analyse von Flächen-Stockwerken überein (Kap. 4).

Der Vorfluter des westlichen Highveldes ist der Visrivier, der über Sakrivier und Hartebeesrivier in den Oranje mündet. Die obersten Talabschnitte reichen mit breiten Flachmulden bis an die Kante der Komsbergstufe, wo sie als Hängetäler eine frühere Fortsetzung nach Süden anzeigen (Abb. 3). In den Roggeveldbergen dagegen treffen sich die Seitentäler des Visriviers mit den weit nach Osten auf das Highveld hinaufreichenden Ursprüngen des Doringrivier-Systems, von dem sie häufig nur durch flache Wasserscheiden getrennt sind. In der Lücke zwischen Keiskie- und Hantamsbergen gehen die beiden Talsysteme ohne sichtbare Abgrenzung ineinander über. Trockengefallene Flußläufe und gereihte Pfannen markieren ehemalige Entwässerungsbahnen zum Visrivier, die heute weder im Gelände noch auf der Karte (1 : 50.000) eine eindeutige Abflußrichtung erkennen lassen. An der Ostflanke der Hantamsberge entspringen in unmittelbarer Nachbarschaft der Klein-Visrivier, der in den Visrivier mündet, und der Hantamsrivier, der um die Hantamsberge herum nach Westen fließt und in den Kromrivier mündet. Auch hier gibt es klare Indizien für einen ehemals östlich zum Visrivier gerichteten Abfluß des obersten Hantamsriviers in Form breiter, trockengefallener Abflußbahnen der Dassiestraatlaagte. Ihr mit mehreren Hundert m Breite unvermittelt einsetzender Oberlauf wird vom Einzugsgebiet des Hantamsriviers durch eine nach Westen mit 10 bis 15 m abfallende Stufe – als Teil einer Stufenschar – getrennt. Diese Stufenschar gehört offenbar zu der Dislokation, die die Flußumlenkungen verursacht hat. Die Art der Dislokation ergibt sich aus der Entwicklung des Hantamsriviers, der sich mit seinem Umbiegen nach Westen mit antezedenten Talmäandern eingetieft hat. Die damit verbundene, gesteinsunabhängige Gefällsversteilung ist Indiz für eine Flexur als Ursache dieser Talentwicklung.

Die mit der Flexur zusammenfallenden Rupturen sind vermutlich syngenetischer Entstehung. Verwerfungen konnten an ihnen nicht festgestellt werden. Die Stufen, die wegen ihres geradlinigen Grundrisses auf den ersten Blick Bruchstufen zu sein scheinen, werden deswegen verallgemeinernd als Rupturstufen bezeichnet, die ebenso gut durch kluftgesteuerte Abtragung wie durch Abschiebung entstanden sein können.- Diese überschaubare Konstellation von Flexur, Talentwicklung und Rupturstufen wird als kleinräumiges Modell der Entwicklung der Highveldstufe verstanden.

Die Bokkeveldstufe entspricht diesem Modell insofern, als direkte Hinweise auf eine monoklinale Abbiegung zwar fehlen, die ausgeprägten Rupturen jedoch nur als Zerrungsspalten entstanden sein können. Hängetäler und zahlreiche Pfannen am Stufenrand gehören zu einem ehemaligen Talsystem, das anscheinend eher durch eine epirogene Verbiegung als durch die Stufenabtragung desorganisiert worden ist.

Für die Roggeveldstufe sind mit der Tankwamulde Indizien für einen morphotektonischen Zusammenhang mit dem Westkaroo-Becken gefunden worden. Die Komsbergstufe weist Rupturen auf, die die Kapfalten-Strukturen spitzwinklig schneiden, also jünger als diese sein müssen. In beiden Fällen folgt aus der Rekonstruktion der Flächenstockwerke eine tertiärzeitliche Abbiegung.

6. Morphotektonische Phasen

Die persistenten Rumpfflächen des Buschmannlandes haben wesentliche Reliefveränderungen nach Bildung des AS-Stockwerks nur durch epirogene Deformationen erfahren: Bewegungen an der Griqualand-Achse (DU TOIT 1933) waren die Ursache für die Flußumlenkungen, von denen die des Oranje im Untersuchungsraum die bedeutendste war. Die Auswirkungen auf die Talentwicklung und die Oberflächenbildungen sind in den Grundzügen bekannt (vgl. PARTRIDGE & MAUD 1987). Als Detail kann ergänzt werden, daß die Aughrabies-Fälle (unterhalb Kakamas) offenbar das Ergebnis der spätkretazischen Aufwölbung entlang einer Achse sind, die von DINGLE & HENDEY (1984) dem vulkanischen Lineament zwischen Gamoep und Pofadder (Abb. 1) zugeordnet wird. Vom westlichen Rand des Hochlandes im Namaqualand sind inzwischen postkretazische Strukturen

Abb. 6:
Zerrungsspalte am mittleren Tankwarivier, Farm Blouheuwel; Blick nach Südosten
(Photo 16.4.1995)
Tension joint at the middle Tankwarivier, Farm Blouheuwel; looking southeast

bekannt (BRANDT et al. 1995), die im Zusammenhang mit der dortigen Randstufen-Flexur zu sehen sind.

Die Befunde repräsentieren zwei Phasen der Morphogenese: Die Formung des Hochlandes war mit der Ausbildung der *African Surface* das Ergebnis einer kretazischen Phase, während derer infolge der Postrift-Entwicklung eine kontinentweite Hebung und Abtragung wirksam waren. In der folgenden Phase haben regionaltektonische Deformationen vor allem die Gestaltung der Kontinentalen Randabdachung beeinflußt. Diese jüngere Tektonik wird als Neotektonik zusammengefaßt.

Von der Kontinentalen Randabdachung der südwestlichen Kapregion sind neotektonische Strukturen in letzter Zeit mehrfach beschrieben worden, beispielsweise die miozäne Saldanha-Cape Agulhas-Wölbung (PARTRIDGE & MAUD 1987, Fig. 19), die jungtertiäre Donkergat-Bruchzone (ANDREOLI et al. 1995, Fig. 1) und spätpleistozäne Verwerfungen südöstlich Kapstadt (VAN BEVER DONKER & ANDREOLI 1995). Aus dem unmittelbaren Vorland der Highveldstufe waren neotektonische Strukturen bisher nicht bekannt. Die Absenkung des Westkaroo-Beckens hat sehr wahrscheinlich in postkretazischer Zeit stattgefunden, da die *African Surface* davon betroffen war. Anzeichen junger Tektonik sind Bruchstufen, die im Gefüge von Rupturscharen auftreten. Etwa 25 km nordwestlich Calvinia wurde eine Verwerfung gefunden, an der eine Kalkkruste etwa 9 m abgeschoben worden ist. In einem Seitental des mittleren Tankwariviers, dem Kareerivier, wurde aus einer Flußumlenkung auf eine junge Bruchstufenbildung geschlossen (Abb. 7). Da der zweifelsfreie Nachweis von Verwerfungen oft nicht möglich ist, wurden in der Morphotektonischen Übersichtskarte (Abb. 3) jedoch nur Rupturstufen verzeichnet. Die schon genannten

Abb. 7a:
Ehemaliges Tal des Kareerivier, der an der links liegenden Bruchstufe abgelenkt worden ist; Blick nach Osten (Photo 15.4.1995)
Former valley of the Kareerivier, which is diverted at the left-hand situated fault scarp; looking east

Abb. 7b:
Bruchstufe am Kareerivier; Blick nach Süden; Fluß vor der Stufe (Photo 15.4.1995)
Fault scarp at the Kareerivier; looking south; river in front of the scarp

jungen Zerrungspalten (Abb. 6) sind Anzeichen jüngster Aktivität, die durch Aufzeichnungen von Erdbeben bestätigt wird (FERNANDEZ & GUZMAN 1979, Fig. 5.1).

Flexuren und Rupturen sind Richtungsweiser der geodynamischen Beanspruchungen, die die beschriebenen Formen verursacht haben. Aus der Verteilung von Schwereanomalien hat PRETORIUS (1979, Fig. 36) ein regionaltektonisches Muster epirogener Achsen entworfen, mit dem die hier abgeleiteten Flexuren annähernd übereinstimmen: Seiner Ridrak-Achse entspricht die Flexur der Highveldstufe, der Karbos-Achse die Senkungsachse des Westkaroo-Beckens und der Dorham-Achse die Flexur entlang des Doringriviers. Quer dazu scheint die Garimari-Senke den zeitweiligen Oranje-Abfluß aufgenommen zu haben. Das von PRETORIUS vorgestellte geodynamische Modell kann hier nicht beurteilt werden. Aktueller ist ein von RANSOME & DE WIT (1992) veröffentlichtes Modell, das die neotektonischen Strukturen des südwestlichen Afrikas durch die Bewegung von Mikroplatten erklärt. An einer NW-SE-gerichteten Plattengrenze im Untersuchungsraum werden Flexuren und Horizontalverschiebungen angenommen. Ob die hier beschriebenen Strukturen mit diesem Modell erklärt werden können, bleibt zu prüfen.

Die beiden tektonisch induzierten Formungsphasen sind Teil einer Gesamtentwicklung, die durch ein aus den Hauptphasen der Plattentektonik (GILCHRIST et al. 1994) abgeleitetes Modell morphotektonischer Phasen beschrieben werden kann (SPÖNEMANN 1995, Fig. 2; BRUNOTTE & SPÖNEMANN 1997):

- Präriftphase mit Oberflächenrelikten Gondwanas (preAS-2);
- Riftbildungsphase mit preAS-1 als Ergebnis der neuen Erosionsbasis;
- Postriftphase 1 mit AS als Ergebnis verstärkter Abtragung infolge kontinentweiter Hebung;
- Postriftphase 2 mit postAS als Ergebnis neotektonischer Deformationen (darunter die Randstufenflexur) infolge isostatischen Ausgleichs (GILCHRIST & SUMMERFIELD 1990).

Das Modell basiert im wesentlichen auf Untersuchungen in Namibia. Bei der Übertragung auf die Kapregion hat sich gezeigt, daß die sog. Hauptrumpffläche (SPÖNEMANN 1995: *Main Surface*, MS) hier nicht mit der *African Surface* gleichgesetzt werden kann, sondern dem postAS-Stockwerk entspricht.

In ihren Grundzügen sollen diese morphotektonischen Phasen die geomorphologischen Erkenntnisse mit den Erkenntnissen der Plattentektonik verknüpfen und damit die Morphogenese der Kontinentalen Randabdachung erklären helfen.

Danksagung: Die Untersuchungen sind dankenswerterweise von der Deutschen Forschungsgemeinschaft durch eine Reisebeihilfe gefördert worden. Herrn Dipl.-Geogr. Frank Haselein danke ich für anregende Diskussionen im Gelände, Herrn Dipl.-Geogr. Holger Schepp für die digitale Kartenbearbeitung.

Literatur

ANDREOLI, M.A.G., M. DOUCOURE, J. VAN BEVER DONKER, J.N. FAURIE & J. FOUCHE (1995): The Ceres-Prince Edward Fabric (CPEF): An anomalous neotectonic domain in the southern sector of the African Plate. In: Centennial Geocongress (1995). Extended Abstracts Vol. I, 434–437. Johannesburg.

BARNARD, W.S. & R. GREEFF (1993): „Grys en Grillig": N' Verkenning van Denudasievorme in de Sederberge, K.P.. South Afr. Geographer, 20: 128–141.

BEETZ, W. (1938): Klimaschwankungen und Krustenbewegungen in Afrika südlich des Äquators von der Kreidezeit bis zum Diluvium. In: Sonderveröff. III Geogr. Ges. Hannover. Hannover, 172 S.

BIRKENHAUER, J. (1991): The Great Escarpment of Southern Africa and its Coastal Forelands – A Re-Appraisal. Münchener Geogr. Abh. B 11. München, 490 S.

BRANDT, D., T.S. MCCARTHY, M.A.G. ANDREOLI & N.J.B. ANDERSEN (1995): Tectonic and lineament investigations of the Vaalputs Area, Namaqualand, South Africa: Implications for the geomorphic evolution of rifted continental margins. In: Centennial Geocongress (1995). Extended Abstracts Vol. I: 445–448. Johannesburg.

BRUNOTTE, E. & J. SPÖNEMANN (1997): Die kontinentale Randabdachung Nordwest-Namibias: Eine morphotektonische Untersuchung. Petermanns geogr. Mitt. 141, 3–15.

DE BEER, C.H. (1992): Structural evolution of the Cape Fold Belt syntaxis and its influence on syntectonic sedimentation in the SW Karoo Basin. In: DE WIT, M.J. & I.G.D. RANSOME (eds): Inversion Tectonics of the Cape Fold Belt, Karoo and Cretaceous Basins of Southern Africa. Rotterdam, 197–206.

DE WET, J.J. (1975): Carbonatites and related rocks at Salpeterkop, Sutherland, Cape Province. Ann. Univ. Stellenbosch, Ser. A1 (Geol.), 1: 193–232.

DE WIT, M.J.C. (1988): Aspects of the Geomorphology of the North-Western Cape, South Africa. In: DARDIS, G.F. & B.P. MOON (eds): Geomorphological studies in Southern Africa. Rotterdam, 57–69.

DE WIT, M.J.C., J.D. WARD & R. SPAGGIARI (1992): A reappraisal of the Kangnas dinosaur site, Bushmanland, South Africa. South Afr. Journ. Science, 88: 504–507.

DINGLE, R.V. & Q.B. HENDEY (1984): Late Mesozoic and Tertiary sediment input into the eastern Cape basin (S.E. Atlantic) and palaeodrainage systems in south western Africa. Marine Geol., 56: 13–26.

DINGLE, R.V., W.G. SIESSER & A.R. NEWTON (1983): Mesozoic and Tertiary geology of Southern Africa. Rotterdam, 375 S.

DU TOIT, A.L. (1910): The evolution of the river system of Griqualand West. Trans. Roy. Soc. S. Afr., 1: 347–361.

DU TOIT, A.L. (1933): Crustal movement as a factor in the Geographical Evolution of South Africa. S. Afr. Geogr. Journ., 16: 3–30.

ELLIS, F. & B.H.A. SCHLOMS (1983): Map showing the major distribution of silcretes in the Republic of South Africa. SIRI Map No 12238.

FERNANDEZ, L.M. & J.A. GUZMAN (1979): Seismic history of Southern Africa. Seismologic Series, Geol. Surv. S. Afr., 9: 38 S.

GILCHRIST, A.R., H. KOOI & C. BEAUMONT (1994): Post-Gondwana geomorphic evolution of southwestern Africa: Implications for the control on landscape development from observations and numerical experiment. Journ. Geophys. Res. 99, B6: 12.211–12.228.

GILCHRIST, A.R. & M.A. SUMMERFIELD (1990): Differential denudation and flexural isostasy in formation of rifted-margin upwarps. Nature, 346 (6286): 739–742.

HAGEDORN, J. (1988): Aktuelle und vorzeitliche Morphodynamik in der westlichen Kleinen Karru (Südafrika). In: Abh. Akademie Wissensch. Göttingen, Math.-phys. Kl., 3. Folge Nr. 41: 168–179.

HENDEY, Q.B.(1983): Cenozoic geology and palaeogeography of the Fynbos Region. In: DEACON H.J., Q.B. HENDEY & J.J.N. LAMBRECHTS (eds): Fynbos palaeoecology: A preliminary synthesis. South African National Scient. Progr. Report No 75:36–60.

HÜSER, K. (1989): Die Südwestafrikanische Randstufe. Z. Geomorphol. N.F., Suppl. 74: 95–110.

JACOBS, E.O. & R.N. THWAITES (1988): Erosion surfaces in the Southern Cape, South Africa. In: DARDIS, G.F. & B.P. MOON (eds): Geomorphological studies in Southern Africa. Rotterdam, 47–55.

KING, L.C. (1963): South African Scenery. Third ed., rev., Edinburgh & London, 308 S.

LENZ, C.J. (1957): The river evolution and the remnants of the Tertiary surfaces in the western Little Karoo. Ann. Univ. Stellenbosch, 33A: 197–234.

MABBUTT, J.A. (1955): Erosion surfaces in the Namaqualand and the ages of surface-deposits in the southwestern Kalahari. Trans. Geol. Soc. S. Afr., 58: 13–30.

MASKE, S. (1957): A critical review of superimposed and antecedent rivers in southern Africa. Ann. Univ. Stellenbosch, 33A: 4–22.

MOON, B.P. & M.J. SELBY (1983): Rock mass strength and scarp forms in southern Africa. Geogr. Annaler, 65A: 135–145.

OLLIER, C.D. (1985): Morphotectonics of Passive Continental Margins: Introduction. Z. Geomorphol. N.F., Suppl. 54: 1–9.

OLLIER, C.D. & M.E. MARKER (1985): The Great Escarpment of southern Africa. Z. Geomorphol. N.F., Suppl. 54: 37–56.

PARTRIDGE, T.C. & R.R. MAUD (1987): Geomorphic evolution of southern Africa since the Mesozoic. S. Afr. Journ. Geol., 90: 179–208.

PRETORIUS, D.A. (1979): The crustal architecture of southern Africa. Trans. geol. Soc. S. Africa, Annex. Vol. 76 (1973): 1–60.

RANSOME, I.G.D. & M.J. DE WIT (1992): Preliminary investigations into a microplate model for the South Western Cape. In: DE WIT, M.J. & I.G.D. RANSOME (eds) (1992): Inversion Tectonics of the Cape Fold Belt, Karoo and Cretaceous Basins of Southern Africa. Rotterdam, 257–266.

ROGERS, A.W. (1928): Morphology. In: ROGERS, A.W., A.L. HALL, P.A. WAGNER & S.H. HAUGHTON: The Union of South Africa. Handbuch region. Geolog. VII, 7a, Heidelberg, 2–14.

SOUTH AFRICAN COMMITTEE FOR STRATIGRAPHY (ed.) (1980): Stratigraphy of South Africa. Part 1. Handbook Geol. Surv. S. Afr. 8. 690 S.

SPÖNEMANN, J. (1995): Some results of recent morphotectonic studies in southwestern Africa. In: Centennial Geocongress (1995). Extended Abstracts Vol. I: 479–482.

SPÖNEMANN, J. & E. BRUNOTTE (1989): Zur Reliefgeschichte der südwestafrikanischen Randschwelle zwischen Huab und Kuiseb. Z. Geomorphol. N.F., Suppl. 74: 111–124.

THERON, J.N. (1983): Die Geologie van de Gebied Sutherland. Explan. Sheet 3220, Scale 1 : 250 000. Pretoria, 29 S.

THERON, J.N., H. DE V. WICKENS & P.G. GRESSE (1991): Die Geologie van de Gebied Ladismith. Explan. Sheet 3320, Scale 1 : 250 000. Pretoria, 99 S.

VAN BEVER DONKER, J.M. & M.A.G. ANDREOLI (1995): Evidence for neotectonic movement in the Southwestern Cape Province. Centennial Geocongress (1995). Extended Abstracts, Vol. I: 483–486.

WELLINGTON, J.H. (1955): Southern Africa. A geographical study. Vol. I: Physical Geography. Cambridge, 528 S.

Karten:

South Africa 1 : 50000 Topographical Sheets 3119, 3120, 3219, 3220, 3320;
South Africa 1 : 250000 Topographical Sheets 3118, 3120, 3218, 3220, 3319, 3320;
South Africa 1 : 1 Million (1988);
Geological Map 1 : 125000 3319C Worcester (1949);
Geological Map 1 : 250000 3120 Williston (1989), 3218 Clanwilliam (1973), 3220 Sutherland (1983), 3320 Ladismith (1991);
Geological Map of the Republics of South Africa etc. 1 : 1 Million (1984).

Satellitenbilder:

LANDSAT-5 MSS 187-82; LANDSAT-5 TM 174–82, 174–83, 175–82, 175–83. LANDSAT images received and processed by the Satellite Applications Centre, Mikomtek, CSIR, South Africa.

Matthias Kuhle

Rekonstruktion der maximalen eiszeitlichen Gletscherbedeckung im Ost-Pamir

Zusammenfassung: Großflächige Erratika- und Grundmoränen-Verteilung beweist eine E-Pamir-Plateau-Eiskappe während des letzten Hochglazials (LGM). Im Gez-Tal finden sich glaziäre Flankenschliff-Formen und das Profil eines schluchtförmigen glazigenen Troges. Diese Formen belegen einen aus der Pamir-Plateau Eiskappe abgeflossenen Auslaßgletscher von 500 bis über 800 m Mächtigkeit. Ähnlich mächtig war der Oytag-Gletscher, der aus dem King Ata Tagh zum Tarim-Becken abgeflossen ist. Die tiefsten Eisrandlagen wurden an Ufermoränen extrapoliert (Gez-Gl.) oder anhand von Endmoränen (Oytag-Gl.) um 1850 m in der E-Pamir- NE-Abdachung nachgewiesen. Es errechnen sich für das letzte Hochglazial (LGM) Schneegrenz(ELA)-Absenkungen von mind. 850 m im N und mind. 820–1250 m im Plateau-Bereich. Die Schneegrenze verlief in 3750–3925 m ü.M.; möglicherweise wurden höchste Schneegrenzwerte um 4180 m erreicht. Die Eis-Abdeckung bewirkte den Umschwung des E-Pamir-Plateaus von einer interglazialen Heizfläche in eine Abkühlungsfläche mit eingedelltem Schneegrenzverlauf.

[The glacier cover in East-Pamir during the last ice age]

Summary: *Wide-spread erratics and groundmoraines are evidence of an E-Pamir-Plateau ice cap during the Last Glacial Maximum (LGM). Glacial flank polishings and abrasions as well as a gorge-like glacial trough-profile occur in the Gez-Valley. These forms prove an outlet glacier of 500 up to more than 800 m thickness flowing down out of the Pamir-Plateau ice cap. Similar in thickness was the Oytag-Glacier, which run down from King Ata Tagh to the Tarim-Basin. Lowest ice marginal positions were extrapolated from lateral moraines (Gez-Glacier) or evidenced with the help of terminal moraines (Oytag-Glacier) at c. 1850 m on the E-Pamir-NE-slpoe. For the Last Glacial Maximum there were calculated Equilibrium Line Altitude(ELA) depressions of at least 850 m in the N and 820–1250 m in the plateau-area. The Equilibrium Line Altitude (ELA) was running at 3750–3925 m asl; highest Equilibrium Line Altitude-values might have been reached even 4180 m. The ice covering gave rise to the E-Pamir-Plateau's change from an interglacial heating- to a cooling surface with a dented (concave) course of the equilibrium line.*

Vorwort

Über die Rekonstruktion eiszeitlicher Vergletscherung sind Hinweise auf die pleistozänen Klimavariationen zu gewinnen. Diese Variationen von einem Glazial – zu einem Interglazial-Klima erreichen die größten bekannten Amplituden kurzzeitiger Schwankungen während der Erdgeschichte und bilden den äußeren klimatischen Rahmen innerhalb dessen und überlagernd die zunehmenden anthropogenen Klimaveränderungen ablaufen. – Natürlich sind vermittels der Schneegrenz-Depression, die aus jener ehemaligen Gletscherausdehnung zu extrahieren ist, nur Annäherungswerte zu gewinnen. Ursächlich ist der Produkt-Charakter der Schneegrenze, die über die Faktoren Temperatur und Niederschlag gleichermaßen verändert werden kann. Dennoch sind an dieser Höhengrenze Tendenzen eindeutig ablesbar; zumal Temperatur und Niederschlag in gewisser Abhängigkeit von einander verbleiben. –

Die hier vorgelegte Untersuchung gehört zu den vom Verfasser seit 1976 vom Geographischen Institut der Universität Göttingen aus durchgeführten glazial-geomorphologischen Forschungen in Hochasien.

1. Hinweise auf das Klima mit einer Einführung in die Problemstellung

Der E-Pamir vermittelt vom Karakorum zum Tian Shan-Bogen (Abb. 1 Nr. 14) und gehört wegen seiner Leelage zum trockensten Bergland Hochasiens. Die Winter-Niederschläge der W-Strömung werden weitgehend von Hindukush und W-Pamir abgefangen. Ein sommerlicher Tiefdruck-Trog führt zu monsunalen Niederschlägen, die von der Arabischen See und dem Golf von Bengalen herrühren, jedoch weitgehend S-lich durch Steigungsregen ausgefällt werden. So betragen die Niederschläge in der zum Tarim-Becken abfallenden NE-Abdachung des Kongur-Massivs (s. Abb. 14) weniger als 50–100 mm/J (Station Yengisar ca. 1400 ü.M.:63,5 mm/J). In 2000–4000 m ü.M. nimmt der Niederschlag hier auf 100–400 mm/J zu. Weiter W-lich auf dem E-Pamir-Plateau, hinter Kongur und Muztagh Ata zwischen 3000 und 4000 m ü.M., nehmen die Niederschläge auf unter 100 mm/J (Taxkorgan 3090 m ü.M.: 68,3 mm/J) und zwischen 4000 und 5000 m Höhe auf ca. 200 mm/J ab. Über der Schneegrenze, d.h. über 5000 m Höhe, dürften die Niederschläge exponentiell zunehmen (vgl. Shen Yongping 1987; Xie Zichu et al. 1987). Zu den geringen Niederschlägen auf dem Plateau kommt die subtropische Einstrahlung, die eine hohe potentielle Verdunstung bewirkt. In 2000–4000 m ü.M. werden im Sommer 10–20°C Mittel-Temperatur erreicht; in 4800–5000 m nur noch 3–6°C. Der kälteste Monat hat hier eine Durchschnitts-Temperatur von –20°C. Die täglichen Temperatur-Schwankungen erreichen über 20°C. Die langjährige Mittel-Temperatur beträgt in Taxkorgan (3090 m) +3,3°C. Das sind die Merkmale eines arid-kontinentalen Hochland-Klimas (vgl. KUHLE 1990c), in dem sich die täglichen Temperaturen während des ganzen Jahres teilweise überlagern.

Im Hinblick auf dieses Klima stellen sich zur Rekonstruktion der Gletscherbedeckung zwei Kernfragen: 1. wie stark kann bei dieser Aridität die Vergletscherung überhaupt gewesen sein? 2. welche Veränderung bewirkte eine Eisbedeckung dort, wo heute die Atmosphäre durch Insolation aufgeheizt wird?

2. Zur Topographie und heutigen Vergletscherung zwischen Taxkorgan und Kungai-kalajili (King Ata Tagh):

Das Gebiet (36°40'–39°10'N/74°40'–76°10'E) ist nach NE zum Tarim-Becken hin abgedacht (Abb.14), an welches der Kungai-Kalajili am kürzesten angeschlossen ist. Dort, wo die großen Berge Muztagh Ata und Kongur aufsteigen, bestehen größere Gletscher-Areale, deren Auslässe über 2000 m unter die Schneegrenze hinabreichen. Während der Muztagh Ata eine geschlossene Eiskappe von 20–25 km Durchmesser trägt, ist die rezente Kongur-Vergletscherung am drei-achsigen Hauptkamm orientiert und seine dentritischen Auslaßgletscher erreichen 17 km Länge. Der Kaiayayilak-Gletscher fließt bis auf 2820 m hinab (Abb. 14). Der King Ata Tagh ist 45 km durchgehend vereist und entsendet einen 23 km langen Gletscher ins Oytag-Tal hinunter. Das Vergletscherungsbild zeigt, daß die Strahlungsungunst der N-Abdachungen ihren Niederschlagsschatten überwiegt.

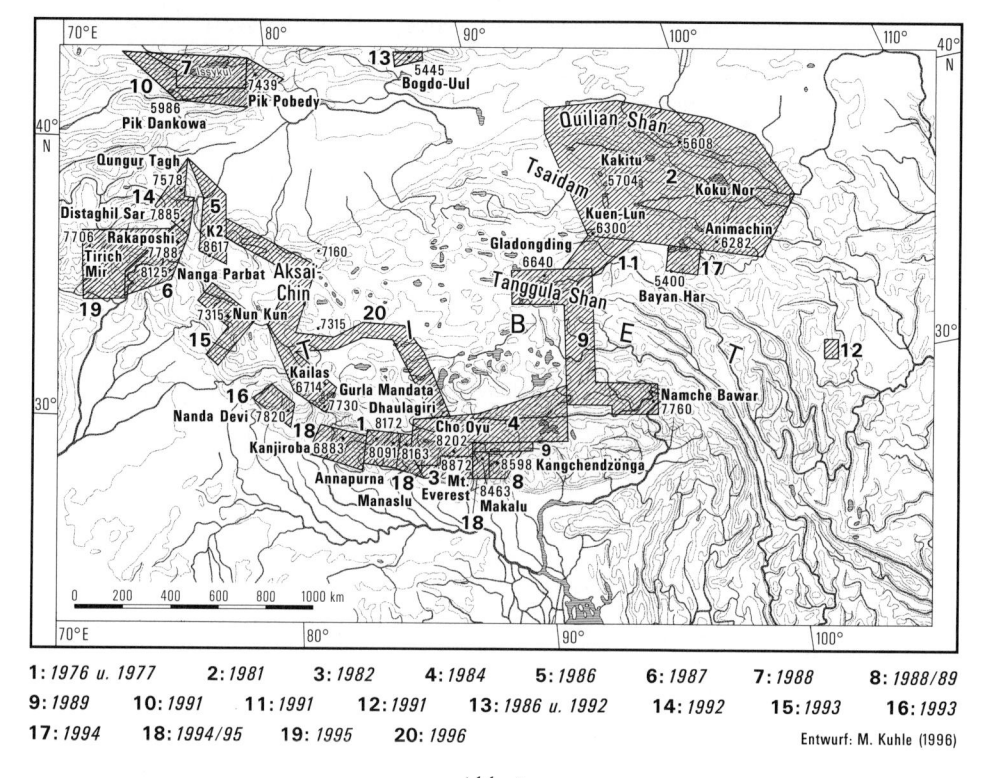

Abb. 1:
Untersuchungsgebiete des Verfassers in Hochasien seit 1976. Nr. 14 markiert den hier
bearbeiteten E-Pamir mit dem Qungur Tagh (Kongur).
*Research areas in High Asia visited by the author since 1976. No 14 marks the
investigated E-Pamir with Kongur (Qungur Tagh).*

3. Die tiefste vorzeitliche Eisrandlage im Oytag-Tal und dessen spätglaziale und holozäne Gletschergeschichte (Abb.14):

6 km talaufwärts von der Mündung ins Gez-Tal befindet sich die tiefste hocheiszeitliche Eisrandlage in 1850 m ü.M.. Sie ist als 30–60 m mächtige Satzendmoräne überliefert (Abb.14 Nr. 4) und durch bis zu haus-große Blöcke und eine grünliche Matrix gekennzeichnet. Letztere findet sich in allen jüngeren Moränen bis an den rezenten Oytag-Gletscher in 2750 m ü.M.. Der vom – tief bis in das Anstehende eingeschnittenen – Oytag-Fluß freigelegte Moränen-Körper mit polymikten Blöcken zeigt bei vollständiger Durchmischung feinster bis gröbster Komponenten-Anteile eine charakteristische Zwischenmasse (Abb.2). Ein zugehöriger aufgeschlossener, mächtiger Grundmoränen-Komplex befindet sich 3,5 km taleinwärts in 1900 m ü.M. (Abb.14 Nr. 5). Die Grundmoränen-Mächtigkeit nimmt bis in 2270 m ü.M. auf 5 m ab (Abb.14 Nr. 7). Die grob-kirstallinen Anteile der im Einzugsbereich anstehenden Gesteine verschieben den Feinkorn-Peak von der Ton- in die Silt-Fraktion. Die tiefe Einschneidung des Oytag-Flusses ist eine Funktion des spätglazialen bis historischen Gletscher-Rückganges. Zur Eisrandlage in 1850 m gehörte eine mächtige Gletscherverfüllung der beiden 20 bzw. 25 km langen Äste des Oytag-Tales. Das be-

CUMULATIVE FREQUENCY GRAIN-SIZE CURVE 11.06.1992/1

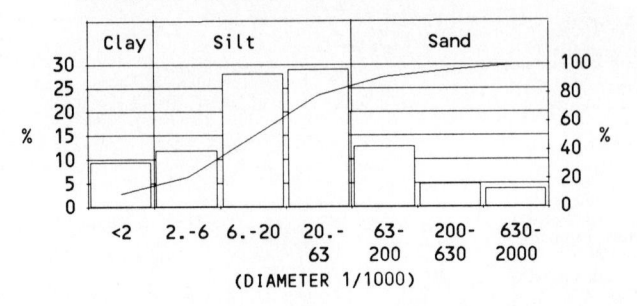

Abb. 2:
Korngrößen-Diagramm der Endmoräne (Letztes Hochglazial/LGM) in 1870 m ü.M. im Oytag-Tal (s.Abb. 14 Nr. 4). Der charakteristische Feinkorn-Peak ist wegen des grobkristallinen Einzugsbereichs zum Grobsilt hin verschoben.
Grain-size diagram of the endmoraine (Last Glacial Maximum/LGM) at 1870 m asl in the Oytag Valley (cf. Abb. 14 no 4). Due to the coarse-crystalline catchment area the characteristic fine-grain peak is shifted to the coarse silt.

CUMULATIVE FREQUENCY GRAIN-SIZE CURVE 10.06.1992/2

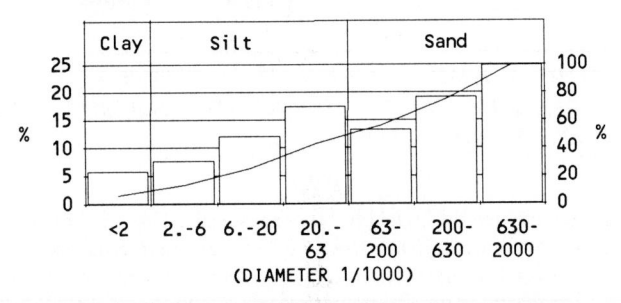

Abb. 3:
Korngrößen-Diagramm einer spät-spätglazialen Endmoräne des Oytag-Gletschers in 2130 m ü.M. (s. Abb. 14 Nr. 7). Der bimodale Kurvenverlauf ist wegen der anstehenden Granite des Kara-Bak-Tor nach rechts in den Silt- und Sandbereich verschoben (vgl. Abb. 2).
Grain-size diagram of a Late Late Glacial endmoraine of the Oytag Glacier at 2130 m asl (cf. Abb. 14 no 7). Because of the bedrock-granites of Kara-Bak-Tor the bimodal course of the curve was shifted to the right-hand side, i.e. to the sand- and silt-zone (cf. Abb. 2).

weist die bis auf die rechte Zwischental-Scheide des S-lichen Ursprungs-Astes hinaufliegende Ufermoräne um 3000 m ü.M. (Abb. 14 Nr. 6). Sie liegt 500–700 m über dem Talboden. Korrespondierende Moränenreste sind am Sporn zwischen den Ästen des Oytag-Tales überliefert (Abb. 14 Nr. 8). Zu diesen Moränen-Leisten vermittelt an den anstehenden Trogflanken hinauf eine mächtige Grundmoränen-Decke. Im Querprofil des rechten Oytag-Tal-Astes sind an beiden Flanken spätglaziale Ufermoränen 250 m über dem Talboden (2270 m) überliefert (Abb. 14 Nr. 6). Das gleichalte Gletscheroberflächen-Niveau liegt 10,5 km talabwärts orogr. links (Abb. 14 Nr. 9) um einige Dekameter niedriger, wie ein weiterer glaziogener Terrassenrest belegt. Die beiden in dieser Weise überlieferten Eispegel wurden den in Hochasien verbreiteten spätglazialen Stadien II oder III zugeordnet (vgl.

Gletscher Stadium		Schotterfluren (Sander)	annäherndes Alter (YBP)	Schneegrenz-Depression (m)
-I	= Riß (vorletztes Hochglazial)	Nr. 6	150 000- 120 000	ca. 1400
0	= Würm (letztes Hochglazial)	Nr. 5	60 000- 18 000	ca. 1300
I-IV	= Spät-Glazial	Nr. 4 - Nr. 1	17 000- 13 000 oder 10 000	ca.1100- 700
I	= Ghasa-Stadium	Nr. 4	17 000 - 15 000	ca.1100
II	= Taglung-Stadium	Nr. 3	15 000 - 14 250	ca.1000
III	= Dhampu-Stadium	Nr. 2	14 250 - 13 500	ca. 800- 900
IV	= Sirkung-Stadium	Nr. 1	13 500 - 13 000 (älter als 12 870)	ca. 700
V - 'VII	= Neo-Glazial	Nr. -0- Nr. -2	5 500 - 1 700 (älter als 1 610)	ca. 300 - 80
V	= Nauri-Stadium	Nr. -0	5 500 - 4 000 (4 165)	ca. 150 -300
VI	= älteres Dhaulagiri-Stadium	Nr. -1	4 000 - 2 000 (2 050)	ca. 100 -200
'VII	= mittleres Dhaulagiri -Stadium	Nr. -2	2 000 - 1 700 (älter als 1 610)	ca. 80 -150
VII- XI	= historische Gletscherstände	Nr. -3 -Nr. -6	1 700 - 0 (= 1950)	ca. 80 - 20
VII	= jüngeres Dhaulagiri- Stadium	Nr. -3	1 700 - 400 (440 resp.älter als 355)	ca. 60 - 80
VIII	= Stadium VIII	Nr. -4	400 - 300 (320)	ca. 50
IX	= Stadium IX	Nr. -5	300 - 180 (älter als 155)	ca. 40
X	= Stadium X	Nr. -6	180 - 30 (vor 1950)	ca. 30 - 40
XI	= Stadium XI		30 - 0 (=1950)	ca. 20
XII	= Stadium XII = heutige Gletscher - stände		+0 - +30 (1950-1980)	ca. 10 - 20

M. Kuhle (1994)

Tab.1:
Gletscherstadien in den Tibet einfassenden Gebirgen (Himalaya, E-Pamir, etc.) vom vorletzten Hochglazial (Riß) bis zu den heutigen Gletscher-Rändern sowie die zugehörigen Schotterfluren (Sander u. Sander-Terrassen) und deren angenäherte Altersstellung
Glacier stades in the sourrounding mountains of Tibet (Himalaya, E-Pamir, etc.) from the pre-last Highglacial (Riß) till the present glacier margins as well as the corresponding gravel floors (out-wash and out-wash terraces) and their approx. age

KUHLE 1986e, 1987c (Tab. 1)). 0 (Abb. 14) markiert die letzt-hocheiszeitlichen Moränen. Jene spät-glazialen Ufermoränen-Leisten enthalten bis zu 10 m mächtige paraglaziale Sedimente. In den Ausgängen von Stichtälern und Talflanken-Schluchten, die Hochmulden entwässern, ist die Ufermoränen- und Grundmoränen-Verkleidung stellenweise bis auf das Anstehende zerschnitten. Eine spät-spätglaziale Eisrandlage des Oytag-Gletschers ist einwärts der Konfluenz beider Talursprungs-Äste in 2130 m ü.M. durch einen Endmoränen-Bogen überliefert (Abb. 14 Nr. 7). Abb. 3 zeigt die am Ausgangsmaterial orientierte Grobkörnigkeit der Matrix, die den typischen Feinkorn-Peak im Grob-Silt aufweist (vgl. DREIMANIS & VAGNERS 1971). Der Eisrand ist dem letzten prä-holozänen Stadium IV, 620 m unter dem heutigen Gletscher-Ende und einer Schneegrenz-Depr. von 310 m zuzuordnen. Im Uferbereich des heutigen Oytag-Gletschers können nicht alle drei üblicherweise überlieferten neoglazialen und fünf historische Eisrandlagen (Tab.1) durch Moränen aufgelöst werden. Innerhalb der dafür zur Verfügung stehenden letzten 5500 Jahre mit max. 300 m Schneegrenz-Depr. sind gletscher-spezifische Oszillationen als Ausschläge von an die steile Topographie gebundenen kinematischen Bergen wahrscheinlich. Sie liefern kein generalisierbares Klima-Bild und führten zu Moränen-Überfahrungen. Hier am NE-Fuß des 6800 (6634) m hohen Kara-Bak-Tor erwachsen aus geringen klimatischen Anlässen und ihrer Interferenz mit der Topographie erhebliche Vorstoßschübe. Es resultierten die talabwärts zusammenlaufenden drei Ufermoränen (Abb. 14 Nr. 10). Die kurzzeitig beträchtlichen Gletscher-Niveau-Schwankungen am Zungen-Ende weisen auf Ausmaß und Frequenz der Oszillationen und zugleich die un-klimatischen Eigenheiten dieses Gletscher-Individuums hin. So ist der rechte Prallhang 40 m über den heutigen Eispegel hinauf bis auf das Anstehende abgeschliffen worden. Oberhalb setzt in scharfer Linie der nicht mehr erreichte Bergwald ein. Zu entsprechender Höhe gelangt die jüngste linke Ufermoräne. Sie markiert – nach der schütteren Zwergstrauch-Bergrünung zu urteilen – einen Vorstoß im ersten Viertel des Jahrhunderts (Stadium X od. XI). Ein nächst-älteres Gletscher-Stadium (IX) reichte bis auf 2550 m herab, was einer Schneegrenz-Depr. von 100 m entspricht. Bei 2450 m ü.M. liegt ein post-glazialer – vielleicht post-neoglazialer Bergsturz, der infolge glazigener Unterschneidung aus der linken Talflanke abgekommen ist. Talauswärts befindet sich in 2400 m ein neoglaziales Zungenbecken, an dessen Aufbau die Stadien V bis 'VII beteiligt waren (Schneegrenz-Depr. 175 m). Rechts der rezenten Gletscherzunge liegen gestaffelt zwei spät-spätglaziale Ufermoränen-Ansätze (Stadium IV) um 3000 m ü.M.. Die zugehörige Schneegrenze muß demnach über 3000 m verlaufen sein. Das zugehörige Zungenbecken endet in 2300 m. Die äußere Ufermoräne wurde anhand von Schnecken-Gehäusen in dünner Löß-Auflage auf älter als 6000–7000 YBP datiert (mündl. Mittlg. Prof. Z. QINGSONG, Peking, 10.6.92).

4. Der eiszeitliche Auslassgletscher vom E-Pamir-Plateau herab und seine Spuren im Gez-Tal:

Der eiszeitliche Gletscherrand hat tiefer als 2000 m gelegen. Das beweisen Ufermoränen-Terrassen in 40, 80 und 140 m über dem Talboden in 2000 m Höhe. Sie werden den drei Sub-Stadien von I, I' und I" zugeordnet. 2 km Gez-Tal einwärts sind im Talknie 400–500 m hoch gelegene Ufermoränenreste überliefert (Abb. 14 Nr. 12). Die hieraus ableitbare Eismächtigkeit weist auf ein Gletscherende 10–15 km talauswärts um 1800 m ü.M. nahe der Einmündung des Oytag-Tales hin. Diese Moränen enthalten metamorphen Schiefer, Gneis und Granit. In 2180 m ü.M., 13 km taleinwärts, ist das zugehörige Grundmoränenmaterial (Abb. 4 u. 5) aufgeschlossen (Abb. 6 u. 14 Nr. 13). Es ist mind. 12 m mächtig, dicht gepackt und wird von einem glazi-fluvialen Schotterkörper abgedeckt. Sand- und Schotter-Nester sind eingestaucht. Die polymikten Komponenten sind kantig und kanten-gerundet bzw. facettiert. Im durch die vorzeitliche Vergletscherung schuttarm und auffällig sauber erscheinenden unteren Gez-Tal sind drei vom Gletscher-Überfluß gestriemte Riegelberge erhalten (Abb. 14 Nr. 12–13). An der rechten Talflanke sind 100–250 m über dem Talboden glaziäre Felsglättungen auf Schiefern überliefert. Sie werden von Moränen mit erratischen Granit-Blöcken abgedeckt (Abb. 14 Nr. 14). Taleinwärts hat bereits SCHROEDER-LANZ (1986 Abb. 4 u.5) Ufermoränen und Grundmoräne diagnostiziert. Hier weitet sich das Tal zu einem Konfluenz-Kessel. Sein Boden liegt zwischen 2180 und 2350 m ü.M. Ausgedehnte Ufermoränen- und Kamesterrassen belegen erhebliche glaziale Eisvolumina (Abb. 6 u.14 Nr. 14–15). Das Vertikal-Profil am dortigen Militär-Posten weist folgende Merkmale auf: 10–20 m über der Tiefenlinie sind Strudeltöpfe ausgebildet. Die unterste Moränenterrasse (IV) liegt in 2300 m ü.M.; in 2380 m folgt die nächste (III); in 2500 m schließt Moränenfläche II an; dann weitere in 2620 m, 2700 m und 2850 m, drei Substadien von I (I, I', II"). Die hocheiszeitlichen Ufermoränen (O) liegen in beiden Talflanken in 3000–3100 m Höhe an. Sie belegen eine Eismächtigkeit von mindestens 800 m (Abb. 14 rechts von Nr. 3). Orogr. linke Flankenschliffe sind durch Grundmoränenreste teilweise abgedeckt. 2 km vom Gez-

CUMULATIVE FREQUENCY GRAIN-SIZE CURVE 12.06.1992/2

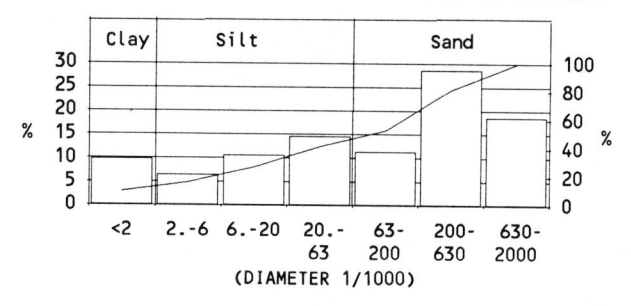

Abb. 4:
(Korngrößen-Diagramm einer relativ fein zerriebenen Grundmoräne im Gez-Tal (2180 m ü.M.; Abb. 14 Nr. 13). Typisch ist der nur schwach-kurvige Verlauf im pelitischen Bereich des Peaks im Ton bis zum Fein-Sand (s. Abb. 5).
Grain-size diagram of a relatively fine-ground groundmoraine in the Gez Valley (2180 m asl; Abb. 14 no 13). The but gentle-curved course in the pelitic zone of the peak in the clay up to the fine-sand is characteristic (cf. Abb. 5).

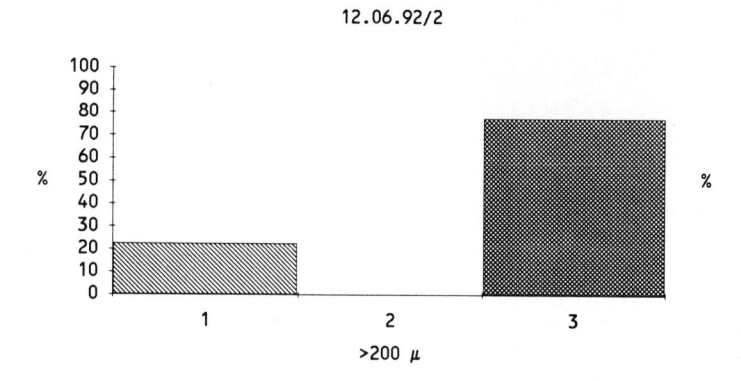

Abb. 5:
Kornformen der Grundmoränen-Matrix von Abb. 4. Die frisch verwitterten bzw. vom Gletscher zerriebenen Körner (1) erreichen gut 22%, die 75% fluvial polierter Körner (3) gehen auf die subglazialen Schmelzwasser-Aktivitäten tief unter der Schneegrenze (ELA) zurück.
Grain-compositions of the groundmoraine matrix of Abb. 4. The fresh-weathered e.g. glacier-ground grains (1) are attaining well 22%; the 75% fluvial-polished grains (3) can be explained by the subglacial meltwater-activities far below the Equilibirum Line Altitude (ELA).

Haupttal entfernt, endet im Ausgang seines Tales der Kaiayayilak-Gletscher in 2820 m ü.M.. In seinem Vorfeld verzahnen sich historische bis neoglaziale Endmoränen mit spätglazialen Ufermoränen. Auf dem Sporn zwischen Kaiayayilak- und Gez-Tal verlaufen zwei Mittelmoränen bis 800 m über die Tiefenlinie hinauf und zeichnen den Zusammenfluß der eiszeitlichen Gletscherteilströme nach (Abb. 14 Nr. 3–15). Orogr. links gegenüber mündet das Erkuran-Tal als schluchtförmiger Trog ins Gez-Tal ein (Abb. 14 Nr. 16). 5–6 km Gez-

Abb. 6:
Aus 2170 m ü.M. den glaziären Trog des unteren Gez-Tales einwärts gesehen (Abb. 14 Nr. 13-14). Der Trog erhält die Kastenform durch den holozänen Schotterflur-Boden (-6). Die anstehenden Phyllite der Talflanken wurden vom Gletscherschliff geglättet (⌒⌒). Die Mächtigkeit des eiszeitlichen Gez-Auslaßgletschers (---) ist durch die 600 m hohe Ufermoränen-Terrasse (☐ O) belegt. Unter einem jüngeren Murfächer ist 12 m-mächtige Grundmoräne (x) aufgeschlossen (Abb. 4 u. 5). Im Hintergrund der vergletscherte Kongur (1). Photo M. Kuhle 12.6.92

Looking from 2170 m asl upwards the glacial trough of the lower Gez Valley (Abb. 14 no 13-14). The trough receives its box-like shape from the Holocene gravel-floor-bottom (outwash)(-6). The bedrock-phyllites of the valley flanks have been smoothed by glacier polishing and -abrasion (⌒⌒). The thickness of the Ice Age Gez-out-let-glacier (---) is evidenced by a 600 m high lateral moraine terrace (☐ O). 12 m-thick-groundmoraine (x) is exposed below of a younger mudflow-fan (Abb. 4,5). In the background the glaciated Kongur can be seen (1). Photo: M. Kuhle 6/12/92.

Tal einwärts sind in anstehenden Graniten glaziäre Glättungen erhalten (Abb. 14 Nr. 17). In diesem Abschnitt verläuft die Tiefenlinie in 2850 m in einer trogförmigen Schlucht. Taleinwärts erreichen noch heute Eisströme aus der Kongur-N-Flanke den Wandfuß, die im Holozän große Endmoränen in dieser Talkammer aufgeschoben haben (Abb. 14 V links von Nr. 17). Benachbart sind ältere Rundhöcker zu beobachten. Auf der linken Talseite ist eine spätglaziale Moräne überliefert. Ihr Rücken verläuft in 3500 m 500 m über der Tiefenlinie (Abb. 14 I–IV rechts über Nr. 18). Auf der rechten Seite belegt eine Grundmoränen-Rampe die damalige Überschiebung des Kongur-N-Flanken-Eiszustromes über den späteiszeitlichen Gez-Gletscher (Abb. 14 Nr. 18). – 5 km einwärts setzt das Gez-Tal am NE-Rand des E-Pamir-Plateaus ein. Hier befinden sich orogr. links hundert Meter über den Talboden hinauf glaziäre Schichtkopf-Glättungen. Dort, wo die Talflanke vom Pamir-Plateau her einsetzt, ist sie von meter- bis dekameter-mächtiger Grundmoräne bedeckt (Abb. 14 Nr. 19). Sie geht 500–550 m über der Talsohle in 3350 m ü.M. in eine Ufermoränen-Terrasse über. Aus der Grund- und Ufermoränen-Position wird deutlich, daß diese Sedimente von einem ab hier steil abgeflossenen, 550 m mächtigen Auslaßgletscher des E-Pamir-Eises abgelegt wurden. Die Eisoberfläche hat an der Auslaßgletscher-Wurzel in 3900 m nahe der Schneegrenze gelegen. Früh-eiszeitlich hat sich das E-Pamir-Eis von den hohen Massiven des King Ata Tagh, Muztagh Ata und Kongur (Abb. 7) her gebildet. Es ist bei absinkender Schneegrenze in deren Vorländern zusammengetreten und hat so sukzessive die Plateau-Eisdecke aufgebaut. Dabei verloren die höchsten Einzugsbereiche für die Gletscher-Ernährung ihre Bedeutung und die größeren, weniger hohen Eisflächen lieferten den Hauptanteil. 1 km plateau-einwärts vom Gez-Talanfang wurden 400 m hohe rundgeschliffene Felsrücken mit Moränen-Auflage überliefert (Abb. 14 Nr. 19). Sie bestätigen den oben angegebenen Mindest-Pegel der vorzeitlichen Plateau-Eisdecke.

5. Indikatoren für die Vorzeitliche Inlandeis-Abdeckung des E-Pamir-Plateaus:

Um die maximale Gletscherbedeckung zu erfassen, muß die glaziäre Formensequenz umgekehrt-chronologisch abgegrenzt werden. Die rezenten Gletscher fließen von den noch immer 2500 m über die Schneegrenze aufragenden Kongur und Muztagh Ata bis auf das Pamir-Plateau ab (Abb. 7). Als die Gletscher im Spätglazial einige hundert Meter tiefer herabreichten, waren ihre Zungen so viel großflächiger, daß sie sich zu einem Piedmont-Eis zusammengeschlossen haben. Das war an der Kongur-W- bis SW-Abdachung im Stadium IV und III, vielleicht auch II (Tab. 1) der Fall. Dieser Vergletscherungs-Kranz ist durch eine unruhige glaziäre Akkumulations-Landschaft belegt (Abb. 7). Die Moränen-Kränze von Kongur und Muztagh berührten sich. Die Eisströme aus der Kongur-SSW- flossen mit denen der Muztagh Ata-N-Abdachung in einem Stammgletscher zusammen. Diese Konfluenz führte im S-lichen Ursprungsast des Gez-Tales zur Eintiefung eines Zungenbeckens in den 200 m mächtigen Moränen-Sockel der Piedmont-Eise (Abb. 7). Die Endmoränen dieses Stammgletschers von Stadium III fassen die drei Karakol-Seen in 3650 m ü.M. ein (Abb. 14 Nr. 21). 3–5 km das Karakol-Tal abwärts wurde 100 m über der Tiefenlinie ein Moränenwall in ein linkes Nebentälchen gedrückt (Abb. 14 Nr. 21). Abb. 8 (Vordergr.) zeigt das zugehörige, am Karakol-See exponierte Grundmoränen-Material mit freigespülten erratischen Granit-Blöcken. Die Matrix zwischen dem polymikten Blockwerk besteht aus glaziär zerbrochenen Körnern mit bimodaler Summen-Kurve. Sowohl die späteiszeitlichen Piedmont-Moränen in der W- bis SW-Abdachung des Kongur (Abb. 7) als auch der Moränen-Gürtel in der WNW-Abdachung des Muztagh Ata (Abb. 14 Nr. 23 u. 24) konstrastieren mit ihrer Umgebung, in der diese Moränen-Landschaft vollständig fehlt. Einen Ausschnitt zeigt Abb. 8 im Mittelgrund, wo Felsrücken und Tälchen frei von mächtigen Moränen sind. Hieraus könnte der Eindruck entstehen, daß jene spätglaziale Endmoränen-

Abb. 7:
Aus 4250 m von der moränenbedeckten Muztagh Ata-N-Flanke (Abb. 14 Nr. 22) nach N zum Kongur (1) über die spätglazialen Piedmont-Moränen (II–IV) bis zu den rezenten Gletscherzungen (o) am Bergfuß gesehen. Der 500 m tiefer liegende Talboden gehört zum Zungenbecken des späteiszeitlichen Stammgletschers, der die Karakol-Seen (Abb. 8) erreichte. Photo M. Kuhle 13.6.92

View to the N from the moraine-covered Muztagh-Ata-N-flank at 4250 m asl (Abb. 14 no. 22) to Kongur (1) across Late Glacial piedmont-moraines (II–IV) up to the recent glacier tongues (o) at the mountain foot. The 500 m lower situated valley bottom belongs to the tongue basin of the Late Glacial parent-glacier, which reached the Karakol Lakes (Abb. 8). Photo: M. Kuhle 6/13/92.

Landschaft die maximale Gletscherausdehnung auf dem E-Pamir-Plateau abbildet. Auf den exemplarischen Felsrücken von Abb. 8 liegen auf Schiefern erratische Granit-Blöcke bis auf die Tal-Scheiden in 4730–4800 m hinauf (Abb. 14 Nr. 25). Sie beweisen, daß diese bis 5000 m hohen Hügel vom hochglazialen Eis überflossen worden sind. Da sogar die spätglazialen Gletscher bis auf die niedrigsten Plateau-Bereiche auf unter 4000 m abgeflossen sind (Abb.

Abb. 8:
Aus 3650 m über den großen Karakol-See (Abb. 14 Nr. 20) auf den Muztagh Ata (2). Der See liegt in einem spätglazialen Zungenbecken (III), dessen Grundmoräne große, facettierte Granit-Blöcke (o) enthält. Auf den rundgeschliffenen Fuß-Hügeln des Berges (◯) liegen erratische Blöcke. Der hochglaziale Pegel des E-Pamir-Eises (---) verlief in 5000 m. Photo M.Kuhle 5.6.92

Looking from 3650 m across the large Karakol Lake (Abb. 14 no 20) to Muztagh Ata (2). The lake is located in a Late Glacial tongue basin (III) the groundmoraine of which contains big facetted granite-boulders (o). On the round-polished foot-hills of the mountain (◯) erratic blocks are deposited. The High Glacial level of the E-Pamir Ice (---) was running at 5000 m. Photo: M. Kuhle 6/5/92.

7), muß die eiszeitliche Schneegrenze zu einer das gesamte Plateau abdeckenden Vergletscherung geführt haben. In dieser Schneegrenz(ELA)-Absenkung zum E-Pamir-Plateau hinab, ist das Fehlen der eiszeitlichen Endmoränen auf dem Hochplateau begründet. Die Eisoberfläche geriet über die Schneegrenze, bevor der randliche Auslaß-Gletscher-Abfluß den Eispegel stabilisierte, so daß das Plateau zum Glazialerosions-Bereich geworden war.

CUMULATIVE FREQUENCY GRAIN-SIZE CURVE 13.06.1992/2

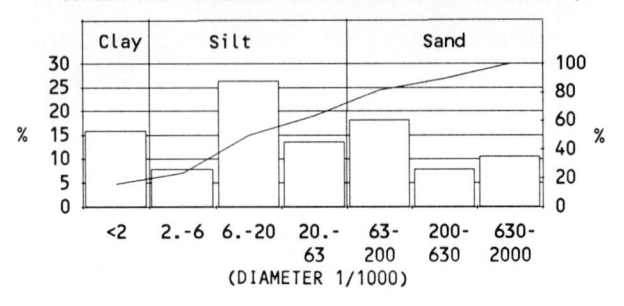

```
        Clay    Silt           Sand
     30                                    100
     25                                    80
     20                                    60
  %  15                                       %
     10                                    40
      5                                    20
      0                                    0
        <2  2.-6  6.-20  20.-  63-  200-  630-
                          63   200  630   2000
                    (DIAMETER 1/1000)
```

Abb. 9:
Matrix der Granit-Erratika führenden Grundmoräne aus kristallinen Schiefern (Abb. 14 rechts von Nr. 29) in 4300 m ü.M. auf dem Pamir-Plateau. Auffällig ist die Vormacht des Pelit-Anteiles (Ton u. Silt), die auf Zerrieb bei großer Eisauflast hinweist (s. Abb. 10).
Groundmoraine-matrix, containing granite-erratics of crystalline schists (Abb. 14 on the right hand side of no 29). at 4300 m asl on the Pamir Plateau. The supremacy of the pelite-portion (clay, silt) is obvoius. It points to grinding as result of a heavy ice-burden (cf. Abb. 10).

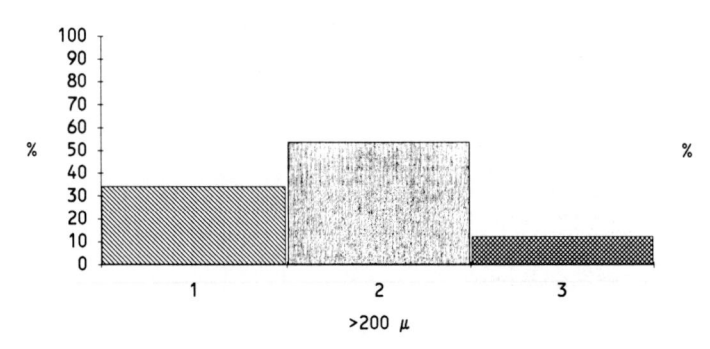

13.06.92/2

```
    100
     90
     80
     70
     60
  %  50
     40                                       %
     30
     20
     10
      0
          1         2         3
                  >200 μ
```

Abb. 10:
Die Quarzkorn-Formen der Grundmoräne von Abb. 9 belegen durch die Gruppen 1 und 2 (frisch verwittert u. glaziär zerbrochen, was nicht immer mit letzter Sicherheit zu trennen ist), den vorherrschenden Einfluß des Zerriebs durch die hangende Eisdecke gegenüber dem des subglazial polierend wirksamen Schmelzwassers (3).
By means of groups 1 and 2 (fresh-weathered and glacier-broken, which cannot always be differentiated surely) the quartz-grain-compositions of the groundmoraine of no 9 prove the predominant influence of the grinding by the hanging ice cover in contrast to the efficacy of the subglacial polishing of the meltwater.

Darum finden sich auch in großer Entfernung von jenen hohen Granit-Massiven erratische Blöcke auf rundgeschliffenen Rücken (Abb. 14 Nr. 26). Rundgeschliffene Rücken am Muztagh Ata weisen auf einen Eispegel in 5000 m (Abb. 8) und damit eine Eismächtigkeit von 1200–1300 m hin. Weiter W-lich erreichen die vom Inlandeis rundgeschliffenen Gipfel sogar 5450–5550 m. Die dort eingelassenen kleinen Kare (Abb. 14 Nr. 27 u.28) wurden bei angehobener spätglazialer Schneegrenze (Stadien I–IV) und im Früh-Glazial durch Lokal-

CUMULATIVE FREQUENCY GRAIN-SIZE CURVE 13.06.1992/4

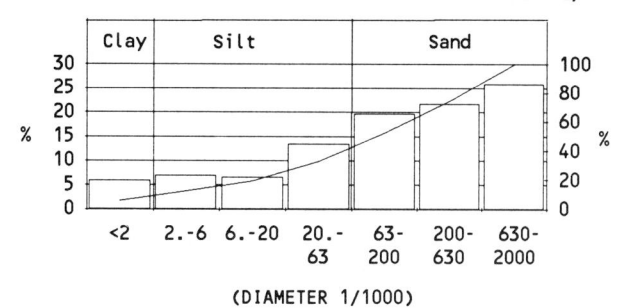

Abb. 11:
Matrix der nur wenige Dezimeter mächtigen Grundmoräne in 3960 m (Abb. 14 rechts über Nr. 29) auf dem E-Pamir-Plateau. Ihre geringe Mächtigkeit führte zu vermehrtem Schurf im Anstehenden in situ, was die Grobkorn-Anteile erhöht (s. Abb. 12).
Matrix of the just a few decimeter thick groundmoraine at 3960 m (Abb. 14 right-hand side above no 29) on the E-Pamir Plateau. Its insignificant thickness led to increasing scouring in the in-situ-bedrock from which a rise of the coarse-grain-portions resulted (cf. Abb. 12).

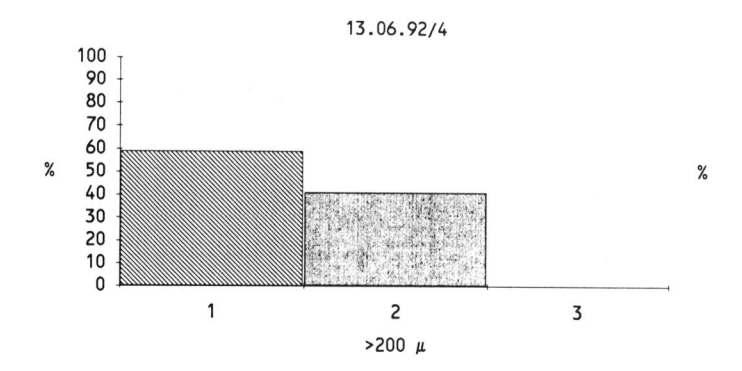

Abb. 12:
Die Quarzkorn-Formen haben in dieser Grundmoränen-Probe (Abb. 11) erhöhte Anteile frisch-herausgewitterter Komponenten (1) auf Kosten der Anteile von glaziär zerbrochenen Körnern (2). Ein subglazialer Schmelzwasserabfluß ist nicht abzulesen (3 fehlt).
The quartz-grain-compositions of this groundmoraine-sample (Abb. 11) show increased portions of freshly out-weathered components (1) at the expense of the portions of glacier-broken grains (2). A subglacial meltwater discharge cannot be read (3 is missing).

Gletscher geformt. Auf dem 400–600 m höher gelegenen Plateau-Abschnitt am Subax-Paß, W-lich des Muztagh-Ata liegt eine ebene Grundmoränen-Decke von bis zu einigen Metern Mächtigkeit mit erratischen Granit-Blöcken (Abb. 14 Nr. 29). Die Abb. 9–12 zeigen die Variabilität ihrer Matrix. Es handelt sich um eine allseitig-ausgewalzte Grundmoränen-Platte ohne Walleinfassung, wie sie durch eine relief-übergeordnete Eiskappe hinterlassen wird. Zur Zeit der maximalen Vereisung gehörten auch die 400 m tiefer gelegenen Plateau-Gebiete zum glaziären Erosions-Gebiet, was umso mehr für diese höhere Plateau-Fläche

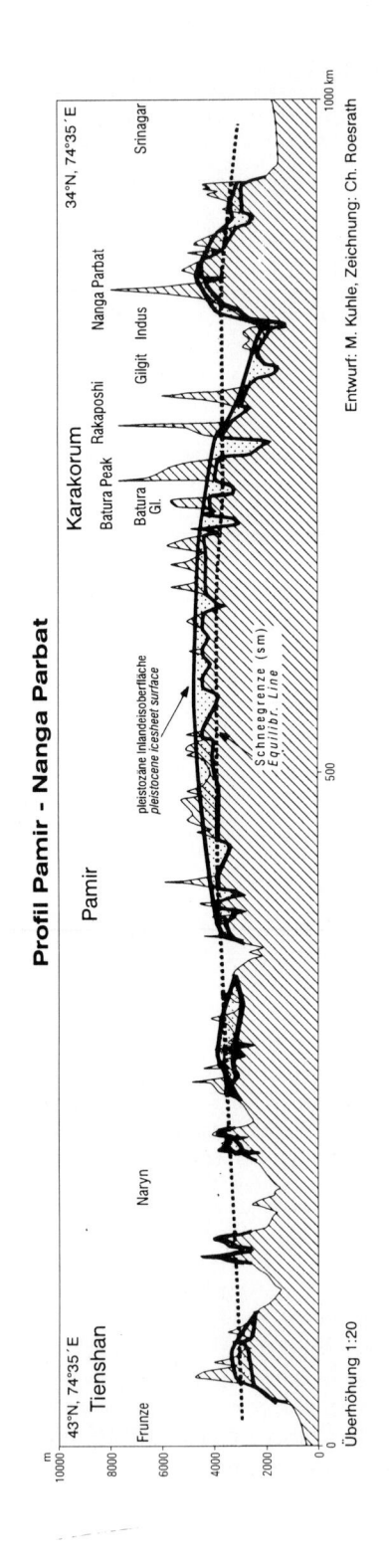

Abb. 13:
Schematisiertes N-S-Profil der eiszeitlichen Gletscherbedeckung in Hochasien mit zugehörigem Schneegrenzverlauf, in dem das Pamir-Eis in seiner Position zwischen Karakorum (bzw. West-Tibet) und Tien Shan deutlich wird.
Schematized N/S-profile of the Ice Age glacier cover in High Asia with the pertinent course of the equilibrium line. The position of the Pamir Ice between Karakorum (resp. W-Tibet) and Tien Shan is obvious.

galt. Darum muß die Grundmoräne hier oben einer noch im Spätglazial (I) restierenden Eiskappe zugeschrieben werden. Das spätglaziale Eis floß von hier sowohl nach N in Richtung Karakol-See als auch nach S zum Becken von Thaman bis auf mind. 3300 m hinab (Abb. 14 Nr. 31). Zwei Ufermoränen-Sequenzen von 80–120 m Höhe belegen hier die Nähe des Eisrandes (I). Diese Abflußbahn der Eiskappe wird von den jüngeren Endmoränen-Wällen der lokalen Muztagh Ata-Vergletscherung bis über die Tiefenlinie des Tahman-Tales rechtwinklig überfahren (Abb. 14 Nr. 32). Zur Schneegrenz-Depression im Becken von Tahman liefern Gletscher-Täler des 5568 m-Massivs Aufschluß (s.u.6.). Während seine Kare von Stadium II bis V geformt wurden, erreichten längere eiszeitliche Talgletscher den Piedmont-Bereich um 3200 m ü.M. (Abb. 14 Nr. 33). – N-lich von Taxkorgan sind in Phylliten Rundhöcker überliefert, die von jungem Warwenton eingekleidet wurden (Abb. 14 Nr. 34). Diese Glazialspuren in 3000 m ü.M. werden der letzten oder vorletzten Eiszeit (-I od. 0) zugeordnet. Damals war das angrenzende Becken Tahman ebenfalls gletscher-bedeckt.

6. Schneegrenz-Verlauf im letzten Hochglazial (LGM) auf dem E-Pamir-Plateau (37°50'–39°N74°40'–75°40'E):

Auf dem Plateau selbst ist die eiszeitliche Schneegrenze (ELA) nicht zu bestimmen, sondern nur anhand von Endmoränen randlicher Auslaß- und Gebirgsgletscher, womit hier die von Oytag- und Gez-Gletscher zu berücksichtigen sind. Ersterer endete in 1850 m, was bei einer mittleren Einzugsbereichshöhe von 6000 m eine Schneegrenze (ELA) in 3925 m ü.M. ergibt (Abb. 13). Die Zunge des Oytag-Gletschers endet heute in 2750 m ü.M.. Ihr mittlerer Einzugsbereich ist 800 m höher als der des eiszeitlichen Gletschers, so daß sich eine Schneegrenz(ELA)-Depr. von 850 m errechnet (6800 – 2750 = 4050 : 2 = 2025 + 2750 = 4475 – 3925 = 850). Die heutige Schneegrenze (ELA) verläuft um 4775 m. 850 m ist für das letzte Hochglazial (LGM) ein geringer Absenkungswert. E-licher, am S-Rand des Tarim-Beckens, wurden 1300 m Schneegrenz-Depression ermittelt (Norin 1932, Kuhle 1994b). – Der tiefste Eisrand des Gez-Gletschers lag bei 1800 m. Das nächste rezente Gletscherende in 2820 m (Abb. 14 Nr. 3) belegt eine Schneegrenze (ELA) um 5000 m (7200 – 2820 = 4380 : 2 = 2190 + 2820 = 5010). Die Einzugsbereichshöhe des Gez-Auslaß-Gletschers lag bei 5700 m, so daß sich für das letzte Hochglazial (LGM) die Schneegrenze (ELA) um 3750 m errechnet (5700 – 1800 = 3900 : 2 = 1950 + 1800 = 3750). Damit tangierte die um 1250 m abgesenkte Schneegrenze die E-Pamir-Hochfläche (Abb. 13). – Am 5568 m-Massiv (Abb. 13 Nr. 33) besteht eine Anordnung zur Überprüfung der vorzeitlichen Schneegrenze (ELA) am SW-Rand des Testgebietes. Bei einer Einzugsbereichshöhe um 5160 m gelangte der Gletscher bis 3200 m hinab, d.h. die Schneegrenze (ELA) lag in 4180 m (5160 – 3200 = 1960 : 2 = 980 + 3200 = 4180). Falls diese Schneegrenz(ELA)-Depression von nur 820 m nicht dem Stadium I angehört, sondern dem LGM, wäre das Becken von Tahman eisfrei gewesen.

Literatur

DREIMANIS, A. & VAGNERS, U.J. (1971): Bimodal distribution of rock and mineral fragments in basal tills. In: Goldthwaite, R.P. [ed.], Till, A Symposium, Ohio State University Press. 237–250.

KUHLE, M. (1986e): Former Glacial Stades in the Mountain Areas surrounding Tibet- in the Himalayas (27–29°N: Dhaulagiri, Annapurna, Cho Oyu and Gyachung Kang areas) in the south and in the Kuen Lun and Quilian Shan (34–38° N: Animachin, Kakitu) in the north. In: S.C. Joshi [ed.]: Nepal Himalaya. Geo-Ecological Perspectives, New Dehli, 437–473.

KUHLE, M. (1987c): Absolute Datierungen zur jüngeren Gletschergeschichte im Mt. Everest-Gebiet und die mathematische Korrektur von Schneegrenzberechnungen. In: Tagungsber. 45. Dt. Geographentages, Berlin 1985, Stuttgart, 200–208.

KUHLE, M.(1990c): The Cold Deserts of High Asia (Tibet and Continuous Mountains). In: GeoJournal 20/3, 319–323.

KUHLE, M. (1994b) Present and Pleistocene Glaciation on the north western margin of Tibet between the Karakorum main ridge and the Tarim Basin supporting the Evidence of a Pleistocene Inland Glaciation in Tibet. In: M.Kuhle [ed.]: Tibet and High Asia. Results of the Sino-German and Russian-German Joint Expeditions (III), GeoJournal vol. 33 no. 2/3 (June/July), 131–272.

NORIN, E. (1932): Quaternary Climatic Changes within the Tarim Basin. In: Geograph.Rev. 22, New York, 591–598

SCHROEDER-LANZ, H. (1986): Beobachtungen zur rezenten und eiszeitlichen Vergletscherung am Kongurshan/Pamir Himmelssee/Tienshan und Koko Nor-Nanshan Qaidam. In: M. Kuhle [Hrsg.], Internat. Symposium über Tibet u. Hochasien, Okt. 1985, Göttinger Geogr. Abh., H. 81, 39–58.

SHEN YONGPING (1987): The summer (May – September) Precipitation Feature of Alpine Zone in K2 Region, Karakoram: 1–8 (unveröffentl. Manuskr.).

XIE ZICHU & QIN DAHE & THORNWAITS, R.J (1987): The Characteristics of the Present Glaciers on the N-Slope of K2. Lanzhou, China (unveröffentl. Manuskr.): 1–21.

JÖRG GÜSSEFELDT und HANS-DIETER VON FRIELING

Thesen zur Stadtforschung – Perspektiven für die Zukunft

Zusammenfassung: Eine Typisierung von Erklärungsansätzen innerurbaner Strukturmuster und städtischer Funktionen führt zu zehn Klassen von Theorien. Als elfter Typ wird in Weiterführung der Idee von HARRIS/ULLMAN (1945) versucht, Stadtsystem- und Stadtstrukturtheorien miteinander zu verknüpfen. Dabei zeigt sich, daß auf diese Weise sehr unterschiedliche theoretische Bausteine zu integrieren sind. Zur Vervollständigung bietet sich die von G. HARD (1981) erarbeitete Erweiterung des wahrnehmungstheoretischen Ansatzes an. Sie könnte sich bei einer Ergänzung durch entsprechende sozialwissenschaftliche Komponenten als unmittelbar praxisrelevant erweisen, da in ihr die Frage nach der Verteilungsgerechtigkeit kommunalpolitischer Entscheidungen aufgeworfen wird.

[Hypotheses on urban research – future perspectives]

Summary: The classification of approaches to explain inner urban structural patterns and the roles of cities within national settlement systems leads to ten types of theories. A further type is considered as an extension of the HARRIS-ULLMAN-model (1945) combining city system and urban structural theories. Several different approaches of explanations are integrated in this type. G. HARD'S (1981) hypothesis of the circular cumulative causation of inner urban structural disparities through different screens of cognition and public articulation is an useful addition if it is completed by certain components of the social sciences.

1. Fragestellung

Klassifizierende Darstellungen wissenschaftlicher Forschungsergebnisse haben eine doppelte Existenzberechtigung. Einerseits bieten sie eine notwendige Übersicht der in einer exponentiell wachsenden Zahl von Veröffentlichungen vertretenen Auffassungen. Andererseits versuchen sie, Inhalte auf grundsätzliche Forschungsperspektiven zu reduzieren, um dadurch methodologische und/oder theoretische Grundkategorien hervorzuheben, ohne deren Kenntnis weder empirisches Arbeiten noch eine Interpretation von Ergebnissen sinnvoll erscheint. Da aber jedes Resultat einer Klassifikation von subjektiven Entscheidungskriterien beeinflußt ist, darf man kaum erwarten, daß es als allgemeingültig anerkannt wird. In der Vergangenheit sind eine Reihe von Typisierungen stadtgeographischer Arbeiten vorgelegt worden, von denen stellvertretend BASSETT/SHORT (1980), FÜRST (1977), GÜSSEFELDT (1983), HEINEBERG (1993), HOFMEISTER (1980), KORCELLI (1975) und LICHTENBERGER (1980, 1986, wieder abgedruckt 1987) erwähnt seien. Im folgenden soll es nicht darauf ankommen, die Übereinstimmungen zu betonen, sondern kontroverse Auffassungen zu diskutieren und diejenigen Aspekte zu akzentuieren, die zukunftsträchtige Thematiken darstellen.

Einen Überblick über den Stand der Stadtforschung könnte man unter verschiedenen Schwerpunkten angehen. Um subjektive Kriterien zu minimieren, erscheint hier eine Typisierung der zentralen Hypothesen der unterschiedlichen Ansätze angebracht. Erklärungen bestehen aus allgemeingültigen Hypothesen und deskriptiven Sätzen, die als Rand-, Rahmen- oder Ausgangsbedingungen den Gültigkeitsbereich der allgemeinen Thesen festlegen. Jede Hypothese wird zumindest in der Fachsprache, häufig aber auch in graphischer Form wiedergegeben. Erst im Anschluß daran wird jeder Wissenschaftler entscheiden müssen, inwieweit es zur Erreichung seines Zieles nützlich oder notwendig ist, die Hypothesen auch mathematisch abzubilden. Grundsätzlich bestehen diesbezüglich keine Schwierigkeiten, sofern die Aussagen eine bestimmte logische Struktur besitzen (GÜSSEFELDT 1988).

Es gibt also keinen stichhaltigen Grund dafür, daß Stadt „nicht mehr abbildbar und/oder berechenbar" ist (LICHTENBERGER 1987). Notabene, damit wird weder behauptet, daß die strukturelle und relationale Totalität des Systemelementes Stadt durch eine simple Einzelgleichung oder ein einfaches Mehrgleichungssystem abzubilden ist. Noch soll der Eindruck erweckt werden, dies sei auch nur halbwegs von einem Anhänger der „vektoriellen Ideologie" bewerkstelligt worden. Allerdings existieren diesbezüglich interessante Pionierarbeiten (BERRY 1964, 1965), die einen Schritt in diese Richtung aufzeigen, dessen Wahrnehmung jedoch zugunsten der Geht-Nicht-Ideologie äußerst erfolgreich verdrängt worden ist. Hingegen haben Wissenschaftler, darunter auch seit mehr als 2000 Jahren Geographen – von Erathostenes an gerechnet – immer versucht herauszufinden, warum etwas nicht geht, um auf diesem Wege den Zustand der Unwissenheit zu überwinden. Es sei hervorgehoben, daß hier nicht grundsätzlich die mathematische Abbildung von Erklärungen postuliert wird. Vielmehr kommt es darauf an, daß sie logisch wahr sind und einen hohen Grad empirischer Bewährtheit besitzen. Ihre zusätzliche mathematische Abbildung kann in einigen Fällen bei der logischen und empirischen Überprüfung sehr hilfreich sein, aber auch dann, wenn sie in der Praxis zur Ableitung von Maßnahmen und Konzepten benutzt werden sollen. Konsequenterweise muß man also die Fragen stellen: Mit welchen Einschränkungen ist Stadt abbildbar, berechenbar, erklärbar? Und: Wie können diese Einschränkungen minimiert werden?

In Erklärungen sind zwar die Rahmenbedingungen aus formallogischen Gründen notwendig, sie werden jedoch teilweise nicht explizit aufgeführt, sondern sind nur implizit. Erst in späteren Rationalisierungsversuchen werden sie dann genannt, wie Beispiele bei H. CARTER (1977, S. 171 ff.) und J. FRIEDRICHS (1977, S. 101 ff.) zeigen. Teilweise sind sie auch außerordentlich unrealistisch, wenn der Einfachheit halber oder aus didaktischen Gründen etwa die Existenz einer isotropen Oberfläche, vollkommener Konkurrenz oder atomistisch teilbarer Bedürfnisse angenommen werden. Diese Probleme wären dadurch zu vermindern, daß die Rahmenbedingungen realitätskonform gemacht werden. Jedoch können die Schlußfolgerungen dadurch so kompliziert werden, daß sie nur noch unter Zuhilfenahme mathematischer Simulationsmodelle zu ziehen sind, wodurch der didaktische Wert der Erklärungsversuche geschmälert, aber nicht die generelle theoretische Aussage verändert würde. Im folgenden werden deshalb die Erklärungsansätze nach ihren hypothetischen Sätzen klassifiziert, wobei die Randbedingungen wegen ihrer Austauschbarkeit – soweit möglich – unberücksichtigt bleiben. Außerdem sei angemerkt, daß es nicht das Ziel der hier vorgelegten Darstellung von elf Klassen von Theorien ist, eine erschöpfende Aufstellung aller in ihnen enthaltenen hypothetischen Aussagen wiederzugeben, sondern nur solche, die jeweils einer Klasse gemeinsam sind.

Im Anschluß an diese Klassifikation wird der Versuch unternommen, eine Verknüpfung von Stadtstruktur- und Städtesystemtheorien herzustellen, wobei Berrys (s.u.) Überlegungen einen wichtigen Baustein darstellen. Dabei können Aspekte der Dynamik, wie sie beispielsweise schon von VANCE (1970), von BLOTEVOGEL (1983) oder in BORCHERT/BOURNE/SINCLAIR (1986) vorgetragen wurden, nur implizit in einer empirischen Spurensuche Berücksichtigung finden.

2. Die Sozialökologie

Wachsen dominante Nutzungen oder Bevölkerungsgruppen einer Stadt, dann dehnen sie sich in diejenigen Teile des geographischen Stadtraumes aus, die von schwächeren Einrichtungen genutzt bzw. Gruppen bewohnt werden. Der anhaltende Invasionsprozeß dominanter Elemente führt zur Verdrängung schwächerer und somit zu einer Sukzession der Flächennutzung und Wohnbevölkerung. Es gibt ein Primat des wirtschaftlichen Wettbewerbs, so daß jeweils der zentrale Geschäftsbereich jeder Stadt (*Central Business District*, CBD) ihre Entwicklung von innen nach außen fortschreitend beeinflußt. Stadtentwicklung vollzieht sich somit vom Kern zum Rand, wobei es zur Ausbildung von ökonomischen und sozialen Distanzgradienten, homogen strukturierten Teilräumen und Subzentren kommt. Je nach Formulierung der Rahmenbedingungen ergeben sich ringförmige, sektorenartige oder mehrkernige räumliche Ordnungen der Stadtstruktur. D.h. die drei klassischen Stadtstrukturmodelle unterscheiden sich nur durch die ihnen zugrunde liegenden Randbedingungen, nicht jedoch bezüglich der hypothetischen Aussagen.

Die Verdrängung schwächerer durch dominante Elemente der Flächennutzung sollte nicht dahingehend verstanden werden, daß sich tertiäre Einrichtungen vom CBD ausgehend gleichmäßig in alle Richtungen ausdehnen. Vielmehr folgt ihr Ausbreitungsprozeß Linien geringsten Widerstandes, wie es bereits Harris/Ullman (1945) beschrieben haben. LICHTENBERGER (1986, S. 58) irrt mit der Behauptung, daß diese asymmetrische Ausdehnung „nicht in der Literatur beachtet" wurde. Bei GÜSSEFELDT (1983, S. 152, 272, 287) findet sich nicht nur die Behauptung, daß es sich dabei um ein allgemeingültiges Prinzip handelt, sondern auch eine mögliche Erklärung: Die Gebäudesubstanz von Mittel- und Oberschichtwohnbezirken bietet im Gegensatz zu derjenigen von Unterschichtbezirken minimale Kosten der Umwidmung. Solange tertiärwirtschaftliche Unternehmen also ihre Standortkosten kalkulieren müssen, dürfte dieses Prinzip gültig bleiben. Hinzu kommt noch die Wirkung des Mietrechts, das eine Ausdehnung in Bereiche mit Miethausbebauung zumindest schwierig, meistens aber auch teuer machen kann. Außerdem dürften auch Imponderabilien wie das Image der neuen Adresse etc. eine Rolle spielen (ALBERS 1974).

Die drei klassischen Ansätze werden heute in jedem Lehrbuch der Stadtgeographie und Stadtsoziologie dargestellt. Differenzierte Wiedergaben finden sich bei H. CARTER (1977, S. 171 ff.) und J. FRIEDRICHS (1977, S. 101 ff.). Das grundlegende Werk der Sozialökologie stammt von PARK/BURGESS/MCKENZIE (1925), das 1967 in seiner vierten Auflage unverändert nachgedruckt wurde. Vor allem erschien der Beitrag von BURGESS immer wieder in verschiedenen Sammelbänden (z. B. in STEWART 1972). Der zweite Klassiker war der Ökonom H. HOYT (1939), während der dritte klassische Aufsatz von HARRIS/ULLMAN (1945) publiziert worden ist. Auf den bedeutsamen Unterschied ihrer Arbeit gegenüber den beiden anderen Ansätzen der Sozialökologie wird weiter unten noch ausführlich eingegangen. Zweifellos ist es nicht der ursprünglich diesem theoretischen Konstrukt zugrunde liegende Sozialdarwinismus, dessen Nennung allenfalls noch wissenschaftsgeschichtlichen Wert hat, welcher der sozialökologischen Theorie eine breite Zustimmung eingetragen hat. Ebensowenig sind es die vermehrt zur Verfügung stehenden statistischen Daten, sondern vielmehr tragen dazu die folgenden Gründe bei:

1. Die Aussage der sozialökologischen Theorie bezieht sich auf den Entwicklungsprozeß von Städten. Die zugehörige Hypothese von BURGESS (1925) lautet: „*In the expansion of the city a process of distribution takes place which sifts and sorts and relocates individuals and groups by residence and occupation.*" Auf die vektorielle Schreibweise sei hier verzichtet, jedoch darauf aufmerksam gemacht, daß die statische Deskription von strukturellen Kernen, Zonen und Sektoren lediglich ein Beiprodukt momentaner Betrachtung unter Verdrängung jedweder Spuren der von den Schöpfern der Theorie

intendierten Ursachen darstellt. Es besteht keinerlei Zwang dazu, die von HARRIS/ULLMAN (1945) eingeführten generalisierenden Beschreibungen von Strukturmustern US-amerikanischer Städte bis in alle Ewigkeit im Zusammenhang mit der sozialökologischen Theorie zu perpetuieren. Entwicklung ist nämlich ein allgegenwärtiger, immanenter Prozeß. Es gibt kein Ding auf dieser Erde, das nicht von ihr betroffen wäre.

2. Besonders das Postulat der Veränderung von Stadtstrukturen bot die Möglichkeit, die groben sozialbiologischen Analogien durch realistische Ursachen zu ersetzen und zu ergänzen. Damit wurde vielfach implizit oder ganz bewußt (HAMM 1977) eine Verknüpfung zu anderen Theorien der Stadtstruktur hergestellt. Geht man davon aus, daß kein Mensch in der Lage ist, etwas über die zukünftige Validität der augenblicklichen Indikatoren auszusagen, geschweige denn künftige Ursachen der Veränderung zu prognostizieren, bieten Aspekte der Ergänzung und des Ersatzes von ursächlichen Einflüssen die Aussicht der evolutionären Weiterentwicklung dieses theoretischen Konstrukts.

3. Für die Urheber der sozialökologischen Theorie gehörten implizit gesellschaftliche, wirtschaftliche und rechtliche Bedingungen nach US-amerikanischem Muster zum äußeren Datenkranz der Stadtentwicklung. Ist man also der berechtigten Meinung, daß diese Ausgangsbedingungen in einem anderen Land, Kulturkreis oder Gesellschaftssystem nicht zutreffen, sind sie entsprechend zu verändern. In einer Weiterentwicklung der Theorie wären sie durch Hypothesen zu ersetzen. In beiden Fällen aber muß nach den geänderten logischen Schlußfolgerungen gefragt und nicht die irrige Behauptung verkündet werden, das sozialökologische Konstrukt sei falsch. Sowohl SJOBERG (1960) als auch SCHNORE (1965) haben mit ihren Arbeiten belegt, wie das sozialökologische Theorem bei der Betrachtung anderer Kulturkreise und Entwicklungsstufen zu verändern ist.

4. Nicht nur HAMM (1982, S. 170 ff.) hat festgestellt, daß der von der Sozialökologie postulierte Stadtentwicklungsprozeß in nahezu allen Städten industrialisierter Länder beobachtbar und kaum beeinflußbar ist. Geschickte Stadtplaner versuchen aber, seine Auswirkungen räumlich zu steuern. Deshalb erscheint es, trotz noch so heftiger Kritik an diesem Erklärungsversuch, unter dem Aspekt einer auch praxisorientierten Lehre notwendig, sich ausführlich mit ihm zu beschäftigen.

3. Die Sozialraumanalyse

Gesellschaftlicher Wandel bedingt eine immer stärkere Differenzierung sozialer Schichten. Der geographische Stadtraum ist ein Analogon des gesellschaftlichen Sozialraumes. Je stärker sich die Mitglieder einer Gesellschaft im Sozialraum unterscheiden, der durch die Dimensionen soziale Position (ökonomischer Status), Urbanisation (familiärer Status) und Segregation (ethnischer Status) aufgespannt werden kann, desto deutlicher ist der geographische Stadtraum in entsprechend strukturierte Teilräume gegliedert. In der Sozialökologie wurden Städte gewissermaßen losgelöst von der Gesellschaft betrachtet, in der sie existieren, während in der Sozialraumanalyse gerade die Verbindung zwischen Gesellschaft und Stadt die grundlegende Idee darstellt. Hervorzuheben ist außerdem, daß im sozialraumanalytischen Ansatz im Gegensatz zu ersterem keine Hypothesen über die räumliche Ordnung der Stadtstrukturen aufgestellt werden.

Die Formulierung des theoretischen Konstrukts von SHEVKY/BELL (1955) liegt in leicht greifbarer Übersetzung (1974) vor. Es handelt sich wahrscheinlich um einen der meist diskutierten Theorieansätze der Stadtsoziologie. Kritisiert wurde einerseits die theoretische Basis, so bereits von HAWLEY/DUNCAN (1957) als ex post Rationalisierungsversuch eines Klassifikationsverfahrens, wobei ein Zusammenhang zwischen gesellschaftlichem Wandel und Stadtstruktur auf theoretischer Ebene nicht deutlich gemacht werde. Andererseits wurden aber auch Einwände gegen die Typisierungsmethode vorgebracht, da die o. a. Dimensionen in empirischen Untersuchungen teils so starke Korrelationen untereinander aufwiesen, daß sie als Grundlage einer Typisierung wenig geeignet erscheinen. Eine sehr ausführliche Auseinandersetzung mit der theoretischen und methodischen Kritik findet sich bei D. W. G. TIMMS (1971, S. 123 ff.), mit ersterer bei B. HAMM (1977).

4. Die Faktorialökologie

In einem möglichst umfangreichen Attributenraum eines geographischen Stadtraumes können Beschreibungsdimensionen festgestellt werden, unter denen bei entsprechender Variablenauswahl auch mindestens die drei SHEVKY/BELL Dimensionen enthalten sein müssen. Die Prädikate der Dimensionen weisen bestimmte räumliche Ordnungen auf, die aus den klassischen sozialökologischen Thesen abzuleiten sind. In zahlreichen Untersuchungen wurde bestätigt, daß ‚soziale Position' eine sektorale, ‚Stellung im Lebenszyklus' eine ringförmige räumliche Ordnung aufweisen. Ethnische Minoritäten dagegen sind in räumlichen Clustern lokalisiert (R. A. MURDIE 1971). In europäischen Städten werden sowohl die Faktorenstruktur als auch die räumlichen Muster der komplexen Attribute durch den öffentlich geförderten Wohnungsbau modifiziert.

Die Faktorialökologie stellt somit eine Verknüpfung der Sozialökologie und der Sozialraumanalyse auf theoretischer Ebene dar. Aus letzterer werden die Thesen über die Dimensionen, aus ersterer diejenigen über die räumlichen Ordnungen übernommen und jeweils empirisch neu getestet. Eine sehr allgemeine Argumentation, daß die Faktorialökologie eine auf Hypothesen basierende wissenschaftliche Methode darstellt, wird von B.J.L. BERRY (1971 a) vorgetragen. Die beiden empirischen Arbeiten von P.H. REES (1970) und P.D. SALINS (1971) verdeutlichen das ebenfalls. Desweiteren bieten die Arbeiten von M. MISCHKE (1976), J. BÄHR (1977) und P. BRATZEL (1981) einen Einblick in die Theorie und Praxis der Faktorialökologie. Außerdem ist die Arbeit von HEINRICHSMEIER (1986) zu nennen, der auch historische Entwicklungen einiger faktorialökologischer Dimensionen am Beispiel der Stadt Freiburg aufzeigt.

Einen bedeutsamen Schritt weiter geht der Versuch von LICHTENBERGER/FASSMANN/MÜHLGASSNER (1987) mit einer Dynamisierung der Faktorialökologie einen über die Sozialökologie hinausreichenden Theorieverbund vorzulegen. Explizit werden gesellschaftliche, wirtschaftliche und stadträumliche Hypothesen zu Komplexen verknüpft, die plausiblere Erklärungsversuche des Phänomens Stadt bieten können.

5. Theorien der neoklassischen Ökonomie

Durch die größere Bodenknappheit im Stadtzentrum entstehen Boden- und Mietpreisgradienten. D.h. die Lagekosten für Nutzungen innerhalb des geographischen Stadtraumes sinken mit zunehmender Distanz vom Zentrum. Hingegen gilt für die Transportkosten der entgegengesetzte Zusammenhang, also ein Anwachsen mit zunehmender Entfernung. Beide Kostenarten ergeben zusammen die Standortkosten, die jeder Nachfrager dadurch minimiert, daß Lagekosten durch Transportkosten substituiert werden und umgekehrt. Da Kosten entgehende Nutzen sind, maximiert demnach jeder Nachfrager nach städtischem Boden seinen subjektiven Nutzen durch die Minimierung der Standortkosten. Eine Sortierung von Nutzungen (funktionale Segregation) und Einwohnern (soziale Segregation) findet gemäß ihrer Zahlungs- und Substitutionsfähigkeit statt.

Zu dieser Kategorie von Erklärungsansätzen gehören ebenfalls die Bevölkerungsdichtemodelle, da sie auf Hypothesen über Transportkosten und Lagerenten basieren (H.W. RICHARDSON 1978, S. 276 ff.). Die Grundidee dieser Ansätze geht auf die Landnutzungstheorie J. H. VON THÜNENs zurück, auch wenn inzwischen eine Reihe von Ausgangsbedingungen durch weitere Hypothesen ersetzt worden sind. Als Klassiker dieser Theorieansätze gilt W. ALONSO (1964), aus dessen Überlegungen sich das Paradoxon ergab, daß gerade die ärmeren Bevölkerungsschichten auf dem teuren Boden in der Nachbarschaft des CBD wohnen. Dieser eigentliche Widerspruch ist durch die Veränderung der Parameter der Biet-Preis-Funktionen gelöst worden. T. POLENSKY (1974) zeigte, daß sich das Paradoxon dann auflöst, wenn der Bodenpreis durch die Nutzungsintensität bereinigt wird. E. GIESE (1978 b) erweiterte das formale Modell von W. ALONSO, indem er die Nutzungsintensität als Einflußgröße auf den Bodenpreis mit einfügte.

Sehr viel differenzierter geht HAASIS (1987) vor, der nicht nur aufzeigt, wie sich Bodenpreise auf dem Freiburger Bodenmarkt entwickeln, sondern auch den Einfluß kommunalpolitischer Entscheidungsträger kenntlich macht. Gerade dadurch wird verdeutlicht, daß die rechtlichen Bedingungen keineswegs nur zum „äußeren Datenkranz" im Sinne Euckens zu zählen sind, sondern eine ursächliche Einflußgröße darstellen, wenn ihre Wirkung in zeitlicher Hinsicht betrachtet wird. Damit wird eine Verknüpfung zu den in Abschnitt sieben klassifizierten bürokratischen Konflikttheorien hergestellt.

6. Wahrnehmungs- und Verhaltenstheorien

Jeder Haushalt erzielt an seinem gegenwärtigen Wohnstandort einen subjektiven Nutzen und nimmt in seinem Aktionsraum den möglichen Nutzen alternativer Wohnstandorte wahr. Wird letzterer höher bewertet, so verlegt der Haushalt seinen Wohnsitz möglichst dorthin, um seinen subjektiven Nutzen zu maximieren. Die objektiv gegebene Struktur des geographischen Stadtraumes wird unter verschiedenen Einschränkungen (*constraints*) von den Bewohnern wahrgenommen, welche aus sozialen, pekuniären oder zeitlichen Gründen wirksam werden können. Dadurch entsteht in jedem Bewohner ein subjektiver Stadtplan (*mental map*), der einen verzerrten Ausschnitt des geographischen Stadtraumes darstellt. Er wiederum bewirkt unterschiedliche Informationen über die Gelegenheiten, so daß eine verschiedenartige Zugänglichkeit (*access*) zu ihnen für Klassen von Bewohnern als Resultat möglich ist. Daraus aber ergibt sich ein Einfluß auf die objektive Stadtstruktur. Hierunter werden alle jene Erklärungsversuche zusammengefaßt, die neben der hier verwendeten Bezeichnung auch als Mikroanalyse, Aktionsraum-, Migrationstheorie oder Aspekte der Zeit-Geographie (*time geography*) klassifiziert worden sind.

Es ist einigermaßen schwierig, einen „Klassiker" für diese Erklärungsansätze zu nennen. Wahrscheinlich hat W. KIRK (1963) unter dem Einfluß der Gestaltpsychologie einen ihrer Ursprünge geschaffen. Er machte darauf aufmerksam, daß zwischen objektiver Raumstruktur (*phenomenal environment*), Wahrnehmung (*behavioural environment*) und Verhalten (*human environment*) eine rückgekoppelte Beziehung besteht. In der Anwendung auf die innere Differenzierung von Städten erscheint die Arbeit von J. ADAMS (1969) von Bedeutung, der auf die sektorenförmige Verzerrung innerstädtischer Migrationsfelder hinweist und damit ein räumliches Ordnungsschema der klassischen Sozialökologie auf eine breitere Erklärungsbasis stellt. Einen entscheidenden Entwicklungsimpuls erhielt dieser Ansatz durch die Arbeit von BROWN/MOORE (1970). Eine deutschsprachige Übersicht wird von D. HÖLLHUBER (1976) gegeben, während P. Burnett (1981) über neuere Entwicklungen und offene Fragen referiert.

Eine sehr interessante Erweiterung dieser Theorien hat G. HARD (1981) vorgelegt. Er zeigt am Beispiel von Osnabrück, daß gerade in denjenigen Stadtbezirken die Anzahl und

Art von Problemnennungen in der Presse besonders hoch ist, in denen Oberschichtangehörige leben. Hingegen ergibt sich für objektiv stärker mit Problemen belastete Unterschichtviertel das genaue Gegenteil: Es wird nämlich in der „Neuen Osnabrücker Zeitung" erheblich seltener über weniger Problemgegenstände in diesen Bezirken berichtet. Hierdurch wird in der Öffentlichkeit und vor allem auch in den Entscheidungsgremien der Stadt der Eindruck erweckt, daß gerade in den Oberschichtgebieten die Problemdichte besonders hoch und somit möglichst schnell zu beseitigen ist. Als Konsequenz ergibt sich eine weitere Verschärfung der Disparitäten in der objektiven Raumstruktur beider Wohngebietskategorien. Hards Schlußfolgerungen aus diesem Sachverhalt erklären, warum eine positive Umwelterhaltung oder -veränderung in den Bezirken um so wahrscheinlicher ist, in denen Probleme wahrgenommen, thematisiert und in die Öffentlichkeit getragen werden.

Im Gegensatz zu den übrigen Arbeiten der Wahrnehmungs- und Verhaltenstheorien wird bei Hard die Problemwahrnehmung im Wohnumfeld nicht als Anlaß für den Fortzug betroffener Menschen herausgearbeitet, sondern als Impuls für die Durchsetzung von Maßnahmen zur Wohnumfeldverbesserung betrachtet. Ohne selbst auf diesen theoretischen Zusammenhang zu verweisen, macht HARD damit auf die stadtstrukturprägende Rolle der „*voice-option*" im Sinne von HIRSCHMANS „*exit-voice*-Konzept" aufmerksam, die gerade in wahrnehmungs- und verhaltensorientierten Stadtanalysen vielfach übersehen wird. Aus theoretischer Sicht ist HARDS Theorem deshalb besonders interessant, weil eine explizite Verknüpfung zu den unter (7) und (8) klassifizierten Konflikttheorien hergestellt wird und weil zudem die skizzierten Bezüge zum „*exit-voice*-Konzept" von HIRSCHMAN (1974) und zu den Anwendungen dieses Konzeptes in der Stadtforschung z. B. bei ORBELL/UNO (1972), LINEBERRY (1977) und ALBRECHT (1982) vorliegen.

7. Interaktionstheorien

Die Arbeitsstätten der Grundleistungen (*basics*) werden in einem geographischen Stadtraum als gegeben betrachtet. Die in diesen Arbeitsstätten beschäftigte Bevölkerung wählt ihre Wohnungen so, daß die Wegekosten zwischen Wohn- und Arbeitsplätzen minimal sind. Die Versorgung der Wohnbevölkerung findet durch Folgeleistungen (*non basics*) statt, deren Standorte absatzorientiert sind. Die in ihnen Beschäftigten wählen ihre Wohnungen wiederum so, daß ihre Transportkosten zwischen Wohn- und Arbeitsstätten möglichst gering sind. Damit sind die wesentlichen Zusammenhänge beschrieben, die den ersten Simulationsmodellen von Stadtstruktur zugrundelagen. Hierzu gehören auch die Entropie maximierenden Modelle, die erweiterte statistische Analogmodelle der in früheren Arbeiten verwendeten Gravitationsmodelle sind. Mit ihrer Hilfe werden Einwohner und derivative Nutzungen innerhalb des geographischen Stadtraumes iterativ lokalisiert. Die Ursprünge dieser Kategorie von Theorien dürften in der Sozialphysik zu suchen sein, während ihre Übertragung auf innerstädtische Strukturen durch I.S. LOWRY (1964) einen ebenso starken Zusammenhang zur neoklassischen Ökonomie erkennen lassen. Eine deutschsprachige Darstellung sowohl der hypothetischen Aussagen als auch der empirischen Anwendung wird von M.M. FISCHER (1976) gegeben.

8. Bürokratische Konflikttheorien

Die durch rationale und organisationsbedingte Sachentscheidungen Herrschaft ausübende Bürokratie führt zur Einengung menschlicher Handlungsspielräume. Anderseits kommt es in jeder Marktwirtschaft zur Ausbildung von Gruppen oder Klassen, die gleiche Interessen und Positionen auf den Teilmärkten vertreten. Beides führt auf den nicht freien, sektoralen Grundstücks- und Wohnungsmärkten zu Konflikten zwischen Bürokratie, Anbietern und Nachfragern. Ähnlich wie bei der Sozialraumanalyse wird der abstrakte Sozial(Konflikt)-Raum in den geographischen Stadtraum projiziert, ohne daß eine besondere räumliche Ordnung postuliert wird. Überwiegend wurde dieser Theorieansatz auf die Übergangszone angewendet. Er konzentriert sich auf inner- und interorganisatorische Entscheidungsprozesse sowie auf die Rolle von „*key decision-makers*" bei Prozessen der Raumgestaltung und Raumaneignung. Bürokratische Konflikttheorien können gleichsam als auf den Stadtraum bezogene Varianten der „*community power*-Forschung" und der Forschungsansätze zur Allokation öffentlicher Güter angesehen werden. Übersichten geben HAASIS (1978), WOLLMANN (1980) und LINEBERRY (1977). Eine der bekanntesten Anwendungen bürokratischer Konflikttheorien zur Erklärung innerstädtischer Strukturen stellt die auf M. WEBER (1964) fußende Studie von PAHL (1970) dar.

Diese Kategorie von Theorien erscheint aus zwei sehr verschiedenen Gründen bedeutungsvoll. Einerseits bietet sie eine Erklärungsmöglichkeit für die Residualkomponenten anderer Theorien, d. h. für eine „idiographische Interpretation" oder Erklärung der abweichenden Fälle, wie in einem etwas anderen theoretischen Kontext von G. HARD (1981, S. 154 ff.) ausgeführt worden ist. Als ein empirisches Beispiel sei diesbezüglich auf die Arbeit von E. GIESE (1977) verwiesen. Andererseits bietet dieser Ansatz Erklärungsmöglichkeiten für die inhaltliche Ausrichtung stadtentwicklungspolitischer Problemlösungsversuche.

9. Gesellschaftliche Konflikttheorien

Monopolrenten in drei verschiedenen Kapitalkreisläufen führen aus Gründen der Reproduktion zu Investitionen in Produktionsmittel, materielle und personelle Infrastrukturen. Das bewirkt eine ungerechte räumliche Verteilung von Ressourcen und Bevölkerung, so daß sie keinen gleichmäßigen Zugang zu ihnen hat. Dadurch aber bleibt die Bedingung erhalten, Monopolrenten erwirtschaften zu können. Die konkreten räumlichen Verteilungen sind also Ausdruck des gesamtgesellschaftlichen Klassenkampfes. Die auf Festlegungen von Marx basierenden Erklärungen betonen den gesamtgesellschaftlichen Klassencharakter lokaler innerstädtischer Konflikte. In weniger orthodoxen Theorievarianten, wie etwa in den von OFFE (1972) vorgelegten Arbeiten zur Selektivität des politischen Systems, nähern sich die gesamtgesellschaftlichen Ansätze den bürokratischen Konflikttheorien an. Die klassische Arbeit im englischsprachigen Bereich dürfte diejenige von D. HARVEY (1973) sein. Einen Einblick in die weitere Entwicklung, vor allem auch unter dem Einfluß französischer Interpretatoren, bieten BASSETT/SHORT (1980). Als jüngere deutschsprachige Arbeit sei H.-D. VON FRIELING (1980) aufgeführt.

10. Diffusionstheorien

Diesem Ansatz liegt die zentrale Hypothese zugrunde, daß Veränderungen um so wahrscheinlicher sind, je stärker der Kontakt mit neuen Ideen, Verhaltensweisen und Strukturen ist. In sehr einfacher Operationalisierung kann daraus abgeleitet werden, daß die Kontaktwahrscheinlichkeit mit zunehmender räumlicher Distanz abnimmt, so daß für jeden Menschen ein „Mittleres Informationsfeld" (MIF) mit entsprechendem Gradienteffekt besteht. Sowohl MIF als auch Gradientparameter können durch Wahrnehmungsunterschiede infolge sozialer, ökonomischer oder anderer Faktoren variieren.

Es handelt sich hierbei um partielle Erklärungsansätze, wobei partiell sowohl in sachlicher als auch räumlicher Hinsicht zu verstehen ist. Durch sie wird versucht, den Prozeß der räumlichen Ausbreitung beim Wachstum beispielsweise eines innerstädtischen Problemgebietes oder des gesamten Stadtgebietes zu erklären. Die Regelhaftigkeiten der Diffusionsprozesse wurden von T. HÄGERSTRAND (1967, zuerst 1953) formuliert und modelliert. Anwendungen auf städtische Strukturen findet man bei R.L. MORRILL (1965 a, b) und HANSELL/CLARK (1970), eine Einführung gibt auch B. AYENI (1979, S. 179 ff.).

11. Theorien nationaler Siedlungssysteme

Die wichtigsten Hypothesen dieser theoretischen Ansätze basieren auf den Schlußfolgerungen von W. CHRISTALLER (1933) und A. LÖSCH (1944) über a) den hierarchischen und b) den komplementären Aufbau eines Zentrensystems, das sich innerhalb des geographischen Stadtraumes entwickelt. Einerseits wurden die Hypothesen der beiden partiellen Raumwirtschaftstheorien aus dem interurbanen analog auf den innerurbanen Raum übertragen. Da sie keinen räumlichen Einschränkungen unterliegen, besteht die Möglichkeit, aus ihnen Erklärungen über Lage, Anzahl und Hierarchie innerstädtischer Zentren abzuleiten. Eine der frühesten Arbeiten auf diesem Gebiet stammt von H. CAROL (1959, 1962), während B. J. L. BERRY (1967) bereits eine lehrbuchmäßige Darstellung überwiegend mit empirischen Beispielen aus Chicago bietet. Sehr viel knapper findet man diesen Bereich bei G. HEINRITZ (1979) behandelt. Eine theoriebezogene empirische Untersuchung über Karlsruhe hat P. BRATZEL (1981) veröffentlicht. Alle diese Arbeiten fußen m.o.w. auf den Vorstellungen von Christaller, wohingegen LANGE (1972) über die Innovationsbereitschaft von Anbietern und Konsumenten eine Dynamisierung der Theorie versucht. J.G. LAMBOOY (1969) leitet aus den aktionsräumlichen Bewegungsmustern ein System innerstädtischer Zentren ab, das durch eine Kombination von Hierarchie und Komplementarität gekennzeichnet ist und somit einem Löschsystem entspricht. Inzwischen sind auf dieser Basis in vielen deutschen Großstädten Zentrenkonzepte als stadtplanerische Leitbilder entwickelt worden, die keineswegs aus der Sicht einer marktwirtschaftlichen Ordnungspolitik problemlos sind, wie PFUHL (1994) herausgearbeitet hat. Andererseits bildeten die beiden partiellen Raumwirtschaftstheorien die Ausgangspunkte für die Entwicklung neuerer Siedlungssystemtheorien, deren klassifikatorische Zusammenfassung von D. BARTELS (1979) angegeben ist. Sie wiederum stellen die Basis der Stadtsystemtheorien dar, womit nach BORCHERT/BOURNE/SINCLAIR (1986) ein Erklärungsansatz für die Entwicklung nationaler Städtesysteme angestrebt wird, in dem sie als räumliche Organisationsprinzipien von Staat, Wirtschaft und Gesellschaft aufgefaßt werden (vgl. DZIEWONSKI 1983 a, b). Die urbanen Zentren sind die Konzentrationspunkte der Produktion und Verteilung, des Konsums, der Kontrolle sowie der Entwicklung und Veränderung. Städtesysteme werden als Verursacher nationaler Entwicklungen durch die unterschiedliche Integration von vier Faktoren angesehen:

1. der Raumwirtschaft,
2. der regionalen Bevölkerungsverteilung,
3. der regionalen Konsumkraft und
4. staatlicher Aktivitäten.

Die verschiedenartige Integration bewirkt nach den Darstellungen von BOURNE (1975) und SIMMONS (1978, 1983) zu fünf verschiedenen Typen von Relationen zwischen den Systemelementen. Sie werden bezeichnet als:
1. Das Kolonialmodell (MYRDAL 1959, TAAFFE/MORRILL/GOULD 1963, in deutscher Übersetzung 1970), das weitgehend durch exogene Relationen einiger Häfen mit der/den Metropole(n) der Kolonialmacht gekennzeichnet ist.

2. Das merkantile Fronten- oder nach der deutschen Übersetzung in HAGGETT (1983, S. 474 ff.) Handelsmodell (VANCE 1970), in dem Handel und Großhandel Struktur und Verflechtung bestimmende Einflußgrößen darstellen.
3. Das zentralörtliche Modell (CHRISTALLER 1933) mit streng hierarchischer Organisation eines relativ geschlossenen Systems.
4. Das Modell der industriellen Spezialisierung (LÖSCH 1944), in dem der produzierende Sektor als strukturbestimmend hinzutritt und unter Ausnutzung u.a. des Prinzips komparativer Kostenvorteile zu einer Veränderung der Hierarchie in einem System komplementärer Klassen von Elementen führt. Damit geht ein Wechsel von der hierarchischen Diffusion und Verflechtung zugunsten stärker horizontal geprägter Relationen einher (PRED 1973). Dehnt man dieses Modell auf den tertiären Sektor aus, sind hier auch BRAKES (1993) Thesen zu Städtesystemen zu integrieren.
5. Das Modell des sozialen Wandels (FRIEDMANN 1969, 1972), in dem das Siedlungssystem durch zunehmende außerökonomische Relationen beeinflußt wird.

Eine Schwierigkeit besteht darin, daß keines der Modelle in reiner Form in der Realität existiert, sondern sie sich in entwickelten Ländern mehrfach überlagern, während in Ländern der dritten Welt die beiden ersten deutlich erkennbar sind. Daraus resultieren einerseits Probleme der Theoriebildung, andererseits aber auch der Ableitung von Maßnahmen und Konzepten, da noch zu wenig über die Gesetzmäßigkeiten der Veränderung der Systemstruktur und seiner Relationen bekannt ist. So nimmt es kein Wunder, wenn neuerdings das Schlagwort von „Global Cities" in Mode gekommen ist, wenngleich deren theoretische Basis nebulös verborgen bleibt, so daß nicht zu entscheiden ist, ob an ihr gearbeitet wird oder ob sie eine reine Fiktion ist. Ganz ähnlich verhält es sich mit ihrer empirischen Prüfbarkeit, die sich offensichtlich auf die Feststellung bestimmter Strukturmerkmale beschränkt.

Hiermit wurde versucht, eine internationale Forschungsfront zu umschreiben, die aus verschiedenen Gründen besonders interessante Aspekte bietet.

12. Die Verknüpfung von Stadtsystem- und Stadtstrukturtheorien

Obwohl in der neueren Stadtsystemforschung der internen Organisation der Städte keine Beachtung geschenkt wird, wie SIMMONS (1986, S. 23) betont, soll hier die Aufmerksamkeit darauf gerichtet werden. Es waren erstmals HARRIS/ULLMAN (1945), welche die Aufgaben von Städten systematisch generalisiert haben und daraus einen Zusammenhang zu ihrem inneren Aufbau herstellten. Dabei gingen sie rein empirisch von den bis 1945 veröffentlichten Ergebnissen aus. Durch eine Klassifikation der vielen Einzelaussagen gelangten sie zu dem Schluß, daß Städte drei Aufgaben erfüllen, nämlich erstens den Abbau von Rohstoffen, zweitens die Herstellung von Gütern und drittens die Verteilung von Gütern und Diensten. Mit ihrem mehrkernigen Stadtmodell versuchten sie sodann, eine Verknüpfung zwischen den Klassen von Funktionen einer Stadt im nationalen Städtesystem und ihrer internen räumlichen Anordnung von Strukturen anzugeben.

Gerade dieser Aspekt bietet Erklärungsmöglichkeiten für Phänomene, die durch die übrigen Theorien nicht gegeben sind. BERRY (1964) hat dies als erster erkannt und die Rollen einer Stadt im regionalen, nationalen und supranationalen sozioökonomischen System und ihre innere strukturelle Organisation auch auf theoretischer Ebene logisch miteinander verbunden. Zunächst erklärte er die von HARRIS/ULLMAN beschriebenen generellen Aufgaben dadurch, daß er sie aus den klassischen ökonomischen Standorttheorien ableitete. Ausgehend von der Überlegung, daß jedes System einen Gleichgewichtszustand anstreben muß, stellte er eine Verbindung zwischen der Größenverteilung in Städtesystemen und den innerstädtischen Mustern der Bevölkerungsdichten sowie der zentralörtlichen Hierarchie im Städtesystem und den innerurbanen Zentren her. Die sozialräumliche Differenzierung ist in diesem Konstrukt nur indirekt infolge der schichtspezifischen Angebotsmieten auf dem Bodenmarkt berücksichtigt. Ein Jahr später zeigte BERRY (1965) dann, wie die beiden faktorialökologischen Dimensionen der Stadtstruktur, ‚Sozialstatus' und ‚Stellung im Lebenszyklus', in sein Theorem zu integrieren sind.

Hier sei im folgenden eine einfache sprachliche Beschreibung und Ergänzung dieses Theorems versucht, um die sich daraus ergebenden Schlußfolgerungen als mögliche Perspektiven leichter verständlich zu machen. Auf der Grundlage sowohl der älteren Arbeiten als auch neuer Überlegungen zu Städtesystemen (DZIEWONSKI 1978, BARTELS 1979, BORCHERT/BOURNE/SINCLAIR 1986), kann davon ausgegangen werden, daß Städte nachstehend genannte Rollen oder Aufgaben zu erfüllen haben:

1. Sie sind Sammelstellen von Ressourcen. Außer ihrer Lokalisation ist auch diese Rolle in erster Annäherung durch die Standorttheorie von A. WEBER (1909) erklärt werden. Bei Einbezug der Aussagen regionaler Polarisationstheorien (BUTTLER/GERLACH/LIEPMANN 1977, SCHÄTZL 1993, SCHILLING-KALETSCH 1976) ist zu ergänzen, daß Städte ihren Hinterländern Arbeit, Kapital und Boden (in ökonomischer Definition) entziehen. Da diese Entzugseffekte stärker als die regionalen Ausbreitungseffekte sind, wächst die städtische Wirtschaft schneller als diejenige ihres Hinterlandes, wozu rückgekoppelte Multiplikatorwirkungen im Sinne LOWRYS (1964) ebenfalls beitragen. Städte bieten somit mehr Menschen eine ausreichende wirtschaftliche Grundlage.

2. Sie sind Güterproduzenten, die eine optimale Lage im Verkehrsnetz (Transport- und Kommunikationsnetz) anstreben (LÖSCH 1944). Einerseits wird dadurch die Zugänglichkeit zu den Märkten gesichert, andererseits können hierdurch die Güter, die nicht nur materieller, sondern auch immaterieller Art sind, kostengünstig zu den nationalen und internationalen Märkten transportiert werden. Besonders die „Herstellung" von Bildung und Technologien ist auf intensive Kommunikation angewiesen. Städte sorgen somit für einen schnelleren Austausch von Gütern, Diensten und Informationen.

3. Städte sind Distributionsstellen von Gütern und Diensten sowohl für die eigenen Bewohner als auch diejenigen ihrer Hinterländer. D.h. sie spielen eine Rolle als zentrale Orte, die lokale und regionale Märkte versorgen. Daraus resultieren nach Christallers Theorie die Konsequenzen, daß sie möglichst große Abstände voneinander haben, räumlich regelmäßig verteilt und hierarchisch organisiert sind. Dadurch gewährleisten Städte eine weitgehend gleichmäßige Versorgung von Menschen.

4. Sie sind Entwicklungszentren, in denen Innovationen inventiert und adoptiert werden, durch deren hierarchische Diffusion einerseits die gesamtwirtschaftliche Entwicklung in Gang gehalten wird. PEDERSEN (1970) hat diesen Zusammenhang am Beispiel südamerikanischer Städtesysteme empirisch nachgewiesen, der inzwischen Eingang in regionale Entwicklungstheorien gefunden hat (SCHÄTZL 1993). Andererseits hat PRED (1973, 1975) an US-amerikanischen Städten gezeigt, daß in einer entwickelten Volkswirtschaft der Diffusionsverlauf nicht mehr ausschließlich der Städtehierarchie folgt, sondern zunehmend horizontal die Klasse der größeren Städte erfaßt. Die durch die Innovationen ausgelösten Multiplikatorwirkungen beeinflussen nicht nur die städtische, sondern aufgrund verstärkter Ausbreitungseffekte auch die regionale wirtschaftliche Entwicklung.

5. Städte spielen eine Rolle als Macht- und Kontrollzentren. Sie sind Standorte von Verwaltungen und Regierungen, die Territorien und Länder kontrollieren. Dadurch wird einerseits ihre Aufgabe als Zentren in den Nodalregionen noch verstärkt, wie das bereits in CHRISTALLERS Verwaltungssystem zum Ausdruck kommt. Andererseits stel-

len sie damit Konzentrationspunkte in ihren Einflußbereichen dar, an denen Normen gesetzt werden und deren Beachtung kontrolliert wird.

Mit der Rolle des Machtzentrums ist aber noch ein anderer Aspekt verbunden, der nichts mit der staatlich-politischen Administration zu tun hat. Im Prozeß der bisherigen wirtschaftlichen Entwicklung fand gleichzeitig eine Konzentration statt. Zunehmend wurden kleine und mittlere Unternehmen von größeren aufgekauft, bzw. sie schlossen sich mit anderen zusammen und bilden dadurch, ähnlich wie Großunternehmen, weitverzweigte Netze von Produktionsstandorten. Gleichzeitig mit dieser Entwicklung und der Einführung neuer Informationstechnologien setzt auf der Ebene des Managements ein Konzentrationsprozeß ein. Die zunächst noch an die Produktionsstätten gekoppelten dezentralen Entscheidungs- und Kontrollgremien wurden auf immer weniger zentrale Schaltstellen reduziert. Von ihnen aus werden nun dieselben Kontrolloperationen wie früher ausgeführt, allerdings jetzt mit erheblich größerer räumlicher Reichweite.

Diese „Kontrollrolle" geht auf Überlegungen von TÖRNQVIST (1970) zurück, der damit eine der Ursachen von MYRDALS (1959) zirkulär kumulativer regionaler Unterentwicklung auch empirisch in Schweden belegt hat. Aus der Notwendigkeit der von ihm aufgezeigten persönlichen Kontakte, besonders zwischen höheren Angestellten, und den daraus entstehenden Kosten schloß er, daß Unternehmen ihre Verwaltungseinheiten auf möglichst wenig Standorte einschränken müssen. Da das auch eine Konzentration zukunftsträchtiger Arbeitsplätze und vor allem hoher Einkommen mit entsprechenden Folgewirkungen bedeutet, ergeben sich daraus zwangsläufig stärkere regionale Disparitäten. Dieser Aspekt bildet einen der Schwerpunkte in der neueren Bürostandortforschung, wie den Sammelbänden von DANIELS (1979) und HEINEBERG/HEINRITZ (1983) entnommen werden kann.

6. Städte stellen Schutzräume für Minderheiten dar. Durch die Gestaltung ihrer baulichen Substanz bieten sie die Voraussetzung für die freiwillige oder erzwungene Segregation von Minoritäten. Dadurch wird es in vielen Fällen erst möglich, daß sie auch als Gruppen in Erscheinung treten, die ihre Interessen artikulieren und auf legalem Weg versuchen, geltende Normen in ihrem Sinne zu verändern. Den besten Beleg hierfür stellt das Faktum dar, daß in einigen deutschen Städten das Ausländerwahlrecht in den Stadtparlamenten diskutiert wird. Dies entspricht den Hypothesen von J. FRIEDMANN (1972), wonach sich zuerst in Städten neuartige politische Grundsätze entwickeln, die autoritäre Herrschaftsstrukturen zugunsten emanzipatorischer Prinzipien ablösen und somit Verhandlungen und Kompromißlösungen zwischen konkurrierenden Interessengruppen ermöglichen.

Demgegenüber fördern die erzwungene Segregation und das Festhalten an überkommenen Herrschaftsformen auch die gewalttätige Auseinandersetzung. Dabei stellen die Stadtgebiete mit starker Segregation die räumliche Operationsbasis dar, von denen aus die Gewaltakte durchgeführt werden und in denen die Täter nachher untertauchen können. Auch bei grundsätzlicher Ablehnung von Gewalt durch die segregierten Bewohner ist die Gruppensolidarität stärker als bestehende Normen, so daß Segregation in diesen Fällen eine funktionale Voraussetzung abweichenden Verhaltens bildet. U.a. zieht KEIM (1985, S. 17 ff.) ähnliche Folgerungen, ohne soziale Segregation expressis verbis zu nennen, sondern er führt nur deren Kriterien an. Ebenso wie LUPSHA (1972) kommt er zu dem Schluß, daß bürokratische und kommunalpolitische Entscheidungen als zu wenig demokratisch legitimiert empfunden werden und deshalb Gewaltreaktionen auslösen.

Beide Verhaltensweisen führen letztlich zu derselben Wirkung, nämlich der Veränderung politischer Normen, die wiederum die Möglichkeit für die Umstrukturierung des

Gesellschaftssystems bieten. Hiermit sei an dieser Stelle akzentuiert, daß Städtesysteme nicht nur die räumliche Organisation bestehender Gesellschaften widerspiegeln, sondern als motorische Elemente umgekehrt auch auf ihre Weiterentwicklung rückwirken. LICHTENBERGERs (1987, S. 60) „komparative Thematik ..., die den politischen Systemen und den darauf beruhenden determinierenden Einflußgrößen den entscheidenden Stellenwert in der räumlichen Organisation von städtischen Systemen, der städtebaulichen Gestaltung und der räumlichen Differenzierung der Gesellschaft zuschreibt", dürfte dagegen in ihrer unidirektionalen kausalen Anordnung nur einen Teil der Wirklichkeit wiedergeben. Sehr viel wahrscheinlicher sind interdependente Beziehungen zwischen Gesellschafts- und Städtesystemen (vgl. HAMM 1982).

Während der Zusammenhang zwischen Schutzrolle und innerstädtischer Struktur evident ist, soll er hinsichtlich der anderen Rollen weiter erläutert werden. In Abb. 1 ist versucht worden, ihn auch graphisch wiederzugeben. Aus der Erfüllung der zentralörtlichen Aufgaben sowie dem Sachverhalt externer Effekte folgt, daß jede Stadt einen zentralen Geschäftsbereich ausbilden muß (BERRY 1965). Dabei meint zentral nicht das geometrische Zentrum des Stadtgebietes, sondern den Bereich höchster Zugänglichkeit, der im Laufe der Entwicklung auch verlagert werden kann. Außer Akzessibilität kommen u.a. weitere Faktoren wie Konkurrenz (HOTELLING 1929), Komplementarität (RICHARDSON 1971, ROGERS 1974) und kumulierte Attraktivität (NELSON 1958) als externe Effekte bei der Gestaltung des CBD hinzu. Er wird durch weitere spezialisierte Bereiche ergänzt, welche die Erfüllung der anderen Rollen einer Stadt ermöglichen.

Handelt es sich dabei um die innerstädtischen Standorte von Güterproduzenten, ist ihre Lokalisation auch in diesem räumlichen Maßstab in erster Annäherung durch A. Webers Standorttheorie erklärbar. LICHTENBERGERs Meinung (1986, S. 207), daß seine Theorie nicht den Anspruch erhebe, Aussagen über Standorte im Siedlungsraum zu machen, ist nicht zuzustimmen. Im Gegenteil, A. WEBER wollte eine systematische, allgemeingültige Standorttheorie industrieller Produktionsstätten entwickeln, die er ein „reines Gesetz des industriellen Standorts" nannte (1909, S. 10), und hat deshalb auch räumliche Einschränkungen u.a. durch vereinfachende Annahmen ausgeschlossen (1909, S. 36 ff.). Er sprach daher in diesem Kontext von „bestimmten Orten" bzw. „Plätzen bestimmter Art" und bezeichnete den optimalen Standort als „tonnenkilometrischen Minimalplatz" (1909, S. 49).

In einer Zeit zunehmender gesamtstädtischer Gestaltung müssen allerdings ergänzende Erweiterungen wie etwa diejenigen von D. M. SMITH (1971), die ausführlich von SCHÄTZL (1993, S. 49 ff.) dargestellt worden sind, berücksichtigt werden. Mit Sozialkapital erschlossene Industrieparks etc. verschieben die Gesamtkostenkurven von Güterproduzenten in der Regel so, daß andere Standortalternativen gar nicht in Frage kommen. Außerdem sind auch die Tonnenkilometer kein valider Indikator für innerstädtische Transportkosten und müssen deshalb durch andere Maße, wie z. B. Zugänglichkeitskosten, ersetzt werden. Damit ist nichts gegen die generelle Gültigkeit von A. WEBERs Standorttheorie gesagt. Er selbst wies derartige Erweiterungen der Wirtschaftsgeographie als Aufgabe zu (1909, S. 214 ff.).

Während in der vorindustriellen Stadt ihr Zentrum der optimale Standort für fast alle Nutzungen war, beginnt mit der Industrialisierung und dem flächenhaften städtischen Wachstum eine Verlagerung der räumlichen Optima. Überwiegen zunächst die Urbanisationsvorteile des Stadtzentrums, bewirkt die weitere Nachfrage nach zentralen Standorten exponentielle Bodenpreissteigerungen. D.h. die Unternehmen müssen bei einem völlig unelastischen Angebot einen stark wachsenden Anteil der Bodenrente in ihren Wettbewerbskosten auffangen. Gelingt das nicht, muß ein Standortwechsel vorgenommen werden. Er bedeutet eine Einbuße der vorherigen Urbanisationsvorteile, die um so größer wird, je weiter der Standort vom Stadtzentrum entfernt ist. Wird versucht, den Verlust durch Lokalisationsvorteile auszugleichen, folgt daraus die Entstehung spezialisierter Bereiche in möglichst großer räumlicher Nähe zum Zentrum.

Die Wirkung steigender Bodenpreise wird durch eine Reihe weiterer Faktoren wie abnehmende Zugänglichkeit, steigende Lagerhaltungskosten, unzureichende Ausdehnungsmöglichkeiten, Umweltauflagen etc. im wirtschaftlichen Strukturwandel ergänzt (vgl. GAEBE 1987, S. 117 ff.). All diese Einflußgrößen stellen die standortbezogenen Kosten dar. Übertreffen sie im weiteren Entwicklungsverlauf von Städten die standortbezogenen Ersparnisse, werden wiederum Standortverlagerungen erforderlich, so daß schließlich von diesem Prozeß ebenfalls der suburbane Raum erfaßt wird. Zu den pekuniären Aspekten der Kosten kommen diejenigen der entgangenen Nutzen hinzu. Dieser Erklärungsansatz der innerstädtischen Differenzierung und Suburbanisierung macht auch deutlich, warum von dem Entwicklungsprozeß zuerst die Wohnungen betroffen sind: Einerseits ist die Preiselastizität der Nachfrage hoch, die mit zunehmender Mobilität (verbesserte Verkehrserschließung, höherer Motorisierungsgrad usw.) noch steigt. Andererseits sind die entgehenden Nutzen für die Wohnfunktion durch Konzentration anderer Nutzungen besonders gravierend, von denen kaum eine allein durch Lärmbelastung und Dichtestreß so zu beeinträchtigen ist wie das Wohnen. Geradezu fatal müssen vor diesem Hintergrund die einseitigen Maßnahmen der Durch- und Zugänglichkeitsbehinderungen erscheinen, die in den letzten Jahren von allen größeren Städten eingeführt worden sind.

Mit hoher Wahrscheinlichkeit ist zu vermuten, daß die Nachfrage der Einrichtungen zur Erfüllung städtischer Rollen in den nationalen Städtesystemen nach innerstädtischen Standorten unelastisch ist, da sie notwendige funktionale Voraussetzungen bieten und steigende Preise der Standortnutzung um so leichter ausgeglichen werden können, je größer der Markt des angebotenen Gutes ist (*economies of scale*). Das aber ermöglicht wieder eine stärkere Spezialisierung, die eine noch bessere Ausnutzung der Lokalisationsvorteile mit sich bringt. Damit sei angedeutet, daß die Einrichtungen zur Erfüllung städtischer Rollen sich zu Lasten anderer Nutzungen ausdehnen können, woraus herzuleiten ist: Je mehr Rollen eine Stadt erfüllt und je stärker die Rollenerfüllung ist, desto stärker ist die Konzentration und die Verdrängung anderer Nutzungen. Hält man sich die o.a. Ausführungen von Törnqvist (1970) vor Augen, dann dürfte dieses Prinzip nicht nur für Unternehmungen, sondern auch für Haushalte gültig sein. Geht man von einem hierarchisch organisierten Städtesystem aus und nimmt an, daß die Zahl der Einwohner ein valider Indikator ist, dann kann hieraus die Größenthese zur Segregation von ROBSON (1975, S. 23) abgeleitet werden: „*The larger the town, the higher tends to be the degree of social segregation, but it is evident in even relatively small towns.*" Aufgrund der o. a. Überlegungen und eingedenk der Tatsache, daß Segregation nicht nur ökonomische, sondern auch soziale Ursachen hat, ist sie jedoch zu ergänzen. Neben vielen anderen Soziologen haben FELDMAN/TILLY (1960) am deutlichsten das soziale „Ein- Ausschlußprinzip" beschrieben: „*For high ranking occupations, this is evidently one of excluding others, while for low ranking occupations, it is a matter of including themselves.*" Bedeutet eine Änderung in der Rollenerfüllung einer Stadt einen stärkeren sozialen Wandel in Richtung auf eine größere berufliche Differenzierung, dann folgt, daß sich Änderungen im Städtesystem auf die Segregation auswirken, so daß die These lauten könnte: Je größer eine Stadt und je stärker ihre Änderung in der Rollenerfüllung ist, desto stärker ist wahrscheinlich die soziale Segregation in dieser Stadt (GÜSSEFELDT/MANSHARD 1986, S. 407 ff.).

Während in allen sozialökologischen Ansätzen das Städtewachstum eine funktionale Voraussetzung zur Gestaltung der innerstädtischen Ordnung von Strukturen darstellt, setzt das hier vorgestellte theoretische Konstrukt nicht unbedingt ein Wachstum der Einwohnerzahlen voraus. Genau in diesem Punkt aber ist in einer Zeit der Desurbanisierung (GAEBE 1987, S. 141 ff.) mit Bevölkerungs- und Arbeitsstättenrückgang, vor allem großer

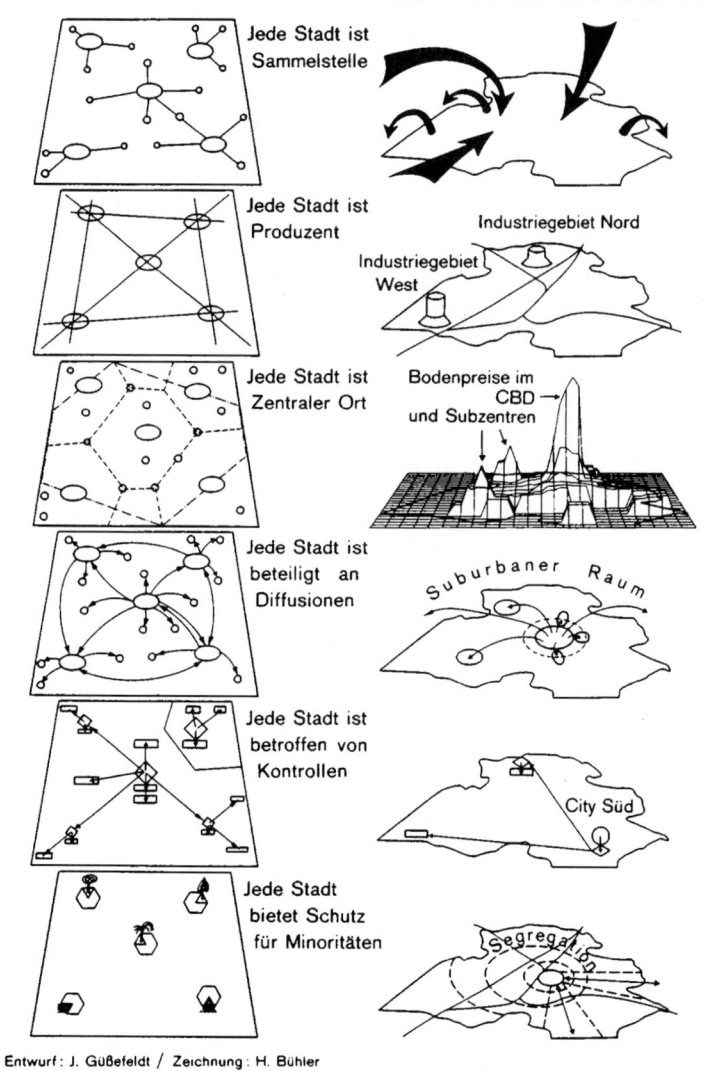

Abb. 1:
Zusammenhänge zwischen Stadt- und Städtesystem
Connections between a System of Cities and Cities as System

Städte und Verdichtungsräume, die sozialökologische Theorie zu kritisieren. Da sie Wachstum voraussetzt, kann sie in Zeiten gegenläufiger Entwicklung schlechterdings keinen Anspruch auf Gültigkeit ihrer Erklärungen verlangen. Allerdings ist dieser Kritikpunkt dahingehend abzuschwächen, daß mittlerweile quantitatives durch qualitatives Wachstum abgelöst worden ist, welches sich aber auch quantitativ durch einen ständig wachsenden Raumanspruch von Haushalten und Unternehmen manifestiert.

13. Empirische Spurensuche

In dem vorgegebenen Rahmen ist es nicht möglich, ein so komplexes Theorem auch nur annähernd insgesamt einem empirischen Test zu unterziehen, bezeichnen doch bereits die im vorigen Abschnitt aufgeführten Hypothesen schon Oberklassen von Zusammenhängen, die jeweils in viele Prüfungshypothesen zerlegt werden müßten. Es kann allenfalls der Versuch gewagt werden, ein Moment, eine Spur des Zusammenhangs von der internen Stadtorganisation und der Rolle im Städtesystem empirisch „nachzuvollziehen" und daran einige methodische Probleme und Lösungswege zu diskutieren.

Als Beispiel wählen wir die in der zweiten Hälfte der 1960er Jahre getroffene landesplanerische Entscheidung, zur Verbesserung der Daseinsvorsorge das niedersächsische Städtesystem durch eine Konzentration der Zentralen Orte zu reorganisieren. Zu den Maßnahmen gehörte eine Verringerung der Anzahl der Zentralen Orte auf etwa die Hälfte. Durch Erlaß wurde 1966 die Zahl der „übergeordneten Zentralen Orte" in Niedersachsen, die im Landes Raumordnungsprogramm von 1948 auf 296 Orte festgelegt worden war, auf 115 Orte neben den Kernstädten der drei Verdichtungsräume Hannover, Braunschweig und Osnabrück reduziert (Raumordnungsbericht Niedersachsen 1968. Bericht der Landesregierung. Anlage 3.1). Die Kodifizierung und die Zuweisung der spezifischen zentralörtlichen Funktion zu jedem Ort erfolgte für Ober- und Mittelzentren im Landes-Raumordnungsprogramm 1969 und wurde Anfang der 1970er in den Bezirksraumordnungsprogrammen näher (insbes. für die Unterzentren) ausgeführt (Landes-Raumordnungsprogramm Niedersachsen 1969; Raumordnungsprogramm für den Regierungsbezirk Hildesheim 1972).

Für Städte, die noch nicht über die erforderlichen inneren Strukturen zur Erfüllung der neuen Rolle verfügten, so auch für das zu einem Oberzentrum zu entwickelnde Göttingen, folgte daraus die Aufgabe, durch Veränderungen der innerstädtischen Nutzungsstrukturen, Möglichkeiten für die Erweiterung zentralörtlicher Funktionen zu schaffen. In Göttingen wurden zu diesem Zweck Ende der 1960er Jahre umfangreiche planerische Maßnahmen begonnen, von denen die „Erneuerung der Innenstadt" die bedeutendste war (vgl. von FRIELING 1979). Es bietet sich daher an, den oben angeführten Zusammenhang von Städtesystem und Stadtstruktur am Beispiel der seit 1970 eingetretenen Flächennutzungsveränderungen in der Göttinger Innenstadt und den Veränderungen der hierarchischen Stellung dieser Stadt im niedersächsischen Städtesystem zu untersuchen.

Zur Prüfung dieses Zusammenhangs müssen in diesem Rahmen einige restriktive Eingrenzungen vorgenommen werden. Es wird angenommen, daß der Anstieg der Nachfrage nach Standorten in der Innenstadt mit der Konsequenz entsprechender Bodenpreissteigerungen teilweise auch allein auf die politische Entscheidung, Göttingen zu einem Oberzentrum zu entwickeln, zurückzuführen ist. Die durch die politische Entscheidung in gang gesetzte Nachfragesteigerung nach Grundstücksflächen, von der zudem angenommen werden kann, daß sie über eine höhere Miet- bzw. Grundrentenzahlungsfähigkeit verfügt als die traditionellen Nutzungen, hat einen allgemeinen Anstieg der Bodenpreise und der Mieten in der Innenstadt zur Folge. Dieser Anstieg bedingt eine Verdrängung jener Nutzungen, deren Bodenrentenzahlungsfähigkeit sich nicht gleichermaßen erhöht; das trifft für handwerklich-gewerbliche und vor allem für Wohnnutzungen zu. Im Verlauf der Entwicklung zu einem höherrangigen Zentralen Ort wird demnach der Bodenpreisgradient steiler, die Einwohnerdichte wird in der City abnehmen, so daß der Bevölkerungsdichtegradient vom Cityrand sowohl zum Stadtrand wie auch zum ökonomischen Stadtmittelpunkt hin sinkt.

Zu prüfen sind unter der genannten Einschränkung demnach:
1. die Veränderung der Stellung Göttingens in der Hierarchie des niedersächsischen Städtesystems,
2. die Expansion der City in der Innenstadt in Form der räumlichen Ausdehnung der Zone höchster Bodenpreise und der Anstieg des zentral-peripheren Bodenpreisgradientens und
3. die Ausbildung eines Bevölkerungsdichtemodells, wie es für Großstädte charakteristisch ist, in dem der Dichtegradient zum Cityrand zunächst ansteigt und dann zum Stadtrand hin fällt.

Die empirische Prüfung dieser Vermutungen steht vor einigen Problemen. Planerische Willenserklärungen bewirken zwar in aller Regel Bodenpreissteigerungen, wie häufig genug belegt worden ist, aber nicht immer wird auch das vorgegebene Ziel erreicht. Inwieweit dies jedoch für Göttingen zutrifft, läßt sich relativ einfach überprüfen. Das von uns konzipierte und größtenteils bereits realisierte GIS für Göttingen und seine Region (GÖRE) bietet sowohl entsprechende geometrische und sachliche Informationen, zu denen etwa die Beschäftigten in denjenigen Wirtschaftsunterabteilungen 1970 und 1987 gehören, für die ein Zusammenhang zur zentralörtlichen Theorie hergestellt werden kann (GÜSSEFELDT 1994). Dies sind bspw. die Arbeitsstätten der Unterabteilungen Einzelhandel (343), Kreditgewerbe (460), Körperpflege (473), Wissenschaft etc. (475), Gesundheitswesen (477), sonst. Dienstleistungen (479) und Organisationen ohne Erwerbscharakter (481). Während eine zentralörtliche Klassifikation aller Gemeinden Nordwestdeutschlands, bestehend aus den Bundesländern Bremen, Hamburg und Niedersachsen, zu beiden Zeitpunkten eine weitgehende Konstanz an der Hierarchiespitze vermittelt, zeigt eine differenzierte Betrachtung einige bemerkenswerte Entwicklungsunterschiede.

Zu ihrer Verdeutlichung werden jetzt nicht die Beschäftigtenzahlen in den genannten Unterabteilungen, sondern die Anzahl der Arbeitsstätten herangezogen, die letztlich auch als Nachfrager nach innerstädtischen Standorten auftreten. Um außerdem eine Verknüpfung mit der gesamten nordwestdeutschen Zentrenhierarchie herzustellen, wurden die absoluten Zahlen zunächst in Teilhaberelationen in Promille aller 431 „Verwaltungseinheiten" transformiert, um dann deren Veränderungen zwischen 1970 und 1987 zu untersuchen. Die Ergebnisse belegen, daß, mit Ausnahme der Unterabteilung Wissenschaft, in allen übrigen Bereichen Göttingens deutliche Zuwächse zu verzeichnen sind, wie sie sonst nur vereinzelt in den anderen Oberzentren auftreten. Dadurch kann es seine Stellung in der kontinuierlichen Ranggrößeverteilung aller Zentren verbessern, ohne jedoch Oldenburg oder Osnabrück einzuholen. Im Vergleich zu den anderen Oberzentren zeigt sich eine durchaus positive Entwicklung, die der Stadt allein in den genannten Unterabteilungen zusammen 457 neue Arbeitsstätten einbrachte, womit es unter ihnen nach Oldenburg den zweiten Platz einnimmt.

Zur Darstellung in Abb. 2 sind die sieben einzelnen Teilhaberelationen jeden Standortes gemittelt worden, so daß sich für jeden Zeitpunkt nur eine durchschnittliche Ranggrößeverteilung ergibt, die jeweils unterhalb der Oberzentren noch die Stellung der 11 größten Mittelzentren widerspiegelt, welche teilweise durchaus oberzentrale Funktionen erfüllen. Der Vergleich beider Verteilungen verdeutlicht zum einen den relativen Bedeutungsverlust der Verdichtungsräume. Einschließlich Oldenburgs hat es zwischen 1970 und 1987 keinen Rangplatzwechsel gegeben, so daß er direkt aus den vertikalen Abständen zwischen beiden

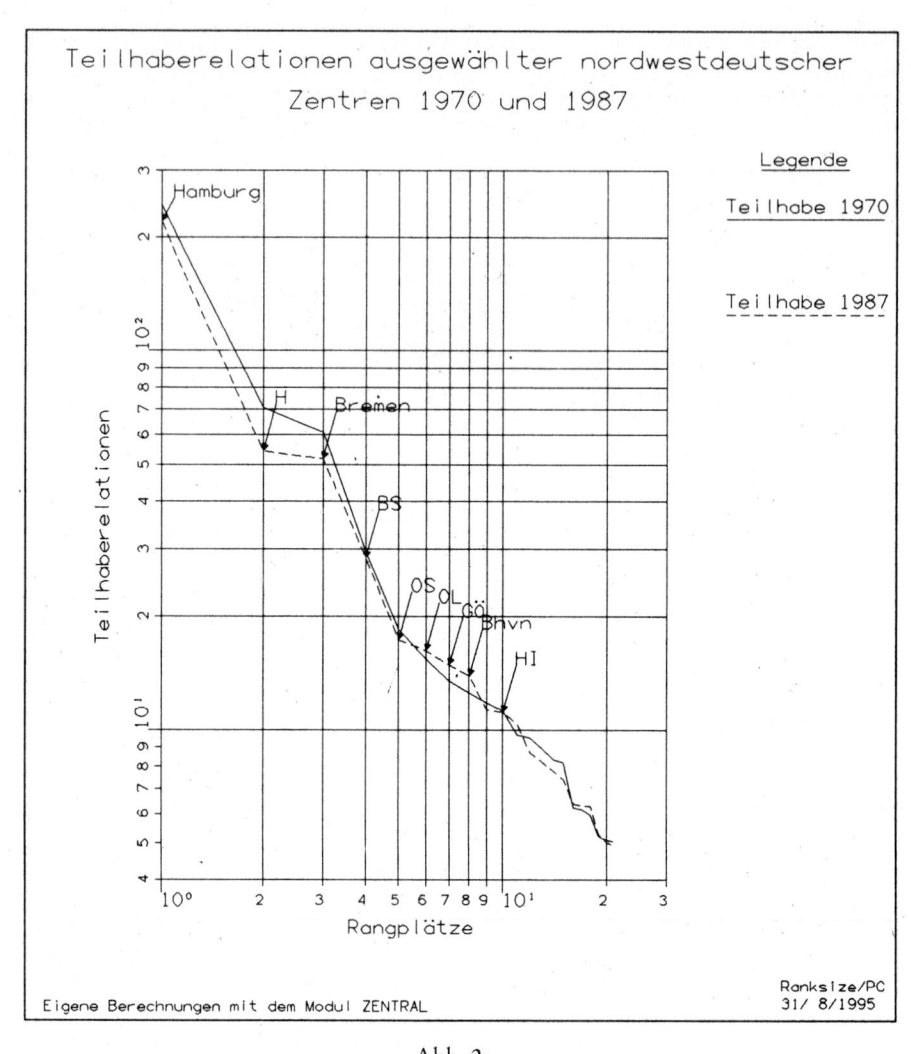

Abb. 2:
Die Stellung Göttingens (GÖ) unter den 21 größten Zentren Nordwestdeutschlands
Rank of Goettingen among the 21 biggest Centres in northwestern Germany

Kurven zum Ausdruck kommt. Für Oldenburg bedeutet dies bereits einen Bedeutungszuwachs, der für Göttingen jedoch erheblich höher ausfällt, weil es sich im Entwicklungszeitraum um einen Rangplatz verbessern und dadurch Bremerhaven „überholen" konnte.

Infolge des logarithmischen Maßstabs der Ordinate läßt sich auf diese Weise zwar die Stellung Göttingens in der Hierarchie nordwestdeutscher Zentren eindrücklich beschreiben, aber nicht so deutlich die tatsächliche Veränderung des Indikatorendurchschnitts. Deshalb ist in Abb. 3 auch noch seine prozentuale Entwicklung von 1970 bis 1987 für die ausgewählten 21 größten Zentren Nordwestdeutschlands angegeben. In dieser Form kommt die herausragende Änderung, die in Göttingen stattgefunden hat, besonders zum Ausdruck. Die Entscheidung zur Veranschaulichung der prozentualen Entwicklung wurde

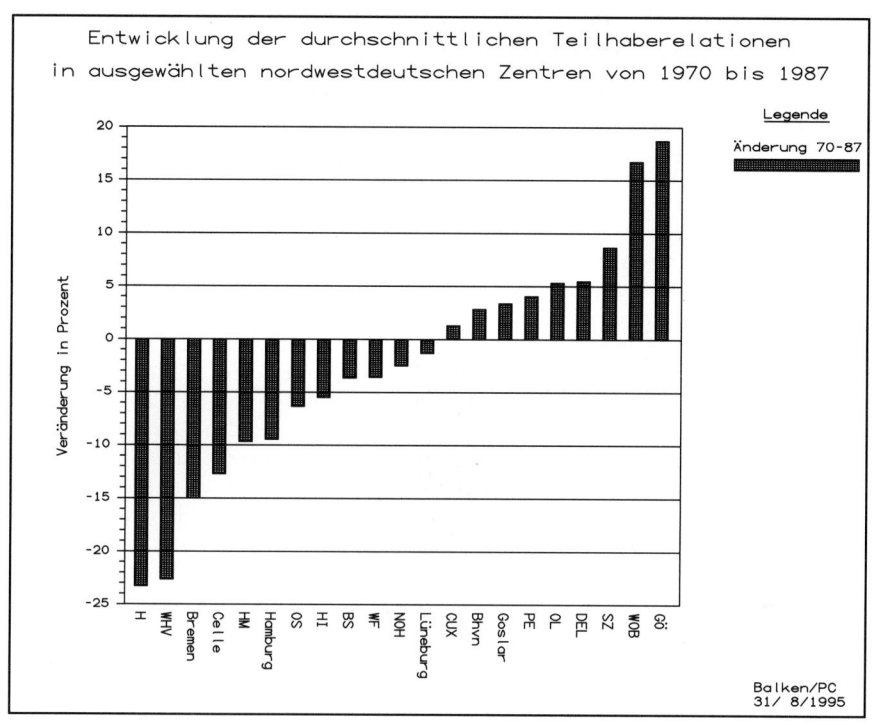

Abb. 3:
Prozentuale Änderung von Anbietern haushaltsbezogener Dienstleistungen
Percentage Change of Consumer Service Suppliers

nicht etwa deshalb getroffen, weil sie Göttingen als den „Shooting Star" Nordwestdeutschlands ausweist und nur auf diese Weise ein Zusammenhang zu dem dargelegten Theorem herzustellen wäre. Bei einer Betrachtung der absoluten Gewinne und Verluste landet Göttingen auf dem zweiten Platz, wie oben erwähnt, allerdings impliziert das Bild seines Zugewinns eher keine Relevanz gegenüber dem außerordentlich starken absoluten Verlust Hamburgs.

Somit läßt sich eine Übereinstimmung zwischen regionalpolitischer Zielsetzung und tatsächlicher Entwicklung feststellen, die jedoch nur deshalb erreicht werden konnte, weil von Seiten der Göttinger Stadtplanung konforme Entwicklungskonzepte erarbeitet und realisiert worden sind.

Die Veränderung der innerstädtischen Nutzungsstrukturen empirisch zu prüfen bereitet in der Regel aufgrund der Datenlage einige Schwierigkeiten. Neben der, inwieweit überhaupt indikative Daten verfügbar sind, so liegen beispielsweise Daten über innerstädtische Bodenpreisstrukturen in Göttingen erst seit Mitte der 1970er Jahre in Form von Bodenrichtwertkarten vor, besteht ein häufiges Problem in der räumlichen Aggregation der Daten. Größe und Zuschnitt der räumlichen Erhebungseinheiten entsprechen nicht dem Untersuchungszweck. Kleinräumige Einwohnerzahlen liegen für die Stadt Göttingen bis Ende der 1970er Jahre nur auf der Ebene der statistischen Bezirke vor, welche die Innenstadt in genau 3 Bezirke gliedern und das Citygebiet genau entlang der Hauptgeschäftsstraßen zerschneiden. Diese Form der Erhebungsgebiete nivelliert die Einwohnerdichte in einer Weise, daß die vermutete funktionalräumliche Segregation nicht überprüft werden kann. So vermittelt beispielsweise die räumliche Verteilung der Einwohnerdichte auf der Basis der Stadtbezirke das typische Beispiel einer vorindustriellen Kleinstadt mit den höchsten Dichtewerten im Stadtkern und beinahe konzentrischer Abnahme zum Stadtrand. Notwendig wären bei einer Stadtgröße wie der von Göttingen Einwohnerzahlen auf der Ebene von Baublöcken oder besser Baublockseiten. Für Göttingen liegen Einwohnerzahlen für Baublöcke erst seit 1978 als Fortschreibungsdaten des Einwohnermelderegisters vor. Für 1970 konnten entsprechende Baublockdaten aus einer Sonderauswertung der Volkszählung herangezogen werden (vgl. von FRIELING 1980, 69 f.).

Ein zweites, häufiges und von der Stadtgröße meist unabhängiges Problem besteht darin, daß die räumlichen Bezugseinheiten je nach Merkmal und Zeitpunkt unterschiedlich sind. In unserem Beispiel sind weder die Bodenrichtwertgebiete mit Baublöcken identisch, noch stimmen die Bodenrichtwertgebiete von 1977 mit denen von 1992 überein. Um einen methodisch einwandfreien Vergleich durchzuführen, müssen derartige Daten zunächst auf ein einheitliches Bezugssystem wie z.B. auf ein quadratisches Gitternetz transformiert werden. Unter der Annahme, daß die flächenbezogenen Primärdaten den Durchschnittswert in dem Bezugsgebiet darstellen und daß dieser dem Gebietsmittelpunkt zukommt, lassen sich Flächen- in unregelmäßige Punktdaten umwandeln und unter der weiteren Annahmen einer kontinuierlichen, linear von der Distanz abhängigen Veränderung lassen sich dann die Datenwerte für die Schnittpunkte des gewählten Gitternetzes interpolieren und räumliche Oberflächen der Merkmale konstruieren, welche in sachlicher wie zeitlicher Hinsicht verglichen werden können.

Für die Lösung der genannten Schwierigkeiten bietet der Einsatz von geographischen Informationssystemen eine entscheidende Hilfe, da ein GIS nicht nur Datenbanken und digitale Karten, sondern auch eine große Zahl von geostatistischen Methoden integriert und auf diese Weise erweiterte Anwendungsmöglichkeiten bietet. In unserem Beispiel waren u.a. folgende Arbeitsschritte notwendig, die hier nicht einzeln erläutert werden können, sondern durch die Abb. 4 und 5 dokumentiert sind:

- Berechnung der Größe von Baublockflächen aus einer digitalen Karte,
- Bestimmung von Gebietsmittelpunkten und Zuweisung der gespeicherten Datenwerte für die Gebiete,
- Konstruktion eines 50 x 50-Linien-Gitternetzes mit einer Maschenweite von rd. 17 m,
- Interpolation der Merkmalswerte für das Gitternetz mit Hilfe des Kriging-Verfahrens,
- Berechnung von Raumgradienten und themakartographische Darstellung von Oberflächen.

Die Abb. 4 zeigt, daß, wie erwartet, von 1977 bis 1992 eine räumliche Expansion hoher Bodenpreise stattgefunden hat, und zwar entlang der Hauptgeschäftsstraßen nach Norden (Weender Straße) wie nach Westen (Groner Straße), aber auch teilweise in angrenzende Nebenstraßen hinein wie Lange / Kurze Geismarstraße, Kurze Straße und Theaterstraße. Zugleich ist das Gefälle des Bodenpreisgradienten zum Cityrandbereich erheblich größer geworden. Die politisch beabsichtigte Ausweitung der zentralörtlichen Funktion Göttingens scheint soweit eingetroffen zu sein, als die City sich vergrößert hat. Sehr wahrscheinlich wäre dieses Ergebnis noch eindeutiger, hätte man Bodenrichtwerte um 1970 zugrunde legen können und damit die schon vor 1977 beträchtlichen Zuwächse an Einzelhandels- und Finanzdienstleistungsflächen in der Göttinger Innenstadt (vgl. von FRIELING 1979) berücksichtigen können.

Das zweite Ergebnis, die Veränderung der Bevölkerungsdichte von 1970 auf 1992 (vgl. Abb. 5), entspricht nicht so klar den Erwartungen. Zwar hat die Bevölkerungsdichte in der südlichen und westlichen Innenstadt abgenommen, jedoch läßt sich aus den Kartenbildern (Abb. 5 und 4) keine eindeutige negative Korrelation von Einwohnerdichte und Bodenprei-

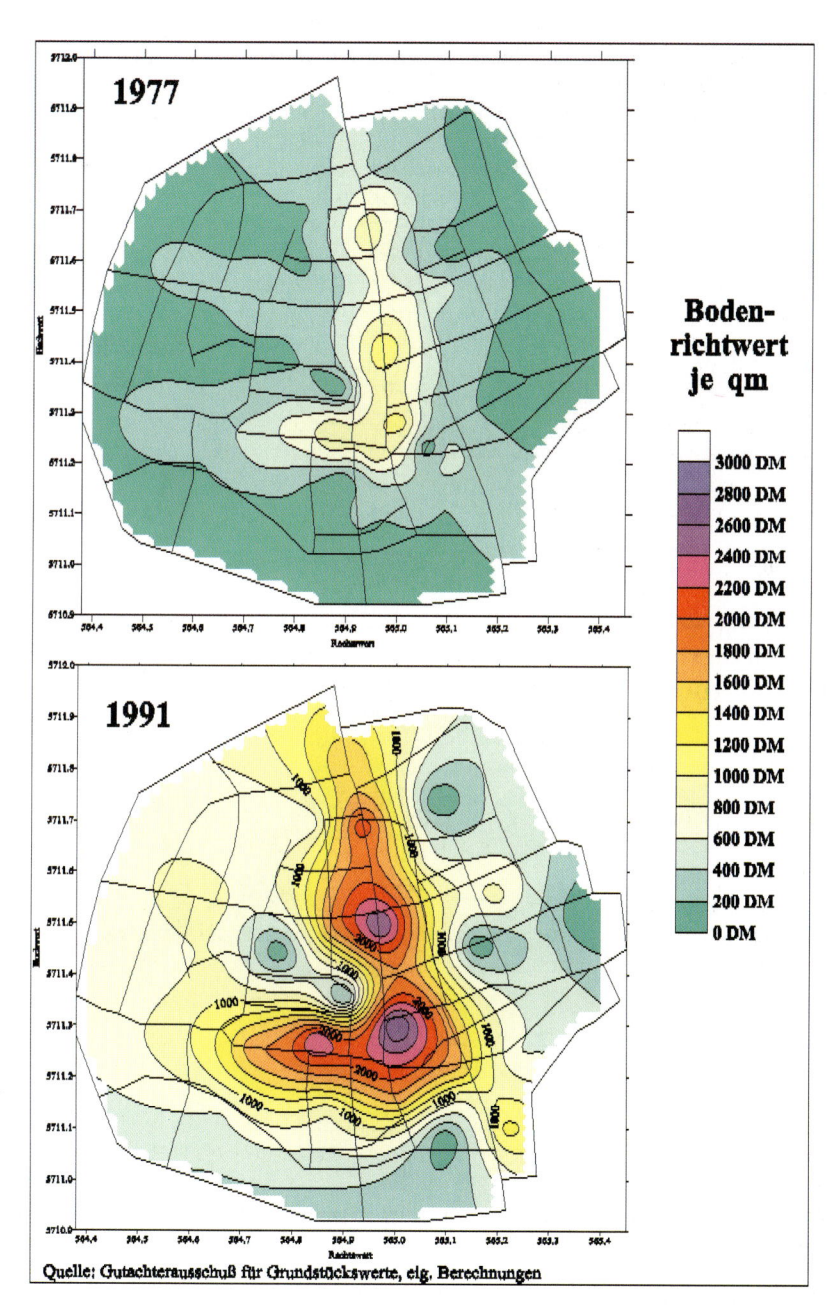

Abb. 4:
Die Entwicklung der Bodenpreise in der Göttinger Innenstadt
Development of Land Values in the City Centre of Goettingen

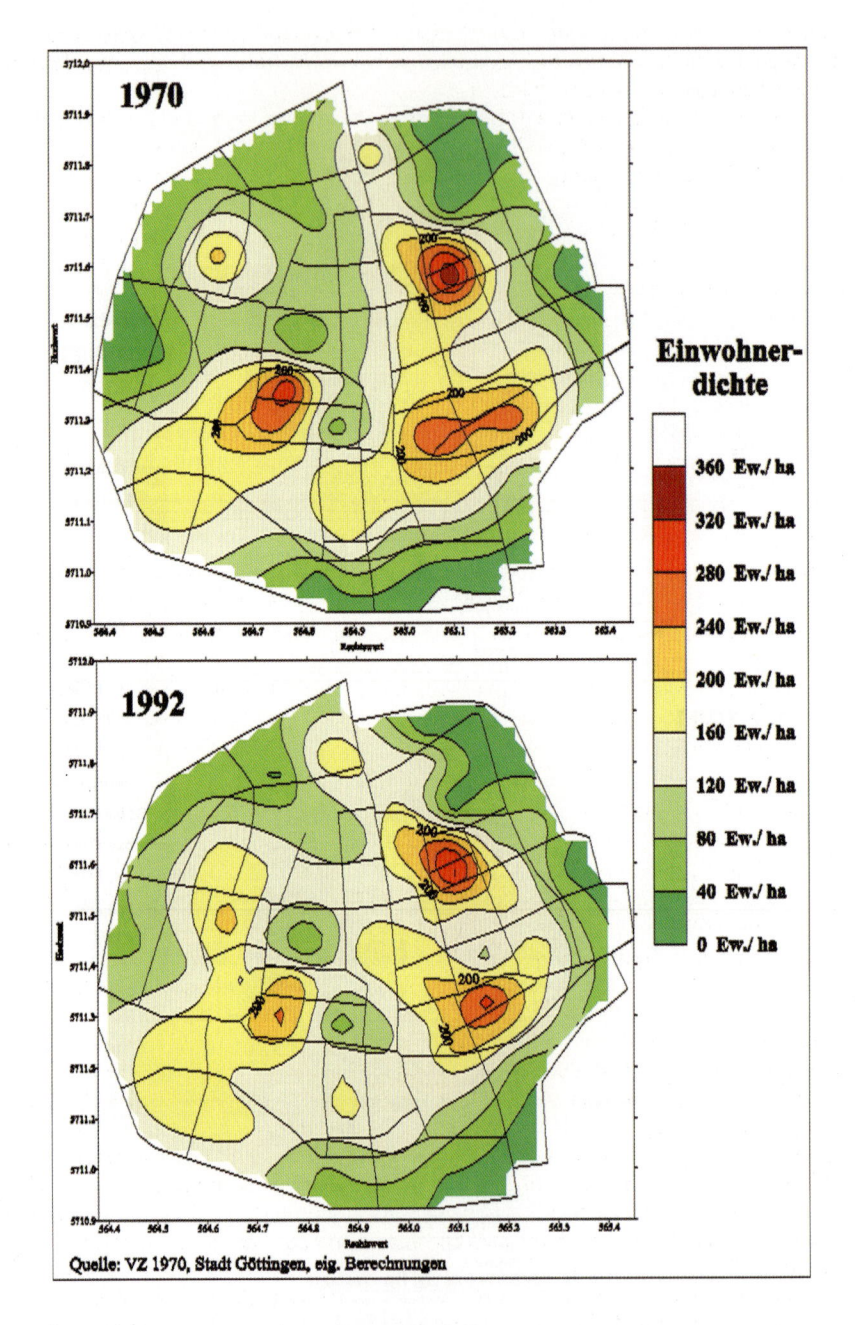

Abb. 5:
Die Entwicklung der Einwohnerdichte in der Göttinger Innenstadt
Development of Population Density in the City Centre of Goettingen

sen ablesen. Vielmehr ist die Einwohnerdichte in dem expandierenden Citybereich nahezu konstant geblieben. Wie vermutet liegt die Einwohnerdichte dort niedriger als in den Cityrandbereichen, das allerdings auch schon 1970.

Eine Veränderung hat sich bis 1992 insofern ergeben, als nun auch am nordwestlichen Cityrand eine Zone höherer Einwohnerdichte als im Citybereich zu konstatieren ist. Wenn sich das Bevölkerungsdichtemodell nicht so deutlich wie erwartet gewandelt hat, so liegt das zu einem Teil in den höchst restriktiven Eingrenzungen begründet, die eingangs getroffen worden sind. Sie berücksichtigen nicht, daß die politische Entscheidung zur Aufwertung der zentralörtlichen Funktion auf der stadtplanerischen Ebene unter gewisse Bedingungen gestellt worden ist, die in diesem Fall kontrollierte Cityexpansion und Sicherung bzw. Anhebung der Bevölkerungsdichte lauten.

14. Schlußfolgerungen

Aus dieser Zusammenstellung der verschiedenen Erklärungsansätze lassen sich folgende Schlußfolgerungen ziehen:

1. Manche Erklärungen gelten nur für begrenzte fachspezifische Aspekte, was bei den bestehenden disziplinpolitischen Abgrenzungen nicht verwunderlich, für den Aussagegehalt von sozialwissenschaftlichen Stadtanalysen aber nachteilig ist.
2. Sofern Theorien sozialer Organisation und sozio-politischen Wandels mit räumlichen Strukturen in Verbindung gebracht werden, erfolgt dies vielfach in der Weise, daß Erklärungen gesamtgesellschaftlicher Zusammenhänge als Analogon in den Stadtraum projiziert werden, d. h. jeweils der abstrakte Sozial-, Organisations- oder Konfliktraum übertragen wird.
3. Einige Theorien weisen untereinander starke Ähnlichkeiten auf. Zu ihnen gehören Sozial- und Faktorialökologie, neoklassische ökonomische Theorien und verhaltensorientierte Ansätze, auch wenn letztere in ihrer Entwicklung eine quasi Umkehr der Erkenntnisinteressen widerspiegeln. Eine ähnlich enge Konnektivität besteht zwischen den übrigen Klassen von Erklärungen nicht, so daß man sie als konkurrierende Theorien bezeichnen könnte.
4. Neben diesem Aspekt der Konkurrenz ist auch derjenige der Komplementarität nützlich, da durch ihn ermöglicht wird, Erklärungen aus verschiedenen theoretischen Bausteinen zusammenzusetzen. Diesbezüglich erfolgversprechend erscheint die oben in Abschnitt fünf skizzierte Verknüpfung von wahrnehmungs- und verhaltenstheoretischen sowie sozial- und faktorialökologischen Erklärungen einerseits und den *„non decision-"* und *„community power"*-Klassen innerhalb der konflikttheoretischen Ansätze andererseits. Es wäre die von HARD lediglich unterstellte, nicht aber empirisch geprüfte Annahme zu untersuchen, daß mit höherem Problemthematisierungspotential die stadtpolitische Einflußnahme der Quartiersbevölkerung steigt und die Durchsetzungschance bei der stadtteilräumlichen Verteilung öffentlicher Ressourcen zunimmt. Es gälte also, die in den vorliegenden Studien soziologischer und politologischer Herkunft (z. B. LINEBERRY 1977, HERLYN et al. 1980, SCHREIBER 1986) noch keineswegs definitiv beantwortete Frage nach der Verteilungsgerechtigkeit öffentlicher Dienstleistungsangebote bzw. Politikprogramme aufzugreifen und zu klären, ob und inwiefern der „zirkulär-kumulative Prozeß" auch durch eine sozialräumlich selektiv wirkende Kommunalpolitik gestützt wird.
5. Aus verschiedenen Gründen ist die in Abschnitt 11 wiedergegebene Verknüpfung von Stadtsystem- und Stadtstrukturtheorien wissenschaftlich besonders interessant. Plötz-

liche Veränderungen in der Organisation des Städtesystems werden häufig als Zufallseinflüsse (*random shocks, random components*) aufgefaßt, da sie nicht erklärbar sind. Nun ist aber gezeigt worden, daß die interne Organisation der Städte eine funktionale Voraussetzung ihrer Rollenerfüllung im System darstellt. Hingegen machen gerade die konflikttheoretischen Ansätze deutlich, daß die innerurbanen Entwicklungen keineswegs rollengerecht verlaufen müssen, sondern durch abweichende Prinzipien beeinflußt werden. Könnte dieser Zusammenhang zwischen Veränderungen im Städtesystem und innerstädtischen Entwicklungshemmnissen empirisch belegt werden, wäre also Zufall durch eine Ursache zu ersetzen.

6. Ein weiterer Grund besteht darin, daß sich damit einerseits ein innerdisziplinäres theoriebezogenes Forschungsfeld von Stadtgeographie, Wirtschafts- und Sozialgeographie – sei sie nun von BARTELS (1970), SCHÄTZL (1993) oder SCHAMP (1983) akzentuiert – und Bevölkerungsgeographie auftut. Andererseits aber bietet dieser Ansatz interdisziplinäre Aspekte der Zusammenarbeit zwischen Geographie, ökonomischer Regionalwissenschaft, Stadtsoziologie und Politologie, also nicht Einkastelung und Abkapselung einer Bindestrich-Geographie, sondern Öffnung einer geographischen Teildisziplin zu den Nachbarwissenschaften. Zu einer ganz ähnlichen Schlußfolgerung gelangt auch HEINEBERG (1993), wenngleich seinen Vorstellungen gemäß auch noch historische Aspekte einbezogen werden müßten, die hier bewußt nicht berücksichtigt worden sind.

7. Letztendlich könnten die vorgetragenen Ergebnisse durchaus für die raumplanerische Praxis von Interesse sein, obwohl sie hier nicht primär im Hinblick auf eine solche Verwendung entwickelt worden sind. Schließlich interessieren die gerade eben aus der Taufe gehobenen „Städtenetze" nicht nur Wissenschaftler, sondern auch Planer. Unter formallogischen Aspekten aber handelt es sich um nichts anderes als eine systemtheoretische Aufarbeitung des Phänomens „Stadt", zu der auch in diesem Beitrag ein erneuter Anlauf vorliegt.

Literatur

ADAMS, J.S. (1969): Directional bias in intra-urban migration. In: Economic Geography 45, S. 302–323.

ALBERS, G. (1974): Ideologie und Utopie im Städtebau. In: W. Pehnt [Ed.]: Die Stadt in der Bundesrepublik Deutschland. Stuttgart, S. 453–476.

ALONSO, W. (1964): Location and land use: Toward a general theory of land rent. Cambridge, Mass.

ATTESLANDER, P. & B. HAMM (1974) [Ed.]: Materialien zur Siedlungssoziologie. Köln. = Neue Wissenschaftliche Bibliothek, 69, Soziologie.

AYENI, B. (1979): Concepts and techniques in urban analysis. London.

BÄHR, J. (1977): Zur Entwicklung der Faktorialökologie mit einem Beispiel einer sozialräumlichen Strukturanalyse der Stadt Mannheim. In: Mannheimer Geographische Arbeiten 1, S. 121–164.

BARTELS, D. (1970) [Ed.]: Wirtschafts- und Sozialgeographie. Köln, Berlin. = Neue Wissenschaftliche Bibliothek, 35, Wirtschaftswissenschaften.

BARTELS, D. (1979): Theorien nationaler Siedlungssysteme und Raumordnungspolitik. In: GZ 67, S. 110–146.

BARTELS, D. (1982): Siedlungssystem und Arbeitsmarkt. Einige empirische Resultate für die Bundesrepublik Deutschland. In: Erdkunde 36, S. 31–36.

BASSETT, K. & J. SHORT (1980): Housing and residential structure. Alternative approaches. London etc.

BERRY, B.J.L. (1964): Cities as systems within systems of cities. In: Papers, Reg. Sci. Ass. 13, S. 147–163.

BERRY, B.J L. (1965): Internal structure of the city. In: K. P. SCHWIRIAN (1974), S. 227–233. Auch in: L. S. Bourne (1971), S. 97–103 (Wiederabdrucke).

Berry, B.J.L. (1967): Geography of market centers and retail distribution. Englewood Cliffs, N.J.
Berry, B.J.L. (1971): The logic and limitations of comparative factorial ecology. In: Economic Geography (Suppl.) 47, S. 209–219.
Berry, B.J.L. & F.E. Horton (1970) [Eds.]: Geographic perspectives on urban systems with integrated readings. Englewood Cliffs, N.J.
Berry, B.J.L. & J. Kasarda (1979): Contemporary urban ecology. New York.
Blotevogel, H.H. (1983): Das Städtesystem in Nordrhein-Westfalen. In: Weber, P. & K.F. Schreiber [Ed.]: Westfalen und angrenzende Regionen. Festschrift z. 44. Dt. Geographentag in Münster 1983. Teil I. Paderborn. = Münstersche Geogr. Arb. 15, S. 71–103.
Bökemann, D. (1967): Das innerstädtische Zentralitätsgefüge, dargestellt am Beispiel der Stadt Karlsruhe. Karlsruhe. = Karlsruher Studien zur Regionalwissenschaft, 1.
Borchert, J.G.; L.S. Bourne & R. Sinclair (1986) (Eds.): Urban systems in transition. Amsterdam, Utrecht. = Nederlandse Geografische Studies, 16.
Bourne, L.S. (1971) [Ed.]: Internal structure of the city. Readings on space and environment. New York etc.
Bourne, L.S. (1975): Urban systems: strategies for regulations. A comparison of policies in Britain, Sweden, Australia, and Canada. Oxford.
Bourne, L.S. (1986): On the spatial organization of urban systems: an international comparative analysis. In: Borchert/Bourne/Sinclair [Eds.], S. 32–42.
Bourne, L.S. & J.W. Simmons (1978) [Eds.]: Systems of cities. Readings on structure, growth, and policy. New York.
Brake, K. (1993): Zentrale und dezentrale Tendenzen im deutschen Städtesystem. In: Geographische Rundschau, 45, S. 248–249.
Bratzel, P. (1981): Stadträumliche Organisation in einem komplexen Faktorensystem. Dargestellt am Beispiel der Sozial- und Wirtschaftsraumstruktur von Karlsruhe. Karlsruhe. = Karlsruher Manuskripte zur Mathematischen und Theoretischen Wirtschafts- und Sozialgeographie, 53.
Brown, L. A. & E. G. Moore (1970): The intra-urban migration process: a perspective. In: L. S. Bourne (1971), S. 200–209 (Wiederabdruck).
Burnett, P. (1981): Theoretical advances in modelling economic and social behaviors: Applications to geographical, policy-oriented models. In: Economic Geography 57, S. 291–303.
Buttler, F.; K. Gerlach & P. Liepmann (1977): Grundlagen der Regionalökonomie. Reinbek bei Hamburg. = rororo studium 1080.
Carol, H. (1959): Die Geschäftszentren der Großstadt, dargelegt am Beispiel der Stadt Zürich. In: Ber. z. Landesforschung und Landesplanung 3, S. 132–144.
Carter, H. (^{2}1977): The study of urban geography. London.
Christaller, W. (^{2}1933): Die zentralen Orte in Süddeutschland. Darmstadt.
Daniels, P.W. (1979) (Ed.): Spatial patterns of office growth and location. Chichester etc.
Dziewonski, K. (1978): Analysis of settlement systems: the state of art. In: Papers, Reg. Sci. Ass. 40, S. 39–49.
Dziewonski, K. (1983 a): Settlement systems: theoretical assumptions and research problems. In: Geogr. Polonica 47, S. 7–19.
Dziewonski, K. (1983 b): Systems of main urban centres (functioning within the national settlement system. In: Geogr. Polonica 47, S. 43–50.
Feldman, A.S. & C. Tilly (1960): The interaction of social and physical space. In: American Soc. Rev. 25, S. 877–884.
Fischer, M.M. (1976): Eine theoretische und methodische Analyse mathematischer Stadtentwicklungsmodelle vom Lowry-Typ. Frankfurt. = Rhein-Mainische Forschungen, 83.
Friedmann, J. (1969): The role of cities in national development. In: Bourne/Simmons (1978), S. 70–81 (Wiederabdruck).
Friedmann, J. (1972): The spatial organization of power in the development of urban systems. In: Bourne/Simmons (1978), S. 328–340 (Wiederabdruck).
Friedrichs, J. (1977): Stadtanalyse. Soziale und räumliche Organisation der Gesellschaft. Reinbek bei Hamburg. = rororo studium 104.

FRIELING, H.-D. von (1979): Die Erneuerung der Göttinger Innenstadt. Ein Beispiel für die Sicherung des Citywachstums durch kommunale Planung. In: Geographische Rundschau, 31, S. 170 – 178.

FRIELING, H.-D. von (1980): Räumliche und soziale Segregation in Göttingen. Zur Kritik der Sozialökologie. Kassel. = Urbs et Regio, H. 19+20.

GAEBE, W. (1987): Verdichtungsräume. Strukturen und Prozesse in weltweiten Vergleichen. Stuttgart. = Teubner Studienbücher Geographie.

GIESE, E. (1977): Der Einfluß der Bauleitplanung auf die wirtschaftliche Nutzung des Bodens sowie den Boden- und Baumarkt in Großstädten der Bundesrepublik Deutschland, dargestellt am Beispiel der Frankfurter Innenstadtplanung. In: GZ 65, S. 109–123.

GIESE, E. (1978 a): Räumliche Diffusion ausländischer Arbeitnehmer in der Bundesrepublik Deutschland 1960–1976. In: Die Erde 109, S. 92–110.

GIESE, E. (1978 b): Weiterentwicklung und Operationalisierung der Standort- und Landnutzungstheorie von ALONSO für städtische Unternehmen. In: G. BAHRENBERG & W. TAUBMANN [Ed.]: Quantitative Modelle in der Geographie und Raumplanung. Bremen. = Bremer Beiträge zur Geographie und Raumplanung, 1, S. 63–79.

GOULD, P. (1972): Pedagogic review. In: Annals, Ass. Am. 62, S. 689–700.

GÜSSEFELDT, J. (1983): Die gegenseitige Abhängigkeit innerurbaner Strukturmuster und Rollen der Städte im nationalen Städtesystem: Das Beispiel der sozialräumlichen Organisation innerhalb irischer Städte. Freiburg. = Freiburger Geographische Hefte, 22.

GÜSSEFELDT, J. (1988): Kausalmodelle in Geographie, Ökonomie und Soziologie. Eine Einführung mit Übungen und einem Computerprogramm. Berlin, Heidelberg, New York.

GÜSSEFELDT, J. & W. MANSHARD (1986): Urban systems, regional development, and the extent of residential segregation in Ireland: Further insights into the „nature of cities". In: M.P. CONZEN [Ed.]: World patterns of modern urban change. Essays in honor of Chauncy D. Harris. Chicago, S. 405–435.

GÜSSEFELDT, J. (1990): Änderungen der räumlichen Verteilung des Sozialstatus innerhalb Freiburgs i. Br. In: Alemannisches Jahrbuch 1989/90 Teil A, Freiburg, S. 305–320.

GÜSSEFELDT, J. (1992): Die sozialstrukturelle Entwicklung von 1970 bis 1987 innerhalb Freiburgs i. Br. In: Geschichte der Stadt Freiburg i. Br., Bd. III, Hrsg. von H. HAUMANN & H. SCHADEK. Stuttgart.

GÜSSEFELDT, J. (1994): Entwicklungen der Zentralitätsforschung. In: Neues Archiv für Niedersachsen, H.1. S. 21–38.

HAASIS, H.-A. (1978): Kommunalpolitik und Machtstruktur. Eine Sekundäranalyse deutscher empirischer Gemeindestudien. Frankfurt

HAASIS, H.-A. (1987): Bodenpreise, Bodenmarkt und Stadtentwicklung. Eine Studie zur sozialräumlichen Differenzierung städtischer Gebiete am Beispiel von Freiburg/Br. München. = Beiträge zur Kommunalwissenschaft, 23.

HÄGERSTRAND, T. (1967): Innovation diffusion as a spatial process. Chicago (Zuerst 1953).

HAGGETT, P. (1983): Geographie. Eine moderne Synthese. New York. = UTB Große Reihe.

HAMM, B. (1977): Die Organisation der städtischen Umwelt. Ein Beitrag zur sozialökologischen Theorie der Stadt. Frauenfeld, Stuttgart. = Reihe Soziologie in der Schweiz 6.

HAMM, B. (1982): Einführung in die Siedlungssoziologie. München.

HANSELL, C.R. & W.A.V. CLARK (1970): The expansion of the negro ghetto in Milwaukee: a description and simulation model. In: TESG 61, S. 267–277.

HARD, G. (1981): Problemwahrnehmung in der Stadt. Studien zum Thema Umweltwahrnehmung. Osnabrück. = Osnabrücker Studien zur Geographie, 4.

HARRIS, C. D. & E. L. ULLMAN (1945): The nature of cities. In: K. P. SCHWIRIAN (1974) S. 217–226 (Wiederabdruck).

HARVEY, D. (1973): Social justice and the city. London.

HAWLEY, A.H. & O.D. DUNCAN (1957) Social Area Analysis: a critical appraisal. In: Land Economics 33, S. 337–345.

HEINEBERG, H. (^{2}1993): Stadtgeographie. Paderborn etc. = Grundriß Allgemeine Geographie, X.

HEINEBERG, H. & G. HEINRITZ (1983) (Ed.): Beiträge zur empirischen Bürostandortforschung. Kallmünz, Regensburg. = Münchner Geographische Hefte, 50.
HEINRICHSMEIER, B. (1986): Sozialräumliche Differenzierung in Freiburg im Breisgau. Diss. phil. Freiburg.
HEINRITZ, G. (1979): Zentralität und zentrale Orte. Eine Einführung. Stuttgart. = Teubner Studienbücher der Geographie.
HERLYN, U. (1974) [Ed.]: Stadt- und Sozialstruktur. München.
HERLYN, U. et al. (1980): Großstadtstrukturen und ungleiche Lebensbedingungen in der Bundesrepublik. Frankfurt, New York.
HIRSCHMANN, A.O. (1974): Abwanderung und Widerspruch. Reaktionen auf Leistungsabfall bei Unternehmen, Organisationen und Staaten. Tübingen.
HOFMEISTER, B. (1980): Die Stadtstruktur. Ihre Ausprägung in den verschiedenen Kulturräumen der Erde. Darmstadt. = Erträge der Forschung, 132.
HÖLLHUBER, D. (1976): Wahrnehmungswissenschaftliche Konzepte in der Erforschung innerstädtischen Umzugsverhaltens. Karlsruhe, = Karlsruher Manuskripte zur Mathematischen und Theoretischen Wirtschafts- und Sozialgeographie, 19.
HOTELLING, H. (1929): Stability in competition. In: Economic Journal 39, S. 41–57.
HOYT, H. (1939): The structure and growth of residential neighborhoods in American cities. Washington D.C.
JOHNSTON, R.J. (1980): City and society. An outline for urban geography. Harmondsworth.
KEIM, K.-D. (1985): Macht, Gewalt und Verstädterung. München. = Beiträge zur Kommunalwissenschaft, 18.
KIRK, W. (1963): Problems of geography. In: Geography 48, S. 357–371.
KLINGBEIL, D. (1978): Aktionsräume im Verdichtungsraum. Zeitpotentiale und ihre räumliche Nutzung. Kallmünz, Regensburg. = Münchner Geographische Hefte, 41.
KORCELLI, P. (1975): Theory of intraurban structure: Review and synthesis. In: Geogr. Polonica 31, S. 99–131.
LAMBOOY, J. G. (1969): City and city region in the perspective of hierarchy and complementarity. In: TESG 60, S. 141–154.
Landes-Raumordnungsprogramm Niedersachsen 1969.
LANGE, S. (1972): Die Verteilung von Geschäftszentren im Verdichtungsraum – Ein Beitrag zur Dynamisierung der Theorie der zentralen Orte. In: Zentralörtliche Funktionen in Verdichtungsräumen. Hannover. = Forsch. u. Sitzungsber. 72, S. 7–48.
LICHTENBERGER, E. (1980): Perspektiven der Stadtgeographie. In: Deutscher Geographentag 42, 1979, Göttingen. Wiesbaden, S. 103–128.
LICHTENBERGER, E. (1986): Stadtgeographie 1. Begriffe, Konzepte, Modelle, Prozesse. Stuttgart. = Teubner Studienbücher Geographie.
LICHTENBERGER, E. (1987): Stadtgeographie. Perspektiven. In: GR, Sonderheft, S. 54–60.
LICHTENBERGER, E.; H. FASSMANN & D. MÜHLGASSNER (1987): Stadtentwicklung und dynamische Faktorialökologie. Wien. = Österr. Akad. d. Wiss., Beiträge zur Stadt- und Regionalforschung, 8.
LINEBERRY, R.L. (1977): Equality and urban policy. The distribution of municipal public services. Beverly Hills, London.
LÖSCH, A. (^{2}1944): Die räumliche Ordnung der Wirtschaft. Jena.
LOWRY, I.S. (1964): A model of metropolis. Rand Corporation, Santa Monica, Cal.
LUPSHA, P. (1969): On theories of urban violence. In: M. STEWART (1972), S. 453–477 (Wiederabdruck).
MISCHKE, M. (1976): Faktorenanalytische Untersuchungen zur räumlichen Ausprägung der Sozialstruktur in Pforzheim. Karlsruhe. = Karlsruher Manuskripte zur Mathematischen und Theoretischen Wirtschafts- und Sozialgeographie, 15.
MORRILL, R.L. (1965 a): Expansion of the urban fringe: A simulation experiment. In: Papers, Reg. Sci. Ass. 15, S. 185–202.
MORRILL, R.L. (1965 b): The negro ghetto: Problems and alternatives. In: Geographical Review 55, S. 339–361.

MURDIE, R.A. (1969): The social geography of the city: theoretical and empirical background. In: L.S. BOURNE (1971) S. 279–290 (Wiederabdruck).
MYRDAL, G. (1959): Ökonomische Theorie und unterentwickelte Regionen. Stuttgart.
NELSON, R. L. (1958): The selection of retail location. New York.
NUHN, H. (1981): Struktur und Entwicklung des Städtesystems in den Kleinstaaten Zentralamerikas und ihre Bedeutung für den regionalen Entwicklungsprozeß. In: Erdkunde 35, S. 303–320.
OFFE, C. (1972): Klassenherrschaft und politisches System. Die Selektivität politischer Institutionen. In: Ders.: Strukturprobleme des kapitalistischen Staates. Frankfurt, S. 65 ff.
ORBELL, J.M. & T. UNO (1972): A theory of neighborhood problem solving: political action vs. residential mobility. In: APSR 66, S. 471–489.
PAHL, R.E. (1969): Whose city? In: M. Stewart (1972), S. 85–91 (Wiederabdruck).
PARK, R.E.; E.W. BURGESS & R.D. MCKENZIE (1925) (Eds.): The City. Chicago, 4. unveränderte Auflage 1967.
PEDERSEN, P.O. (1970): Innovation diffusion within and between national urban systems. In: Geographical Analysis 2, S. 203–254.
PFUHL, H. (1994): Einzelhandel und Versorgungsfunktion. Zur Theorie der zentralen Orte als Grundlage der Planung großstädtischer Einzelhandelsstrukturen. Göttingen. = Göttinger Handelswissenschaftliche Schriften, 28.
POLENSKY, T. (1974): Die Bodenpreise in Stadt und Region München. Kallmünz, Regenburg. = Münchner Studien zur Sozial- und Wirtschaftsgeographie, 10.
PRED, A.R. (1973): The growth and development of systems of cities in advanced economies. In: Pred/Törnqvist [Eds.], S. 9–82.
PRED, A.R. (1975): Diffusion, organizational spatial structure, and city-system development. In: Economic Geography 51, S. 252–268.
PRED, A.R. (1977): City systems in advanced economies. London.
PRED, A.R. & G. TÖRNQVIST (1973) [Eds.]: Systems of cities and information flows. Lund. = Lund Studies in Geography, B, 38.
Raumordnungsbericht Niedersachsen 1968.
Raumordnungsprogramm für den Regierungsbezirk Hildesheim 1972.
REES, P.H. (1970): Concepts of social space: toward an urban social geography. In: BERRY/HORTON [Eds.], S. 306–394.
REES, P.H. (1971): Factorical ecology: An extended definition, survey, and critique of the field. In: Economic Geography (Suppl.) 47, S. 220–233.
RICHARDSON, H.W. (1971): Standortverhalten, Bodenpreise und Raumstruktur. In: D. FÜRST [Ed.], S. 68–87 (Wiederabdruck).
RICHARDSON, H.W. (1978): Regional and urban economics. Harmondsworth.
ROBSON, B.T. (^{2}1978): Urban social areas. Oxford. = Theory and Practice in Geography, Oxford University Press.
ROGERS, A. (1974): Statistical analysis of spatial dispersion. London.
SALINS, P.D. (1971): Household location patterns in American metropolitan areas. In: Economic Geography (Suppl.) 47, S. 234–248.
SCHAMP, E.W. (1983): Grundansätze der zeitgenössischen Wirtschaftsgeographie. In: GR, Sonderheft 1987, S. 40–46 (Wiederabdruck).
SCHÄTZL, L. (^{5}1993): Wirtschaftsgeographie, 1. Theorie. Paderborn. = UTB, 782.
SCHILLING-KALETSCH, I. (1976): Wachstumspole und Wachstumszentren. Untersuchungen zu einer Theorie sektoral und regional polarisierter Entwicklung. Hamburg. = Arbeitsberichte und Ergebnisse zur wirtschafts- und sozialgeographischen Regionalforschung, 1.
SCHNORE, L.F. (1965): The urban scene: human ecology and demography. New York.
SCHREIBER, H. (1986): Stadtstruktur und Gleichheit. Eine Fallstudie zu Berlin (West). Berlin
SCHWIRIAN, K.P. (1974) [Ed.]: Comparative urban structure. Studies in the ecology of cities. Lexington etc.
SHEVKY, E. & W. BELL (1955): Sozialraumanalyse. In: ATTESLANDER/HAMM (1974), S. 125–139 (Wiederabdruck).
SIMMONS, J.W. (1978): The organization of the urban system. In: BOURNE/SIMMONS [Eds.], S. 61–69

SIMMONS, J.W. (1983): The settlement systems of virgin lands. In: Geogr. Polonica 47, S. 51–65.
SIMMONS, J.W. (1986): The urban system: concepts and hypotheses. In: BORCHERT/BOURNE/SINCLAIR [Eds.], S. 23–31.
SJOBERG, G. (1960): The preindustrial city: past and present. New York.
SMITH, D.M. (1971): Industrial location. An economic geographical analysis. New York.
STEWART, M. (1972) (Ed.): The city. Problems of planning. Harmondsworth.
STEWIG, R. (1983): Die Stadt in Industrie- und Entwicklungsländern. Zürich etc. = UTB, 1247.
TAAFFE, E.J.; R.L. MORRILL & P. GOULD (1963): Verkehrsausbau in unterentwickelten Ländern – eine vergleichende Studie. In: D. BARTELS (1970), S. 341–366 (Wiederabdruck).
TAUBMANN, W. (1983): Gesellschaftliche und räumliche Organisationsformen in chinesischen Städten. In: GZ 71, S. 193–217.
TIMMS, D.W.G. (1971): The urban mosaic. Cambridge.
TÖRNQVIST, G. (1970): Contact systems and regional development. Lund. = Lund Studies in Geography, B, 35.
VANCE, J.E.Jr. (1970): The merchant's world: the geography of wholesaling. Englewood Cliffs, N.J.
WEBER, A. (1909): Über den Standort der Industrien. Teil I: Reine Theorie des Standorts. Tübingen.
WEBER, M. (1964): Wirtschaft und Gesellschaft. 2 Bde. Köln, Berlin.
WERNER, F. (1981): Stadt, Städtebau und Architektur in der DDR. Aspekte der Stadtgeographie, Stadtplanung und Forschungspolitik. Erlangen.
WILSON, A.G. (1970): Entropy in urban and regional modelling. London.
WOLLMANN, H. (1980): Implementationsforschung – eine Chance für kritische Verwaltungsforschung? In: Ders. [Ed.]: Politik im Dickicht der Bürokratie. Opladen, S. 9–48.

GEOGRAPHIE
ALS ANGEWANDTE WISSENSCHAFT

DIETRICH DENECKE

Anwendungsorientierte Ansätze in der Frühzeit der Geographie in Göttingen

Zusammenfassung: Die Gründung der Universität Göttingen 1734/37 stand unter dem Zeichen der Aufklärung, und unter diesem Zeichen hielten auch pragmatische geographische Lehr- und Forschungsinhalte ihren Einzug in die universitäre Ausbildung. Der Nutzen für Staat, Gesellschaft und Individuum war das Ziel jeder Lehre, wozu gerade auch geographisches, ‚erdbeschreibendes' Wissen beitragen sollte. Diese anwendungsbezogene Ausrichtung der Aufklärung ist im Laufe des 19. Jahrhunderts abgelöst worden durch eine philosophisch wie auch naturwissenschaftlich begründete, humanistische Wissenschaft. Auch wenn der Geographie der Bezug zur Praxis immanent ist, ist die Anwendung doch vom Ende des 19. Jahrhunderts bis in die sechziger Jahre eingeschränkt worden auf spezifische Aufgabenbereiche, die als besondere Teilbereiche am Rande des Systems der geographischen Wissenschaft standen.

Die Entwicklung der Geographie in Göttingen läßt die frühen Ansätze einer praktischen Geographie besonders deutlich erkennen: in der Vermessungskunst und Kartographie, in Staatsbeschreibungen, in der frühen Entwicklung einer geographischen Statistik, in der Veröffentlichung geographischer Kenntnisse für den praktischen Gebrauch, in der praktischen Anschauung im Unterricht. Die Ausbildung war auf eine praktische Tätigkeit in Verwaltung und Wissenschaft gerichtet, aus einem engen Kontakt mit der Praxis wurden Anregungen und Aufgaben für die Forschung übernommen. Die heutige Hinwendung besonders der deutschen Geographie zur Anwendung hat gerade an der Universität Göttingen bedeutende Vorläufer gehabt.

[Approaches towards applied science in the early period of geography at the University of Göttingen]

Summary: The foundation of the university in Göttingen 1734/37 took place under the influence of the enlightenment. With this pragmatic approaches found their way into academic geographic teaching and training. Usefulness and efficiency for state, society and individuals was the main aim of the academic training, geographical knowledge made a substantial contribution to this. This applied approach of the enlightenment was replaced during the 19th century by the development of geography as a philosophically and scientifically based academic discipline. Though application is an inherent part of geography, applied geographical work was limited from the late 19th century up to the 1960's and focussed on special fields separated from the main stream of the geographical discipline.

The development of geographical teaching at the University of Göttingen manifests clearly the first steps towards an applied geography: in the fields of surveying and cartography, concise descriptions of states and countries, an early development of geographical statistics, publication of geographical knowledge for practical approaches to science and instruction. Education was directed towards practical professions in administration and business. Contacts with practical fields also stimulated application in training and research. The recent trend towards applied geography has important forunners in the early period of geography at the University of Göttingen.

1. Einleitung

Gesellschaftsrelevanz und Praxisbezug von Forschung und Lehre, rascher Transfer von Forschungsergebnissen zur aktuellen Umsetzung und Anwendung, Verbund der Forschung an Universitäten mit der Entwicklungsforschung in der Technik und freien Wirtschaft, Technologietransfer... dies sind Rufe, Forderungen und Konzepte, die gerade in jüngerer Zeit an den Hochschulen wieder besonders laut werden. Bestrebungen dieser Art sind keineswegs neu, sondern tauchen nur immer wieder in einem erneuerten und veränderten Gewand auf, mit variierten Ansprüchen, Vorstellungen, Motivationen, Zielsetzungen und Aufgabenstellungen. Ein so ausgerichtetes Studium wurde schon im 18. Jahrhundert kritisch als „Brotstudium" bezeichnet. Besonders in der Zeit des Wiederaufbaus nach dem Kriege stellten sich praxisrelevante Forderungen, aber auch die Demokratisierung wie auch der wachsende Sozialismus schoben die Aufgaben im Dienste der Gesellschaft als ideologische Basis des Bildungs- und Forschungsauftrages in den Vordergrund. Die technischen Hochschulen wurden zu Universitäten, eine Vielzahl unmittelbar praxisbezogener Fächer, Institute und Lehrstühle wurde neu etabliert, viele Fächer, besonders die der Naturwissenschaften, stellten sich auf Forschungsaufträge von außen ein, für die Schulfächer wurde eine Fachdidaktik geschaffen. Forschung für die Anwendung, Ausbildung für und auf den Beruf hin, Lehre und Forschung als politischer Auftrag sowie letztlich die wissenschaftliche Lehre als ideologische Mission – dies waren Vorstellungen der 60er und 70er Jahre, die teilweise von der Universität selbst und speziell durch studentische Bestrebungen bewegt worden sind.

Für viele Disziplinen hat sich das Problem eines Anwendungsbezuges der wissenschaftlichen Forschung und Lehre kaum je gestellt. Dies ist – bis heute – anders bei der Geographie. Mit den Bestrebungen einer Etablierung als eigenständige wissenschaftliche Disziplin setzte seit der ersten Hälfte des 19. Jahrhunderts die Suche nach einem theoretischen Fundament ein, um ein wissenschaftliches Gebäude darauf errichten zu können. In diesem Gebäude richtete sich die dann später so bezeichnete „reine Wissenschaft" ein, abgesetzt von einer pragmatischen, anwendungsbezogenen wissenschaftlichen Arbeit. Dieser Weg ist in besonderer Weise für die Geographie gegeben, die vor allem durch die führenden Vertreter Carl Ritter und Alexander von Humboldt eine eigenständige Struktur bekam. Die pragmatischen Zielsetzungen der Zeit vorher traten in den Hintergrund, bis sich dann seit dem Ende des 19. Jahrhunderts, allerdings äußerst zögerlich, das Teilgebiet einer „Angewandten Geographie" herausbildete, deutlich bezogen auf spezifische wirtschaftliche und gesellschaftspolitische Aufgabenfelder. Das Ziel einer Nutzanwendung geographischer Forschung und Lehre war damit in dem sich durchsetzenden Humboldtschen Bildungsansatz ausgegrenzt und bekam damit eine gewisse selbständige, dafür aber auch nur begleitende Funktion. Dabei bezog sich die Anwendung zunehmend auf nur wenige spezielle Bereiche.

Der Geographie ist die Anwendung und Relevanz in der Praxis wie vielen benachbarten Fächern durchaus immanent. Die Anwendung ist ein definierendes Element der Geographie, und zwar durchaus in beiden Bereichen, der Physio- und der Anthropogeographie. Vom wissenschaftlichen Ansatz her ist dieser immanente Praxisbezug allerdings besonders mit und durch Carl Ritter, aber auch durch Humboldt bis in jüngere Zeit überdeckt und gehemmt worden durch eine beherrschende entwicklungsgeschichtliche und genetische Betrachtungsweise, die sich in allen Teilbereichen der Geographie seit der zweiten Hälfte des 19. Jahrhunderts durchgesetzt hat. Wesentliche Wurzeln hat der entwicklungsgeschichtliche Ansatz im 18. und 19. Jahrhundert einerseits im geisteswissenschaftlichen Bereich in dem Verständnis der Geographie als Hilfswissenschaft der Geschichte, andererseits aber auch im naturwissenschaftlichen Bereich im Ansatz genetischer Fragestellungen.

Geographische und besonders naturgeographische Verhältnisse wurden als Vorbedingungen historischer Ereignisse gesehen, im Rahmen eines aufklärerischen Denkens, aber auch in einer durchaus geodeterministischen Auffassung, die sich daraus entwickelt hat.

Gegenwärtig gehen in der Geographie die Tendenzen deutlich dahin, die Disziplin als angewandte Wissenschaft zu lehren und zu definieren, allerdings in einer äußerst verengten Form, unter dem Verlust bedeutender traditioneller Forschungsbereiche. Die Disziplin definiert sich im Rahmen von Forderungen und Aufgaben von Politik und Gesellschaft wesentlich zugeschnitten auf Fragen der Ökologie und der Regionalentwicklung.

Einen Einblick in den Weg dorthin mag die frühe Entwicklung der Geographie in Forschung und Lehre an der Universität Göttingen geben (vgl. KÜHN 1939), in der die Anwendungsbezüge im Rahmen der Aufklärung bereits sehr deutlich ausgeprägt waren (DENECKE 1996), in einer Zeit, in der geographische Inhalte erst an sehr wenigen Universitäten in Deutschland gelehrt worden sind.

Die Gründung der Universität Göttingen in den Jahren 1734/37 stand ganz im Zeichen der Aufklärung (vgl. hierzu HAMMERSTEIN 1978), so wie die schon 1694 gegründete Universität Halle. Forschung und Lehre waren pragmatisch ausgerichtet, mit einer freiheitlichen Forschung und Aufklärung über die Weltzusammenhänge sollte in das praktische Leben hineingeführt werden, zum allgemeinen Nutzen der Gesellschaft und des Staates. Vernunft, Nützlichkeit und Gemeinnützigkeit waren Richtschnur aller wissenschaftlichen Arbeit, es wurde auf eine berufliche Tätigkeit hin erzogen. Aufgabe war letztlich auch eine Tätigkeit zum Wohle des Staates.

Mit einem solchen Ziel mußte die Wissenschaft bevorzugt von praktischen Erfahrungen ausgehen, von Beobachtungen aus der Wirklichkeit (Erfahrungswissenschaft). So hielten auch praktische ökonomische, technische und naturwissenschaftliche Wissensgebiete Einzug, die es vorher an anderen Universitäten kaum gegeben hatte. Als philosophische Wissenschaften zusammengefaßt, wurden ihre Vertreter als Professoren der Haushaltungs- und Wirtschaftswissenschaften oder auch der „Weltweisheit" bezeichnet, oft kamen sie in der frühen Phase aus freien geistigen Berufen. In diesem Zusammenhang wurden auch von Beginn an und das ganze 18. Jahrhundert hindurch von verschiedenen Seiten geographische Inhalte gelehrt, u.a. von Vertretern der Ökonomie (vgl. hierzu FRENSDORFF 1901), der Geschichte, der Agrarwissenschaft, der Statistik wie auch von Cameralisten.

2. Verortung, Topographie und Kartographie

Mit der Berufung von Tobias Mayer 1751 und in der Folge dann von Johann Michael Franz wie auch Georg Moritz Lowitz (1755) waren gleich drei Kosmographen und Geographen in Göttingen tätig, alle drei von den Homannschen Officin in Nürnberg kommend, dem damals bedeutendsten Kartenverlag in Deutschland. Widmete sich Mayer vornehmlich der Astronomie (er richtete die erste Sternwarte in Göttingen ein), so war Franz ausdrücklich als „Professor der Geographie" berufen worden, lange bevor es in Deutschland Lehrstühle für Geographie gab.

Aus der Praxis kommend und dem wissenschaftlichen Auftrag der Aufklärung folgend, haben alle drei auch sehr konkrete und praktische Aufgaben und Tätigkeiten verfolgt. Mayer (vgl. hierzu FORBES 1970) hat astronomische Geräte konzipiert und gebaut, unter anderem ein Astrolabium (1759) für Carsten Niebuhrs von Göttingen ausgehende und wissenschaftlich vorbereitete Arabienreise 1761–1767 (vgl. hierzu NIEBUHR 1772; PLISCHKE 1937), er hat die in London preisgekrönten Mondtafeln entworfen, die eine entscheidende Verbesserung der Navigation bedeuteten, er hat erstmalig die Position und Höhenlage der Stadt Göttingen und vieler anderer europäischer Städte berechnet (1754) oder sich auch mit der optimalen Nutzung der Wasserkraft beschäftigt (1753).

Franz verfolgte den Plan, eine Weltkugel-(Globen-)Fabrik in Göttingen zu begründen (hierzu KÜHN 1939: 30-35) und einen Reiseatlas herauszubringen, „welcher den Reisenden zum nötigen Unterricht dienen, besonders aber dem Kaufhandel zu größerem Nutzen als alles andere was bis daher von dergleichen Sachen ans Licht getreten ist, gereichen soll". Der Bezogenheit auf die konkrete praktische Anwendung des Reiseatlas wurde noch durch eine besondere Art der Angabe der Reisedauer Rechnung getragen: „Unser Reiseatlas wird also keine gemessene Landstraßen aufweisen, sondern sich auf solche gründen wie sie sich nach den Land- und Reisemeilen zur Folge der Erfahrung der Reisenden verhalten...Den großen Nutzen, den dieses Werk mit sich führt, wird niemand absprechen ...".

Aus Nürnberg wurde von Mayer und Franz auch die Cosmographische Gesellschaft mit nach Göttingen gebracht, eine Vereinigung, mit der neue cosmographische und geographische Kenntnisse in die Öffentlichkeit gebracht wurden. Letztlich wurde auch versucht, den Homannschen Kartenverlag nach Göttingen zu verlegen, was jedoch aus Kostengründen unterblieb.

Kartenaufnahme, Kartenentwurf und Kartenzeichnen, dies waren Fertigkeiten, die in der Frühzeit der Universität im Vordergrund der Ausbildung standen, für die Ausbildung des adeligen Grundbesitzers, des Ökonomen wie auch des Militärs, wobei allerdings die Vermessungsoffiziere, in deren Hand der größte Teil der Kartenaufnahmen der Zeit lag, eigene Ausbildungsstätten hatten. So hat der erste Kartograph und damit in gewissem Sinne auch der erste geographische Lehrer an der Georgia Augusta, Johann Friedrich Penther (1693–1749) seine Ausbildung an der Ritterakademie in Liegnitz genossen. Er wurde bereits 1736 als „Lehrer der Haushaltungs- und Wirtschaftswissenschaften" nach Göttingen berufen von seiner vorherigen Tätigkeit her als „gräflich stolbergscher Kammer- und Bergrat". Er hatte schon 1732 eine „Praxis geometriae worinnen alle bei dem Feldmessen vorhandenen Fälle nebst beigefügte praktische Handgriffe" abgehandelt werden, herausgebracht. Penther hielt Vorlesungen über die Militärbaukunst und Befestigungslehre, die, wie wir dies etwa schon bei Albrecht Dürer und seinen Zeitgenossen finden, eng mit der Stadtbaukunst oder frühen Städteplanung verbunden gewesen ist (vgl. REUTHER 1981).

Offensichtlich hat Penther auch im Auftrage von Kommunen Stadt- und Flurpläne aufgenommen, so z.B. einen Flurplan der Gemarkung Moringen bei Northeim. Diese Auftragsarbeiten für die Öffentlichkeit sind im Bereich der Vermessung und Kartographie, des Bergwesens, der Statistik und der Landeskunde hier und da immer wieder nachzuweisen. Sie zeigen sehr deutlich, wie unmittelbar die universitäre Arbeit mit praktischen öffentlichen Aufgaben und Aufträgen verbunden gewesen ist. Das Kartenzeichnen wurde auch in Vorlesungen und Übungen praktiziert, wie etwa in der schon 1756 von Lowitz gehaltenen „Vorlesung und Unterweisung über das Zeichnen von Landkarten".

Eng mit der kartographischen Arbeit vereint waren in der Zeit von 1736–1774, der Zeit von Penther, Mayer, Franz und Lowitz, die Mathematische Geographie und Cosmographie, deren praktische Nutzanwendung in der Kartographie einerseits und in der Erdbeschreibung und Navigation andererseits lag. Vor allem Franz propagierte „die Notwendigkeit eines zu errichtenden Lehrbegriffes der mathematischen Geographie" (Nürnberg 1751). Lowitz war letztlich ein geschickter Hersteller von Globen.

Maß, Zahl und Karte und dann die praktische Ausbildung zum Kartenzeichnen, die Arbeit an Karten und alten Karten sowie letztlich die Erarbeitung von Atlaskarten und Atlanten haben nach der ersten Blütezeit an der Göttinger Universität von rund 40 Jahren zunächst keine adäquate Nachfolge gefunden. Erst Hermann Wagner, der 1880 den inzwischen gegründeten Lehrstuhl für Geographie in Göttingen übernahm, hat mehr als 100 Jahre später in einer ganz neuen Ära der geographischen Wissenschaft die kartographische Arbeit und Ausbildung wieder ganz deutlich in den Vordergrund gerückt. Er übernahm 1889 als Dauerleihgabe die umfangreiche Kartensammlung der Universitätsbibliothek für den von ihm begründeten „Geographischen Apparat" als Lehrmaterial. Die Karte und im Raum verortete Daten bestimmten sein Konzept einer exakten geographischen Wissenschaft. Selbständige Fähigkeit im Umgang mit der Karte und mit exaktem Datenmaterial waren seine wissenschaftliche Methode, wie auch didaktisches Ziel.

3. Die Sammlung landes- und länderkundlicher Daten in Erd- und Staatsbeschreibungen

Die Wissenschaft der Aufklärung war auch darauf ausgerichtet, laufend neue Kenntnisse zu sammeln und sie systematisch zu ordnen. Im Bereich der Geographie waren dies landes- und länderkundliche Fakten und Beobachtungen, die in der Form von Staats- und Weltbeschreibungen der Öffentlichkeit zum Nutzen vorgelegt wurden. Um die Geographie zu einer dem Staat förderlichen Wissenschaft zu entwickeln, hat JOHANN FRANZ (1753) in einem ausführlich ausgearbeiteten Plan im Namen der Cosmographischen Gesellschaft die Aufgabe und den Beruf eines „Staatsgeographus", eines „Weltbeschreibers" gefordert. Als konkrete Aufgaben werden eine kartographische Landesaufnahme (Landesvermessung), eine Landesbeschreibung für die praktische Landesentwicklung, eine Aufnahme seltener Arten und Naturerscheinungen im Lande, der Aufbau eines „Lehrgebäudes zur Staatsgeographie", der Entwurf von Landesverbesserungen, eine Entwicklung des Verkehrsnetzes sowie Handreichungen für einen geographischen Unterricht genannt. Franz definiert:" Er ist kein Titelgeographus, noch sonst ein Landkartenschmied, der sich alleine dienet, sondern ein Weltbeschreiber, der alle seine Wissenschaft demjenigen Staat, von deme er bestellet ist, auf alle ersinnliche Art nutzbar zu machen suchet". Das, was Franz schon in der Mitte des 18. Jahrhunderts mit der Aufgabe einer Staatsbeschreibung entworfen hatte, ist in der Folgezeit individuell, aber auch systematisch als „topographisch-statistische Beschreibung", als „Amtsbeschreibung", „Kreisbeschreibung" und dann als „politische Landeskunde" weiterentwickelt worden.

In der Zeit zwischen 1754 und 1761 hat der Theologe, Pädagoge und Geograph Anton Friedrich Büsching in Göttingen ein großes, elfbändiges Sammelwerk begonnen, die „Neue Erdbeschreibung". Es ist eine Kompilation von Daten, Fakten und Berichten auf der Grundlage einer umfassenden Auswertung von Veröffentlichungen und eines weltweiten Briefwechsels, den er portofrei führen durfte. Eingeleitet wird sein Werk (Band 1, 1785) mit einem Kapitel „Von dem Nutzen der Erdbeschreibung", mit der Bemerkung: „Es ist überhaupt angenehm, nützlich und nötig, daß wir die Welt kennen lernen in der wir leben. Es ist allemal unangenehm, und in manchem Fall schimpflich, wenn man die Zeitungen und Geschichtbücher lieset, oder sonst im gemeinen Leben von Kriegen, Land- und Seereisen, merkwürdigen Begebenheiten und dergleichen Dingen höret, und nicht weiß, wie und wo die Länder und Örter liegen, von denen die Rede ist, und wie sie beschaffen sind? Es ist allsdann unmöglich, daß wir uns einen richtigen und nützlichen Begriff von diesen Dingen machen können. Viele Menschen, selbst studirte, kennen ihren Geburtsort und ihr Vaterland nicht, geschweige denn andere Länder; welches schändlich ist. Die Erdbeschreibung ist allen Menschen nützlich und vielen unentbehrlich. Ein Regent muß seine eigene und fremde, sonderlich die benachbarten Länder nothwendig kennen, und je besser er sie kennet, je vortheilhafter ist es für ihn. Keiner kann ein Staatsmann ohne die Erdbeschreibung werden." Der Nutzen bei Büsching ist religiös, aber durchaus auch gesellschaftspolitisch motiviert.

4. Statistik und Staatenkunde

Aus der Landes- und Erdbeschreibung hat sich im Laufe des 19. Jahrhunderts eine Sammlung statistischer Daten zu Ländern und Staaten und ihren aktuellen Veränderungen entwickelt. Auf dieser Grundlage hat sich dann ein neuer Wissenschaftszweig herausgebildet, die Statistik, die auch als Staatskunde und ein wichtiger Teil der Cameralistik verstanden worden ist (GRELLMANN 1790; SEIFERT 1980). Diese in Göttingen mit Conring und vor allem durch Gottfried Achenwall begründete Disziplin hat sich auch in Göttingen sehr deutlich auf die Geographie ausgewirkt (vgl. allgemein LUTZ 1980), vertreten durch Canzler, vor allem dann auch durch Johann Eduard Wappäus, einem Schüler Carl Ritters, der seit 1845 als Professor in der Philosophischen Fakultät, die „Wissenschaftliche Erdkunde und Ethnographie" sowie „Landeskunde und Landesstatistik" als eigenständige Disziplin vertrat und einen wesentlichen Beitrag zur Entwicklung der geographischen Statistik, besonders der Bevölkerungsstatistik („Allgemeine Bevölkerungsstatistik", 1861) geleistet hat. Mit diesem statistischen Ansatz war zugleich ein aktueller und landespolitischer Bezug gegeben, der nicht nur dokumentiert, sondern auch ständig aktualisiert und anwendungsbezogen analysiert wurde. Interessant ist, daß man von wissenschaftlicher Seite her den weitgehend aus amtlichen Angaben stammenden Daten als Fundament wissenschaftlicher Arbeit auch durchaus skeptisch gegenüberstand, da der Nachvollzug der oft geschönten, unzuverlässigen und auch der Öffentlichkeit oft nicht preisgegebenen Daten nicht gewährleistet war. Der statistische Ansatz hat sich dann in Göttingen bis in die Zeit Hermann Wagners erhalten. In der auch in Göttingen geführten Auseinandersetzung zwischen den Verfechtern der Statistik und denen einer sich schließlich durchsetzenden Länder- und Landeskunde, die dann im 20. Jahrhundert zum tragenden wissenschaftlichen Ansatz der Geographie werden sollte, wird im 19. Jahrhundert auch die Dualität zwischen Praxisbezug und landeskundlicher Bildung deutlich, wenn auch beide Richtungen sich als wissenschaftliche geographische Disziplin zu etablieren suchten.

5. Die Verbreitung neuer geographischer Kenntnisse und Informationsquellen in der Öffentlichkeit durch laufende Nachrichten

Ein zentraler Bereich einer Verbreitung wissenschaftlicher Erkenntnisse in der Öffentlichkeit, einer Bereitstellung gesammelten Wissens und einer öffentlichen Disputation wissenschaftlicher Meinungen und Ergebnisse waren laufende Nachrichten, Anzeigen, Berichte und Magazine, die in Göttingen vor allem in der Zeit zwischen 1770 und 1810 für verschiedene Wissenszweige begründet worden sind. Sehr wesentlich beteiligt waren dabei auch wissenschaftliche Magazine geographischer, landes- und länderkundlicher, sowie – damit konzeptionell oft verbunden – auch historischer Inhalte. Aktive Zuträger waren zahlreiche Professoren, die geographische Lehrinhalte vertraten. Einen großen Teil der Informationen sammelten sie über Kontakte mit der Praxis, wobei gerade auch Reisen und Expeditionen eine wesentliche Rolle spielten (so besonders BÜSCHING, MEINERS u.a.). Ein anderes Ziel war der aktuelle Nachweis von Neuerscheinungen auf dem Gebiet der Erd- und Staatenkunde. Wenn die meisten dieser wissenschaftlichen Nachrichtenmagazine auch nur eine kurze Lebensdauer hatten, so wird in diesen Initiativen doch sehr deutlich, daß mit dem Ziel einer pragmatischen Wissenschaft auch eine gezielte und aufwendige wissenschaftliche „Öffentlichkeitsarbeit" und Information verbunden wurde.

Die Zahl der laufenden landes- und länderkundlichen Periodika war bereits Ende des 18. Jahrhunderts so angewachsen, daß Johann Samuel Ersch, der bezeichnenderweise Professor und Oberbibliothekar in Halle war, 1790/92 ein dreibändiges „Repertorium über die allgemeinen deutschen Journale und andere periodischen Sammlungen für Erdbeschreibung, Geschichte und die damit verwandten Wissenschaften" herausbringen konnte. Daß gerade die Universität Göttingen eine Vorrangstellung auf diesem Felde hatte, war in der damaligen Zeit allgemein anerkannt und geht auch aus dem 1901 von Gustav Roethe veröffentlichten Beitrag: „Göttingensche Zeitungen von gelehrten Sachen" hervor.

Die ersten, allerdings nicht verwirklichten Pläne einer laufenden Veröffentlichung geographischer Daten und Informationen gehen auf Johann M. Franz zurück, der 1754 neben der Weiterführung der bereits vorhandenen „Kosmographischen Nachrichten" einen „Cosmographischen Merkur" herausgeben wollte. 1755 werden dann die Pläne auf eine laufende Monatszeitschrift „Beyträge zur Weltbeschreibung" gerichtet. Ziel ist, „über alles, was in der Weltbeschreibungswissenschaft vorfällt, von Landmessung, von Kugeln, von See- und Landkarten, von Reisebeschreibungen, von Topographien etc." zu berichten (vgl. hierzu KÜHN 1939: 47–50). Der Inhalt der Zeitschrift folgte allerdings einer „ausgesprochen wissenschaftlichen Behandlung der Geographie", und KÜHN (1939: 50) kommt zu dem Urteil, daß es vorauszusehen war, daß die Zeitschrift „es schwer haben würde, Boden zu gewinnen, in einer Zeit, die von der Erdkunde eine möglichst direkte Nutzanwendung und Verwertung erwartete."

Neben den allumfassenden „Göttingischen Gelehrten Anzeigen", dem bedeutendsten kritischen Rezensionswerk der Zeit, gab dann Anton Friedrich Büsching von 1773–1787, und dies ist bereits nach seiner Göttinger Zeit (1754–1761), „Wöchentliche Nachrichten von neuen Landkarten, geographischen, statistischen und historischen Büchern und Sachen" heraus, die als „Neue Wöchentliche Nachrichten" nachfolgend noch für einige Jahre von Friedrich Gottlieb Canzler von Göttingen aus fortgesetzt worden sind.

Noch ein Jahr vor der Übernahme dieser Aufgabe hatte Canzler ein „Allgemeines Archiv für die Länder-, Völker – und Staatenkunde" ins Leben gerufen. Büsching hatte bereits vorher, 1767, ein „Magazin für die neue Historie und Geographie" begonnen, das bis 1788 in 22 Jahrgängen fortgeführt worden ist. Johann Beckmann, Professor der Ökonomie, hat in der Zeit von 1779–1791 12 Jahrgänge der von ihm begründeten „Beyträge zur Ökonomie, Technologie, Polizey- und Cameralwissenschaften" herausgegeben, mit vorwiegend agrarwirtschaftlichen und technologischen Beiträgen, von denen viele unmittelbar aus der Praxis heraus zugetragen waren. Hierzu gehört z.B. die „Beschreibung eines in der göttingischen Gegend gebräuchlichen Pflugs ..." durch den Hardenbergschen Gutsverwalter Jobst Böse aus Geismar. Ein konkreter und aktueller Praxisbezug war vor allem im Bereich der Ökonomie und Staatskunde immer wieder gegeben durch die in dieser Zeit weitverbreiteten Preisschriften, besonders denen der Sozietät der Wissenschaften zu Göttingen, zu der Beckmann seit 1770 gehörte.

Damit jedoch keineswegs genug: der historisch ausgerichtete Theologe Ludwig T. Spittler und der Philologe Christoph Meiners gaben seit 1787 (bis 1791) das „Göttingische historische Magazin" heraus und Lichtenberg sowie der Weltreisende Johann Georg Forster waren gemeinsam die Herausgeber des „Magazins der Wissenschaften und der Literatur."

Eine andere Gattung von Veröffentlichungen, die in die Breite wirken sollten und die mit den periodischen Nachrichten über geographische Sachen in einem engen Zusammenhang standen, waren Publikationen und Sammlungen der zu der Zeit wesentlichsten Quellen für eine Welt-, Erd- und Landesbeschreibung: die Reiseberichte und Reisebeobachtungen. Schon 1747 wurde mit einem vielbändigen Werk begonnen, in dem ins Deutsche übersetzte Reisebeschreibungen zusammengetragen waren, ein Werk, an dem Göttinger Professoren in besonderer Weise beteiligt gewesen sind. Albrecht von Haller, für den die Beobachtung der Naturlandschaft von entscheidender Bedeutung in seinem Lehr- und Forschungsgebäude war, gab von 1750–1763 die „Sammlung neuer und merkwürdiger Reisen zu Wasser und zu Lande" heraus, eine Sammlung, die vielseitige Beachtung fand. Eine andere, allerdings nur sehr kurzlebige Reihe begann Johann Tobias Köhler mit seiner „Sammlung neuer Reisebeschreibungen aus fremden Sprachen, besonders der englischen in die deutsche übersetzt..." (1767–1769).

Zu Beginn des 19. Jahrhunderts waren die Reisebeschreibungen und die Sammlungen dieser Art an Zahl dann so angewachsen, daß Johann Beckmann eine zweibändige erläuternde Bibliographie zur „Litteratur der älteren Reisebeschreibungen" herausbringen konnte (Göttingen 1808/10). In diesem Alterswerk stellt Beckmann 108 Reisebeschreibungen vor, die ihm in seiner Lehre und Forschung eine wesentliche Quelle der Erkenntnis gewesen waren.

6. Beobachtung und Veranschaulichung geographischer Sachverhalte im Rahmen von Feldstudien (Praktika), Exkursionen und Reisen

Mit der Ausbildung für die Praxis und den mit geographischen Sachverhalten befaßten Beruf war auch ein Bestreben nach Veranschaulichung, nach praxisnaher Beobachtung und eine Arbeit am Original oder zumindest am Modell verbunden. So spielte die Exkursion in der Geologie und Mineralogie, in der Botanik sowie in der Ökonomie und technischen Ausbildung eine gewichtige Rolle. Auch dies war in der universitären Lehre des 18. Jahrhunderts und teilweise auch noch im 19. Jahrhundert durchaus ein Novum, denn die Gelehrsamkeit hatte sich über Jahrhunderte hinweg in die Studierstuben zurückgezogen (Stubengelehrsamkeit) und war hinter und auf dem Papier verborgen.

Bemerkenswert in unserem Zusammenhang ist, daß die Geographen bzw. diejenigen, die sich mit geographischen und länderkundlichen Inhalten befaßten, mit eigens geographischen Exkursionen und Feldstudien erst mit dem Ende des 19. Jahrhunderts hervortraten. Sie nahmen allerdings teil an dem, was von anderen Seiten angeboten wurde.

Der erste, der eine Lehrexkursion durchführte und der damit bereits den Harz als Studienobjekt von der Universität Göttingen aus erschloß, der dann zunehmend in diesem Sinne an Bedeutung gewann, war Albrecht von Haller, der erst zwei Jahre zuvor aus der Schweiz nach Göttingen gekommen war. Haller hatte eine ausgesprochene Gabe der Naturbeobachtung, die er auch als Dichter und Maler anstellte. Seine botanische und naturlandschaftliche Exkursion in den Harz hat Haller noch im gleichen Jahre, 1738, in einer kleinen Schrift veröffentlicht, unter dem Titel: „Ex itinere in sylvam Hercyniam, hac aestate suscepto observationes botanices ...". Über Zielsetzungen, Durchführung und Organisation der Exkursion sind wir recht gut unterrichtet, da ebenfalls noch 1738 einer seiner Studenten, Friedrich Ludwig Christian Cropp, einen Exkursionsbericht dazu veröffentlichte.

Der Ökonom und Technologe Johann Beckmann, der den Harz und seine Bergwerke vielfach in seinen Anschauungsunterricht und seine praktischen Beobachtungen einbezog, hielt bereits am Ende des 18. Jahrhunderts eine Vorlesung mit Anweisungen zu einer nutzbringenden Bereisung des Harzes. Ebenfalls ein Ziel vielfacher Exkursionen war der Harz für den Geologen und Mineralogen Ludwig Hausmann, mit dem Carl Ritter seit seiner Göttinger Zeit (1813–1819) eng verbunden gewesen ist. Hausmann hielt sich oft im Harz auf, vor allem besuchte er allein oder mit Studenten die dortigen Bergwerke. So schreibt er z.B. 1820 an den bereits nach Berlin berufenen Carl Ritter, der oft mit ihm im Harz auf Exkursion gewesen war: „Um Weihnachten war ich zu Andreasberg. Ich habe mich einmal wieder im Inneren der dortigen Gruben umgesehen, die mich von jeher besonders angezogen haben. Dort sind die herrlichsten An- und Aussichten, die köstlichsten Anbrüche; und große Anlagen in der letzten Zeit ausgeführt. Der Samsoner Schacht ist bereits 302 Lachter tief (über 2000 Fuß) und nun schon unter dem Spiegel der Ostsee. Ich habe diese Tiefe zu Beobachtungen über die Verhältnisse der Temperatur im Inneren der Erde benutzt. Kein Schacht kann dazu so geeignet seyn als der Samsoner. Ich hatte eine Anzahl gleichgehender

Thermometer mitgenommen. Ich brachte diese in bestimmten und gleich weit voneinander entfernten Tiefen an und ließ zugleich über Tage beobachten. Damit verband ich Beobachtungen über die Temperatur der Grundwasser. Ich bin zu den merkwürdigen Resultaten gelangt, daß in einer gewissen Tiefe die Mitteltemperatur der Gegend eintritt; daß diese bis zu etwa 120 Lachter unter Tage sich gleichmäßig erhält, daß aber von da die Temperatur wächst, und zwar gleichmäßig mit der Tiefe, auf 30 Lachter ungefähr um ein Grad des Réaumur'schen Thermometers, so daß in der größten Tiefe des Samsoner Schachtes das Thermometer zwischen 12 und 13 Grad zeigt, da doch die Mitteltemperatur der Gegend von Andreasberg pp. 6 Grad ist. Diesem entspricht auch die Temperatur der Grundwasser. Dürfte man annehmen, daß diese Progression auf dieselbe Weise fortschreite, so würde in einer Tiefe von pp. 2340 Lachter unter Tage Siedhitze sein. Ich habe veranlaßt, daß die Beobachtungen ein Jahr lang mit denselben Werkzeugen fortgesetzt werden, um zu sehen, inwiefern die Temperatur so konstant zeigt. Schon habe ich die Beobachtungen vom Januar vor mir, die im allgemeinen große Übereinstimmung mit den von mir selbst angestellten zeigen." (WAPPÄUS 1879: 30f.).

Die Exkursionen und Feldarbeiten waren, wie dieser beiläufige Bericht zeigt, mit Beobachtungen und Experimenten verbunden. Hausmann war hier nichts anderem als der geothermischen Tiefenstufe unmittelbar auf der Spur, einer bedeutenden Erkenntnis, so nebenbei bei einem Bergwerksbesuch gewonnen und daraufhin forschend verfolgt.

Einer Verbindung und gegenseitigen, unmittelbaren Förderung von Wissenschaft und Praxis sollte auch der von Hausmann 1824 gegründete „Verein bergmännischer Freunde", gerade auf dem Gebiet von Geologie und Bergbau dienen. Hausmann schreibt an Ritter 1824: „Vor einigen Wochen war bei mir die vierte Versammlung des Bergmännischen Vereins. Die Mitteilungen waren zahlreich und zum Teil recht belehrend". Es wurden also Feldbeobachtungen zusammengetragen und diskutiert, dann aber sogleich auch, um die Diskussion auf eine breitere Basis zu stellen, in den neu begründeten „Studien des Göttingischen Vereins bergmännischer Freunde" (1824–1858) veröffentlicht.

Aber nicht nur Naturwissenschaftler nahmen Beobachtungen aus der Praxis und aus Feldstudien auf und gaben ihre daraus gewonnenen wissenschaftlichen Erkenntnisse an die Studenten, an die Praktiker und an die Öffentlichkeit weiter, sondern auch die Ökonomen, die Agrarökonomen und die Technologen. Der Agrarökonom, Technologe und Cameralwissenschaftler Johann Beckmann (1739–1811) setzte seine technologischen Beobachtungen, besonders die der Technologie des Bergbaus, in eigens für den Unterricht gefertigte Modelle um, ein Lehr- und Anschauungsmittel, das Ende des 19. Jahrhunderts besonders auch in der Geologie und der Morphologie Bedeutung gewann, mit kunstvoll gefertigten Gipsmodellen von Relieftypen, wie solche auch in Göttingen in der Geographie zur Zeit Hermann Wagners im Einsatz gewesen sind.

Beckmann hat sich auch erfolgreich darum bemüht, zur Veranschaulichung seiner Lehre und für eine Anleitung zu praktischer Tätigkeit einen ökonomischen Garten in Göttingen anzulegen, einen Lehr- und Demonstrationsgarten, mit dem Ziel eines praktischen Anschauungsunterrichts. Bestanden hat dieser Garten im Bereich des ehemaligen Stadtgrabens 1768–1827 (vgl. BÖHM 1990). Im Nachruf auf Johann Beckmann heißt es: „Die Manigfaltigkeit seiner Kenntnisse, der überall auf Brauchbarkeit und praktischen Nutzen gerichtete Vortrag, zeichnete ihn unter Gelehrten und Lehrern seines Faches aus. Er selbst war nicht nur aus Büchern, sondern früh durch Reisen, wirkliche Ansichten, weiterhin durch eigene Versuche, Erfahrungen und Nachforschungen, zu einem gründlichen Lehrer geweihet" (Göttingische Gelehrte Anzeigen 1811, I 26).

Auf Anschauung, Realität und Praxis ausgerichtet war vor allem auch Georg Hanssen, Professor der Nationalökonomie und Statistik. In Göttingen 1847–59 und dann wieder 1869–94 tätig, widmete sich Hanssen der landwirtschaftlichen Forschung, der ländlichen

Bevölkerung und Wirtschaft und nicht zuletzt der Agrargeschichte. Auch Hanssens Lehrmethode beruhte sehr wesentlich auf Exkursionen und auf eigens angelegten Mustergütern (Landwirtschaftliche Akademie Göttingen – Weende).

Die Exkursion als ein wesentlicher Bestandteil des geographischen Studiums und Praktikums ist in Göttingen erst von Wagner bewußt und durchgreifend eingeführt worden, im wesentlichen durchgeführt von den auch ihm erstmalig verfügbaren weiteren Dozenten und Assistenten der Geographie, zu denen Max Friederichsen, Ludwig Mecking, August Wolkenhauer und Fritz Klute gehörten. Obgleich Wagner die zunehmende Bedeutung der Veranschaulichung und praktischen Beobachtung im Rahmen von Exkursionen hoch einschätzte, hatte er selbst hierin doch wenig Erfahrung. Er schloß sich den Exkursionen des Geologen v. Könen an und ermunterte seine Studenten zu reisen und an Exkursionen teilzunehmen (WAGNER 1919: 104–106). Bilder und eine handschriftliche Mitschrift einer Pfingstexkursion in den Harz im Jahre 1904 sind noch erhalten.

Didaktisch, wie auch unmittelbar praktisch ausgerichtet waren die sogenannten Reisekollegs – Vorlesungen, die der Vorbereitung und nützlichen Durchführung von Bildungs- und Forschungsreisen gewidmet waren. Aus der Anschauung und dem Leben anderer Gegenden und Länder sollten nach einer Anleitung Erfahrungen und Kenntnisse gesammelt werden, die dann später auch wieder in der praktischen Tätigkeit anwendbar waren. Schon Johann David Koehler hat ein solches Reisekolleg immer wieder gehalten, und dann auch Gatterer und Beckmann. Unter den Bildungsinhalten waren geographische Kenntnisse sehr wesentlich vertreten, zu einer Geographie des Tourismus ist es damals allerdings noch nicht gekommen.

Diese Reisekollegs vermittelten auch die praktische und konzeptionelle Grundlage für die Abfassung von Reiseberichten, wie wir sie z.B., von Göttingern verfaßt, von Christoph Meiners, Gatterer und anderen kennen. Wesentlich war dabei vor allem, während der Reise gut vorbereitet und gezielt nutzbringende Beobachtungen und Informationen zu sammeln und diese dann in einem Reisebericht so aufzubereiten, daß sie für Bildung, Praxis, Lehre und Forschung nützlich sein konnten.

7. Sammlungen zur Demonstration und zur materiellen Verbindung mit der Wirklichkeit

Von der praktischen Feldarbeit wurden nicht nur Beobachtungen eingebracht, sondern auch konkrete Probenstücke und Objekte, aus denen dann bedeutende Sammlungen und Kabinette herangewachsen sind, so vor allem das Naturalienkabinett, das in das 1773 gegründete „Königlich Academische Museum" mit bedeutenden völkerkundlichen Sammlungen überging. Johann Christoph Gatterer, August Ludwig v. Schlözer, Christoph Meiners und vor allem Johann Friedrich Blumenbach waren fanatische Sammler und legten auf dieses Anschauungsmaterial in ihrer Lehre größten Wert, wie etwa Gatterer in seiner Vorlesung „Abriß der Geographie", die 1775 (1778) auch veröffentlicht wurde.

Durch Demonstration und handgreiflichen Augenschein sollte der Unterricht anschaulicher gestaltet, die Wirklichkeit sollte in den Hörsaal geholt werden. Es war dann Arnold Ludwig Heeren, der, im Rahmen seiner 1802 aufgenommenen Vorlesung „Allgemeine Länder- und Völkerkunde oder einen critischen und systematischen Inbegriff unserer gegenwärtigen Kenntnisse der Erde und der sie bewohnenden Völker" die Kurfürstlich – Braunschweig – Lüneburgische Regierung um spezielle Erlaubnis bat, „daß ich während eines jedesmalgen Cursus über die Geographie und Ethnographie meine Zuhörer ein par mal in die Zimmer des Academischen Musei ... führen und durch Vorzeigung und Erklärung ... meinen Vortrag deutlicher machen dürfte".

Man besorgte gegenseitig die begehrten Anschauungsstücke, man sammelte selbst, wo immer man unterwegs war, von den Weltreisen wurden vielerlei Belegstücke mitgebracht, aus aller Welt wurden originale Lehrmittel nach Göttingen gesandt, um die man sich in einem regen Briefverkehr bemühte. Ein Beispiel, das nochmals zeigt, daß auch die Geographen im engeren Sinne an diesen Sammlungen – in diesem Falle mineralogischen Sammlungen – beteiligt waren: Hausmann schreibt an Carl Ritter in Berlin am 6. Dezember 1824: „Endlich bin ich imstande gewesen, Ihre Mineralien abzusenden. Hoffentlich werden sie bald wohlbehalten zu Ihnen gelangen. Die Mineralien füllen drei Kisten, die nach dem Waagezettel fünf Centner wiegen. Ihr Mineralienschrank stehet einstweilen noch bei mir. Er kam mir in dieser Zeit gerade sehr zustatten, da ich viele Gebirgsarten aus- und umzupacken und zu sortieren hatte". (WAPPÄUS 1879: 61).

8. Erarbeitung von Handbüchern, Schulbüchern und Atlanten für den Unterricht und praktischen Gebrauch

In den Bereich der pragmatischen Ausbildung auf einen späteren Beruf hin gehörte auch schon früh – lange bevor die Gymnasiallehrerbildung im preußischen Staat 1871 an die Universitäten gebunden worden ist – eine Handreichung für den Lehrer und Schüler, die u.a. in der Erarbeitung von Lehrbüchern, Schulbüchern und Anweisungen für den Unterricht zum Ausdruck gekommen ist. Auch hier kommt der Geographie in Göttingen eine Vorrangstellung zu, die schon in der zweiten Hälfte des 18. Jahrhunderts begann und die sich bis in unser Jahrhundert hinein fortsetzen sollte.

Georg Christian Raff, ein Schüler Gatterers und mit den Schriften Büschings wohl vertraut, war Lehrer am Göttinger Gymnasium, wurde 1780 zum Magister ernannt und hielt an der Universität Vorlesungen („Allgemeine Geographie"; „Alte Geographie" u.a.) wie auch einen „Kursus über die Geographie, Historie und Naturgeschichte zum Besten derer, die einst Kindern Unterricht geben wollen". Raff war damit einer der ersten Geographiedidaktiker. Sein 1770 in erster und dann später in vielen weiteren Auflagen erschienenes Schulbuch „Geographie für Kinder" ist das erste Geographiebuch, das an deutschen Schulen weiteste Verbreitung gefunden hat. Es beruhte auf einer Aufarbeitung der Erd- und Reisebeschreibungen für einen Geographieunterricht an der Schule. Fakten und zum Teil unmittelbare Beobachtungen waren zusammengetragen und aneinandergereiht, so wie sie in der Literatur in geschilderten Beobachtungen greifbar waren. Beschreibung und physiognomische Betrachtungsweise waren der zugrundeliegende Ansatz der Darstellung, aber auch Erklärung, Urteil und Wertung wurden gezielt angestrebt.

Geben wir ein Beispiel aus Raffs Geographie für Kinder, in der Göttingen aus eigener Anschauung in hervortretender Breite behandelt wird: „Göttingen liegt in einem großen und fruchtbaren Tal an der neuen Leine, die ein Kanal ist, der aus der rechten Leine, die unweit der Stadt fließt, nach der Stadt geleitet worden ist, um Mühlen an derselben anlegen zu können. Sie hat Tücher-, Zeug- und Kamelotfabriken, eine weltberühmte Universität, die König Georg II. im Jahr 1734 gestiftet hat, ein wohl eingerichtetes Gymnasium und sehr viele schöne Häuser und bekömmt immer noch mehrere neue Gebäude. Ihre Straßen sind gut gepflastert, in der Mitten wird gefahren und vor den Häusern sind Fußbänke von breiten Steinen. Den Herbst und Winter über werden des nachts die Straßen mit Laternen erleuchtet. An dem einen Ende der Stadt ist eine Allee von Ulmenbäumen, um die Stadtgräben sind gegen die 500 Maulbeerbäume gepflanzt und das Weender Tor mit neuen Mauern und zwei steinernen Säulen, darauf große steinerne Löwen ruhen, eingefaßt, und gleich vor diesem Tor ist ein sehr großer Platz mit Kastanienbäumen bepflanzt, links und rechts viele schöne Gärten angelegt und die Chaussee oder neue Landstraße auf beiden Seiten mit Lindenbäumen besetzt worden. Auch das Gronder Tor ist ebenso wie das Weender Tor mit

Mauern eingefaßt mit steinernen Pfeilern und Löwen geziert und links und rechts viel schöne Gärten angelegt und die Chaussee nach Münden zu völlig fertig. Jetzt wird eben auch das Albaner Tor und in wenig Monaten das Geismar Tor ebenso wie die beiden vorigen ausgeziert werden. Die Allee über den Hainberg fängt unweit des Albaner Tors an, führt oben durch ein schönes Wäldchen und zu einer zweiten, mit hohen Bogen versehenen Allee und endlich, nach einem Weg von 1 Stunden zu dem niedlichen Lustort Kerstlingeröder Feld, wo schöne Gärten mit grünen Lauben und nahe dabei ein herrliches Tannenwäldchen sind, darin sich sowohl die Gelehrten in Göttingen als auch die Bürger öfter zu ergätzen pflegen. Der Wall, um welchen man in einer starken halben Stunde kommen kann, ist mit Lindenbäumen besetzt und für die Studierenden und jeden Einwohner ein vortrefflicher Ort zum Spazierengehen. Die Aussicht aus demselben ist abwechselnd und wegen der rund um die Stadt liegenden Gärten sehr reizend." Unterzieht man den beschreibenden Text einer genaueren zeitgemäßen Analyse, so wird doch auch deutlich, daß Zweck, Nutzen und Funktion der genannten Einrichtung betont werden, daß Neuerungen und besondere moderne Errungenschaften hervorgehoben sind und augenblicklich ablaufende Verbesserungen in der Stadt besondere Erwähnung erfahren (Neubautätigkeit, Straßenpflaster, Gehsteige, Straßenbeleuchtung, Maulbeerpflanzungen, Chaussee mit Linden, Anlage neuer Eingangstore, Linden auf der ehemaligen Wallbefestigung).

Das Schulbuch von Raff ist 1796 in überarbeiteter Form unter dem Titel „Kurzer Abriß der Geographie" in Göttingen erschienen, bearbeitet von Christian Karl Andrée, der ebenfalls in Göttingen als Lehrer der Geographie tätig war. Er war im Zentrum der damaligen Pädagogik, in Schnepfental ausgebildet und ist in Göttingen u.a. mit den geographie-didaktischen Werken „Über den Unterricht in der Geographie" (Göttingen 1790) und „Der Landmann – Kompendiöse Bibliothek der gemeinnützigen Kenntnisse" (Göttingen 1790) hervorgetreten.

Auch Carl Ritter hatte seine Laufbahn als Lehrer begonnen, auch er kam aus Schnepfental. Sein im Ansatz ganz neues Werk einer Erdkunde, das er 1817 von Göttingen aus veröffentlichte, war ein Lehr- und Handbuch, das er unter streng didaktischen Gesichtspunkten konzipierte, wie dies schon aus dem Titel hervorgeht: „Die Erdkunde im Verhältnis zur Natur und zur Geschichte des Menschen oder allgemeine vergleichende Geographie als sichere Grundlage des Studiums und Unterrichts in physikalischen und historischen Wissenschaften".

Erst Hermann Wagner, der 1880 den Lehrstuhl für Geographie in Göttingen übernahm, hat – und nunmehr unmittelbar konfrontiert mit einer zunehmenden Lehrerausbildung – die Erarbeitung von Lehrbüchern für die Schule in Göttingen wieder fortgeführt, mit dem „Lehrbuch der Geographie" von Hermann Guthe, das er in der vierten Auflage (1877/79) wesentlich umarbeitete und dem „Methodischen Schulatlas", der 1888 erstmalig und 1916 in 16. Auflage erschien. Wagner hat darüber hinaus zahlreiche Arbeiten zur Schulgeographie und zum geographischen Schulunterricht veröffentlicht (Petermanns geographische Mitteilungen 66, 1920: 118–122).

Die Arbeit Wagners an der Neubearbeitung des Handatlas von Sydow zu einem Methodischen Schulatlas und die laufenden Verbesserungen im Zuge der weiteren Neuauflagen waren keineswegs nur eine reine inhaltliche, methodische und kartographische Arbeit, sondern hiermit war Wagner engstens verbunden mit den Aufgaben und Zielsetzungen einer Verlagsarbeit, wie dies aus dem regen Briefwechsel mit Perthes in Gotha hervorgeht. Zeichner wurden von Wagner für den Verlag herangebildet oder begutachtet, technische Fragen des Kartendrucks wurden diskutiert, der Markt wurde verfolgt und analysiert, um darauf mit der weiteren Produktion zu reagieren. Wagner hatte seine Laufbahn als Lehrer und Mitarbeiter des Verlages in Gotha begonnen, und Zeit seines Lebens war er mit der Verlagsarbeit, vor allem mit der Produktion von Karten, eng vertraut und verbunden. So sind ihm u.a. auch von der Historischen Kommission von Niedersachsen die Herausgabe der Vorarbeiten zum Historischen Atlas von Niedersachsen aufgetragen worden, der Entwurf und die Herausgabe der historischen Grundkarten für Hannover und benachbarte Staaten sowie letztlich auch die erste Lichtdruckausgabe der Kurhannoverschen Landesaufnahme von 1764/86.

9. Die Umsetzung, Innovationen, Aufträge und Zuarbeit aus der Praxis

Nahezu noch gar nicht untersucht sind die konkreten Ausstrahlungen der pragmatischen und nützlichen Ausbildung an der Göttinger Universität des 18. und frühen 19. Jahrhunderts in das praktische Berufsleben der ehemaligen Absolventen selbst. Welche geographischen und landeskundlichen Kenntnisse wurden umgesetzt und angewandt und welche Gedanken und Anregungen räumlicher Entwicklung und Organisation wurden weiterentwickelt und wirkten somit in die Öffentlichkeit und eine praktische Landesentwicklung hinein? Diese Diffusionsprozesse geographischen Wissens und Gedankengutes sind nur schwer zu verfolgen. Festgemacht sind sie zunächst an den Absolventen selbst und ihrem Lebensweg und sodann auch an ihrem Werk. Einer derjenigen, der die in Göttingen gelehrte Ökonomie und Geographie in sich aufgenommen hatte, und zwar besonders als Schüler von Johann Beckmann, war der aus Jever stammende Johann Heinrich von Thünen, der im ersten Jahrzehnt des 19. Jahrhunderts in Göttingen studierte und 1826 dann sein aus der Praxis, bzw. durch empirische Studien belegtes deduktiv-theoretisches Werk „Der isolierte Staat in Beziehung auf Landwirtschaft und Nationalökonomie" herausbrachte, das bis heute in der Theorie der Raumorganisation seine Bedeutung hat. Viele andere Absolventen konnten ihr Wissen später gerade im Bereich der sich im 19. Jahrhundert modernisierenden Landwirtschaft anwenden, im Bergbau und der industriellen Entwicklung wie vor allem aber auch in der kommunalen und der politischen Praxis. Es liegt nahe, daß die Universität Götttingen im 18. und frühen 19. Jahrhundert mit ihren Absolventen in ganz besonderem Maße im gesamten norddeutschen Raum, aber auch im Ausland, in die Praxis heineingewirkt hat.

Aus der Beobachtung und Praxis heraus sind andererseits auch manche Innovationen angeregt und umgesetzt worden, gegeben durch die weiträumigen Kontakte, die Auswertung von Reiseberichten und vor allem auch einige Studien- und Forschungsreisen. Eines der vielen Beispiele ist die Anregung Lichtenbergs, auch an der deutschen Küste Seebäder einzurichten, wie er diese auf seinen Reisen nach England (1770 und 1774/75) hat beobachten können. Anregungen und Neuerungen dieser Art im Zuge einer Landesentwicklung, ausgehend von der Universität, wäre einmal gezielt nachzugehen.

Vielfache Hinweise und konkrete Projekte lassen sich auch den Göttingischen Gelehrten Anzeigen entnehmen und vor allem den Preisschriften, die die Sozietät der Wissenschaften zu Göttingen ausgeschrieben und begutachtet hat und zu denen ab 1784 noch die Stiftung der Preisfragen für die Göttinger Studierenden aller Fakultäten hinzutraten. Viele der aufgegriffenen Aufgaben betrafen Themen der Wirtschaft und Landesentwicklung, und manche dieser Aufgaben wurden auch von Praktikern aus ihren konkreten Kenntnissen heraus zu lösen versucht.

Die mit geographischen Fragestellungen befaßten Professoren des 18. und frühen 19. Jahrhunderts in Göttingen waren durchaus nicht weltfremd und isoliert, sondern sie nahmen auch am täglichen Geschehen, den Erfordernissen, Neuerungen und Entwicklungen ihres nächsten Umfeldes ratend, gutachtend, beisteuernd und anstoßend teil. So schrieb etwa Hausmann 1824 von Göttingen an Carl Ritter in Berlin: „Im vorigen Sommer haben mich mehrere Dinge in der Nähe von Göttingen sehr beschäftigt. Ich war so glücklich, große weit erstreckte Quarzfelslager in unserem bunten Mergel aufzufinden, und somit das köstlichste Material für die Chaussee von hier nach Nörten, die bis dahin mit den schlechtesten Kalksteinen befahren wurde. Große Brüche sind im vorigen Sommer angelegt worden, am kleinen Hagen waren gleichzeitig 80 Mann dabei tätig. Jetzt ist schon ein großer Teil der Chaussee damit verbessert, bald werden neue Brüche in der Gegend von Bovenden aufgenommen werden." (WAPPÄUS 1879).

Ein weiteres Beispiel ist ein Schreiben von Johann Beckmann aus dem Jahre 1782, aus dem hervorgeht, daß eine Anfrage an ihn gerichtet worden war, aktuelle Daten über die wirtschaftlichen Verhältnisse der Stadt Göttingen mitzuteilen, vermutlich für eine topographisch-statistische Arbeit. Er gibt über vier Seiten hin einen ausführlichen Bericht, der, wie er in einem Falle unmittelbar erwähnt, in wesentlichen Teilen auf eigenen Recherchen und Beobachtungen in Göttingen beruht. So schreibt er: „Unsere neuen Heerstraßen haben offenbar die Zahl der Durchreisenden vermehrt; von Münden bis Elze nimmt jedes Weghaus wöchentlich 8–9 Reichstaler ein, wie ich selbst erfragt habe."

10. Der weitere Weg zur modernen anwendungsorientierten Forschung und Lehre

An der Herausbildung einiger spezieller Teilbereiche angewandter geographischer Forschung seit dem Ende des 19. Jahrhunderts war die Geographie in Göttingen nur am Rande beteiligt. Immerhin war Wagner unter den Gründern der „Deutschen Kolonialgesellschaft", und mit seiner Schrift „Über die Gründung deutscher Kolonien" (1881) hat er als erster und schon vor der Diskussion um den Erwerb deutscher Kolonien unter geographischen Gesichtspunkten zu dieser Frage Stellung genommen. In diesen Zusammenhang gehört auch sein schon in Königsberg (1878) verfolgter Plan, eine „Afrikanische Gesellschaft in Deutschland" zu gründen, mit dem Ziel, unbekannte Gebiete zu erforschen und sie für Kultur, Handel und Verkehr zu erschließen. Auch Wagners Beitrag „Die Verkehrsgebiete des Handels: geographisch-statistische Handelsgeographie" in „Rothschilds Taschenbuch für Kaufleute" (1876) hat die Bedeutung der Geographie als Verkehrs- und Wirtschaftsgeographie schon früh sehr deutlich in der Öffentlichkeit vertreten.

Als Schüler von Wilhelm Meinardus, der 1920 den geographischen Lehrstuhl in Göttingen von Wagner übernahm, hat Arthur Kühn im Rahmen des 200. Jubiläums der Universitätsgründung den Beitrag geographischer Forschung und Lehre in Göttingen zur Neugestaltung der Geographie in Deutschland während des 18. Jahrhunderts herausgearbeitet (KÜHN 1939), was ihm eine nicht unbedeutende Grundlage gewesen ist für seine spätere Hinwendung zu einer modernen angewandten Geographie, die er in den 60er Jahren von einem allgemeinen Ansatz her führend vertreten hat (KÜHN 1962 und 1966).

Ebenfalls konzeptionell und im Rahmen einer Systematik der Anthropogeographie hat Czajka in Göttingen zu Beginn der 60er Jahre die Frage der Anwendung aufgegriffen (CZAJKA 1963 a u. b). Auf Überlegungen einer systematischen Anthropogeographie aufbauend formuliert Czajka die „Anwendung" als „definierendes Element der Anthropogeographie" und zwar im Zuge einer systematischen Weiterentwicklung („Weiterbau") der Wissenschaft im Rahmen gesellschaftlicher und zeitlich bedingter Anforderungen. Er macht damit den entscheidenden und erneuten Versuch, die Anwendung geographischer Forschung nicht als eine innerhalb der Disziplin separierte Aufgabe einer angewandten Geographie als Teildisziplin anzusehen, sondern die Anwendung integrativ in das System der Geographie, besonders der Anthropogeographie, hineinzunehmen – eine angewandte Anthropogeographie ist für ihn ein Pleonasmus. Gebunden ist diese Integration einer „praktischen Geographie" für Czajka vor allem an den geographischen Ansatz der Raumgliederung, den er selbst, wie auch durch Arbeiten von Schülern (vgl. als Beispiel JOSUWEIT 1970) in seinem Werk gezielt und weiterführend verfolgt hat. So hat für ihn „die praktische physische Geographie in allen ihren Sparten, aus der Grundlagenforschung erwachsen, zugeschnitten für landschaftstechnische Zwecke" zu sein und eine „physisch-geographisch erarbeitete regionale Gliederung hat als Grundlage für Planungen in jeglichen Maßstäben" zu dienen (CZAJKA 1963: 61).

Besonders seit den 80er Jahren ist dann in Göttingen sehr gezielt auf eine Anwendungsorientierung hin gearbeitet worden, vor allem auf dem Gebiet der Landschaftsökologie, der Fernerkundung, der Historischen Geographie, der Fremdenverkehrsgeographie und der Migrationsforschung. Auch hier sind es keineswegs nur Fallstudien, sondern auch konzeptionelle Beiträge, die in der Disziplin richtungsweisend sein wollen. Auf dem Hintergrund der schon frühen Praxisbezogenheit der Geographie in Göttingen wird deutlich, daß die Weichen in der Entwicklung der Disziplin schon im 18. Jahrhundert anders hätten gestellt sein können und daß uns heute die Zeit der Aufklärung in mancher Hinsicht näher ist als die folgende Epoche des humanistischen Bildungsideals.

Literatur

BECKMANN J. Hrsg. (1779–1791): Beyträge zur Ökonomie, Technologie, Polizey- und Cameralwissenschaft. Teil I–XI Göttingen.

BECKMANN J. (1808–1810): Litteratur der älteren Reisebeschreibungen. Nachrichten von ihren Verfassern, von ihren Ausgaben und Übersetzungen. 2 Bde. Göttingen.

BECKERT, M. (1983): Johann Beckmann. Leipzig. = Biographien hervorragender Naturwissenschaftler, Techniker und Mediziner, 68.

BÖHM, W. (1990): Johann Beckmanns ökonomischer Garten an der Georg-August-Universität Göttingen. 5– ... = Johann-Beckmann-Journal, 4.

BRÜNING, K. (1953): Landesplanung, Raumforschung und praktische Geographie, besonders in Niedersachsen. 311–349. = Jahrbuch der Geographischen Gesellschaft zu Hannover.

BÜSCHING, A.F. (1758): Vorbereitung zur gründlichen und nützlichen Kenntniß der geographischen Beschaffenheit und Staatsverfassung der europäischen Reiche und Republiken. Frankfurt.

CZAJKA, W. (1953): Lebensformen und Pionierarbeit an der Siedlungsgrenze. Hannover.

CZAJKA, W. (1963): Die „Anwendung" als definierends Element der Anthropogeographie und Folgerungen hieraus für den Begriff der „Angewandten Geographie". 58–69. = Neues Archiv für Niedersachsen, 12.

CZAJKA, W. (1962/63): Systematische Anthropogeographie. 287–313 = Geographisches Taschenbuch.

DENECKE, D. (1994): Die Geschichte der Geographie in Göttingen. In: SCHLOTTER, H.G. [Hrsg.]: Die Geschichte der Verfassung und der Fachbereiche der Georg-August-Universität zu Göttingen. Göttingen, 148–204.

DENECKE, D. (1996): Frühe Ansätze anwendungsbezogener Landesbeschreibung in der deutschen Geographie (1750–1950). In: Heinritz, G. [Hrsg.]: Der Weg der deutschen Geographie – Rückblick und Ausblick. Stuttgart, 111–131. = 50. Deutscher Geographentag Potsdam 1995, Tagungsbericht und wissenschaftliche Abhandlungen, 4.

FORBES, E.G. (1970): Tobias Mayer – Zur Wissenschaftsgeschichte des 18. Jahrhunderts. 132–167. = Jahrbuch für Geschichte der oberdeutschen Reichsstädte. Esslinger Studien, 16.

FRANZ, J.M. (1753): Der deutsche Staatsgeographus mit allen seinen Verrichtungen Höchsten und Hohen Herren Fürsten und Ständen im deutschen Reiche nach den Grundsätzen der kosmographischen Gesellschafft vorgeschlagen von den dirigierenden Mitgliedern der kosmographischen Gesellschafft. Wien.

FRENSDORFF, F. (1901): Die Vertretung der ökonomischen Wissenschaften in Göttingen, vornehmlich im 18. Jahrhundert. In: Festschrift zur Feier des 150-jährigen Bestehens der Königlichen Gesellschaft der Wissenschaften zu Göttingen. Berlin, 495–565.

GATTERER, J.C. (1773): Ideal einer allgemeinen Weltstatistik. Göttingen.

GATTERER, J.C. (1775): Abriß der Geographie. Göttingen.

GRELLMANN, H.M.G. (1790): Staatskunde von Teutschland im Grundrisse. Teil 1: Allgemeine Beschreibung des Teutschen Reichs. Göttingen.

HAMMERSTEIN, N. (1978): Die Universitätsgründungen im Zeichen der Aufklärung. In: Beiträge zu Problemen deutscher Universitätsgründungen der frühen Neuzeit. Nendeln/Liechtenstein, 263–298. = Wolfenbütteler Forschungen, 4.

JOSUWEIT, W. (1971): Die Betriebsgröße als agrarräumlicher Steuerungsfaktor im heutigen Kulturlandschaftsgefüge: Analyse dreier Gemarkungen im Mittleren Leinetal. = Göttinger Geographische Abhandlungen, 57. Göttingen.

KÜHN, A. (1939): Die Neugestaltung der deutschen Geographie im 18. Jahrhundert: Ein Beitrag zur Geschichte der Geographie an der Georgia Augusta zu Göttingen. Leipzig. = Quellen und Forschungen zur Geschichte der Geographie und Völkerkunde, 5.

KÜHN, A. (1962): Geographie, angewandte Geographie und Raumforschung. In: Die Erde 93, 170–186.

KÜHN, A. (1966): Angewandte Geographie. In: Handwörterbuch der Raumforschung und Raumordnung. Hannover, 113–124.

LUTZ, G. (1980): Geographie und Statistik im 18. Jahrhundert. Zu Neugliederung und Inhalten von ‚Fächern' im Bereich der historischen Wissenschaften. In: Rassem, M. & J. Stagl Hrsg.: Statistik und Staatsbeschreibung in der Neuzeit, vornehmlich im 16.–18. Jahrhundert. Paderborn, 249–268.

MAYER, T. (1753): Von den oberschlächtigen Wasserrädern. 778–784. = Hannoversche Gelehrte Anzeigen, 4. Stück 60.

MAYER, T. (1754): Altitudo Poli Gottingensis (Die Höhenlage der Stadt Göttingen). In: Commentarii Societatis Regiae Scientarium Gottingensis 3 für das Jahr 1753. Göttingen, 446–448.

NIEBUHR, C. (1772): Beschreibung von Arabien. Aus eigenen Beobachtungen und im Lande selbst gesammelten Nachrichten abgefasst. Kopenhagen.

PLISCHKE, H. (1937): J. Blumenbachs Einfluß auf die Entdeckungsreisenden seiner Zeit. Göttingen

PÜTTER, J.S. (1788): Versuch einer academischen Gelehrtengeschichte von der Georg-Augustus-Universität Göttingen. Teil 2: 1765–1788. Göttingen.

REUTHER, H. (1981): Johann Friedrich Penther (1693–1749). Ein Göttinger Architekturtheoretiker des Spätbarock. 151–176. = Niederdeutsche Beiträge zur Kunstgeschichte, 20.

SEIFERT, A. (1980): Staatenkunde – Eine neue Disziplin und ihr wissenschaftstheoretischer Ort. In: RASSEM, M. & J. STAGL [Hrsg.]: Statistik und Staatsbeschreibung in der Neuzeit. Paderborn, 217–248. = Quellen und Abhandlungen zur Geschichte der Staatsbeschreibung und Statistik, 1.

TROITZSCH, M. (1980): Die Schriften von Johann Beckmann (1739–1811) unter dem Aspekt der ‚Gemeinnützigkeit'. Ein Diskussionsbeitrag. In: Vierhaus, R. Hrsg.: Deutsche patriotische und gemeinnnützige Gesellschaften. München = Wolfenbütteler Forschungen, 8.

WAGNER, H. (1869–1876): Diplomatisch-Statistisches Jahrbuch im Gothaischen Hofkalender. Neugestaltet, erweitert und mit vergleichenden Tabellen versehen von Hermann Wagner. Jg. 106–113. Gotha.

WAGNER, H. (1876): Die Verkehrsgeschichte des Handels: Geographisch-statistische Handelsgeographie. Leipzig, 120 S. =Rothschilds Taschenbuch für Kaufleute, 20. Aufl.

WAGNER, H. (1878): Der gegenwärtige Standpunkt der Methodik der Erdkunde, 550–636. = Geographisches Jahrbuch, 7.

WAGNER, H. (1881): Über die Gründung deutscher Kolonien. In: Frommel, W. & F. PFAFF: Sammlungen von Vorträgen V, 7. Heidelberg.

WAGNER, H. (1882): Bericht über die Entwicklung des Studiums und der Methodik der Erdkunde, 651–700. = Geographisches Jahrbuch 9.

WAGNER, H. (1888): Bericht über die Entwicklung des Studiums und der Methodik der Erdkunde, = Geographisches Jahrbuch 12.

WAGNER, H. (1919): Der geographische Universitätsunterricht in Göttingen. 1–20 u. 97–106. = Geographische Zeitschrift, 25.

WAPPÄUS, J.E. [Hrsg.] (1879): Carl Ritters Briefwechsel mit Johann Friedrich Ludwig Hausmann. Leipzig.

NORBERT NIEHOFF, KARL-HEINZ PÖRTGE und BERNADETT LAMBERTZ

Zehn Jahre Gewässerrenaturierung an der mittleren Oker: Bilanz einer ökologisch und ökonomisch begründeten Umweltsanierung

Zusammenfassung: Nach einem Überblick über die Entwicklung der Gewässerforschung am Geographischen Institut der Universität Göttingen wird auf die Voraussetzungen und Maßnahmen der Gewässerrenaturierung eingegangen.

Als Fallbeispiel wird eine vom Staatlichen Amt für Wasser und Abfall (StAWA) Braunschweig durchgeführte Uferrenaturierung an der Mittleren Oker vorgestellt. Die Auenlandschaft ist in diesem Bereich durch Einflüsse der Intensivlandwirtschaft und der Verkehrsnutzung sowie durch die Anreicherung von Schwermetallen in den Flußablagerungen als Folge der Buntmetallverhüttung am Harzrand stark gestört.

Zur Erfolgskontrolle der Renaturierung wurden über einen Zeitraum von 10 Jahren in Zusammenarbeit mit dem StAWA Braunschweig Untersuchungen zur Entwicklung von Vegetation und Gewässergüte sowie der Unterhaltungskosten durchgeführt. Die bisherigen Ergebnisse zeigen, daß durch den renaturierten Uferbereich zwar ein Teil der Emissionen aus der Landwirtschaft zurückgehalten werden kann, die Breite des Uferstreifens für einen optimalen Gewässerschutz jedoch nicht ausreicht. Die durchschnittlichen Kosten der Gewässerunterhaltung waren im Vergleich mit unrenaturierten Fließstrecken signifikant niedriger. Vor diesem Hintergrund wurde am Geographischen Institut ein Plan für die Renaturierung der Okeraue über ihre gesamte Breite erarbeitet

[Ten years renaturation of the middle Oker River – Balance of an environmental remediation based on ecology and economy]

Summary: *Following an overview of the development of water course related research at the Geographical Institute, University of Göttingen, the prerequisites and measures for the renaturation of water courses are being discussed.*

The renaturation of the river banks of the middle Oker River, Lower Saxony, Germany, is presented as a case study. This remediation has been performed by the Braunschweig State office for Water and Waste (StAWA Braunschweig). The meadows in that area are influenced by intensive agriculture and public traffic as well as by the enrichment of heavy metals in the river and overbank sediments as a result of mining and processing of non-ferrous metals in the northern Harz mountains.

Over a period of 10 years the vegetation developement and the water quality as well as the maintenance costs were being investigated to control the success of the remediation measures. So far the results show that the renaturated bank section help to retain agricultural emissions from the river but that the width of this belt is still insufficient to optimize the protection of the river. However, the average costs to maintain this protected area are significantly lower than those from non-renaturated water courses.

These results form the basis for a renaturation of the Oker meadow over its full width – an integrated plan developed by the Geographical Institute.

1. EINFÜHRUNG

Lange waren die „schadlose Abführung von Hochwässern" und die „Vorflutverbesserung für die Landwirtschaft" die wichtigsten Ziele bei Ausbau und Unterhaltung der Fließgewässer. Seit etwa 10–15 Jahren gehört jedoch neben der klärtechnischen Verbesserung der Gewässergüte auch die Renaturierung ökologisch verarmter Gewässerstrecken zu den Vorgaben der Planung. Wichtige Ziele hierbei sind die Senkung der Kosten für die Gewässerunterhaltung sowie die weitere Verbesserung der Gewässergüte und des Hochwasserschutzes. Weiterhin wird auch eine positive Veränderung des Landschaftsbildes durch eine verbesserte optische Einbindung der Gewässer in die Landschaft angestrebt.

Die Geographie trägt zu den Planungsgrundlagen Erkenntnisse über den ursprünglichen und aktuellen Zustand sowie die zu erwartende hydrologische und ökologische Entwicklung der Gewässer bei und ist an der Erfolgskontrolle der Renaturierung beteiligt.

Die Beschäftigung mit hydrologischen Fragen hat in der Geographie Göttingens lange Tradition. Besonders W. Meinardus arbeitete in den 20er und 30er Jahren d. Jhdt. an klimatischen und hydrologischen Problemen. Dies dokumentierte er auch mit der Festrede als Rektor im Jahr 1927 anläßlich des Jahresfeier der Universität Göttingen über das Thema „Der Kreislauf des Wassers" (MEINARDUS 1928). Bei den Arbeiten von Meinardus, aber auch später z.B. bei denen von H. Mortensen (MORTENSEN 1943), H. Mensching (MENSCHING 1950), J. Hövermann (HÖVERMANN 1953), H. Mortensen und J. Hövermann (MORTENSEN & HÖVERMANN 1957) oder H. Bremer (BREMER 1959) zu Formen und Formung durch fließendes Wasser handelte es sich überwiegend um reine Grundlagenforschung. Eine Hinwendung zu mehr anwendungsbezogenen Fragen erfolgte erst mit der Einrichtung des Diplomstudiengangs am Geographischen Institut Göttingen Mitte der 60er Jahre. Damit verbunden war eine verstärkte Orientierung in Richtung der Geoökologie.

2. Grundlagen und Massnahmen der Gewässerrenaturierung

2.1. Stand der Forschung

In Naturschutzpraxis und Landschaftsplanung wird unter „Renaturierung" generell die Rückführung vom Menschen veränderter Lebensräume in einen naturnahen Zustand verstanden (vgl. AKADEMIE FÜR NATURSCHUTZ UND LANDSCHAFTSPFLEGE 1991). Um dieses in zeitlicher Perspektive weit gefaßte Ziel zu erreichen, werden auch in Fließgewässerlandschaften seit neuerem zahlreiche Maßnahmen durchgeführt.

Noch vor ca. 20 Jahren fehlten jedoch Praxiserfahrungen zur Gewässerrenaturierung ebenso wie ein diesbezüglicher ökologisch-wissenschaftlicher Hintergrund nahezu völlig. Bei den ersten Ansätzen einer Berücksichtigung ökologischer Belange in der Wasserwirtschaft wurde zunächst vom konventionellen Wasserbau ausgegangen, dementsprechend wurden neu auszubauende Gewässer „unter Berücksichtigung ökologischer Aspekte" bearbeitet. Hierbei hatte auch die Begleitforschung einen hohen Stellenwert, so wurde etwa in Niedersachsen an der Oberaller eine Versuchsstrecke zum naturnahen Gewässerausbau angelegt (vgl. DAHL & SCHLÜTER 1983). In dem Maße, wie sich derartige Baumaßnahmen im Einzelfall bewährten, ging man dazu über, neben neu auszubauenden Gewässern auch naturfern verbaute Fließstrecken unter Verwendung natürlicher Baustoffe zurückzubauen – dieses vor allem mit dem Ziel, die hohen Unterhaltungskosten zu senken und die Immission von Agrarchemikalien in die Gewässer zu verringern.

Um die Akzeptanz für die Durchführung derartiger Maßnahmen in der Praxis des technischen Wasserbaus zu erhöhen und auch um generell bei künftigen Ausbau- und

Unterhaltungsmaßnahmen an Fließgewässern ökologische Belange in höherem Maße als bisher berücksichtigt zu sehen, wurden von Seiten der Wasserwirtschaft überregional gültige Maßnahmeempfehlungen erarbeitet und an zahlreichen Fallbeispielen erläutert (vgl. DEUTSCHER VERBAND FÜR WASSERWIRTSCHAFT UND KULTURBAU DVWK 1984). Einen wichtigen thematischen Schwerpunkt bildeten die im Gewässerprofil oder -nahbereich vorzusehenden Bepflanzungsmaßnahmen zur Initiierung einer naturnahen Vegetationsentwicklung. Im gleichen Kontext steht auch ein von LANGE & LECHER (1986) publiziertes ingenieurwissenschaftliches Standardwerk zum naturnahen Wasserbau.

In der Schweiz wurde von KUMMERT & STUMM (1987) der Zusammenhang zwischen ökologischem Gewässerzustand und Emissionen im Einzugsgebiet detailliert dargestellt. Weiterhin werden Schutzmaßnahmen am Gewässerkörper und Sanierungsmaßnahmen an den Emissionsquellen beschrieben, wobei der Effizienzunterschied zwischen sanierenden und präventiven Maßnahmen besondere Beachtung findet. Speziell an der naturnahen Entwicklung der Gewässerrandstreifen orientierte Maßnahmeempfehlungen verschiedener Autoren finden sich in einer vom DVWK (1990) herausgegebenen Aufsatzsammlung.

Bei den bis vor etwa 5 Jahren an Fließgewässern durchgeführten Renaturierungsmaßnahmen konnten zwar gewisse Verbesserungen vor allem an den Gewässerufern erreicht werden, weitergehende Erfolge, ablesbar etwa am Auftreten lebensraumtypischer Biozönosen, blieben jedoch häufig aus, da den anthropogenen Störungen in den Einzugsgebieten und insbesondere in den Gewässerniederungen kaum begegnet wurde.

Weiterhin war es nach wie vor das Bestreben der Wasserwirtschaft, die Gewässer in den vorhandenen oder bei Ausbauvorhaben hergestellten Grundrißformen zu halten, zumal wenn diese bereits an einer naturnahen Linienführung orientiert worden waren. Eine eigendynamische Entwicklung des Gewässergrundrisses und eine Vitalisierung und Diversifizierung des Auelebensraumes wurde im allgemeinen im dichtbesiedelten und intensiv genutzten Mitteleuropa als nicht realisierbar angesehen. Weiterhin fehlten auch ökologisch geomorphologische Grundlagen, um den Einzelfall beurteilen zu können.

In neueren Publikationen wurde dieses Problem aufgegriffen. So verfaßte z.B. KERN (1994) ein Handbuch, in dem Grundlagen und Leitlinien einer naturnahen Gewässerbehandlung aus geomorphologischer Sicht vorgestellt und Hinweise für deren Umsetzung in die Praxis gegeben werden.

Um das Konzept der Fließgewässerrenaturierung interdisziplinär weiterzuentwickeln und vor allem, um entsprechende Maßnahmen flächenhaft durchführen zu können, wurde vom Bundesministerium für Forschung und Technologie ein Verbundforschungsvorhaben implementiert, das Renaturierungsprojekte an 6 Modellgewässern in Deutschland umfaßt. Hierbei wurden die Gewässerniederungen und die Einzugsgebiete in die Planungen einbezogen. In einem vom DVWK (1996) herausgegebenen Merkblatt sind erste Ergebnisse des Forschungsvorhabens dargestellt.

In der Grundlagenforschung wurden in den letzten 10 Jahren von geowissenschaftlicher Seite im Rahmen des DFG-Schwerpunktprogramms „Fluviale Geomorphodynamik im jüngeren Quartär" an größeren und kleineren Gewässern in Deutschland verstärkt Untersuchungen zu fluvialen geomorphologischen Prozessen und zur Entstehung, Verbreitung und Datierung von Auesedimenten durchgeführt. Die Untersuchungen lieferten wichtige methodische Grundlagen sowie Hinweise auf historische Umweltbelastungen in den Gewässereinzugsgebieten und den Niederungen der Fließgewässer. Erste Ergebnisse des Forschungsprogramms wurden in einer von PÖRTGE & HAGEDORN (1989) herausgegebenen Aufsatzsammlung publiziert, weitere Resultate wurden für den niedersächsischen Bereich u.a. von MOLDE (1991), PRETZSCH (1994), ROTHER (1989) und THOMAS (1993) vorgestellt.

Eine wichtige Grundlage für die Formulierung von Renaturierungs- und Schutzzielen in Fließgewässerlandschaften ist die ökologische Bewertung der Gewässer, dieses zum einen zur Auswahl geeigneter Strecken für Renaturierungsmaßnahmen, zum anderen, um die Ergebnisse der nach Abschluß der Maßnahmen durchzuführenden Kontrolluntersuchungen zu interpretieren.

Hierzu kann z.B. ein von der LÄNDERARBEITSGEMEINSCHAFT WASSER (1993) vorgelegter Verfahrensentwurf für die Aufnahme der „Gewässerstrukturgütekarte" Deutschlands dienen. Dieser sieht die Bewertung des Gewässerbettes und der Uferzone i.w. mit Hilfe geomorphologischer Parameter vor. Bezugshintergrund sind die Verhältnisse in der Naturlandschaft.

Ein weiteres, am Geographischen Institut der Universität Göttingen entwickeltes Verfahren beinhaltet die Untersuchung und Bewertung der Gewässerlandschaft und ihrer ökologisch-geomorphologischen Teilräume einschließlich der Gewässeraue. Mit Hilfe von 8 Kriterien werden der Naturschutzwert und die Störungsintensität durch anthropogene Nutzungsansprüche klassifiziert und bewertet (vgl. NIEHOFF 1996).

2.2. Voraussetzungen für die Renaturierung

Für die Durchführung von Renaturierungsmaßnahmen an Fließgewässern sind sowohl die Kenntnis der naturräumlichen Gegebenheiten im Einzugsgebiet als auch naturnaher Landschaftszustände in der Gewässerniederung Voraussetzung.

Die hierfür notwendigen Daten werden u.a. durch die Analyse historischer Karten und die Auswertung langjähriger Pegeldaten gewonnen. Außerdem werden in den Gewässerlandschaften die aktuelle Ausstattung mit naturnahen Landschaftselementen sowie die anthropogenen Störungen des Naturhaushaltes durch Geländeuntersuchungen erfaßt, kartographisch dargestellt und ökologisch bewertet. Die Untersuchungsergebnisse können als Grundlage bei der Erarbeitung von Leitbildern[1] und ökologischen Entwicklungszielen für die Gewässer dienen.

2.3. Maßnahmen der Gewässerrenaturierung

Bei einer Fließgewässerrenaturierung kann der erforderliche Grad einer Reduzierung der anthropogenen Störungsintensität sehr unterschiedlich sein. Die möglichen Maßnahmen reichen vom Abbau von Querbauwerken über Uferentsiegelungen und Pflanzmaßnahmen bis zu einer kompletten Auenreaktivierung einschließlich einer „Entfesselung" des Gewässerbetts. Es ist im Einzelfall zu prüfen, ob aktive Maßnahmen (Rückbau, Bepflanzung u.ä.) unbedingt erforderlich sind, oder ob nicht schon die Aufgabe der konventionellen Gewässerunterhaltung eine Entwicklung zu erheblich mehr Naturnähe ermöglicht.

An einem verrohrten oder betonierten und damit stark gestörten Gewässer muß beispielsweise eine Wiederöffnung oder Entsiegelung sicherlich als erster Schritt angesehen werden. Eine weitere ökologische Verbesserung könnte im Falle einer technisch orientierten Linienführung durch die Initiierung einer Entwicklung zu einem naturnahen Gewässergrundriß, etwa durch die Belassung von Totholz im Flußbett, erreicht werden (DVWK 1996). Hierdurch werden die Voraussetzungen für eine naturnahe Fließgeschwindigkeit und eine bessere Einbindung des Gewässers in die Landschaft geschaffen und die Entste-

---

[1] Unter dem Begriff des „Leitbildes" soll i. f. das aus „rein fachlicher Sicht maximal mögliche Entwicklungsziel" verstanden werden (vgl. DVWK 1996, S. 37).

hung von Kleinbiotopen ermöglicht. Eine derartige eigendynamische Entwicklung des Gewässers erfordert bis zum Ziel eines naturnahen Zustandes i.d.R. Zeiträume, die den menschlichen Planungshorizont erheblich überschreiten.

2.4. Erfolgskontrolle und Grenzen der Renaturierungsmöglichkeiten

Nach der Durchführung von Renaturierungsmaßnahmen sind Kontrolluntersuchungen erforderlich, um zu überprüfen, ob die anvisierten Entwicklungsziele auch erreicht werden können. Bei der ökologischen Erfolgskontrolle sind i.d.R. botanische, zoologische, geomorphologische und ökonomische Aspekte zu berücksichtigen.

Trotz zahlreicher Möglichkeiten bei der Fließgewässerrenaturierung gilt es zu bedenken, daß Natur nicht beliebig wiederherstellbar ist (JEDICKE 1990). Daher sollte dem Schutz noch vorhandener wertvoller Lebensräume grundsätzlich höchste Priorität eingeräumt werden. Vor überzogenen Hoffnungen im Zusammenhang mit Renaturierungen ist generell zu warnen, denn menschliche Einflüsse bleiben in jedem Falle weiterhin wirksam (GOLL 1990). Selbst in optisch erfolgreich renaturierte Bereiche können häufig typische Organismen, insbesondere der Fauna, aufgrund unzureichender Vernetzung mit anderen Lebensräumen nicht wieder einwandern (JEDICKE 1990). In der neueren Literatur wird deshalb zunehmend die Forderung erhoben, daß in die Planung von Renaturierungsmaßnahmen die gesamte Gewässeraue und insbesondere die Erfordernissse der Biotopvernetzung einbezogen werden sollten (vgl. z.B. KAULE 1991, NIEHOFF 1996).

3. Fallbeispiel mittlere Oker

Mit dem Ziel, einen Beitrag zur Methodenentwicklung für die Renaturierung von Fließgewässern zu liefern und den ökologischen Zustand des Gewässerufers zu verbessern, wurde vom StAWA Braunschweig in den Jahren 1984 – 1985 an der Oker (Ostniedersachsen) eine ca. 2 km lange Versuchsstrecke zur Uferrenaturierung angelegt. Die lokalen Naturschutzbehörden und -verbände waren an der Maßnahmeplanung beteiligt. Am Geographischen Institut werden in Zusammenarbeit mit dem StAWA Braunschweig seit 1986 Kontrolluntersuchungen durchgeführt. Im folgenden werden die bisherigen Ergebnisse vorgestellt.

3.1. Planungsgebiet und Gewässerzustand vor der Renaturierung

Das Planungsgebiet befindet sich im Naturraum „Ostbraunschweigisches Hügelland" (s. Abb. 1). Diese zwischen dem Harz und der Lüneburger Heide gelegene Region ist vor allem durch lößbürtige Böden und intensive landwirtschaftliche Nutzung geprägt. Die Okerlandschaft kann im Planungsgebiet durch folgende topographische und hydrologische Größen gekennzeichnet werden: Einzugsgebiet: 993 km^2; Höhe: NN + 75 m; Gewässerstation km: 62,3–64,0; MQ: 6,21 m^3/s; MHQ: 44,9 m^3/s (Pegel Ohrum, 9 km oberstrom); Abflußleistung: 25 m^3/s; HW-Wahrscheinlichkeit: 6 Tage/ Jahr; Gewässergüteklasse II–III (1995).

Vor Durchführung der Renaturierungsmaßnahmen waren die Uferbereiche der Oker an biotischen und abiotischen Strukturelementen verarmt: Ufergehölze kamen kaum vor, und der amphibische Bereich war durch die meist sehr steil ausgebildeten Ufer stark begrenzt. Der Einfluß der Intensivlandwirtschaft, insbesondere die Emission von Agrarchemikalien, wurde kaum abgepuffert (s. Abb. 2, oben).

Kartengrundlage: Orohydrographische Karte 1:200.000, Bl. CC 3926 Braunschweig

☐ *Planungsgebiet*   0 1 2 3 4 5 km

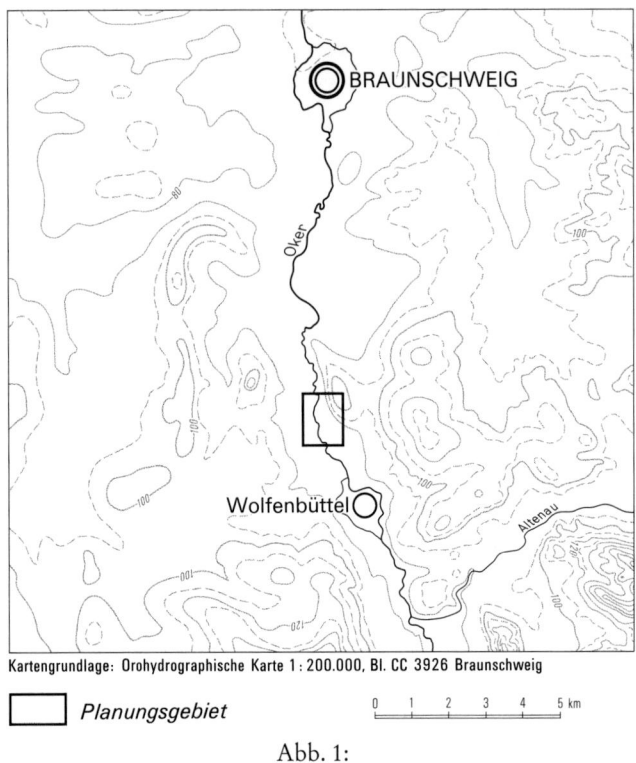

Abb. 1:
Die Lage des Okerlaufes und des Planungsgebietes
Location of the Oker River and the planning area

3.2. Durchführung der Maßnahmen

Um die ökologische Uferstruktur zu verbessern und die Immission zu reduzieren, wurde im Jahre 1984 zunächst das westliche Ufer streckenweise abgeflacht und mit standortstypischen Gehölzen bepflanzt (s. Abb. 2 unten u. Abb. 3). Zur Vergrößerung des amphibischen Bereiches wurde etwa 1 m oberhalb der MW-Linie eine 0,5 m breite Uferverflachung (Berme) in die Böschung eingebaut. Anläßlich einer Flußbegehung wurde von den Mitgliedern der lokalen Naturschutzbehörden und -verbände die weitgehend gradlinige Gestaltung des Ufers bemängelt und weiterhin auf die möglicherweise geringe ökologische Bedeutung der relativ hoch über der MW-Linie angelegten Berme hingewiesen.

Im Jahre 1985 wurde – nun unter Beteiligung der Naturschutzbehörden und -verbände – das östliche Ufer zu einer Böschung mit wechselnden Neigungen abgezogen, am Böschungsfuß mit Schüttsteinen gesichert und mit standortstypischen Gehölzen bepflanzt. In die Böschung wurde eine unterschiedlich breite Berme mit wechselnden Abständen zur MW-Linie derart eingebaut, daß das Flußbett verschieden breite Querschnitte aufweist (s. Abb. 2 unten).

Die Anlage größerer Flachuferbereiche, wie sie in der einschlägigen Literatur häufig gefordert werden (vgl. u.a. DAHL & SCHLÜTER 1983, DVWK 1984), scheiterte an nicht verfügbaren Flächen: Die landwirtschaftlichen Anlieger waren nicht bereit, entsprechende Flächen zu verpachten oder zu verkaufen.

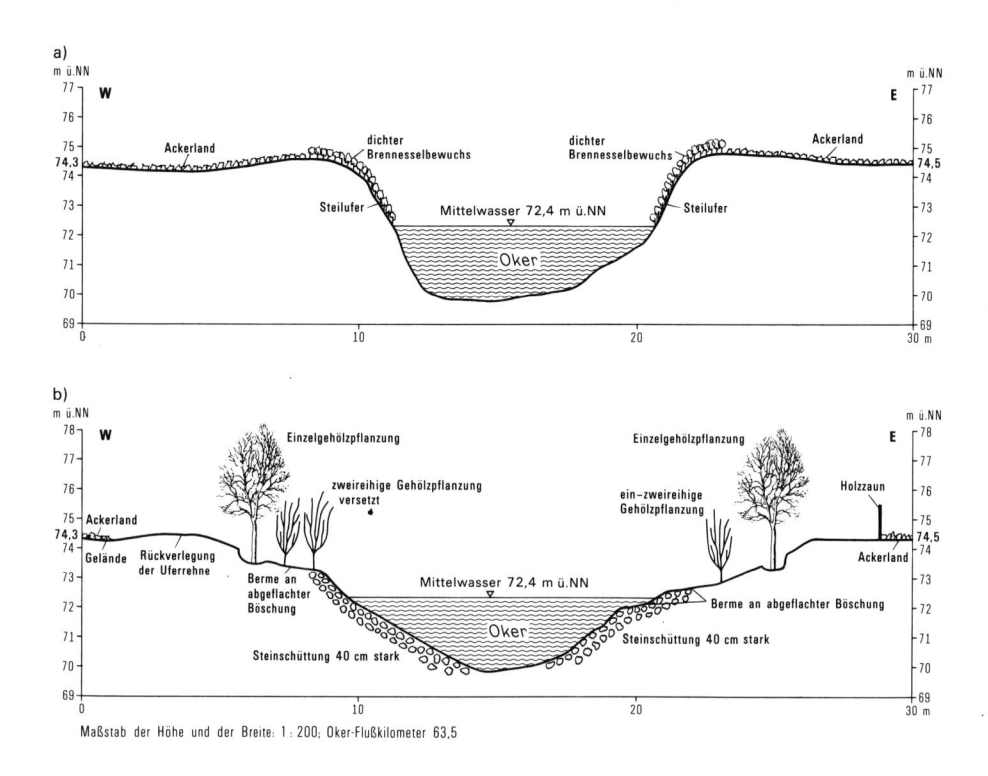

Abb. 2
oben: Profil des Okerbettes vor der Renaturierung; unten: nach der Renaturierung
above: Cross section of the Oker River bed before renaturation; below: after renaturation

Die Induzierung einer freien Laufentwicklung war nicht möglich, da die ober- und unterstrom der Renaturierungsstrecke gelegenen Straßenbrücken nicht der Gefahr einer Unterspülung infolge von Laufverlegungen ausgesetzt werden dürfen.

Trotz dieser Rahmenbedingungen wurden einige aktuell vom Flußlauf unterschnittene Steiluferbereiche unbearbeitet belassen (s. Abb. 3). Dieses zum einen, um Höhlenbrütern Nistmöglichkeiten zu bieten, zum anderen, um in einem überschaubaren Bereich zumindest Ansatzpunkte für eine eigendynamische Gewässerbettentwicklung zu bieten.

4. Ökologische Erfolgskontrolle und Ergebnisse

4.1. Vegetationsentwicklung

Die bei der Renaturierung angepflanzten Gehölze haben sich trotz starker Fließkräfte bei Hochwasser gut entwickelt. Sie tragen zur Beschattung des Ufers bei. In den Sommern 1990 und 1995 wurde die spontane Vegetation der Uferzonen an insgesamt 4 Untersuchungsflächen im Maßnahmenbereich und zusätzlich an einer oberstrom gelegenen Referenzfläche (s. Abb. 3) jeweils von ca. 0,5 m unterhalb des MW-Wasserspiegels bis zur oberen Böschungskante nach der Methode von BRAUN-BLANQUET (1964) aufgenommen.

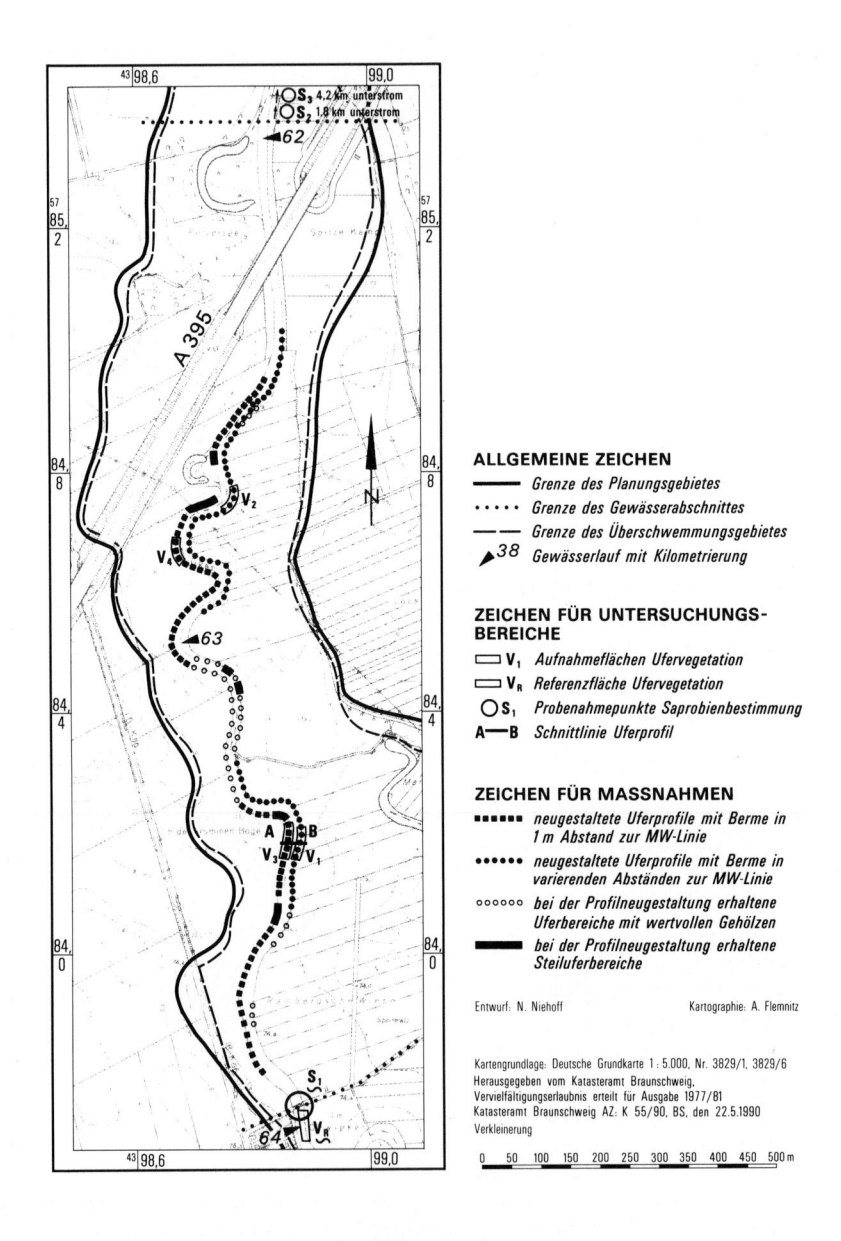

Abb. 3:
Das Planungsgebiet sowie die Untersuchungs- und Maßnahmenbereiche
The planning area and the areas of investigation and remediation measures

Abbildung 4 zeigt die Zugehörigkeit der Vegetation in den Aufnahmeflächen zu den Vegetationsformationen nach KORNECK & SUKOPP (1988).

Vegetationsentwicklung bis 1990:
Im Vergleich mit der unbearbeiteten Referenzfläche war an den renaturierten Ufern ein Rückgang der Arten der nitrophilen Staudenfluren zugunsten der Arten eutropher Gewässer festzustellen. Im Bereich des Wasserspiegels dominierten *Sparganium erectum* und *Phalaris arundinacea*. Untergeordnet traten *Iris pseudacorus, Myriophyllum spec., Nuphar lutea, Phragmites australis* und *Typha latifolia* auf.

Vegetationsentwicklung bis 1995:
Gegenüber dem Jahr 1990 gingen kurzlebige Ruderalarten zurück. Im oberen Böschungsbereich erfolgte dieser Rückgang auf den renaturierten Flächen besonders zugunsten der Arten der Feucht- und Naßwälder, im unteren Böschungsbereich zugunsten der Kriech- und Trittrasen. Den größten Anteil haben nach wie vor die Arten der nitrophilen Staudenvegetation, ein Hinweis auf den anhaltenden Eintrag von Agrarchemikalien von den angrenzenden Äckern.

Als positiv kann die Gehölzentwicklung auf den renaturierten Flächen gesehen werden. Im oberen Böschungsbereich hat die Beschattung, die in der abnehmenden mittleren Lichtzahl nach ELLENBERG et al. (1992) zum Ausdruck kommt (Abnahme von 6,9 auf 6,6), zugenommen. Im unteren Böschungsbereich sowie im aquatischen Bereich ist sie jedoch noch nicht anhand der Lichtzahl quantifizierbar. Eine Zunahme von Wasserpflanzen war nach Artenzahl oder Mächtigkeit gegenüber dem 1990 beobachteten Zustand nicht zu verzeichnen. Ähnlich wie bei der Gewässergüte (s.u.) setzte sich die Entwicklung zu mehr Naturnähe bei der Vegetation nur sehr langsam fort bzw. stagnierte.

4.2. Gewässergüte

Ober- und unterstrom der Renaturierungsstrecke wurden vom StAWA Braunschweig Untersuchungen zur Gewässergüte durchgeführt und der Saprobienindex nach DIN 38410 bestimmt. Die Gewässergüte war im überwiegenden Teil des Untersuchungszeitraumes oberhalb und unterhalb des renaturierten Bereiches als „kritisch belastet" (Güteklasse II–III) einzustufen. Lediglich 1989 lag die Gewässergüte unterstrom mit Güteklasse II eine halbe Wertstufe höher als am oberen Meßpunkt. Eine genaue Betrachtung des Saprobienindex läßt folgende Tendenzen erkennen:

Im Jahre 1983, vor Durchführung der Maßnahmen, war die Selbstreinigungskraft der Oker im späteren Renaturierungsgebiet und auch unterstrom eingeschränkt, der Saprobienindex betrug am Meßpunkt Schäferbrücke (St.km 64,0; vgl. Abb. 3 u. Abb. 5) 2,46 Punkte und verschlechterte sich im Verlauf der Fließstrecke bis zum Meßpunkt Rüningen (St.km 57,8) auf 2,64 Punkte.

Zwischen 1986 und 1989, also in den ersten Jahren nach Durchführung der Maßnahmen, betrugen die Saprobienindices sowohl oberstrom als auch unterstrom der Renaturierungsstrecke im Durchschnitt 2,42 Punkte. Das entspricht einer Nettoverbesserung von 0,2 Punkten, die wahrscheinlich auf die Erhöhung der Selbstreinigungsleistung der Oker und die Filterwirkung der Uferbepflanzung gegenüber Agrarchemikalien zurückzuführen ist.

Für die Zeit zwischen 1990 und 1993 betrug die Nettoverbesserung des Saprobienindex durchschnittlich 0,23 Punkte gegenüber dem Zustand von 1983. Im Vergleich zum Untersuchungszeitraum 1986–1989 setzte sich die Tendenz zur Erhöhung der Gewässergüte also nur noch sehr schwach fort.

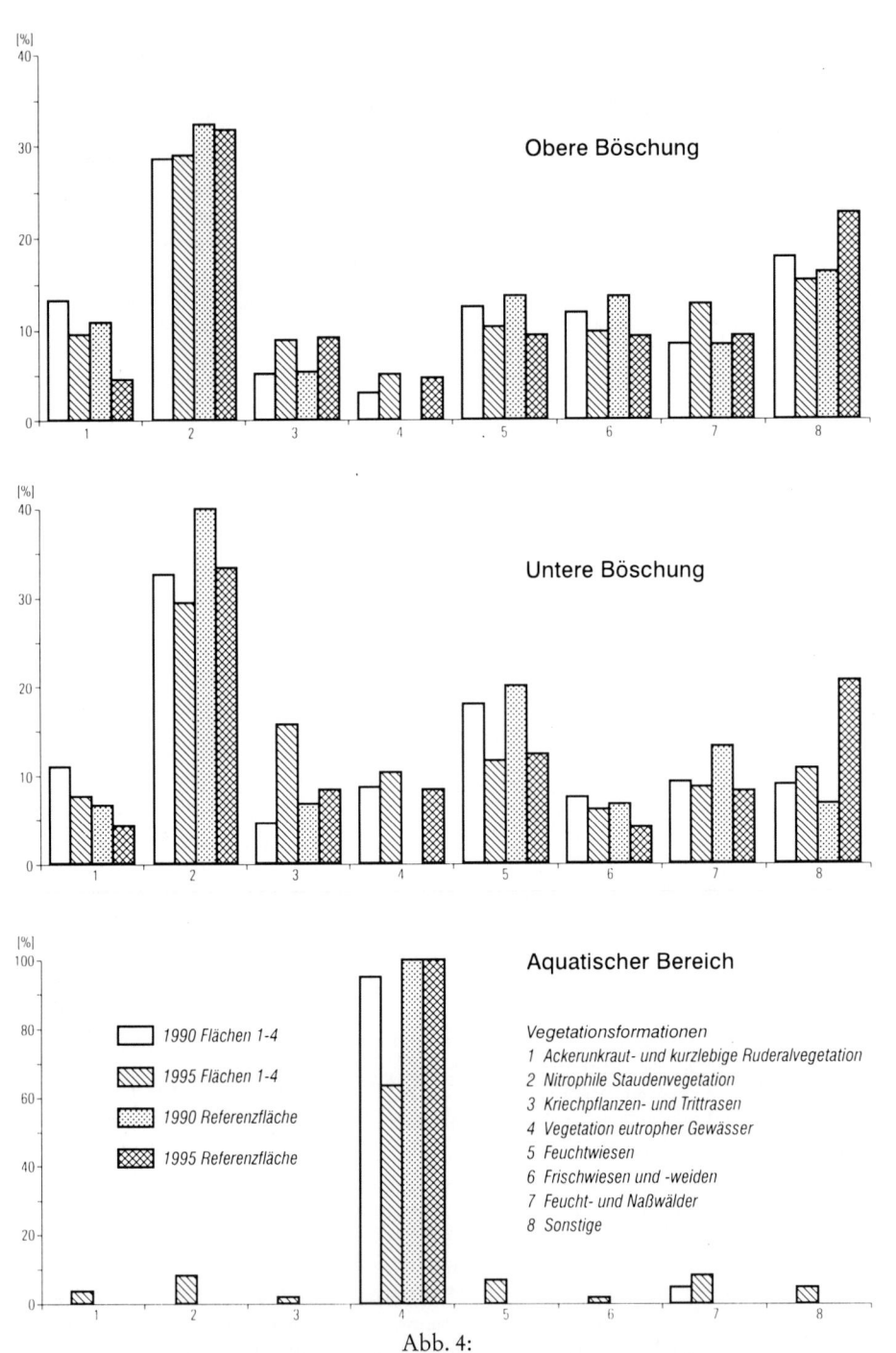

Abb. 4:
Prozentualer Anteil der kartierten Pflanzen nach Vegetationsformationen
Percentage of the mapped plants, according to vegetation formations

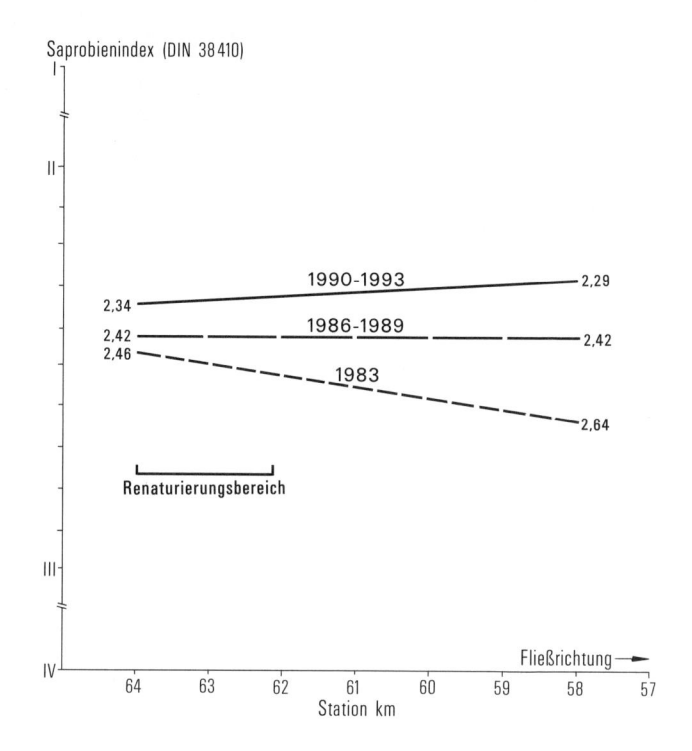

Abb. 5:
Entwicklung der Gewässergüte im Planungsgebiet
Change of the water quality in the planning area

Oberhalb der Renaturierungsstrecke (Meßstelle Wolfenbüttel) und ca. 9 km unterstrom dieses Bereiches (Meßstelle Eisenbüttel) werden seit 10 Jahren vom StAWA Braunschweig turnusmäßig Untersuchungen zum Gewässerchemismus durchgeführt (vgl. StAWA BRAUNSCHWEIG 1995). Ein Einfluß der Renaturierungsstrecke auf die Jahresdurchschnittswerte der Meßparameter BSB_5, Gesamtphoshat-Konzentration, NH_4-Konzentration und NO_3-Konzentration ließ sich nicht nachweisen. Auffallend hoch lag die NO_3-Konzentration[2], sie betrug im zehnjährigen Durchschnitt an beiden Meßstellen 5,6 mg/l N. Die Minimum- und Maximumwerte der Jahresdurchschnittskonzentrationen des Nitratstickstoffs betrugen an der Meßstelle Wolfenbüttel 4,2–6,3 mg/l und an der Meßstelle Eisenbüttel 4,4–6,4 mg/l N. Die erhöhten NO_3-Konzentrationen bestätigen den Einfluß der Intensivlandwirtschaft, auf den auch die Ergebnisse der Untersuchungen der Ufervegetation hindeuten (s.o.).

---

[2] OTTO & BRAUKMANN (1983) geben die Spannweite für die gesteins- und bodenbedingte NO_3-Konzentration in Flachlandbächen mit 0,8–2,8 mg/l N an.

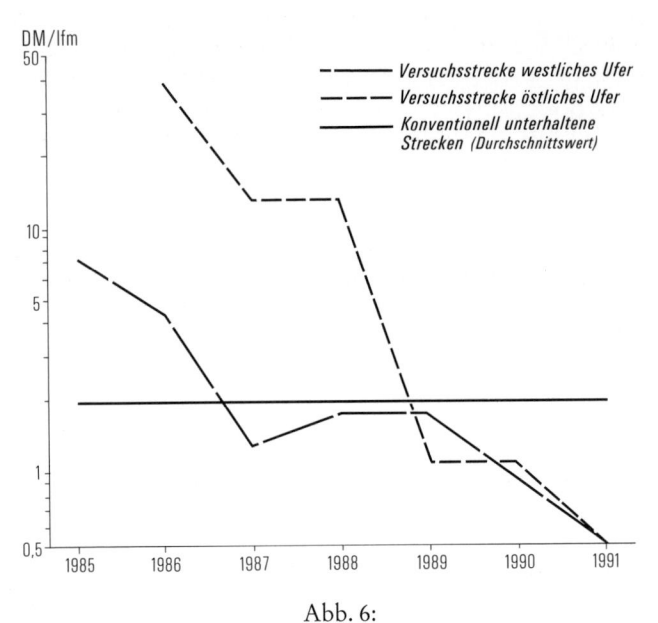

Abb. 6:
Entwicklung der Unterhaltungskosten an der Renaturierungsstrecke
Development of the maintainance costs at the renaturated course

4.3. Ufermorphologie

Die Uferprofile blieben trotz mehrerer starker Hochwässer nahezu unverändert. Lediglich im Bereich der unbearbeitet gelassenen Steilufer kam es zu geringen Abbrüchen. Die Reduzierung der Abflußleistung durch Auflandungen von Hochwassersedimenen wurde anhand von Meßprofilen überprüft, sie war bis zum Jahre 1990 als „gering" einzustufen (vgl. NIEHOFF et al. 1991). Dieses Ergebnis bestätigte sich auch bei einer weiteren Untersuchung im Sommer 1995.

4.4. Kostenentwicklung

Die Unterhaltungskosten an den renaturierten Ufern waren zunächst höher als an anderen Okerstrecken, bereits nach 3 bis 4 Jahren lagen sie jedoch unter denen konventionell unterhaltener Fließstrecken. Nach 7 Jahren hatten sich die Ufer soweit stabilisiert, daß seitdem Unterhaltungsmaßnahmen nicht mehr notwendig sind und bisher keine Kosten mehr entstehen. Dieses deutet darauf hin, daß eine naturnahe Uferunterhaltung auf längere Sicht preisgünstiger als eine konventionelle sein kann (s. Abb. 6). Ein ähnlich günstiger Kostenverlauf wird von DAHL & SCHLÜTER (1983) für eine Renaturierungsstrecke an der Oberen Aller beschrieben. Auch ANSELM (1990) weist darauf hin, daß die am Anfang höheren Kosten der Gehölzpflege auf Dauer durch Einsparungen bei der Gewässerunterhaltung teilweise wieder aufgefangen werden können.

4.5. Bewertung des bisherigen Renaturierungserfolges

Hinsichtlich der bisher im Planungsgebiet durchgeführten Maßnahmen zur Uferrenaturierung kann zusammenfassend festgestellt werden, daß sich vor allem in den ersten 5 Jahren eine positive Bilanz ergab (vgl. NIEHOFF et al. 1991):

Die Gehölze im Mittelwasserbereich des weitestgehend stabilen Uferprofils hatten sich trotz starker Fließkräfte gut entwickelt, der vormals nahezu vegetationsfreie aquatische Bereich wies Bestände standortstypischer Vegetation auf, und die laufenden Kosten der Gewässerunterhaltung lagen bereits 3–4 Jahre nach Abschluß der Maßnahmen unter denen konventionell unterhaltener Strecken. Auch im Hinblick auf die Gewässergüte konnte eine Verbesserung erzielt werden.

Diese aus ökologischer und ökonomischer Sicht positive Tendenz setzte sich insgesamt gesehen bis 1995 fort. Gleichzeitig deuten die Untersuchungsergebnisse auch darauf hin, daß die Ufervegetation zwar einen Teil der Emissionen aus der Landwirtschaft zurückhalten kann, die Breite des Uferstreifens von 5 bis 7 m als Pufferzone für einen optimalen Gewässerschutz jedoch nicht ausreicht. Die ökologische Struktur der Gewässerlandschaft sollte daher durch weitere Renaturierungsmaßnahmen auch in der Gewässeraue verbessert werden.

5. Erarbeitung eines erweiterten Renaturierungsplanes für die Okeraue

Für eine umfassende Renaturierung der Okeraue wurde am Geographischen Institut ein integrierter Maßnahmeplan entwickelt. Zuvor wurde eine umfangreiche Untersuchung und ökologische Bewertung der Gewässeraue nach einer bei NIEHOFF (1996) beschriebenen Methodik durchgeführt.

5.1. Herleitung historischer Landschaftszustände

Für den Bereich des Planungsgebietes liegt als historische Karte das Blatt Wolfenbüttel der KARTE DES LANDES BRAUNSCHWEIG im 18. Jhdt. aus den Jahren 1746–1784 vor[3]. Die Karte weist einen Gewässerbereich aus, in dem der gewundene Flußlauf eine von Grünlandbereichen eingenommene und mit Hecken durchsetzte Auenlandschaft durchfließt. Angaben zu Auewaldrelikten und uferbegleitenden Gehölzen liegen nicht vor. Die heute am östlichen Auerand vorhandenen Altarme waren in historischer Zeit durch einen Graben untereinander und mit der Oker verbunden, sie wurden möglicherweise als Fischteiche genutzt. Auf Höhe von St.km 63,0 wurde die Okeraue durch einen Befestigungswall („Schwedendamm") auf ganzer Breite durchquert. Sehr wahrscheinlich traten durch dieses Bauwerk Einschränkungen der Biotopvernetzung auf, wenn auch sicherlich noch nicht in dem Ausmaß wie durch den heute etwas weiter unterstrom querenden Damm der Autobahn 395 (s. Abb. 7). Der nächstgelegene Abflußmeßpegel mit längerer Beobachtungsdauer ist der 9,1 km oberstrom gelegene Pegel Ohrum. Die seit 1926 dokumentierten Abflußmeßdaten belegen, daß das Abflußregime der Oker bezüglich der Abflußunterschiede und der zeitlichen Lage der mittleren Jahresabflußmaxima und -minima durch den Einfluß der Harztalsperren verändert wird (s.u.).

---

[3] KARTE DES LANDES BRAUNSCHWEIG im 18. Jhdt., Blatt Wolfenbüttel, Maßstab 1 : 4 000 (reprint 1: 25 000).

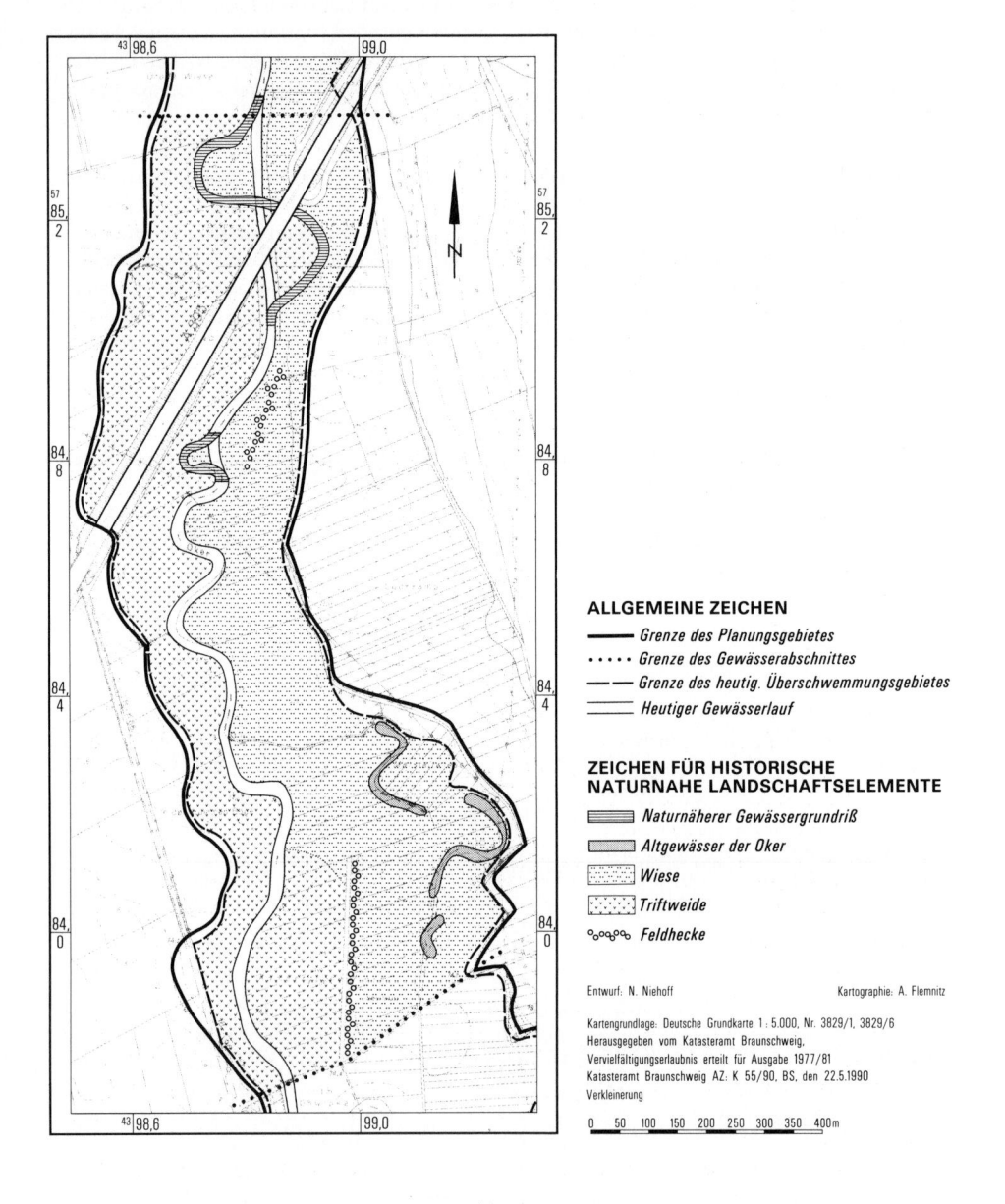

Abb. 7:
Historische Karte der Okeraue nördlich von Wolfenbüttel aus dem 18. Jhdt.
(Quelle: Umzeichnung nach der „KARTE DES LANDES BRAUNSCHWEIG im 18. Jhdt.",
Blatt Wolfenbüttel)
Historical map from the 18 th century of the Oker River meadow north of Wolfenbüttel (Source: Redrawn after „Map of Braunschweig county in the 18 th century", sheet Wolfenbüttel)

5.2. Aufnahme und Bewertung der ökologischen Ausstattung und der anthropogenen Störungen

Im Hinblick auf die aktuell vorhandene ökologische Ausstattung der Okerniederung und ihren Naturschutzwert läßt sich folgendes feststellen:

Sowohl im Gewässernahbereich bis ca. 25 m beiderseits des Flußlaufes als auch in der gewässerferneren Flußaue existieren Relikte auentypischer Lebensräume. So treten zwischen St.km 63,0 und 63,2 in beiden Gewässernahbereichen Auewaldreste auf, nördlich der Autobahn ist zwischen einem Altarm und dem Flußlauf Feuchtgrünland anzutreffen. Die Gewässeraue wird zwar großflächig von der Intensivlandwirtschaft dominiert, jedoch existiert in beiden Auebereichen je ein räumlicher Schwerpunkt mit auetypischen Biotopabfolgen extensiver Nutzungsformen. Aufgrund der großen Hochwasserhäufigkeit von durchschnittlich mehr als 6 Tagen/Jahr, die sogar potentiell die Existenz von Auewald ermöglicht, konnten sich in beiden Auebereichen wertvolle Altgewässer erhalten. Diese werden streckenweise von gut ausgeprägten Ufergehölzen und Röhrichtstreifen gesäumt und sind größtenteils von Feuchtgrünland sowie aufgelassenen Grünlandflächen umgeben. Die genannten Bereiche sind aufgrund ihrer Seltenheit und ihrer typischen Ausprägung als „wertvoll" für den Naturschutz einzuschätzen. Die Intensität der anthropogenen Störungen ist im Planungsgebiet insgesamt als „sehr hoch" zu klassifizieren. Als wichtigste Störungsfaktoren können die Verkehrsnutzung, die Intensivlandwirtschaft, die Harzwasserwirtschaft und die Schadstoffbelastung der Gewässerbettsedimente angesehen werden (vgl. Abb. 8).

Die Trasse der Autobahn 395 durchschneidet die gesamte Gewässerlandschaft auf einer Länge von 900 m diagonal. Hier ist mit der Immission von Luftschadstoffen und erheblichen Störungen der Biotopvernetzung zu rechnen. Im Zuge der Intensivierung der Landwirtschaft wurde das in der Okeraue ehemals vorhandene Niederungsgrünland zu seinem überwiegenden Teil in Intensivackerland umgewandelt. Neben dem Verlust typischer Biotope kommt es zu Eutrophierungen des Flusses und der Stillgewässerbereiche. Die Stoffbelastung der Gewässersedimente mit Schwermetallen ist sowohl im Gewässerbett als auch in den Aueböden und -sedimenten erheblich. So beträgt z.B. die maximale Cd-Konzentration im Aueboden 25 µg/g Trockensubstanz, die maximale Pb-Konzentration im Gewässerbettsediment liegt bei 1.100 µg/g TS. Die Schadstoffanreicherung reicht bis in mehrere Meter Tiefe und ist in ihrer Gesamtheit auf Emissionen der chemischen Industrie und der Buntmetallverhüttung am Harzrand sowie auf moderne und historische Einflüsse des Erzbergbaus im Harz zurückzuführen (vgl. MATSCHULLAT et al. 1991, NIEHOFF et al. 1992).

Die mit Hilfe von Mäanderdurchstichen herbeigeführte Laufverkürzung des Gewässers beträgt gegenüber dem historisch belegten Zustand 17 % und ist somit relativ gering. In Bezug auf das Abflußregime der Oker sind gegenüber den Verhältnissen vor dem Bau der Harztalsperren folgende Veränderungen festzustellen: Während das Verhältnis des mittleren Hochwasserabflusses zum mittleren Niedrigwasserabfluß (MHQ : MNQ) vor dem Talsperrenbau (Inbetriebnahme der Okertalsperre 1956) für den Meßzeitraum 1926–1955 ca. 41 : 1 betrug, kann es für den Zeitraum von 1956–1989 mit 17 : 1 angegeben werden[4]. Das Maximum des durchschnittlichen monatlichen Abflusses liegt zwar nach wie vor im

---

[4] Quelle: Eigene Berechnungen nach Angaben aus: DEUTSCHES GEWÄSSERKUNDLICHES JAHRBUCH, Abflußjahre 1959 u. 1989.

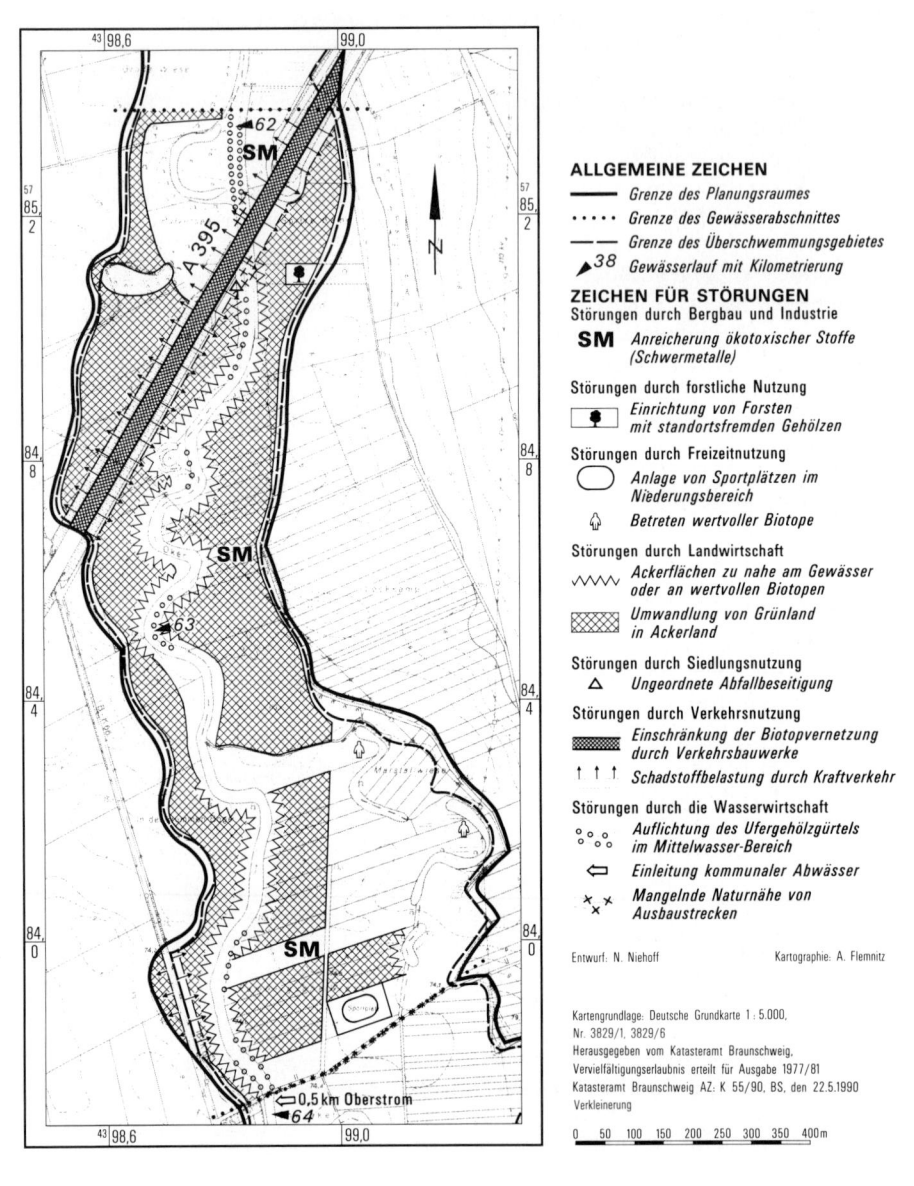

Abb. 8:
Okeraue nördlich von Wolfenbüttel; Karte der Störungsfaktoren
Oker River meadow north of Wolfenbüttel; map of the anthropogenic influences

Abb. 9:
Okeraue nördlich von Wolfenbüttel; Karte der geplanten Renaturierungsmaßnahmen
Oker River meadow north of Wolfenbüttel; map of the planned remediation measures

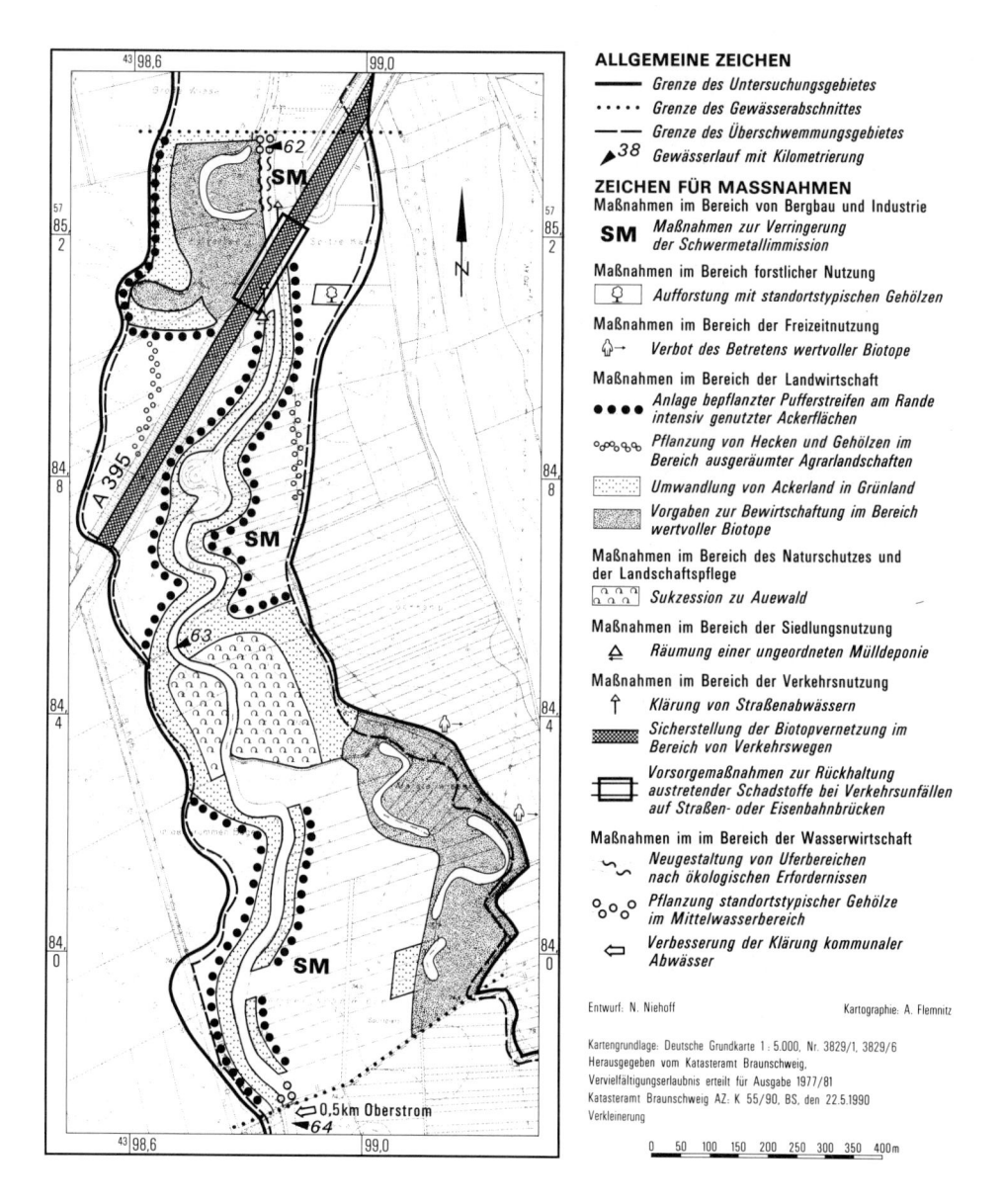

Januar, jedoch verschob sich das durchschnittliche monatliche Abflußminimum nach dem Talsperrenbau vom Juli in den November. Durch die zwischen dem Pegel Ohrum und dem Planungsgebiet einmündende Altenau ist mit einer gewissen Abschwächung des Einflusses der Harztalsperren zu rechnen.

5.3. Maßnahmeplan zur Renaturierung der Okeraue

Aufbauend auf den bisher nur am Ufer durchgeführten Maßnahmen wird ein erweiterter Renaturierungsplan für die Okeraue auf ihrer ganzen Breite vorgeschlagen. Er ist als gewässerökologisches Entwicklungsziel („integriertes Leitbild" i.S.v. DVWK 1996) anzusehen. In einem pragmatischen Ansatz werden sowohl die Belange des Gewässer- und Naturschutzes als auch der vorhandenen Nutzungsansprüche berücksichtigt.

Die geplante Auenrenaturierung sieht zunächst den Schutz der noch vorhandenen naturnahen Landschaftselemente (u.a. wertvolle Altarmbereiche) als Regenerationszellen für die weitere Entwicklung vor. Er beinhaltet weiterhin eine Vitalisierung der weitgehend ausgeräumten Gewässeraue durch ein räumliches Nebeneinander unterschiedlicher Stufen der Nutzungsintensität. Dieses und die geplante Begründung biotopverbindender Gehölzbestände soll zusätzlich zu den renaturierten Uferbereichen zur Verbesserung der Biotopvernetzung und Erhöhung der ökologischen Stabilität in der Okeraue beitragen.

Literatur

AKADEMIE FÜR NATURSCHUTZ UND LANDSCHAFTSPFLEGE (ANL) (1991): Begriffe aus Ökologie, Umweltschutz und Landnutzung. Inform. d. ANL, 4: 125 S.
ANSELM, R. (1990): Gestaltung und Wirkung der Uferstreifen aus gewässerkundlicher und wasserbaulicher Sicht. DVWK-Schr., 90: 1–54.
BRAUN-BLANQUET, J. (1964): Pflanzensoziologie. Wien, 865 S.
BREMER, H. (1959): Flußerosion an der oberen Weser. – Gött. Geogr. Abh., 22.
DAHL, H.-J. & U. SCHLÜTER (1983): Versuchsstrecke Oberaller. Neun Jahre Versuchsstrecke für ingenieurbiologische Ufersicherungsmaßnahmen in der Oberaller bei Gifhorn; Erfahrungsbericht. Inform.-Dienst Natursch., 3/4: 15 S.
DEUTSCHER VERBAND FÜR WASSERWIRTSCHAFT UND KULTURBAU (DVWK) (1984): Ökologische Aspekte bei Ausbau und Unterhaltung von Fließgewässern. DVWK-Merkbl., 204: 188 S.
–,– (1990): Uferstreifen an Fließgewässern. DVWK-Schr., 90: 345 S.
–,– (1996): Fluß und Landschaft – Ökologische Entwicklungskonzepte. Ergebnisse des Verbundforschungsvorhabens „Modellhafte Erarbeitung ökologisch begründeter Sanierungskonzepte für kleine Fließgewässer". DVWK-Merkbl., 220: 283 S.
DEUTSCHES GEWÄSSERKUNDLICHES JAHRBUCH, Weser- und Emsgebiet Abflußjahr 1959. Herausgegeben vom Niedersächsischen Ministerium für Ernährung, Landwirtschaft und Forsten; Hannover, 164 S.
–,– Abflußjahr 1989. Herausgegeben vom Niedersächsischen Landesamt für Ökologie; Hildesheim, 319 S.
ELLENBERG, H.; WEBER, H.E.; DÜLL, R. et al. (1992): Zeigerwerte von Pflanzen in Mitteleuropa. Scripta Geobot., XVIII: 248 S.
GOLL, A.(1990): Naturnahe Umgestaltung von kleinen Fließgewässern. LÖLF-Mitt., 2: 24–29.
JEDICKE, E. (1990): Biotopverbund. Grundlagen und Maßnahmen einer neuen Naturschutzstrategie. Stuttgart, 255 S.
KARTE DES LANDES BRAUNSCHWEIG im 18. Jhdt., Bl. Wolfenbüttel; zusammengestellt nach Feldrissen der Generallandesvermessung von 1746–1784 im Originalmaßstab 1: 4 000.– Neuausg. Hist. Komm. Nieders., M. 1 : 25 000, Wolfenbüttel 1957.
KAULE, G. (1991): Arten- und Biotopschutz. Stuttgart, 519 S.

KERN, K. (1994): Grundlagen naturnaher Gewässergestaltung. Geomorphologische Entwicklung von Fließgewässern. Heidelberg, 256 S.

KORNECK, D. & H. SUKOPP (1988): Rote Liste der in der Bundesrepublik Deutschland ausgestorbenen, verschollenen und gefährdeten Farn- und Blütenpflanzen und ihre Auswertung für den Arten- und Biotopschutz. – Schriftenr. Vegetationskd., 19: 210 S.

KUMMERT, R. & W. STUMM (1987): Gewässer als Ökosysteme. Grundlagen des Gewässerschutzes. Zürich, 242 S.

LÄNDERARBEITSGEMEINSCHAFT WASSER (LAWA) (1993): Die Gewässerstrukturgütekarte der Bundesrepublik Deutschland. Teil 1, Verfahrensentwurf für kleine und mittelgroße Fließgewässer in der freien Landschaft. – Als Manuskript vervielfältigt und zur Erprobung freigegeben von der LAWA, o.O.A., 28 S.

LANGE, G. & K. LECHER (1986): Gewässerregelung, Gewässerpflege. Naturnaher Ausbau und Unterhaltung von Fließgewässern. Hamburg, 288 S.

MATSCHULLAT, J.; NIEHOFF, N. & K.-H. PÖRTGE (1991): Zur Element-Dispersion an Flußsedimenten der Oker (Niedersachsen); röntgenfluoreszenz-spektrometrische Untersuchungen.- Mitt. Dt. Geol. Ges., 142: 339–349.

MEINARDUS, W. (1928): Der Kreislauf des Wassers. – Festrede im Namen der Georg-August-Universität zur Jahresfeier der Universität am 1. Juni 1927 gehalten von Wilhelm Meinardus.- Göttingen.

MENSCHING, H. (1950): Schotterfluren und Talauen im Niedersächsischen Bergland. – Gött. Geogr. Abh., 4.

MOLDE, P. (1991): Aktuelle und jungholozäne fluviale Geomorphodynamik im Einzugsgebiet des Wendebaches (Südniedersachsen). Gött. Geogr. Abh., 94: 107 S.

MORTENSEN, H. (1943): Zur Theorie der Flußerosion. – Gött. Geogr. Einzelstudien 3, Nachr. d. Akad. d. Wiss. in Göttingen, Math.-phys. Klasse, Jg. 1943, S. 35–56.

–,– & J. HÖVERMANN (1957): Filmaufnahmen von Schotterbewegungen im Wildbach. – Peterm. Geogr. Mitt., Erg. Heft 202: 43–52.

NIEHOFF, N. (1996): Ökologische Bewertung von Fließgewässerlandschaften. Grundlage für Renaturierung und Sanierung. Heidelberg, 330 S.

–,–; PÖRTGE, K.-H. & B. LAMBERTZ (1991): Beispiele zur ökologisch orientierten Ufergestaltung an Versuchsstrecken der Mittleren Oker. Zeitschr. Kulturtechn. Landentwicklg., 33: 1–33.

–,–; MATSCHULLAT, J. & K.-H. PÖRTGE (1992): Bronzezeitlicher Bergbau im Harz? – Ber. Denkmalpfl. Nieders., 1: 12–14.

OTTO, A. & U. BRAUKMANN (1983): Gewässertypologie im ländlichen Raum. Schr.-Reihe Bundesmin. Ern., Landw. u. Forsten, R. A: Angew. Wiss., 288: 1–61.

PÖRTGE, K.-H. & J. HAGEDORN [Hrsg.] (1989): Beiträge zur aktuellen fluvialen Morphodynamik. Gött. Geogr. Abh., 86: 143 S.

PRETZSCH, K. (1994): Spätpleistozäne und holozäne Ablagerungen als Indikatoren der fluvialen Morphodynamik im Bereich der mittleren Leine. Gött. Geogr. Abh., 99: 111 S.

ROTHER, N. (1989): Holozäne fluviale Morphodynamik im Ilmetal und an der Nordostabdachung des Sollings (Südniedersachsen). Gött. Geogr. Abh., 87: 104 S.

STAATLICHES AMT FÜR WASSER UND ABFALL (StAWA) BRAUNSCHWEIG (1995): Gewässergütebericht, Ergänzungen 1994. Braunschweig, 167 S.

THOMAS, J. (1993): Untersuchungen zur holozänen fluvialen Geomorphodynamik an des oberen Weser. Gött. Geogr. Abh., 98: 111 S.

GERHARD GEROLD

Bodendifferenzierung, Bodenqualität und Nährstoffumsatz in ihrer Bedeutung für die Waldrehabilitation und landwirtschaftliche Nutzung in der Ostregion der Elfenbeinküste

Zusammenfassung: Die Regenwaldgebiete in Westafrika haben mit der Nutzungsintensivierung durch Holzexploitation und massiver Ausdehnung der Landnutzungsfläche durch Familienbetriebe (Kaffee u. Kakao seit 1960) eine schnelle Zerstörung und Reduktion erfahren. Von ca. 160.000 km^2 (50% der Landesfläche) ging der Anteil der Wälder auf 2,5 Mio. ha (8% der Landesfläche) zurück. Im Rahmen eines Pilotprojektes zur „Waldrehabilitation in der Ostregion der Côte d'Ivoire" begannen 1992 Untersuchungen zur Bodendifferenzierung und Bodenqualität in den „forêts classées" und der angrenzenden landwirtschaftlichen Pufferzone. – In der flach zertalten Rumpffläche sind typische Hangcatenen mit der Abfolge von Plinthosols/Ferralsols, Cambisols/Acrisols, Arenosols und Gleysols (n. FAO) vom Höhenrücken bis zum Talboden verbreitet. Bei grundsätzlich ähnlicher Toposequenz bedingt regionalspezifisch Hangneigung, Substratalter und Bodenfeuchteregime eine unterschiedliche Dominanz der Leitbodentypen und vor allem ihre bodenchemische Qualität. Die Bodenfruchtbarkeit verschlechtert sich daher vom FC Bossematié (FCB), FC Béki über FC Mabi zum FC Songan zunehmend (pH-Niveau, Abnahme der Ak$_{eff.}$, Abnahme der austauschbaren Basen, Zunahme der Al-Sättigung). Die Anzahl der Bodeneinheiten mit schlechter Basenversorgung nimmt in der Abfolge FCB, Béki, Mabi und Songan ständig zu. In allen forêts classées gehören die Arenosols, z.T. die Gleysols bzw. stagnic Gleysols zu den schlechtesten Böden. Berücksichtigt man bei den Böden die bodenchemischen und bodenphysikalischen Einschränkungen (Staunässe, Skelettgehalt, Plinthit), so ergibt sich eine klare Abstufung der Bodentypen nach ihrer Nährstoffverfügbarkeit:

Cambisol >> Ferralsol > Plinthosol > Arenosol > Gleysol

Bei stark degradierten Waldbeständen wie im FC Béki ist im Vergleich zum FCB bei gleichen Bodeneinheiten ein deutlicher Rückgang des Humusgehaltes und damit Verschlechterung der Nährstoffverfügbarkeit gegeben.

Bei einer Bewertung der Bodenqualität für anspruchsvolle Wertholzarten (Bezug Nährstoffansprüche *Tectona grandis*) nehmen die unzureichend ausgestatteten Bodenparameter entsprechend des N-S-Niederschlagsgradienten vom FC Bossematié (gute pedoökologische Wuchsbedingungen) bis zum FC Songan hin deutlich zu (keine Bodeneinheit ohne wuchslimitierende Parameter). Eine Störung des in Teilen intakten Waldökosystems (Holzexploitation, Brandrodung) dürfte im FC Mabi und FC Songan zu einer hohen Degradationsgefährdung führen.

Auf der Grundlage erster Ergebnisse zum Wasser- und Nährstoffumsatz einer Kakaoplantage im Vergleich mit dem naturnahen Regenwaldökosystem des FCB kann mit den fortlaufenden Untersuchungen zur Wasser- und Nährstoffbilanz die Frage einer zukünftigen nachhaltigen forstlichen Nutzung beantwortet werden. Vorläufige externe Nährstoffbilanzen (1995/96) auf der Grundlage der Nährstoffkonzentrationen zeigen, daß kritische Nährelemente unter Berücksichtigung der dargestellten Differenzierung der Bodenqualitäten für Mg und P gegeben sind. Die Ca-Bilanz ist vom Witterungsverlauf der einzelnen Jahre stark abhängig, wobei der Harmattan mit dem Staubeintrag in den nördlichen Regenwaldschutzgebieten einen wesentlichen Nährstoffinput liefert. Gegenüber dem Waldstandort sind die Nährstoffverluste mit dem Sickerwasser in der Kakaoplantage bei sogar höheren Nährelementkonzentrationen in der Bodenlösung (95 cm) auf wesentlich höhere Sickerwasserverluste zurückzuführen. Die Nutzungsstabilität in der Ostregion der Côte d'Ivoire hängt damit vom Erhalt einer positiven bzw. ausgeglichenen Nährstoffbilanz ab.

[Soil differentiation, soil quality and nutrient turnover with respect to their significance for forest rehabilitation and land use in the eastern region of Ivory Coast]

Summary: *Due to the expansion of agricultural areas (higher number of family run farms) and the increasing exploitation of timber the rain forests of West Africa show a rapid reduction and destruction. At the beginning of this century, the forest areas exceeded 50% of the Ivory Coast, approx. 160.000 km². Within a GTZ- project called: „Forest rehabilitation and forest management in the eastern region of the Ivory Coast" (since 1989/90 SODE-FOR/KfW/GTZ), research started in 1992 to determine soil differentiation and soil quality in the state forests and the surrounding agricultural buffer zones. On the shallow dissected peneplains, typical soil catenas with Leptosols, Ferralsols, Cambisols, Arenosols and Gleysols (FAO) are distributed from the top to the valley bottom. Due to the slope inclination, the age of the weathered material and the soil moisture, the frequency of the main soil types and their soil quality differs even when the main toposequences are similar. Classifying the FC Bossematié (FCB), the FC Béki, the FC Mabi and the FC Songan the soil fertility (pH-value, decreasing $EC_{eff.}$, decreasing exchangeable bases, increasing Al-saturation) is getting worser and worser. The number of the soil associations with a bad saturation increases steadily in the following sequence: FCB, Béki, Mabi and Songan. In all „forêts classées" the Arenosols and some Gleysols, stagnic Gleysols respectively, are part of the poorest soils. Considering the chemical and physical soil limitations (high skeleton values, stagnic soil water) the following sequence of the soils, according to the availability of the nutrients, can be figured out:*

$$Cambisol \gg Ferralsol > Plinthosol > Arenosol > Gleysol$$

Comparing highly degraded forests (like the FC Béki for example) with the FCB an obvious decrease of the humus content and therefore a worsening of the availability of the nutrients can be shown. Carrying out an evaluation of the soil quality concerning demanding timber species (Tectona grandis) the unsatisfying soil parameters increase obviously according to the N-S precipitatiopn gradient from the FCB (good pedo-ecological growing conditions) to the FC Songan (no soil association without limiting growth parameter). A destruction of the forest- ecosystem, which is at least in some parts intact, could lead in the FC Mabi and FC Songan to a high endangering of degradation.

Based on the latest results of the water- and nutrient-cycle of a cocoa plantation in comparision to the rain forest ecosystem of the FCB (good condition) the question of a sustainable forest use in future can be figured out according to the ongoing investigations of the water- and nutrient- balance. Temporary external nutrient balances (95/96), based on nutrient concentrations, show that Mg and P have to be classified as critical nutrients, under the consideration of the explained differenciation of the soil quality. The Ca- balance depends highly on the weather of the year, especially on the Harmattan events. This wind can transport dust in large amounts to the nothern parts of the rain forest areas and has a high influence on the quality and quantity of the nutrient input.

1. Einführung

Die Regenwaldgebiete in Westafrika haben mit der Nutzungsintensivierung durch Holzexploitation und massiver Ausdehnung der Landnutzungsfläche durch Familienbetriebe und Plantagenwirtschaft (Kaffee und Kakao) eine schnelle Zerstörung und Reduktion erfahren. Noch zu Beginn dieses Jahrhunderts nahmen die Wälder in der Elfenbeinküste 50% der Landfläche ein, ca. 160.000 km^2. Aufgrund des Bevölkerungswachstums von etwa 1,8 Mio. Einwohnern 1920 auf 8 Millionen 1985 und geschätzte 14 Mio. im Jahre 2000 und der extensiven Nutzungsweise ging der Anteil der Wälder auf 2,5 Mio ha (8% der Landfläche) zurück (n. BALLÉ et al. 1992, WIESE 1988). Das Agrarsystem beruhte mit auf der Vorstellung einer ubiquitären Verfügbarkeit von Wald und Arbeitskräften (s. SCHROTH 1992).

Frühe Versuche, Regenwaldbestände in Form von Staatswäldern (FCs) seit den zwanziger Jahren zu erhalten, konnte die Walddegradation nur verzögern. Zahlreiche inselhaft vorkommende Staatswälder sind mehrfach durch Holzexploitation degradiert, z.T. in Plantagenwirtschaft oder in Sekundärwald- und -buschflächen überführt. Einzige Natur-waldreserven stellen heute neben dem Tai-Nationalpark die Staatswälder (FCs) im Osten der Elfenbeinküste dar. Verwaltung und Bewirtschaftung der Forêts Classées in der Elfenbeinküste unterstehen seit 1992 vollständig der SODEFOR („Société de développement des plantations forestiéres"), die sich nach dem Dekret 78–231 um eine nachhaltige forstwirtschaftliche Bewirtschaftung und Rehabilitierung kümmern muß (s. WÖLL 1993). Im Rahmen eines Pilotprojektes zur „Waldrehabilitation in der Ostregion der Côte d'Ivoire" (seit 1989/90 SODEFOR/KfW/GTZ) wurde 1992 mit Untersuchungen zur Bodendifferenzierung und Bodenqualität in den Forêts Classées und der angrenzenden landwirtschaftlichen Pufferzone begonnen. Das Hauptziel des Entwicklungsprojektes besteht darin, ein für alle Wälder der Ostregion übertragbares Konzept zu Rehabilitierung und naturnahen Waldbewirtschaftung zu entwickeln und durchzuführen. In der ersten Pilotphase (3 Jahre) wurden die Maßnahmen und Untersuchungen auf den Staatswald FCB in 6,5° n. Br. (s. Abb. 2) konzentriert (s.WÖLL 1993). Im Sinne der Waldrehabilitation, der geplanten Nachhaltigkeit der Waldnutzung und der Entwicklung und Ausweisung von Waldschutzgebieten für Flora und Fauna (reserve écologique) wurde ein Programm der „ökologischen Begleitmaßnahmen" entwickelt (s. MÜHLENBERG et. al. 1993), dessen Ziele die Erstellung eines Standardmonitorings mit Ausweisung von langfristig erfaßbaren Indikatoren zur Bewertung der „nachhaltigen Tropenwaldbewirtschaftung" auf das Ökosystem Regenwald in der Côte d'Ivoire mit umfaßt.

Dabei wird davon ausgegangen, daß eine erfolgreiche Waldrehabilitierung an den Lebensbedingungen der Tierarten in einem naturnahen Wald beurteilt werden kann, und sich die ökologischen Regelkreisläufe (Boden-Pflanze-Tierinteraktionen) mit den Management- und Schutzmaßnahmen erfogreich entwickeln. Dies setzt indirekt voraus, daß die abiotischen Umweltbedingungen aufgrund der vorherigen Waldnutzung und -zerstörung (z.B. unkontrollierter Holzeinschlag, Brandrodung) nicht irreversibel geschädigt oder soweit verändert wurden, daß eine Regeneration der Stoffumsätze (Bioelementkreislauf) nur eingeschränkt möglich ist (z.B. Bodendegradation, Zunahme edaphischer Aridität, spezifischer Nährstoffmangel).

Zu den allgemeinen positiven Wirkungen einer Waldrehabilitierung gehören daher neben der Erfassung der biologischen Diversität (Flora und Fauna) und des forstlichen Ertragspotentials (einschließlich Waldnebenprodukte) auch Parameter zur Erfassung und Bewertung von Bodenpotentialveränderungen und Veränderungen im Wasserhaushalt. In das Parametermonitoring wurden daher diese Bereiche mit hineingenommen.

Im Rahmen des Pilotprojektes von GTZ/SODEFOR über „Programme d'Aménagement des forêts classées de l'Est et de Protection de la Nature (Tai)" erfolgten innerhalb des

Ökologischen Begleitprogrammes seit 1992 Untersuchungen zur Bodendifferenzierung und Bodenqualität. Die Untersuchungen werden seit 1995 mit dem Schwerpunkt der vergleichenden Erfassung der Wasserbilanz und des Nährstoffumsatzes zwischen Wald- und Nutzungssystem (Kakaoplantage) im FCB verstärkt fortgeführt.

Die Bodenuntersuchungen unterstützen die Hauptziele der Rehabilitierung der letzten staatlich geschützten Waldgebiete in der Elfenbeinküste (forts classées) durch:

- Kenntnisse der Zusammenhänge von Klima-, Vegetations-, Relief- und Bodendifferenzierung zur Ableitung methodischer Kriterien der zeitsparenden Erfassung der flächenhaften Bodendifferenzierung und Bodenqualität.
- Erfassung und Bewertung der Bodenqualität im Hinblick auf Naturverjüngung und limitierende Bodenparameter für Wuchsleistung und Aufforstungsmaßnahmen.
- Ableitung pedo-ökologischer Kriterien zur Unterstützung der Ausweisung von Schutzzonen (réserve biologique) und Aufstellung des forstlichen Bewirtschaftungsplanes (plan d'aménagement).
- Bodennährstoffvorrat und Bodennährstoffverfügbarkeit in Zusammenhang mit Durchwurzelbarkeit und Bodenwasserversorgung stellen wesentliche Teilbereiche des Bioelementkreislaufs dar, der die langfristige Nutzungsstabilität (Nährtstoffexport durch Holzentnahme nachhaltig?) mit bestimmt.

Die Untersuchungen zielen daher darauf ab, abiotische Mangelfaktoren zu bestimmen und durch den Vergleich von geschlossenem Sekundärwald und eines typischen Nutzungssystems (Kakaoplantage) im FCB auf dem Hauptbodentyp Ferralsol ökologische Indikatoren der Auswirkungen einer Waldumwandlung in ein Plantagensystem abzuleiten (Boden und Wasser). Ferner können langfristig quantitative Erkenntnisse über Maßnahmen zur Nutzungsstabilität in der landwirtschaftlichen Pufferzone abgeleitet werden (Nachhaltigkeit durch ausgeglichene Nährstoffbilanz). Die bisherigen Untersuchungen zur Bodenqualität ermöglichen durch den relativen Vergleich eine Einschätzung der Varianz der Nährstoffversorgung und möglicher wuchslimitierender Parameter. Durch zukünftige Vergleichsstudien zum Nährstoffinput und Nährstoffaustrag (Tiefsickerung) in weiteren Schutzwäldern (forêts classées) unter bezug auf die Referenzstationen des FCB soll der Nährstoffumsatz und kritische Mangelelemente bewertet werden. Die Varianz der Habitatqualität ergibt sich dabei vor allem aus der ökologischen regionalen Differenzierung nach Klima-/Vegetationsregion, Waldstruktur, Bodenqualität und Degradationsstadium.

Die bisherigen Ergebnisse stützen sich vor allem auf Untersuchungen zur Bodendifferenzierung und Bodenqualität im FCB (1992 u. 1993), im FC Mabi (1994), im FC Béki (1995) und FC Songan (1996) sowie erste Messungen zu Wasser- und Nährstoffumsatz im FCB (1993 Regenzeit) und laufende Messungen seit 1995 (komplexe Meßstationen im FCB) (s. LITERATUR).

2. Naturräumliche Einordnung der Untersuchungsgebiete

Die Schutzwälder der Ostregion der Côte d'Ivoire befinden sich zwischen 6° n. Br. und 6°30n.Br. in den Inneren Tropen mit einem Wechsel von Regen- und Trockenzeit (Aw-Klima nach Köppen). Die Niederschläge sind bimodal verteilt, mit der großen Regenzeit von März bis Juli und einer großen Trockenzeit von November bis Februar. Im August gehen die Niederschläge deutlich zurück, so daß seitens der klimatischen Wasserbilanz ein arider Monat gegeben ist („kleine Trockenzeit"). Zwischen den südlichen und nördlichen FCs existiert daher ein ausgesprochener Niederschlagsgradient. Die mittleren Jahresniederschläge nehmen z.B. vom FC Songan (Bettie, 12 Jahre) mit 1420 mm auf 1330 mm in Abengourou (10 Jahre, FC Béki) ab. Dabei ist weniger die absolute Höhe als die jährliche Variabilität und der Wasserüberschuß zur Überbrückung der kleinen Trockenzeit für die wasserhaushaltlichen Unterschiede entscheidend. So beträgt die Schwankung der jährlichen Niederschläge in Bettie 979 – 1672 mm (1976–1991) und in Abengourou 723–1415 mm (1978–1987). Während in Abengourou meist der August und auch der April nach der klimatischen Wasserbilanz zusätzlich arid sind, konzentriert sich die aride Zeit in Bettie allein auf November bis Februar. Da außerhalb der großen Trockenzeit die mittleren Monatsniederschläge zwischen 130 und 250 mm liegen, kann der August über den Bodenwasserspeicher für die ombrophile Vegetation gut überbrückt werden. In Trockenjahren kann die kleine Trockenzeit bei Abengourou auch von Juli bis September reichen.

Die nördlichen Regenwälder gehören damit zu den feuchten und trockenen halbimmergrünen Regenwäldern (forêt semi-décidue) mit *Celtis spp.* und *Triplochiton scleroxylon* (Béki, nördl. Teil des FCB) und der feuchteren Variante mit *Nesorgordonia papaverifera* und *Khaja ivorensis* im Südteil des FCB. Diese Waldassoziation leitet über nach Süden zu den immergrünen Regenwaldformationen (forêt sempervirente) mit den Leitarten *Eremopatha macrocarpa* und *Diospyros mannii.*

Die geologischen Verhältnisse und das Ausgangsgestein der Bodenbildung sind insgesamt sehr homogen. Das Gebiet gehört zu den Flyschformationen der Eburneen-Orogenese (flysch eburneen), mit vorherrschenden Schiefer-, Glimmerschiefer- und Grauwackengesteinen. Zahlreiche Quarzgänge wurden während der flächenhaften Abtragung (Rumpfflächenentwicklung in Westafrika) angeschnitten, so daß sie Liefergebiete für die weit verbreiteten Quarzschutt- und -geröllanteile im Substrat sind. Markante Bergkuppen werden durch freigelegte granitische Intrusionen gebildet (Granit und Granodiorit), die jedoch flächenmäßig in den untersuchten FCs keine Bedeutung haben. Oberflächennah steht mit Ausnahme der Quarzgänge vom Ausgangsgestein aufgrund der langen, intensiven Verwitterung nichts mehr an. Das Ausgangssubstrat der Bodenbildung wird daher von den Verwitterungsresiduen der Schiefergesteine und Grauwacken (Ton, Glimmer, Fe- und Al-oxide) sowie Quarzschutt und Konkretionsschutt (Umlagerung des Saproliths, sesquioxidreiches pisolithisches Material) gebildet. Aufgrund der Reliefentwicklung sind mehrfach Phasen verstärkter Bodenerosion/Bodenumlagerung im Wechsel mit Bodenbildungsphasen aufgetreten, so daß auf der flach zertalten Rumpffläche heute polygenetische Bodenserien anzutreffen sind (Pedimentschutt, Kolluvial- u. Alluvialsedimente und hill-wash-Sedimente). Durch die intensive tropische Verwitterung sind die Böden tiefgründig und je nach Vegetationsbedeckung und Klimaregion unterschiedlich stark an Nährstoffen verarmt. Die vorherrschende Bodeneinheit ist durch Sesquioxidkonkretionen (Fe, Al) rötlich gefärbt und zeigt eine ferrallitische Bodenentwicklung. Der Nährstoffgehalt der Böden ist daher entscheidend von der Speicherfähigkeit in Relation zu Ausgangssubstrat, Bodentyp und Humusgehalt sowie über den Nährstoffumsatz von Niederschlags- und Littereintrag abhängig.

Da sich die Ausgangssubstrate, jüngere Bodenentwicklung und Reliefverhältnisse zwischen den FCs nicht wesentlich unterscheiden, kann mit den Bodenaufnahmen folgende Hypothese verifiziert werden:

Bodenqualität und Nährstoffversorgung unterscheiden sich bei ähnlichem Vegetationszustand (geschlossener Rest-/Sekundärwald) deutlich zwischen Nord und Süd (halbimmergrüner u. immergrüner Regenwaldtyp), die Empfindlichkeit des Waldökosystems seitens der Bodennährstoffe nimmt nach Süden hin zu.

In Abhängigkeit von der Relieflage sind ähnliche Bodencatenen verbreitet, die Varianz der Bodenqualität innerhalb eines FCs überprägt daher die klimaregionalen Unterschiede.

Nach dem französischen Klassifikationssystem (ORSTOM, AUBERT 1966) zeigt die großräumige Bodendifferenzierung die Abfolge von ferrallitischen Böden sehr geringer Basensättigung im Süden (z.B. FC Songan) bis zu ferrallitischen Böden mit relativ hoher Basensättigung (40–70%) und Austauschkapazität (2–8 mval/100g austauschbare Basen im Norden). Die Regenwaldschutzgebiete in der Ostregion der Côte d'Ivoire liegen verteilt in verschiedenen Klima-, Vegetations- und Bodenregionen und besitzen daher neben der reliefabhängigen Bodendifferenzierung (s. Abb. 1) eine Tendenz zunehmender Abnahme der Bodenfruchtbarkeit hin zu den „sols ferrallitiques fortement désaturés" (s. Abb. 2). Die Untersuchungsgebiete ("forêts classées") gehören danach im Norden (FC Béki u. FCB) zu der „association des sols ferrallitiques moyennement désaturées" und im Süden (FC Mabi u. Songan) zu der „association des sols très désaturées" (s. Abb. 3 u. 4). Wie gezeigt wird, bedingt die regionale Differenzierung über die Bodencatenen jedoch deutliche Bodenfruchtbarkeitsunterschiede auch innerhalb einer Klimaregion.

Die Schutzwälder wurden überwiegend in den Wasserscheidenbereichen angelegt, von denen dendritisch ein dichtes Gewässernetz mit Muldentälern nach außen zu den Hauptflüssen hin entwässert. Aufgrund der Zertalung setzt sich das Relief vor allem aus Berg- und Hügelkuppen, eine flach zertalte Rumpffläche (flachwellige Höhenrücken) und ältere bis jüngere Terrassen und Talböden mit kolluvialen und alluvialen Sedimenten zusammen. In allen FCs ist daher die kleinräumige Reliefdifferenzierung in Restflächen und Rücken, Talursprungsmulden, steilere Oberhänge und Flachhangbereiche mit hill-wash-Sedimenten, Talsohlen und Talweitungen (bas-fonds) mit kiesig-sandigem Material maßgebend. Je nach Entfernung zum Hauptvorfluter (wie Comoe) sind die Reliefierung und damit die vorherrschenden Hangneigungen unterschiedlich. Hier unterscheiden sich vor allem FCB und FC Béki mit vorherrschenden flachen Hängen (unter 8°) und den steileren Hängen im FC Mabi und FC Songan (über 10°). Für die kleinräumige Bodendifferenzierung hat dies erheblichen Einfluß.

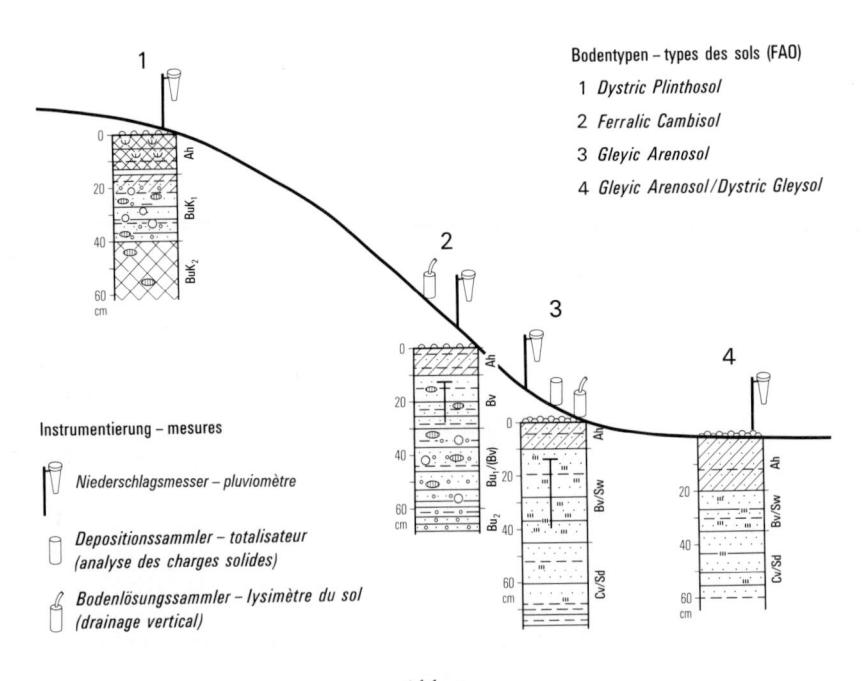

Abb. 1:
Bodencatena im FCB – layon 20
Soil catena in the FCB – layon 20

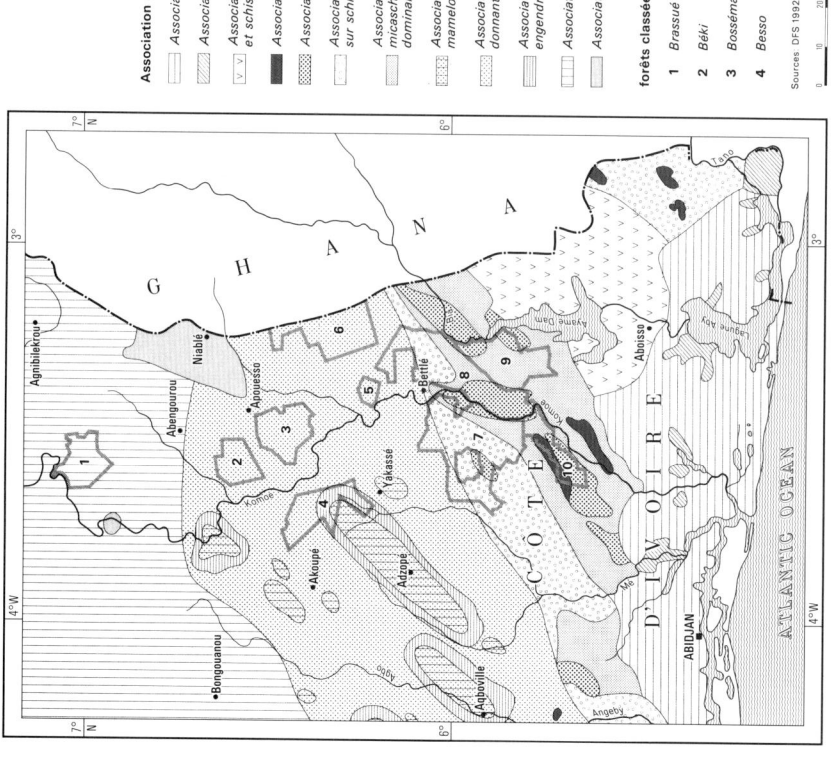

Association des sols du Sud-Est

- Association des sols ferrallitiques très désaturés sur sables tertiaires
- Association des sols de bas-fonds et vallées inclus dans les sables tertiaires
- Association des sols ferrallitiques très désaturés sur granodiorites et schistes à amphibole et pyroxène
- Association des sols sur roches basiques et ultra basiques
- Association des sols ferrallitiques très désaturés sur cristallin leucocrate
- Association des sols ferrallitiques très désaturés, à drainage assez médiocre le plus souvent, sur schistes peu métamorphiques sous-tendant des reliefs mous
- Association des sols ferrallitiques très désaturés sur schistes peu métamorphiques et sur micaschistes engendrant les paysages vallonnés à reliefs courts et vigoureux; dominance des sols bien drainés sur pentes et croupes; bas-fonds étroits
- Association des sols ferrallitiques moyennement désaturés sur granite; mamelons aux pentes convexes menant à de larges bas-fonds
- Association des sols ferrallitiques moyennement désaturés sur schistes ou micaschistes, donnant des paysages vallonnés avec bas-fonds encore importants
- Association des sols ferrallitiques moyennement lessivés sur schistes ou micaschistes engendrant des reliefs vigoureux à bas-fonds étroits
- Association des sols faiblement ferrallitiques sur schistes ou micaschistes
- Association des sols faiblement ferrallitiques sur granite

forêts classées de l'Est

1. Brassué
2. Béki
3. Bossématié
4. Besso
5. Manzan
6. Diambarakro
7. Mabi
8. Songan
9. Tamin
10. Yaya

Sources DFS 1992, Bouet 1977

Abb. 2:
Bodendifferenzierung (n. Orstom) und Waldschutzgebiete
Soil differentiation (Orstom) and forest protection areas

Chemische Parameter der Bodenleitprofile im FCB											
Tiefe	Hori-zont	pH	C	C/N	Austauschbare Nährstoffe (mmol IA/100g)						V-Wert %	Al % AK$_{eff.}$
cm		KCl	%		Ca	Mg	K	Na	Al	H	AK$_{eff.}$		
0-15	A$_h$	7,2	4,4	9,2	39,9	4,1	0,5	0,1	0,1	0,18	44,8	99	0
15-40	B$_{uk1}$	5,1	0,9	10,6	3,7	0,7	0,2	0,1	0,0	0,24	4,9	95	0
40+	B$_{uk2}$	4,1	0,8	10,7	2,0	1,5	0,3	0,2	1,0	0,25	5,1	76	19

Bodenphysikalische Parameter der Bodenleitprofile im FCB												
Tiefe	Hori-zont	Boden-art	LD	Skelett	gS	mS	fS	gU	mU	fU	Ton	nFK	DWI	nFKWe	AgSt
cm			g/cm³	Gew.-%	Gew.-%							mm	FW/dm²	mm	Feld
0-15	A$_h$	Ts2	1,2	3,5	4,8	14,9	16,2	21,2	11,0	9,5	22,4	25,6	W6	49,2	hoch
15-40	B$_{uk1}$	Lts	1,4	72,7	18,6	16,4	14,1	17,1	5,3	3,8	24,7	4,3	W3		gering
40+	B$_{uk2}$	Ts2	1,8	66,6	13,3	9,3	7,8	5,2	4,3	0,9	59,2	2,3	-		gering

Farbwerte, lösliche Oxide, pflanzenverfügbare Nährstoffe der Bodenleitprofile im FCB								
Tiefe	Hori-zont	Munsell trocken	Dithionit-lösl.		NaOH-lösl. Al-%	CaCl$_2$-lösl. Mg	AL-lösl.			
cm			Fe-%	Mn-%			Ca	K	P-0	P-550
						(mg/kg Boden)				
0-15	A$_h$	5YR3/6	2,07	0,10	0,4	317	4180	260	20,0	1200
15-40	B$_{uk1}$	5YR4/8	2,20	0,03	1,7	42	374	60	0,0	460
40+	B$_{uk2}$	5YR4/8	2,97	0,02	2,2	93	282	98	0,0	400

Abb. 3:
Bodenleitprofil im FCB – plinthic Ferralsol (plinthic tropeptic Eutrorthox)
Soil type in the FCB – plinthic Ferralsol (plinthic tropeptic Eutrorthox)

Chemische Parameter der Bodenleitprofile im FC Songan											
Tiefe	Hori-zont	pH	C	C/N	Austauschbare Nährstoffe (mmol IA/100g)						V-Wert %	Al %AK$_{eff.}$
cm		KCl	%		Ca	Mg	K	Na	Al	H	AK$_{eff.}$		
10	A$_h$	3,5	3,2	14	0,2	0,3	0,0	0,1	0,2	0,1	0,8	67	28,6
50	B$_{ku}$	3,5	1,4	17	0,0	0,1	0,0	0,0	1,1	0,1	1,4	14	78,0
50+	B$_u$	3,7	0,6	85	0,0	0,0	0,0	0,0	1,4	0,1	1,6	1	89,8

Bodenphysikalische Parameter der Bodenleitprofile im FC Songan												
Tiefe	Hori-zont	Boden-art	Ld	Skelett	gS	mS	fS	gU	mU	fU	Ton	nFK	DWI	nFK We	AgSt
cm			g/cm³	Gew %	Gew.-%							mm	FW/cm²	mm	Feld
10	A$_h$	Ts3	0,8	5,4	5,7	21,4	19,7	6,4	4,1	5,8	36,9	20,0	W6		2-3
50	B$_{ku}$	Ts3	1,5	67,1	12,9	12,3	12,0	12,3	4,8	4,0	41,7	11,1	W3		5
50+	B$_u$	Ts3	1,5	52,2	19,5	14,3	9,2	3,7	7,4	6,3	39,6	11,1	W0	53,4	5

Farbwerte, lösliche Oxide, pflanzenverfügbare Nährstoffe der Bodenleitprofile im FC Songan								
Tiefe	Hori-zont	Munsell trocken	Dithionit-lös.		NaOH-lös. Al-%	CaCl$_2$-lös. Mg	AL-lös			
cm			Fe-%	Mn-%			Ca	K	P-O	P$_{550}$
						(mg/kg Boden)				
10	A$_h$	5YR 4/3	n.B	n.B	n.B	58	48	49	8,1	97
50	B$_{ku}$	5YR 4/6	n.B	n.B	n.B	16	7	26	8,3	68
50+	B$_u$	10YR 3/6	n. B	n.B	n.B	3	1	12	0,3	46

Abb. 4:
Bodenleitprofil im FC Songan – plinthic Ferralsol (plinthic Haplorthox)
Soil type in the FC Songan – plinthic Ferralsol (plinthic Haplorthox)

3. Bodendifferenzierung und Bodencatenen

Die Differenzierung der Hauptbodeneinheiten ist in der Bodenkarte des FCB dargestellt (s. Abb. 5). Grundlagen waren umfangreiche Bodenprofilaufnahmen entlang von fahrbaren oder begehbaren Pisten und Transekten (jeweils ca. 140–160 Bodenprofilaufnahmen). In Abhängigkeit von Relieflage und Ausgangssubstrat (ob pisolithreiche Schuttdecken, hill-wash-Sedimente oder sandige Sedimente) ist eine grundsätzlich ähnliche Bodencatena gegeben: Plinthosols und plinthic Ferralsols auf den Höhenrücken, vermehrt Cambisols und Ferralsols in den Hangbereichen, Arenosols und Gleysols in den Unterhang- und Tallagen. Stärker differenziert nach den Hauptbodentypen ergeben sich jedoch auch charakteristische Unterschiede zwischen den FCs (s. Tab. 1).

Tab. 1:
Zusammenhang von Boden- und Reliefeinheiten in den FCs der Ostregion der Côte d'Ivoire
Connection between soil and relief units in the FCs of the eastern region of Ivory Coast

Reliefeinheit	Bodengesellschaften im			
	Bossematié	*Béki*	*Mabí*	*Songan*
Höhenrücken/ Oberhang	Plinthosol, plinthic Ferralsol	Plinthosol, plinthic Ferralsol	Plinthosol, plinthic Ferralsol	Plinthosol, plinthic Ferralsol
Mulde im Höhenrücken	Cambisol, Acrisol	Cambisol, Ferralsol	gleyic Cambisol, stagnic Gleysol, Ferralsol	Cambisol (z.T. gleyic), stagnic Gleysol
Hangbereich	Ferralsol, Cambisol	plinthic Ferralsol, Cambisol, Arenosol	Plinthosol, rhodic Ferralsol	plinthic u. rhodic Ferralsol, Cambisol
Unterhang	Arenosol	Arenosol, stagnic Gleysol	Cambisol, Acrisol	Cambisol, Acrisol, Arenosol
Talgrund	gleyic Arenosol, Gleysol	gleyic Arenosol, Gleysol	gleyic Arenosol, Gleysol	stagnic Gleysol, Gleysol

n. Bodenkartierungen 1992–1996

Während im FCB, FC Mabi und FC Songan die Arenosols vor allem im Bereich der Unterhänge und Talböden vorkommen, sind sie in sandigem Kolluvialmaterial im FC Béki bis weit in den Hangbereich verbreitet und mit Cambisols und plinthic Ferralsols je nach Anteil der pisolithischen Schuttdecke, schluffreicherer hill-wash-Sedimente oder kolluvialer Sande vergesellschaftet. Im Unterschied zu den anderen FCs ziehen sich die Schutt-

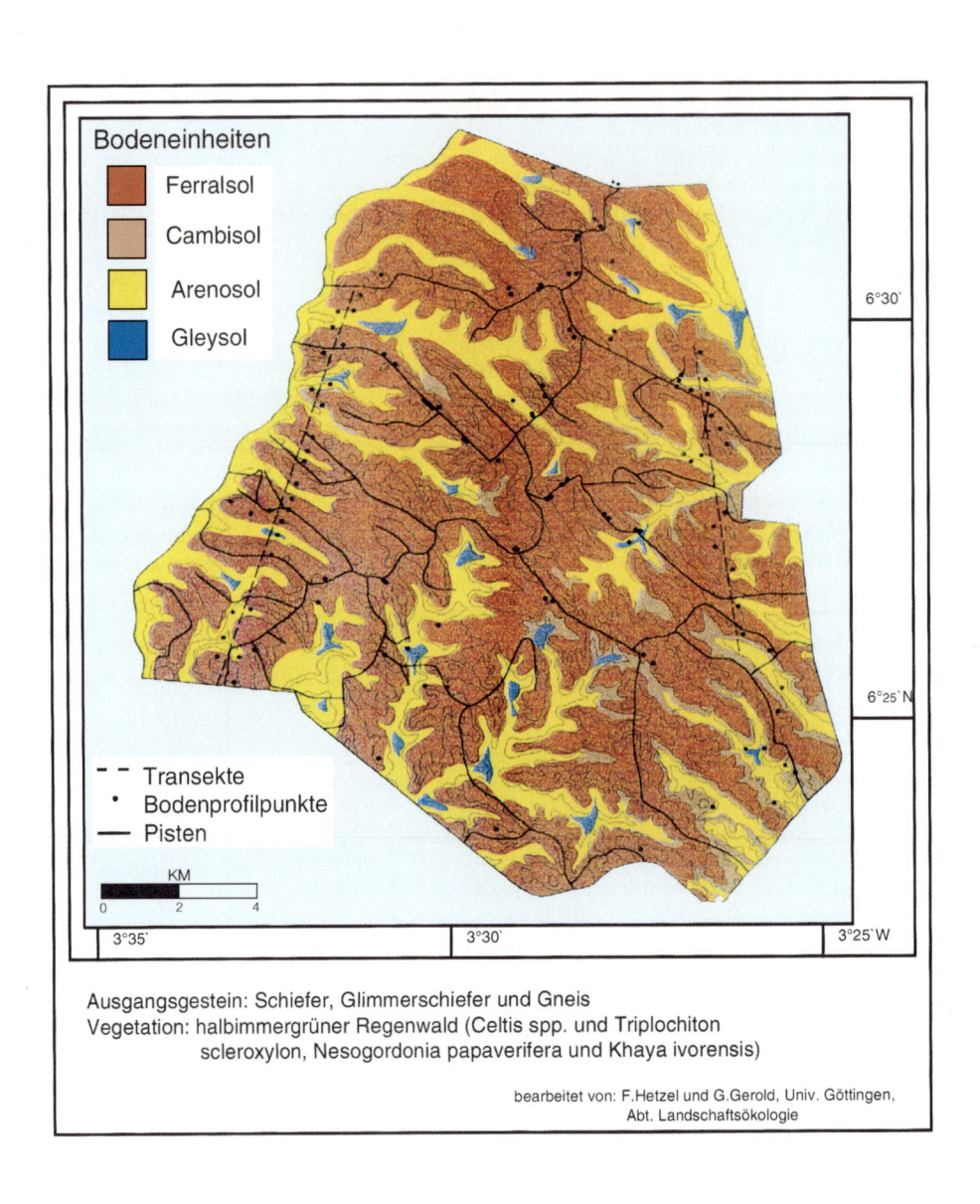

Abb. 5:
Bodeneinheiten im fôret classée Bossematié
Soil units in the fôret classée Bossematié

decken im FC Mabi weit die Hänge hinunter, so daß die skelettreichen Plinthosols auch in den Hangbereichen anzutreffen sind. Skelettfreie, stark rote und tonreiche ferrallitische Böden sind in Mittelhangabschnitten in den feuchteren FCs (Mabi und Songan) vermehrt anzutreffen (rhodic Ferralsols). Nach Tonmineralgarnitur (hohe Kaolinitdominanz), Bodenfarbe (2.5 YR 4/6) und Nährstoffarmut (sehr geringe AK_{eff}.) handelt es sich um relativ alte Böden, die keine jüngere Überprägung durch Schuttverlagerung oder Feinsedimentverlagerung erfuhren.

Insgesamt macht der klimatisch bedingte ganzjährig feuchtere Bodenwasserhaushalt im FC Mabi und FC Songan sich in einem deutlich höheren Anteil durch Staunässe und Vergleyung geprägter Bodenprofile bemerkbar. Der hohe Hydromorphiegrad ist nicht nur wie im FCB und FC Béki auf Unterhang- und Talbodenbereiche beschränkt, sondern tritt auch in den Höhenrücken regelmäßig in den Mulden und kleinen Senkenlagen auf. Dort sind neben gleyic Cambisols auch ausgeprägte stagnic Gleysols mit ihrer Durchwurzelungseinschränkung durch fast ganzjährig anstehendes Stauwasser über dem S_d-Hor. verbreitet.

Bei grundsätzlich ähnlicher reliefgesteuerter Bodendifferenzierung wirkt sich regionalspezifisch Hangneigung, Alter der Bodendecke und Bodenfeuchteregime auf die Verteilung der Hauptbodentypen aus. Wie die Untersuchungen im FC Béki gezeigt haben, verschlechtert sich in ähnlicher Relieflage und Bodentyp die Bodenqualität nach mehrfachem anthropogenem Eingriff (Holzeinschlag) in den offenen, stark degradierten Sekundärwäldern. Der Rückgang in Humus- und Nährstoffgehalt führt dazu, daß vorher unproblematische Bodeneinheiten bei Hauptnährstoffen wie Ca, K und P_{550} in den Mangelbereich für anspruchsvolle Werthölzer geraten! Für Waldgebiete mit niedriger Bodennährstoffversorgung und erhöhter Auswaschungsgefahr steigt die Gefährdung entsprechend an.

4. Regionale Differenzierung der Bodenqualität

Betrachtet man die bodenphysikalischen Verhältnisse (s. Tab. 2), so sind die Unterschiede vor allem zwischen den Bodentypen und nicht zwischen den Schutzwaldregionen gegeben. Unzureichende Luftkapazität aufgrund geringer Grobporenanteile ist nur bei den stagnic Gleysols in den Stauhorizonten gegeben, die vielfach in kaolinitischem Feinmaterial ausgebildet sind. Entscheidend und für Baumwachstum wie für die landwirtschaftliche Nutzung nachteilig ist die eingeschränkte Durchwurzelbarkeit aufgrund flachgründiger Böden (Leptosols), hoher pisolithischer Skelettgehalte (Plinthosols) oder Grund- und Stauwassereinfluß (Gleysols). Dazu kommen z.T. die Arenosols, wenn sie in Unterhanglage oder Tallage durch temporären Stauwasser- oder Grundwassereinfluß mit geprägt werden (gleyic Arenosols). Ausgangssubstrat (Textur) und Lage im Relief sind vor allem für die Unterschiede verantwortlich. Aufgrund der überwiegend hohen Grobporenanteile und günstigem durch Sesqioxidverkittung entstandenem Gefüge ist die Permeabilität der Böden insgesamt hoch. Nur auf den tonreichen rhodic Ferralsols und Cambisols kann es bei Störung der Litterauflage und Humusschicht (z.B. durch Rodung, Bearbeitung, Holztransport) zu Bodenverdichtung und erhöhtem Oberflächenabfluß kommen. Die geringe nFKWe führt in Rücken- und Hangpositionen bei den Plinthosols und plinthic Ferralsols schnell zum Bodenwasseraufbrauch, so daß die trockenen halbimmergrünen Regenwaldgebiet während der Trockenzeit im Oberboden nur noch eine eingeschränkte Bodenwasserversorgung besitzen. Je nach Niederschlagsverlauf sind damit die Böden mit geringer nFKWe im FC Béki und FCB durch trockenzeitlichen Wasserstreß geprägt. Wie die bestandsklimatischen Untersuchungen seit letztem Jahr andeuten, wirkt das Bestandsklima im Wald mit ganzjährig hoher Luftfeuchtigkeit dem entgegen. So ist die Häufigkeit und Andauer (Tagesstunden) mit rF 50% und damit höherer potentieller Evapotranspiration wesentlich geringer als im Freiland oder Plantage. Aufgrund der anormalen Witterung in der diesjährigen Trockenzeit (Nov. 95–Feb. 96) mit häufigen Niederschlägen und Luftmassenströmungen vom Atlantik konnte der Unterschied zwischen Trocken- und Regenzeit und Beständen noch nicht so klar erfaßt werden (s. HETZEL u. WALTER 1996).

Tab. 2:
Luft- und nutzbare Feldkapazitäten der Böden im Béki, Songan und Bossematié
Air capacities and useable field capacities of soils in Béki, Songan and Bossematié

Luft- und nutzbare Feldkapazitäten der Böden im FC Béki					
Bodentyp	Horizont	LK in %	nFK (mm)	nFKWe (mm)	nFKWe-Bewertung
Plinthosol	A_h	15,3	18,0	34,2	nFKWe1, sehr gering
	B_{ku}	4,3	5,4		
Ferralsol	A_h	10,6	20,6	85,9	nFKWe2, gering
	B_v	9,5	16,7		
	B_v/B_u	6,0	7,6		
Cambisol	A_h	14,5	20,7	109,4	nFKWe3, mittel
	B_v	11,9	14,2		
	B_u	10,4	12,4		
Arenosol	A_h	20,5	23,1	113,4	nFKWe3, mittel
	B_v	17,7	16,8		
Gleysol	A_h	17,2	32,1	57,1	nFKWe2, gering
	B_{vg}	15,6	16,3		
	S_w	7,8	8,7		
	II S_w	12,4	20,2		
	S_d	15,5	15,2		
Luft- und nutzbare Feldkapazitäten der Böden im FC Songan					
Bodentyp	Horizont	LK in %	nFK (mm)	nFKWe (mm)	nFKWe-Bewertung
Plinthosol	A_h	10,1	25,0	51,4	nFKWe2, gering
	A_h/B_v	10,5	14,8		
	B_{ku}	4,5	5,8		
Ferralsol	A_h	7,8	15,8	39,7	nFKWe1, sehr gering
	B_u	3,3	7,1		
Cambisol	A_h	15,0	25,4	81,3	nFKWe2, gering
	B_{v1}	11,7	14,7		
	B_{v2}	7,6	11,7		
Arenosol	A_h	13,8	22,9	71,5	nFKWe2, gering
	B_v	12,0	16,9		
	B_{vg}	13,7	15,9		
	S_w	19,2	23,9		
Gleysol	A_h	15,7	21,6	63,9	nFKWe2, gering
	S_w	16,1	21,2		
	S_d	15,4	18,6		
Acrisol	A_h	16,4	22,6	62,6	nFKWe2, gering
	A_l	19,6	24,0		
	B_{vt}	13,8	15,5		
	B_v	12,0	14,1		

zu Tab 2:

Luft- und nutzbare Feldkapazitäten der Böden im FC Bossematié					
Bodentyp	Horizont	LK in %	nFK (mm)	nFKWe (mm)	nFKWe-Bewertung
Leptosol	A_h	15	7	22	nFKWe1, sehr gering
	B_{vk} / C_v	8	15		
Ferralsol	Ah	13-20	20-23	36-75	nFKWe2, gering
	B_{u1}	10-12	10-30		
	B_{u2}	5-10	10-40		
Cambisol	A_h	15-17	35	87-144	nFKWe3, mittel
	B_{v1}	13	28-53		
	B_{v2}	8	24-56		
Arenosol	A_h	18	36	122-147	nFKWe2/3, gering / mittel
	A_{he}	15-19	18-23		
	B_v	14-23	68-88		
Gleysol	A_h	17	36	108	nFKWe3, mittel
	S_w	19	72		
	S_d	8-13	24-64		

Tab. 3:
Mittelwerte und Schwankungsbereiche der austauschbaren Nährstoffe
(mmol IÄ/100 g)
Average and deviation values of exchangeable nutrients (mmol IA/100 g)

A_h-Horizont (0-10cm)					
	Westafrika*	FCB	FC Béki	FC Songon	FC Mabí
Ca	4,7 (1,8-7,6)	15,9 (2,5-43,5)	7,05 (3,31-12,83)	1,94 (0-6,18)	4,85 (0,56-13,20)
Mg	1,2 (0,5-1,9)	2,1 (0,15-4,10)	1,68 (0,65-3,7)	0,73 (0,30-1,46)	1,38 (0,69-2,14)
K	0,15 (0,09-0,21)	0,28 (0,10-0,50)	0,18 (0,06-0,47)	0,04 (0-0,28)	0,14 (0,01-0,31)
$Ak_{eff.}$	6,3 (3,1-9,5)	16,9 (4,7-46,4)	9,13 (4,31-16,4)	3,14 (0,38-7,72)	7,10 (2,14-16,61)
$BS_{eff.}$	92,6	95,8	96,8	72,3	81,5

B_1-Horizont (20-30cm)					
	Westafrika*	FCB	FC Béki	FC Songon	FC Mabí
Ca	2,2 (0,2-4,1)	2,3 (0,3-3,9)	1,14 (0-4,12)	0,07 (0-0,29)	0,61 (0,01-2,45)
Mg	0,8 (0,02-1,53)	0,5 (0,05-1,15)	0,69 (0,2-1,73)	0,19 (0,05-0,49)	0,49 (0,21-1,14)
K	0,11 (0,05-1,17)	0,08 (0,02-0,19)	0,03 (0-0,09)	0	0,03 (0,01-0,06)
$Ak_{eff.}$	3,6 (1,1-6,1)	3,7 (1,7-6,0)	2,18 (0,58-6,12)	0,91 (0,38-2,22)	2,60 (1,34-4,19)
$BS_{eff.}$	78,6	84,6	77,6	39,3	40,0

* n. DRECHSEL 1992

Auch bei der relativen Reihenfolge der Bodennährstoffversorgung nach den Bodentypen sind die FCs sehr ähnlich. Bewertet man jedoch absolut nach den Kriterien von LANDON (1984), PAGEL (1982) und DRECHSEL (1992) die Bodennährstoffversorgung im Hinblick auf kritische niedrige Gehalte der austauschbaren und pflanzenverfügbaren Nährstoffgehalte, so ergeben sich zwischen den Gebieten deutliche Unterschiede (für alle Bodenleitprofile in den FCs wurden die bodenphysikalischen und bodenchemischen Parameter erfaßt, vgl. Abb. 3 u. 4).

Aufgrund der hohen Ca-Belegung im Humushorizont besitzen die Böden des FCB im Mittel die höchste effektive Austauschkapazität, die mit 15,9 mmol IÄ/100 g das dreifache gegenüber dem Mittel von Teakplantagen Westafrikas (ohne Vertisols) ausmacht. Alle Basen liegen über den Mittelwerten Westafrikas (s.Tab. 3). Die gute Nährstoffversorgung wird auch von den pflanzenverfügbaren Gehalten bestätigt (Ca, Mg, K), bei denen nur die quarzsandreichen sorptionsschwachen Arenosols in der K-Versorgung an den Grenzwert kommen (< 80 mg/kg) und eine niedrige K-Sättigung (< 1,0%) besitzen. Die laufenden Untersuchungen zum atmosphärischen Nährstoffeintrag insbesondere während der Trockenzeit, versuchen, Ursachen und Depositionsrate im Bereich des FCB zu erfassen. Gestützt wird diese These durch den deutlichen Gradienten der Basengehalte im Oberboden nach einer cm-weisen Beprobung (1–4 cm) auf den Meßstationen im FCB (1995 u. 1996, s. Tab. 4a, 4b in HETZEL u. WALTER 1996). Wie in Tab. 3 deutlich wird, besteht ein steiler Nährstoffgradient zum Unterboden (B-Horizont), der sich auch im FCB kaum vom westafrikanischen Mittel unterscheidet und im niedrigen bis extrem niedrigen (< 3 mmol IÄ/100 g) Wertebereich liegt. Da für alle FCs eine gute Korrelation zwischen Humusgehalt und $AK_{eff.}$ besteht, wird die herausragende Bedeutung des Humushorizontes (Erhalt der org. Substanz) für die Nährstoffversorgung deutlich.

Gegenüber dem FCB sind die austauschbaren Basen im FC Béki bereits deutlich niedriger, liegen jedoch im A_h-Hor. noch im ausreichenden Versorgungsniveau (gering bis mittel). Wie in GEROLD (1996) ausführlich beschrieben, ist die niedrigere Nährstoffausstattung im FC Béki mit auf den stark degradierten Waldbestand (forêt ruinée) zurückzuführen So liegt die $AK_{eff.}$ der offenen Sekundärwaldstandorte (< 30% Deckungsgrad) im Mittel bei 7,46 mmol IÄ/100 g und damit im Niveau des FC Mabi! Ob auch ein geringerer Nährstoffeintrag im FC Béki gegeben ist, können nur Vergleichsuntersuchungen mit der im FCB angewandten Methodik der Nährstoffinputuntersuchung zeigen. Die benachbarte Lage beider Wälder macht einen gravierenden Inputunterschied eher unwahrscheinlich.

Das feuchtere Regenwaldgebiet des FC Mabi besitzt bereits eine deutlich niedrigere $AK_{eff.}$ (s. Tab. 3), die austauschbaren Basen liegen in fast gleichem Niveau wie das Mittel Westafrikas. Auch die Ca-Belegung unterscheidet sich kaum, die Spannweiten der Nährstoffkationen sind jedoch sehr groß, so daß gut und schlecht versorgte Böden im FC Mabi anzutreffen sind. Der gute Waldzustand im Mabi (forêt dans un état satisfaisant) führt trotz stärkerer ganzjähriger Durchfeuchtung mit Nährstoffauswaschung zu einem gut entwickelten Humushorizont mit effizienter Nährstoffspeicherung (vielfach Wurzelfilz), so daß der A_h-Horizont bei einigen Bodentypen noch gut ausgestattet ist (austauschbare Kationen). Dem steht ein bereits sehr stark verarmter B-Horizont gegenüber. Zwar ist die $AK_{eff.}$ im FC Mabi sogar höher als im FC Béki, die Basensättigung von 40% im Mittel zeigt jedoch, daß mit der höheren Versauerung der Böden der Anteil der austauschbaren H- und Al-Ionen erstmalig große Bedeutung erlangt (mittlere Al-Sättigung 46% im B_1-Hor.).

Im FC Songan verschlechtern sich die bodenchemischen Bedingungen dann nochmals. Mit 3,14 mmol IÄ/100 g im Mittel (A_h-Hor.) und 0,91 mmol IÄ/100 g (B_1-Hor.) liegt die $AK_{eff.}$ im ausgesprochen niedrigen Bereich, so daß für den B-Horizont durchgängig Nährstoffmangel gegeben ist. So liegt im Vergleich bei den extrem nährstoffarmen Ferralsols

(Oxisols n. USDA) in Südvenezuela (unter Wald) die AK$_{eff}$ bei 2,9–14,9 mmol IÄ/100 g mit allerdings 60–90% Al-Sättigung und im zentralen Amazonasgebiet (Jari) zwischen 1,5–4,2 mmol IÄ/100g mit 20–60% Al-Sättigung (jeweils A$_h$-Hor., n. DEZZEO 1990 u. SPANGENBERG 1994). Auch im A$_h$-Hor. ist z.B. die Ca-Sättigung am Austauscherkomplex bei den Ferralsols, Acrisols, Arenosols und Gleysols unter 20% und damit im kritischen Bereich für anspruchsvolle Baumarten.

Damit stellt sich die Frage der relativen Reihenfolge der Bodeneinheiten hinsichtlich der Nährstoffversorgung in den FCs. Eine Ca-Sättigung von über 60% ist im Béki und Bossematié bei allen Böden gegeben, im Mabi bei den seltenen rhodic Ferralsols und den dystric Gleysols und im FC Songan bei den Ferralsols, Acrisols, Arenosols und z.T. stagnic Gleysols unter dem Grenzwert. Der Wert von 10–15% Mg-Sättigung (Grenzwert n. DRECHSEL 1992) wird nur bei den dystric Cambisols und z.T. Arenosols im FC Béki nicht erfüllt. Deutlich schlechter ist die K-Versorgung, die bereits im Unterboden im FCB kritisch ist. Im A$_h$-Hor. (K-Sättigung unter 1%) sind es im Béki die Arenosols, z.T. stagnic Gelysols, im FCB und Songan ebenfalls die Arenosols und im Mabi die dystric Gleysols und gleyic Arenosols. Damit wird insgesamt deutlich, daß die austauschbaren Basen vor allem in quarzsandreichen Böden (Arenosols) und durch Stau- oder Grundwasser mit Basenabfuhr geprägten Böden im kritischen Bereich liegen. Zum FC Songan hin ist eine deutliche Verschlechterung in der Ca-Versorgung gegeben (s. Abb. 6 und Abb. 7).

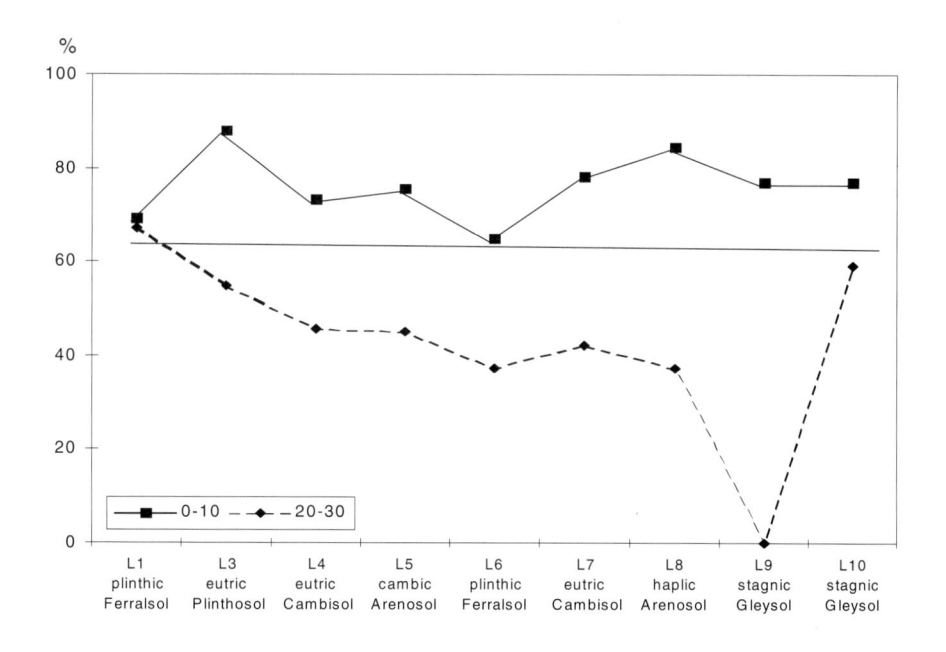

Abb. 6:
Anteil Ca an der AK$_{eff}$ Leitbodentypen FC Béki
Contribution of Ca to the AK$_{eff}$ in the main soil types FC Béki

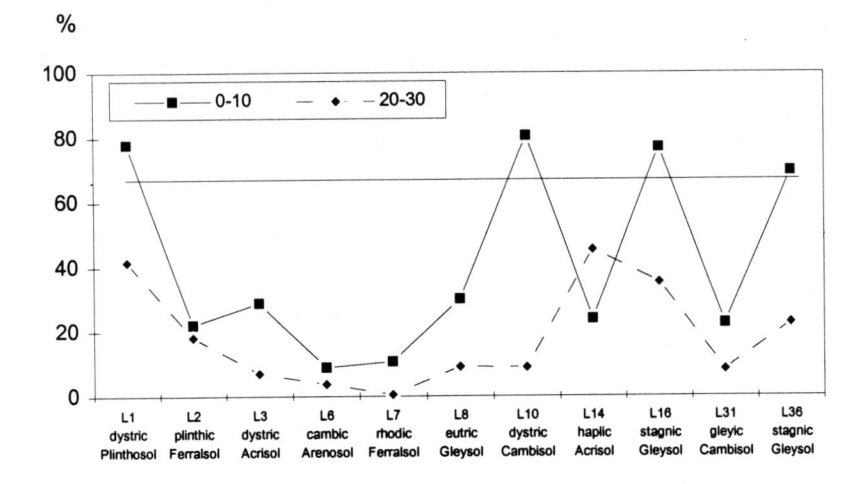

Abb. 7:
Anteil Ca an der AK$_{eff}$. Leitbodentypen FC Songan
Contribution of Ca to the AK$_{eff}$. in the main soil types FC Songan

Dies bestätigt sich bei den Gehalten der pflanzenverfügbaren Nährstoffe. Wie beim austauschbaren Mg sind die Werte des pflanzenverfügbaren Mg (CaCl$_2$-Extraktion) insgesamt ausreichend im Oberboden vorhanden, nur die Acrisols und Gleysols im Songan liegen unter dem Schwellenwert von LANDON (1984) von 60 mg/kg. Im FCB und Béki ist eine ausreichend hohe Ca- und K-Versorgung gewährleistet, unterversorgt vor allem im FC Béki sind die Arenosols (K < 80 mg/kg) und stagnic Gleysols (Ca, K). Mit dem FC Mabi ist wieder ein qualitativer Sprung mit deutlicher Verschlechterung der Nährstoffsituation gegeben. Auf den Höhenrücken und Hängen sind die Plinthosols und plinthic Ferralsols gut versorgt, während bei Ca und K die Leptosols, Acrisols, Gleysols und Arenosols niedrige Gehalte besitzen. In Muldenlage sind z.T. auch die dystric Cambisols schlecht versorgt. Dieser Unterschied nach den Bodentypen könnte mit dem Hangeinfluß mit stärkerer Abfuhr der Nährstoffionen durch Hangzugwasser und Stau- oder Grundwasser (Talursprungsmulden und Talbereiche) zusammenhängen, ferner führen die im Mittel signifikant höheren Humusgehalte bei den Plinthosols und Ferralsols sowohl im Mabi wie Songan zu einer besseren Nährstoffspeicherung (s. Tab. 4). Im Songan sind nur bei den Plinthosols mittlere Ca- und K-Gehalte vorhanden, z.T. auch bei nicht vergleyten Cambisols und wenigen stagnic Gleysols.

Damit läßt sich die Nährstoffversorgung anhand der Basen wie folgt charakterisieren:

FCB	schlechte Versorgung nur bei den **Arenosols**
FC Béki	schlechte Versorgung bei **Arenosols und stagnic Gleysols**
FC Mabi	schlechte Versorgung bei **Leptosol, Acrisol, Arenosol, Gleysol**
FC Songan	schlechte Versorgung bei **Ferralsol, Acrisol, Arenosol, Gleysol**; z.T. bei Cambisol u. stagnic Gleysol

Damit bestätigt sich die Annahme, daß die relative Reihenfolge der Bodennährstoffversorgung innerhalb eines FC zwar gleich bleibt, das Nährstoffniveau mit einer deutlichen Verschlechterung in den feuchteren immergrünen Regenwäldern jedoch dem Niederschlagsgradienten folgt. So hat auch FÖLSTER (1983) für Westafrika (Regenwald- und Savannenzone) im größeren zonalen Zusammenhang festgestellt:

Mit dem Übergang vom Regenwald zur wechselfeuchten Savannenregion der Sudanzone ändern sich folgende Substrat-/Bodeneigenschaften:

- Verringerung der Boden- und Saprolithmächtigkeit
- Zunahme der Fe-oxidgehalte und Fe-Konkretionen
- Verringerung der Hydromorphie mit stärkerer rötlicher Bodenfarbe
- Anstieg des pH-Wertes und der Basensättigung

Während die ersten Punkte mehr großräumig zutreffen können und innerhalb der Regenwaldgebiete der Ostregion stärker von der Relief-/Bodendifferenzierung abhängen, trifft die Abnahme des Hydromorphiegrades und Zunahme von pH und Basensättigung von Süd nach Nord zu. Dies zeigt sich deutlich am mittleren pH-Wert in den forêts classées, der von mäßig sauer (5,6/5,7 FCB, Béki) auf stark sauer (4,5 Mabi) und sehr stark sauer (3,9 Songan) abnimmt (s. Tab. 4). Mit der pH-Abnahme ist eine zunehmende Basenverarmung, Zunahme der variablen Ladung und Zunahme des austauschbaren Aluminiums gegeben. So steigt das potentiell pflanzentoxisch wirkende austauschbare Aluminium im Unterboden ab < pH 4,3 auf über 50%, während es im Humushorizont durch den negativen Ladungsüberschuß über Al-Fe-Humus-Komplexe gebunden wird. Erst bei pH 3,5 erreicht die Al-Sättigung im FC Songan bei den Arenosols, Acrisols und rhodic Ferralsols Werte um 50%. Der Humushorizont stellt damit auf den stäker versauerten Böden einen entscheidenden Puffer gegenüber Al-Toxizität und Anionenfixierung (z.B. Phosphatfixierung) dar.

Tab. 4:
Vergleich mittlerer $C_{org.}$-Gehalte und pH-Werte (KCl) in den FCs
(A_h-Hor., $\bar{x} \pm s$)
Comparion of average organic C-content and pH-values (KCl) in the FCs
(A_h-hor., $\bar{x} \pm s$)

FC Parameter	Bossematié	Béki*	Mabí	Songan
$C_{org.}$ (%)	2,9 ± 1,5	2,5 ± 1,4	3,0 ± 1,9	2,8 ± 1,2
$C_{org.}$ (%) **Plinthosols u. Ferralsols** **übrige Bodentypen**	3,4 ± 0,6 3,0 ± 0,9	2,9 ± 0,4 1,5 ± 1,0	4,0 ± 0,5 2,7 ± 0,8	3,9 ± 0,4 2,4 ± 0,7
pH (KCl)	5,6 ± 1,3	5,7 ± 0,6	4,5 ± 0,5	3,9 ± 0,4

* ohne stark degradierte Standorte – offener Sekundärwald (Deckungsgrad < 30%)

Während die Wälder mit guten geschlossenen mehrschichtigen Waldresten (FCB u. FC Songan als regenerationsfähiger Wald) oder überwiegend geschlossener Waldstruktur (FC Mabi als Wald in befriedigendem Zustand) sehr ähnliche hohe Humusgehalte besitzen, hebt sich der stark degradierte FC Béki mit niedrigeren Werten ab. Dort besitzen vor allem die Cambisols, Arenosols und Gleysols deutlich niedrigere Werte, was auf den Einfluß offener Sekundärwälder oder Sekundärbusch zurückgeführt werden kann (s. GEROLD 1996). Insgesamt besteht eine hohe Korrelation (r > 0,8) zwischen pH-Wert und Austauschkapazität. Ab < pH 4,3 übersteigt die AK$_{eff.}$ nicht mehr 7 mmol IÄ/100 g Boden im A$_h$-Horizont. Auch hier nehmen die problematischen Böden des FC Béki (Arenosols u. Gleysols) mit pH-Werten über 5,0 und niedriger AK$_{eff.}$ unter 6 mmol IÄ/100 g eine Sonderstellung ein, was mit den geringeren Humusgehalten zusammenhängt. Wie in anderen innertropischen Wäldern besteht auch in den FCs eine gute Korrelation zwischen C$_{org.}$ und AK$_{eff.}$.

Die Bodenqualität in der Ostregion der Côte d'Ivoire besitzt damit dem Niederschlagsgradienten entsprechend mit zunehmender Hydromorphie und Bodenversauerung eine deutliche Verschlechterung zahlreicher bodenchemischer Parameter. Innerhalb der FCs existiert jeweils eine ähnliche Differenzierung der Hauptbodentypen nach ihrer Bodenfruchtbarkeit.

Zusammenfassung:

- Nachteilige bodenphysikalische Bedingungen existieren in jedem FC bei entsprechenden Bodentypen mit geringer nFKWe (Plinthosols, plinthic Ferralsol, z.T. Arenosol, Gleysol).

- Aufgrund des Niederschlagsgradienten nimmt Staunässe- und Grundwassereinfluß im Mabi und Songan deutlich zu, während im FCB und FC Béki auf diesen Böden Trockenstreß (unzureichende Bodenwasserversorgung) auftritt, der bei starker Degradierung weiter zunimmt.

- Mit zunehmend ganzjährig nach unten gerichtetem Bodenwasser (Sickerwasserverluste) erfolgte eine hohe Bodenversauerung. Die bodenchemischen Bedingungen verschlechtern sich daher vom FCB, Béki über Mabi zum Songan zunehmend (pH-Niveau, Abnahme der AK$_{eff.}$, Abnahme der austauschbaren Basen, Zunahme der Al-Sättigung).

- Aufgrund des Nährstoffgradienten vom A$_h$- zum B$_1$-Horizont besitzt der Humushorizont in den feuchteren FCs (Mabi, Songan) für den Nährstoffumsatz eine herausragende Bedeutung

- Bei der Nährstoffversorgung nimmt die Anzahl der Bodeneinheiten mit schlechter Basenversorgung in der Abfolge FCB, Béki, Mabi, Songan ständig zu.

- In allen FCs gehören die Arenosols, z.T. die Gleysols bzw. stagnic Gleysols zu den schlechtesten Böden.

- Cambisols und Ferralsols (ohne rhodic Ferralsol) wie auch bodenchemisch die Plinthosols besitzen relativ die beste Nährstoffverfügbarkeit.

- Die starke Walddegradation im FC Béki macht sich im Vergleich mit dem FCB bereits in einer Verschlechterung der Nährstoffgehalte bemerkbar (Rückgang der org. Substanz).

5. Bewertung der Bodenqualität für die Waldrehabilitation

Für eine kontrollierte Waldentwicklung sowie nachhaltige Nutzung ist ein ausgeglichener Nährstoffumsatz (externe Nährstoffbilanz) eine wichtige Voraussetzung. Die bisherigen Bodenuntersuchungen mit dem Schwerpunkt der Erfassung von Bodendifferenzierung und Bodenqualität hat den Bodennährstoffstatus der FCs erfaßt, so daß über die Unterschiede und dem Auftreten kritischer Nährstoffgehalte relativ Anhaltspunkte für den Waldentwicklungsplan (plan d'aménagement) abgeleitet werden können. In Abhängigkeit vom Degradationszustand des Waldes werden unterschiedliche Forstbehandlungen durchgeführt, für die insbesondere bei selektiver Wertholzanreicherung oder Aufforstung (z.B. mit Fraké, Framiré) die kritischen Bodenparameter bekannt sein müssen. Liegen aus den Tropen nur für wenige Aufforstungsarten quantitative Angaben zu Grenzwerten des Nährstoffmangels vor, so fehlen für die naturnahen Waldbestände quantitative Angaben, wann mit Mangelsymptomen oder schlechten Wuchsleistungen bei Naturverjüngung zu rechnen ist. Die Bewertung stützt sich daher auf mehr allgemeine Zusammenstellungen von PAGEL (1982) und LANDON (1984), Untersuchungen über tropische Baumplantagen (wie Indonesien, Brasilien, Venezuela) sowie die Bewertung der Wuchsleistung von Teak in Westafrika (DRECHSEL 1992), die die besten Vergleichswerte liefert.

Eine Langzeitaussage zur nachhaltigen Nutzung ist nur über die begonnenen Nährstoffumsatzuntersuchungen möglich, wenn für den internen Nährstoffkreislauf das Waldzuwachsmodell und die Nährstoffaufnahme (Stamm- u. Blattgehalte; Biomassevorrat und jährliche Nährstoffakkumulation) sowie Verluste über die Stammholznutzung in künftigen Untersuchungen mit berücksichtigt werden (s. 7.). So ist für den FC Béki (forêt ruinée) eine vollständige Umwandlung (réboisement), für den Bossematié und Songan eine Regeneration über selektiven Wertholzzuwachs (éclaircie sélective) und für den Mabi eine natürliche Regeneration über die Schutzmaßnahmen vorgesehen (s. MÜHLENBERG u. SLOWIK 1996).

Zusammenfassend sollen daher die Nährstoffvorräte bei Einbezug der bodenphysikalischen Parameter (Durchwurzelungstiefe) und bodenchemischen Makronährstoffe vergleichend gegenüber gestellt werden (s. Tab. 5). Ferner ist vor allem der meist kritische Phosphorgehalt in seiner regionalen wie bodenspezifischen Differenzierung mit zu berücksichtigen. Dabei wurde jeweils bei den Leitprofilen der leicht pflanzenverfügbare P-Gehalt laboranalytisch über P-Olsen und die meist zu 70–90% in organischer Form vorliegende P-Reserve (langfristig pflanzenverfügbar) über P_{550} bestimmt (s. GLASER u. DRECHSEL 1992, Analysenwerte in den Leitbodenprofiltabellen). Für die Bewertung der wuchsbestimmenden Bodenparameter sind in Anlehnung an die für Teakbestände in Westafrika (*Tectona grandis*) von DRECHSEL (1992) ermittelten Kriterien bewertende Tabellen zusammengestellt (Tab. 6).

Die Stickstoffversorgung ist aufgrund der unter Wald überwiegend hohen Humusgehalte insgesamt gut. Bodentypen mit höheren Humusgehalten (Plinthosols, Ferralsols) besitzen in allen FCs, auch im Songan hohe Stickstoffvorräte. Als schlechter versorgt sind wieder die Arenosols und Gleysols zu nennen. Das Niveau der Stickstoffvorräte nimmt zu den feuchten Waldgebieten hin ab, so daß mit Werten unter 3000 kg/ha im FC Songan eine niedrige Versorgungsstufe gegeben ist. Wie in 4. beschrieben, wird auch in Tab. 5 die deutliche Abnahme der pflanzenverfügbaren Kationen (Ca, Mg, K) vom FCB und Béki zum Songan hin deutlich. Mit unter 800–1000 kg/ha beim Ca ist der FC Songan schlecht ausgestattet, die Vorräte sind vor allem auf den Humushorizont konzentriert. Vor allem Ca und K ist im B-Horizont weitestgehend ausgewaschen. Die Vorräte von Ca liegen mit Ausnahme einiger durch Hangzuschußwasser geprägten Gleysols und stagnic Gleysols bei unter 10 mg/kg Boden, was stark nährstoffverarmten innertropischen Böden entspricht (z.B.

Ostkalimantan, Amazonasgebiet). Die geringsten Ca-Vorräte besitzen die Arenosols und Ferralsols. Die Mg-Versorgung ist in den FCs insgesamt ausreichend und liegt meist über 100–200 kg/ha. Ein stärkerer Abfall ist wieder beim K gegeben, wo im FC Songan kritische Vorräte von unter 100 kg/ha mit Ausnahme der Cambisols und Plinthosols vorliegen. Für das humide Westafrika gibt DRECHSEL (1992) einen mittleren Gehalt von 400 kg/ha an, Eucalyptusplantagen in Ostamazonien überschreiten selten Kaliumvorräte von über 150 kg/ha. Nach Blattanalysen im FCB lagen ca. 40% der beprobten Baumarten (n = 10) unter dem für *Tectona grandis* angegebenen Grenzwert von 9 mg/g TS.

Tab. 5:
Nährstoffvorräte (kg/ha*nutzbare Bodentiefe) im FC Bossematié, Béki und Songan
*Nutrient content (kg/ha*useable soil depth) in the FC Bossematié, Béki and Songan*

FC- Bodeneinheit	N_t	P_t	Ca_{pf}	Mg_{pf}	K_{pf}
FCB-Leptosol	3800	820	2612	440	261
FCB-Ferralsol	7300	1098	4794	717	373
FCB-Cambisol	7200	1251	1807	807	324
FCB-Acrisol	4500	697	1861	557	173
FCB-Arenosol	3400	843	6170	304	190
FCB-Gleysol	6100	1157	2317	828	298
Béki-Plinthosol	7136	670	1608	675	165
Béki-Ferralsol	9554	1364	3057	1466	416
Béki-Cambisol	6582	1322	4711	1269	434
Béki-Arenosol	1650	498	2381	373	302
Béki- stagnic Gleysol	4305	668	1811	255	91
Béki-Gleysol	1854	840	1246	161	146
Songan-Plinthosol	6253	600	1093	246	295
Songan-Ferralsol	4268	426	52	75	89
Songan-rhodic Ferralsol	2404	444	15	182	97
Songan-Cambisol	2409	672	922	488	208
Songan-Acrisol	1247	530	665	173	75
Songan- Arenosol	2344	522	68	118	104
Songan- stagnic Gleysol	2376	238	488	192	66
Songan- Gleysol	476	424	808	817	73

n. eigenen Untersuchungen 1993, 1995, 1996;
Mittelwerte aller laboranalytisch untersuchten Profile

Die Phosphorvorräte stellen häufig einen limitierenden Faktor für den Anbau wie Aufforstung mit anspruchsvollen Baumarten dar. Gesamtphosphorvorräte von 600–700 kg/ha können als gering angesehen werden. Danach sind problematische Böden wiederum mit den Arenosols im FC Béki anzutreffen. Die Gehalte im FCB sind insgesamt ausreichend, die an der Klimastation im dichten Sekundärwald gemessenen P-Blattgehalte von 1,4 mg/g liegen zwar deutlich unter dem Mittelwert von DRECHSEL (2,1 ± 0,6), stellen aber noch keinen Mangel dar. Auf nährstoffarmen Böden (Podsol) am Rio Negro und bei Manaus sind P-Blattgehalte von 1,6–1,9 mg/g gemessen worden. Für den FC Songan liegen jedoch alle P-Vorräte im kritischen Bereich, trotz der ähnlich guten Humusausstattung aller FCs (s. Tab. 4). Der von PAGEL (1982) für P-Mangel angegebene Quotient von P/N < 0,05 wird aufgrund der niedrigeren N-Gehalte jedoch nirgends erreicht. Die schlechte P-Versorgung im FC Songan wird von den P_{550}-Gehalten bestätigt. So sind alle analysierten Böden im A_h-Horizont unter 150 mg/kg, extrem arm an P sind die Acrisols und Gleysols (im A_h-Horizont unter 80 mg/kg P).

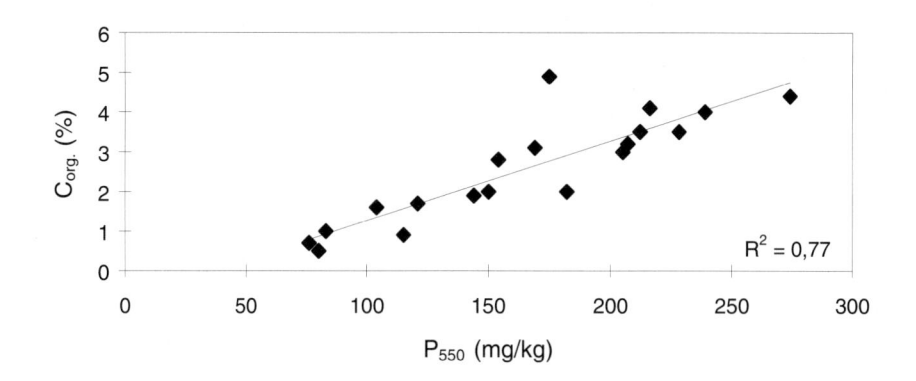

Abb. 8:
Zusammenhang zwischen $C_{org.}$ und P_{550} in den A_h-Horizonten von FCB und FC Béki Côte d'Ivoire
Correlation between organic content and P_{550} in the A_h-horizons of the FCB and FC Béki in the Ivory Coast

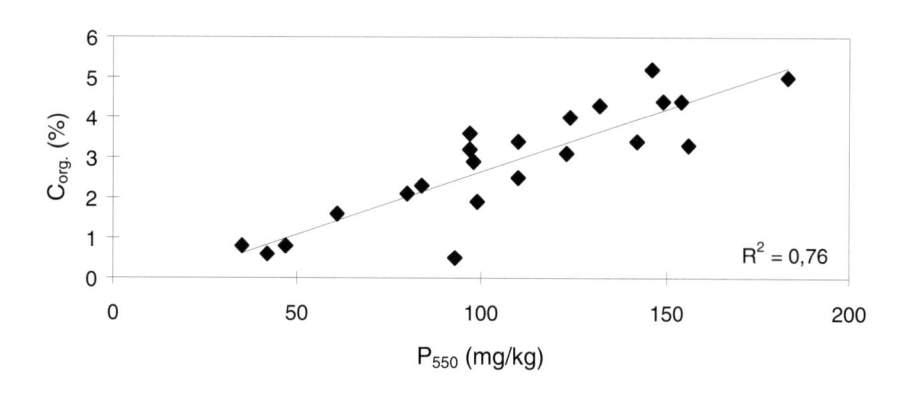

Abb. 9:
Zusammenhang zwischen $C_{org.}$ und P_{550} in den A_h-Horizonten des FC Mabi und FC Songan Côte d'Ivoire
Correlation between organic content and P_{550} in the A_h-horizons of the FC Mabi and FC Songan in the Ivory Coast

Für die Wuchsleistung mit guter Korrelation zu den Blattgehalten kann der Grenzwert von 150 mg/kg P im Oberboden herangezogen werden. Danach bestätigt sich die schlechte Versorgung der Arenosols und stagnic Gleysols im FC Béki. Betrachtet man im Vergleich die P-Olsen-Werte (Tabellen der Leitbodenprofile, GEROLD 1996), die zur Bewertung des leicht pflanzenverfügbaren Phosphors herangezogen werden können, so wird hier der Zusammenhang mit dem Humusgehalt deutlich. Danach liegen die Werte im A_h-Hor. überwiegend in allen FCs zwischen 5–10 mg/kg und sind damit nach PAGEL (1982) als ausreichend anzusehen. Der FC Béki weist als einziger Böden mit unter 5mg/kg (Mangel) auf (Plinthosols, Ferralsols, Cambisols), was durch die Extraktionsmethode mit bedingt ist. Die sonst als besser in der Nährstoffversorgung eingestuften Böden besitzen relativ hohe Sesquioxidgehalte, so daß die P-Fixierung mit verantwortlich ist (Fe-P u. Al-P).

Anhand der von DRECHSEL (1992) auf über 20 Teakplantagen in Westafrika ermittelten signifikanten wuchsklimatischen Parametern (*Tectona grandis*) kann relativ die Bodenqualität zusammenfassend bewertet werden. Dabei treten die charakteristischen Unterschiede zwischen den FCs und den Bodeneinheiten deutlich hervor (s. Tab. 6).

Für den FCB können die guten pedo-ökologischen Wuchsbedingungen bestätigt werden. Allein die Talböden und talnahen Arenosols besitzen durch Grund- und Stauwasser oder zu geringe P-Gehalte limitierende Parameter. Die Acrisols sind flächenmäßig nur lokal vertreten. Ohne die stark degradierten Standorte, die wie beschrieben zusätzlich auch bei den Cambisols Ca-, K- und P-Mangel aufweisen, nehmen die „Mangelparameter" bei den Arenosols und stagnic Gleysols im FC Béki deutlich zu. Dies verstärkt sich aufgrund der stärkeren Bodenversauerung und Kationenauswaschung im FC Mabi, wo weitere bodenchemisch limitierende Parameter mit unzureichender P-Versorgung und niedriger $AK_{eff.}$ mit Abnahme der Basensättigung bei den Acrisols und rhodic Ferralsols (nur $AK_{eff.}$) dazukommen. Die Plinthosols und Ferralsols sind danach für anspruchsvolle Baumarten am besten geeignet, mit guter Basensättigung und Ca-Belegung des Austauscherkomplexes im A_h-Horizont. Bereits ab 15–20 cm Bodentiefe (B_u-Hor.) verschlechtern sich die bodenchemischen Eigenschaften erheblich (Abnahme der Basensättigung auf unter 50%, geringe Ca-Sättigung), d.h. der kurzgeschlossene Nährstoffkreislauf über den Humushorizont ist für den Nährstoffumsatz entscheidend!

Im FC Songan ist keine Bodeneinheit mehr ohne wuchslimitierende Parameter. Insbesondere die Nährstoffausstattung und die Sorptionsverhältnisse haben sich stark verschlechtert, so daß nur noch der C_t- und N_t-Gehalt als ausreichend angesehen werden kann. Eine Störung des in Teilbereichen noch intakten Waldökosystems, wie es mit der Brandrodung für Kautschukplantagen erfolgt ist, dürfte mit der Öffnung des hier noch stärker vom Humusspeicher abhängigen Nährstoffkreislaufs zu einer hohen Degradationsgefährdung führen. Insbesondere für den FC Songan als nährstoffmäßig schlechtester FC sind Vergleichsuntersuchungen zum Wasser- und Nährstoffumsatz unbedingt zu empfehlen, so daß die Spannweite vom FCB (gute Nährstoffausstattung) bis zum FC Songan (schlechte Nährstoffausstattung) damit erfaßt wird.

Tab. 6a:
Minimumanforderungen für Wertholzarten und Bodenqualität im FC Bossematié
Minimal requirements for the tree species of high quality in the FC Bossematié

Bodenparameter \ Bodentyp		Lepto-sol	Ferral-sol	Cambi-sol	Acri-sol	Areno-sol	stagnic Gleysol	Gley-sol
nutzbare Bodentiefe	≥ 70cm	-	+	+	+	+	-	-
Marmorierung	≥ 60cm	+	+	+	+	+	-	-
pH (KCl) 0-10cm	> 5,3	+	+	-	+	+	+	+
N_t-Gehalt 0-10cm	≥ 0,1%	-	+	+	+	+	+	+
P_{550}-Gehalt 0-10cm	150mg/kg	+	+	+	-	-	+	+
sekundär								
C_t-Gehalt 0-10cm	≥ 1,3%	-	+	+	+	+	+	+
$AK_{eff.}$ 0-10cm	≥ 6,6mmol IÄ/100g	+	+	+	+	+	+	+

Bewertung: + erfüllt; - nicht erfüllt; -- über 50% unter Minimalwert

n. Drechsel (1992) u. eigenen Untersuchungen

Tab. 6b:
Minimalanforderungen für Wertholzarten und Bodenqualität im FC Béki
Minimal requirements for tree species of high quality in the FC Béki

Bodenparameter \ Bodentyp		Plintho-sol	Ferral-sol	Cambi-sol	Areno-sol	stagnic Gleysol
nutzbare Bodentiefe	≥ 70cm	-	+	+	+	-
Marmorierung	≥ 60cm	+	+	+	+	--
pH (KCl) 0-10cm	> 5,3	+	+	+	+	-
N_t-Gehalt 0-10cm	≥ 0,1%	+	+	+	-	+
P_{550}-Gehalt 0-10cm	≥ 150mg/kg	+	+	+	-	-
sekundär:						
C_t-Gehalt 0-10cm	≥ 1,3%	+	+	+	-	+
$AK_{eff.}$ 0-10cm	>6,6mmol IÄ/100g	+	+	+	-	+

Bewertung: + erfüllt; - nicht erfüllt; -- über 50% unter Minimalwert
(**ohne** stark degradierte Standorte, offener Sekundärwald B1,B2)

n. Drechsel (1992) u. eigenen Untersuchungen

Tab. 6c:
Minimumanforderungen für Wertholzarten und Bodenqualität im FC Mabí
Minimal requirements for tree species of high quality in the FC Mabi

Bodenparameter \ Bodentyp		Plintho-sol	Ferral-sol	rhodic Ferral-sol	Cambi-sol	Acri-sol	Areno-sol	stagnic Gleysol	Gley-sol
nutzbare Bodentiefe	≥ 70cm	-	+	+	+	+	+	-	-
Marmorierung	≥ 60cm	+	+	+	+	+	-	-	-
pH (KCl) 0-10cm	> 5,3	+	-	-	-	-	-	-	-
N_t-Gehalt 0-10cm	≥ 0,1%	+	+	+	+	+	-	+	--
P_{550}-Gehalt 0-10cm	≥150mg/kg	+	+	+	-	-	--	-	-
sekundär:									
C_t-Gehalt 0-10cm	≥ 1,3%	+	+	+	+	+	-	+	-
$AK_{eff.}$ 0-10cm	>6,6mmol IÄ/100g	+	+	-	+	-	--	-	--

Bewertung: + erfüllt; - nicht erfüllt; -- über 50% unter Minimalwert

n. Drechsel (1992) u. eigenen Untersuchungen

Tab. 6d:
Minimumanforderungen für Wertholzarten und Bodenqualität im FC Songan
Minimal requirements for tree species of high quality in the FC Songan

Bodenparameter / Bodentyp		Plinthosol	Ferralsol	rhodic Ferralsol	Cambisol	Acrisol	Arenosol	stagnic Gleysol	Gleysol
nutzbare Bodentiefe	≥ 70cm	--	-	+	+	+	+	--	-
Marmorierung	≥ 60cm	+	+	+	+	+	-	-	-
pH (KCl) 0-10cm	> 5,3	-	-	-	-	-	-	-	-
N_t-Gehalt 0-10cm	≥ 0,1%	+	+	+	+	+	+	+	--
P_{550}-Gehalt 0-10cm	≥ 150mg/kg	-	-	-	-	-	-	-	--
sekundär:									
C_t-Gehalt 0-10cm	≥ 1,3%	+	+	+	+	+	+	+	-
$AK_{eff.}$ 0-10cm	>6,6mmol IÄ/100g	+	--	--	+	--	--	-	--

Bewertung: + erfüllt; - nicht erfüllt; -- über 50% unter Minimalwert
n. DRECHSEL (1992) u. eigenen Untersuchungen

6. Bodennährstoffversorgung in der landwirtschaftlichen Pufferzone des FCB

Auf den flächenmäßig am häufigsten verbreiteten Bodentypen der Plinthosols und Ferralsols wurde 1993 mit Untersuchungen zur Bodenährstoffversorgung in Abhängigkeit vom Nutzungsalter im landwirtschaftlich genutzten Umfeld des Staatsschutzwaldes (FCB) begonnen. Die landwirtschaftliche Nutzung in der Regenwaldzone des Südostens ist gekennzeichnet durch klein- bis mittelbäuerliche Betriebe mit Kaffee- und Kakaoanbau verbunden mit Nahrungsmittel-Hackbau in Form des „shifting cultivation". Aufgrund der Ernährungsgewohnheiten dominieren im Siedlungsgebiet der Agni und Akié Kochbanane, Taro und Yams, ergänzt durch Maniok, Mais und Erdnuß (s. WIESE 1988). Mit der Expansion der exportorientierten Dauerkulturen Kaffee und Kakao seit 1960 wurden Waldflächen auch im Bereich des FCB schnell in Dauernutzungsflächen umgewandelt, wobei im Bereich von Abengourou das klimatische Ertragsrisiko bei 4 ariden Monaten bereits erheblich ist (s. SCHROTH u. PITY 1992).

Entsprechend der Rodungsphasen wurden daher auf ähnlicher Bodenform (Plinthosol, plinthic Ferralsol) unterschiedlich alte Brandrodungsparzellen auf ihre pflanzenverfügbaren Nährstoffe hin untersucht (s. Tab. 7). Zwar sind die Humusgehalte mehrfach gebrandrodeter und genutzter Flächen niedriger als unter Wald (A10, A8); insgesamt existiert jedoch aufgrund der relativ günstigen Bodennährstoffgehalte unter Wald und des zusätzlichen Nährstoffinputs aus der Biomasse mit der Brandrodung eine gute Nährstoffversorgung in der landwirtschaftlichen Pufferzone. Mit dem wiederholten Ernteentzug und Sickerwasseraustrag (leaching) gehen die Bodennährstoffvorräte jedoch allmählich zurück, so daß der Ertragsrückgang und das Problem der Unkrautbekämpfung (Arbeitsaufwand) zu einer Brachephase führt. Brachflächen werden dabei sehr schnell vom Eupatorium (*Chromolaena odorata*) eingenommen und verlieren damit wertvolle einheimische Baumarten in der Brachesukzession. Mit dem Übergang zur Feldbrache (überwiegend mit *Chromolaena odorata*) ist meist ein Anstieg der organischen Substanz und damit der organisch gebundenen N- und P-Gehalte verbunden (s. Tab. 8). Im Unterschied zum immergrünen Regenwald wird mit dem Littereintrag über die während der letzten Feldbauphase schon vermehrt aufgelaufenen Unkräuter und der Unterbrechung der intensiven Zersetzung durch die Trockenzeit die Litterauflage verbessert. Im Vergleich mit ähnlichen Bodentypen (Plinthosols u. Ferralsols) im saisonierten Regenwald des FCB besitzen die Agrarstandorte mit dem traditionellen Brandrodungsfeldbau ähnlich hohe Austauschkapazitäten und Nährstoffgehalte im Oberboden (s. MICHLER 1994). Untersuchungen zum Vergleich immergrüner und saisonierter Regenwälder hinsichtlich des Nährstoffrückganges bei Brandrodung zeigten ähnliche Ergebnisse (verlangsamte Nährstoffverarmung s. GEROLD 1986 u. 1991).

Mit zunehmendem Alter der Landnutzungsflächen tritt jedoch vor allem bei K und P im Unterboden eine Nährstoffverarmung ein (s. Tab. 8, A8), so daß die älteren, dorfnahen Agrarflächen (1. Brandrodung 1950–60) zunehmend in eine kritische Nutzbarkeit hineinkommen (zahlreiche aufgelassene Kakaobestände). So haben bei A8 (plinthic Ferralsol) nach 4-jähriger Nutzung die pflanzenverfügbaren Makronährstoffe N, P, Ca und K im Unterboden auf unzureichende Werte abgenommen. Besser an die Klima- und Bodenbedingungen angepaßte Mischnutzungssysteme sind in der landwirtschaftlichen Pufferzone erforderlich, um den Druck auf die letzten Waldreserven nicht noch weiter anwachsen zu lassen.

Tab. 7:
Fruchtfolge und Alter der Brandrodungsparzellen am FCB
Crop rotation and age of shifting cultivation in the FCB

Jahr \ Parzelle	A8	A9	A10	A15	A16
1. Rodung ca.	1955	1970	1980	1980	1980
letzte Brandrodung	1992/93	1992	1992/93	1993	1991
1993	Mais / Maniok	Yam / Banane	Erdnuß	Yam / Banane	Yam / Banane
1994	Mais / Maniok	Yam / Maniok / Banane	Tabak	Yam / Banane	Banane
1995	Maniok	Maniok / Brache	Brache	Banane / Brache	Yam / Banane
1996	Maniok	Brache	Brache / Rodung	Brache	Banane / Brache

Tab. 8:
Nährstoffentwicklung auf Plinthosols und plinthic Ferralsols in der landwirtschaftlichen Pufferzone des FCB (shifting cultivation)
Nutrient development on plinthosols and plinthic ferralsols in the buffer zone of the FCB (shifting cultivation)

Parzelle		C_t (%)			N_t (%)			P_{550} (mg/kg)			$KAK_{eff.}$ (mmolIÄ/kg)		
Jahr		1994	1995	1996	1994	1995	1996	1994	1995	1996	1994	1995	1996
A8	A_h	2,0	2,3	2,0	0,16	0,25	0,19	-	238	183	117	99	100
	B_{uv}	0,9	0,8	0,7	0,08	0,11	0,01	-	120	76	71	72	47
A9	A_h	2,6	4,2	3,5	0,19	0,46	0,33	-	354	87	156	75	177
	B_{uv}	0,9	1,0	1,0	0,05	0,10	0,05	-	155	81	57	27	16
A10	A_h	3,4	5,4	4,0	0,25	0,43	0,28	-	241	93	191	178	59
	B_{uk}	2,0	1,1	1,6	0,14	0,11	0,10	-	175	96	117	83	21
A15	A_h	2,6	4,4	4,8	0,02	0,43	0,47	-	274	387	165	181	256
	B_{uk}	0,9	0,9	1,0	0,07	0,09	0,08	-	97	112	55	47	87
A16	A_h	3,5	3,4	2,4	0,35	0,35	0,20	-	307	193	225	179	149
	B_{uv}	1,4	1,0	0,9	0,10	0,10	0,07	-	116	113	98	45	49

Parzelle	Jahr	Ca (mg/kg) 1994	1995	1996	Mg (mg/kg) 1994	1995	1996	K (mg/kg) 1994	1995	1996
A8	A_h	2920	1664	1597	102	142	570	96	253	171
	B_{uv}	1620	929	**657**	85	89	74	**30**	**64**	**56**
A9	A_h	4970	5984	2493	286	206	246	115	249	212
	B_{uv}	3130	**197**	**226**	84	76	77	**55**	90	**76**
A10	A_h	4310	4477	1911	338	405	277	213	516	225
	B_{uk}	4060	1124	**46**	213	202	**15**	101	313	88
A15	A_h	4440	2931	8230	355	365	204	181	393	532
	B_{uk}	2850	**510**	1031	235	80	216	140	138	124
A16	A_h	6280	4500	1968	378	221	185	139	225	266
	B_{uv}	3580	**462**	**543**	95	259	110	**59**	195	104

Mischprobe von 8 Standorten je Parzelle; Ca, K über AL-Extraktion; Mg über $CaCl_2$-Extraktion

7. Erste Ergebnisse zum Nährstoffumsatz

Während der großen Regenzeit 1993 (Juni-August) wurden im FCB auf Chromolaena- und dichten Sekundärwaldstandorten sowie entlang der Hangcatena layon 20 (s. Abb. 2) erste Messungen zu Stoffeintrag mit dem Niederschlag (Freiland- und Bestandsniederschlag) und zum vertikalen Nährstoffumsatz (Sickerwasser und Grundwasser bzw. Vorfluter) durchgeführt. Seit September 1995 finden mittels komplexer Meßstationen zum Wasserhaushalt und Nährstoffumsatz kontinuierliche Messungen im Vergleich von Wald- und Plantagenökosystem (Kakao) statt (s. HETZEL u. WALTER 1996). Im intakten Regenwaldökosystem sind die Nährstoffverluste durch Sickerwasser, Oberflächenabfluß oder Bodenerosion sehr gering. Da die Nährstoffreserven des Bodens (Mineralboden) äußerst gering sind, besitzt der Nährstoffinput aus Niederschlag und Laubstreu im Regenwaldökosystem eine entscheidende Bedeutung für den Nährstoffumsatz. Der bisher erfaßte Nährstoffumsatz während der Regenzeit 1993 und des bisher ausgewerteten Meßzeitraums von Sept. 95 bis Mai 1996 können daher nur erste Anhaltspunkte geben.

Mit den Freilandniederschlägen treten im FCB deutlich höhere Nährstoffkonzentrationen z. B. gegenüber amazonischen Regenwaldgebieten auf. Gegenüber Literaturwerten aus Ghana oder Panama sind die erfaßten Elemente in ähnlichen Größenordnungen (z. B. NH_4^+, NO_3^-, PO_4^{3-}, vgl. JORDAN 1982, GOLLEY 1975, NYE 1961). Hohe Einträge liegen vor bei NO_3^-, NH_4^+, SO_4^{2-}, Na und Cl (2–5 mg/l). Untersuchungen von YOBOUE (1991) von der Savannenstation Lamto (Meßzeitraum 1987–88) zeigen, daß bei diesen Ionen die Savannenbrände und der Brandrodungsfeldbau im Übergang von der Trockenzeit zur Regenzeit ein Maximum der Niederschlagsdeposition mit bedingen, während die hohen Na- und Cl-Einträge vor allem auf den SW-Monsun der Regenzeit zurückzuführen sind. In der Reihenfolge abnehmender Werte liegen die Freilandniederschlagskonzentrationen von SiO_2, NH_4^+, Mn, PO_4^{3-}, Fe, Al zwischen 0,01–1,0 mg/l. Waren 1993 relativ hohe Ca-Einträge (5 mg/l) gemessen worden, was mit den hohen Ca-Gehalten im Oberboden und hohen Blattgehalten korreliert (s. GEROLD 1994), so lagen die Ca-Konzentrationen 1995/96 deutlich niedriger (s. Abb. 11 u. 12). Da die Trockenzeit mit dem Harmattan (Saharastaubfracht) 1995/96 bis auf 5 Tage ausblieb, stützen die bisherigen Messungen die Annahme eines erheblichen Anteils der Trockenzeit an der Ca-Deposition im Regenwaldrandbereich (hoher Eintrag 1993, sehr niedriger 1995/96).

Mit dem Kronenraum erfahren alle Makronährstoffe im Bestandsniederschlag eine Anreicherung in der Größenordnung 2–5fach. Dabei kommt der Anreicherung von P und K eine übergeordnete Bedeutung zu (s. Abb.11 u. 12), da es sich, wie gezeigt, um Mangelelemente bei nährstoffarmen Standorten handelt.

Tab. 9:
Verhältnis der Nährelementkonzentration Tiefensickerung(95cm)/Freilandniederschlag im FCB (Waldstation und Kakaoplantage, plinthic Ferralsol)
Relation of nutrient concentration soil water output (95 cm)/rain water input in the FCB (forest site and cacao plantation, plinthic Ferralsol)

Element Meßzeitraum	NO_3^-	NH_4^+	PO_4^{3-}	Ca	Mg	K	Na	Fe	Si
6/93 - 8/93	14,3	0,1	0,7	0,8	-	-	-	0,7	13,4
9/95 - 5/96	6,0	0,1	0,2	30,0	142?	18	0,9	12,5	-
Kakaostation 9/95 - 5/96	1,8	0,4	0,2	11,2	10,2	0,3	1,2	-	-

Meßzeitraum 9/95 – 5/96 und 6/93 – 8/93

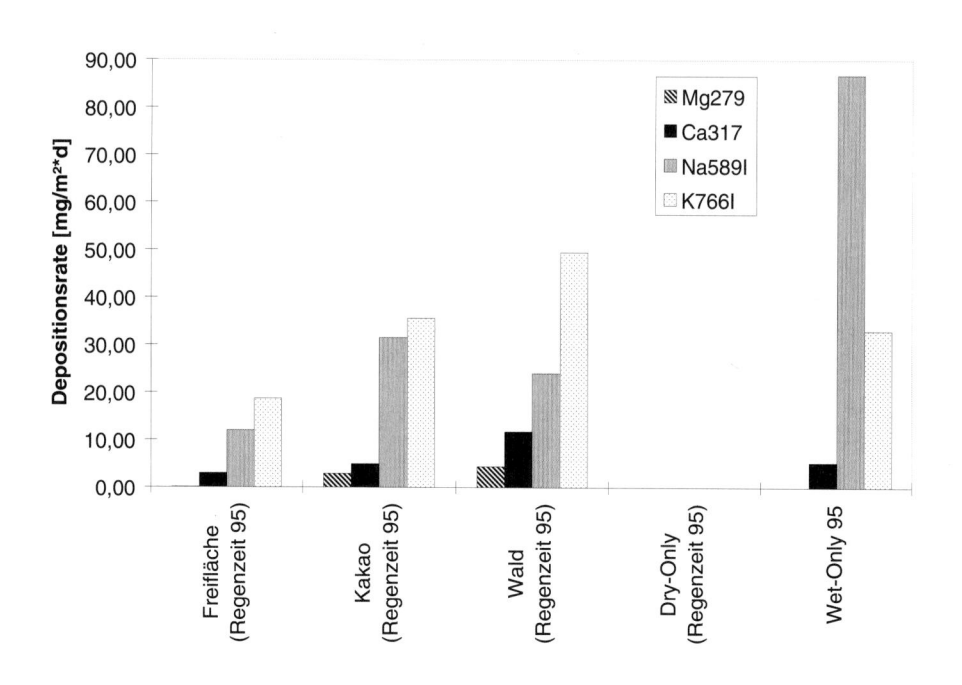

Abb. 10:
Depositionsraten von Mg, Ca, Na und K aller drei Meßstationen in der Regenzeit 1995
Deposition rates of Mg, Ca, Na, and K of all tree field stations during the rain period 1995

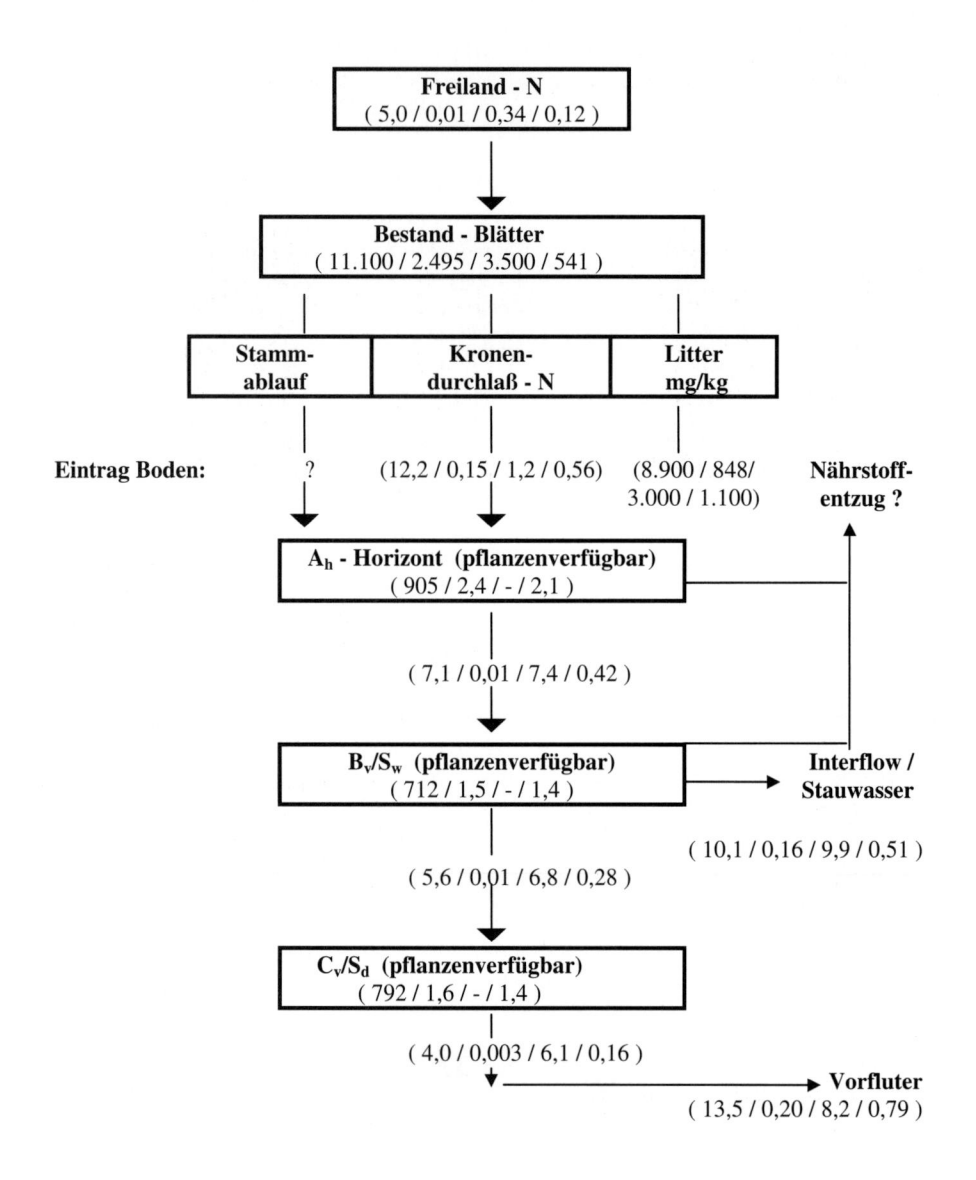

```
                    ┌─────────────────────────────┐
                    │        Freiland - N         │
                    │  ( 5,0 / 0,01 / 0,34 / 0,12 )│
                    └──────────────┬──────────────┘
                                   ▼
                    ┌─────────────────────────────┐
                    │       Bestand - Blätter     │
                    │ ( 11.100 / 2.495 / 3.500 / 541 ) │
                    └──────┬───────┬───────┬──────┘
                           │       │       │
                      ┌────┴──┐ ┌──┴───┐ ┌─┴────┐
                      │Stamm- │ │Kronen│ │Litter│
                      │ablauf │ │durch-│ │mg/kg │
                      │       │ │laß-N │ │      │
                      └───┬───┘ └──┬───┘ └──┬───┘
 Eintrag Boden:       ?        (12,2/0,15/1,2/0,56)  (8.900/848/      Nährstoff-
                                                     3.000/1.100)    entzug ?
```

A_h - Horizont (pflanzenverfügbar)
(905 / 2,4 / - / 2,1)

(7,1 / 0,01 / 7,4 / 0,42)

B_v/S_w (pflanzenverfügbar)   Interflow /
(712 / 1,5 / - / 1,4)   Stauwasser

(10,1 / 0,16 / 9,9 / 0,51)

(5,6 / 0,01 / 6,8 / 0,28)

C_v/S_d (pflanzenverfügbar)
(792 / 1,6 / - / 1,4)

(4,0 / 0,003 / 6,1 / 0,16)
                                     ➤ Vorfluter
(13,5 / 0,20 / 8,2 / 0,79)

(n. eigenen Untersuchungen Regenzeit 1993)

Abb. 11:
Nährstoffumsatz im FC Bossematié (layon 20, gleyic Arenosol; Regenzeit 1993 für
Ca/P/Si/Mn in mg/kg bzw. mg/l)
*Nutrient turnover in the FC Bossematié (layon 20, gleyic arenosol; rain period 1993 for
Ca/P/Si/Mn in mg/kg or mg/l)*

NO₃⁻ 5ppm
NH₄⁺ 0,7ppm
PO₄³⁻ 0,05ppm
Ca   0,6ppm
Mg   0,04ppm
K   0,5ppm
Na   2,2ppm
Fe   0,004ppm
Al   0ppm

Eintrag über Regen

Eintrag über Staub ?

Oberirdische Vegetation

Streufall
C/N 14-25
N_t 30.000ppm
P   1.000ppm
Ca   16.000ppm
Mg   5.000ppm
K   15.000ppm
Na   140ppm
Fe   250ppm
Al   300ppm

Kronentraufe
NO₃⁻ 8ppm
NH₄⁺ 2ppm
PO₄³⁻ 0,5ppm
Ca   0,8ppm
Mg   0,2ppm
K   3,5ppm
Na   2,0ppm
Fe   0,04ppm
Al   0ppm

Auf-
nahme

Nährstoffexport

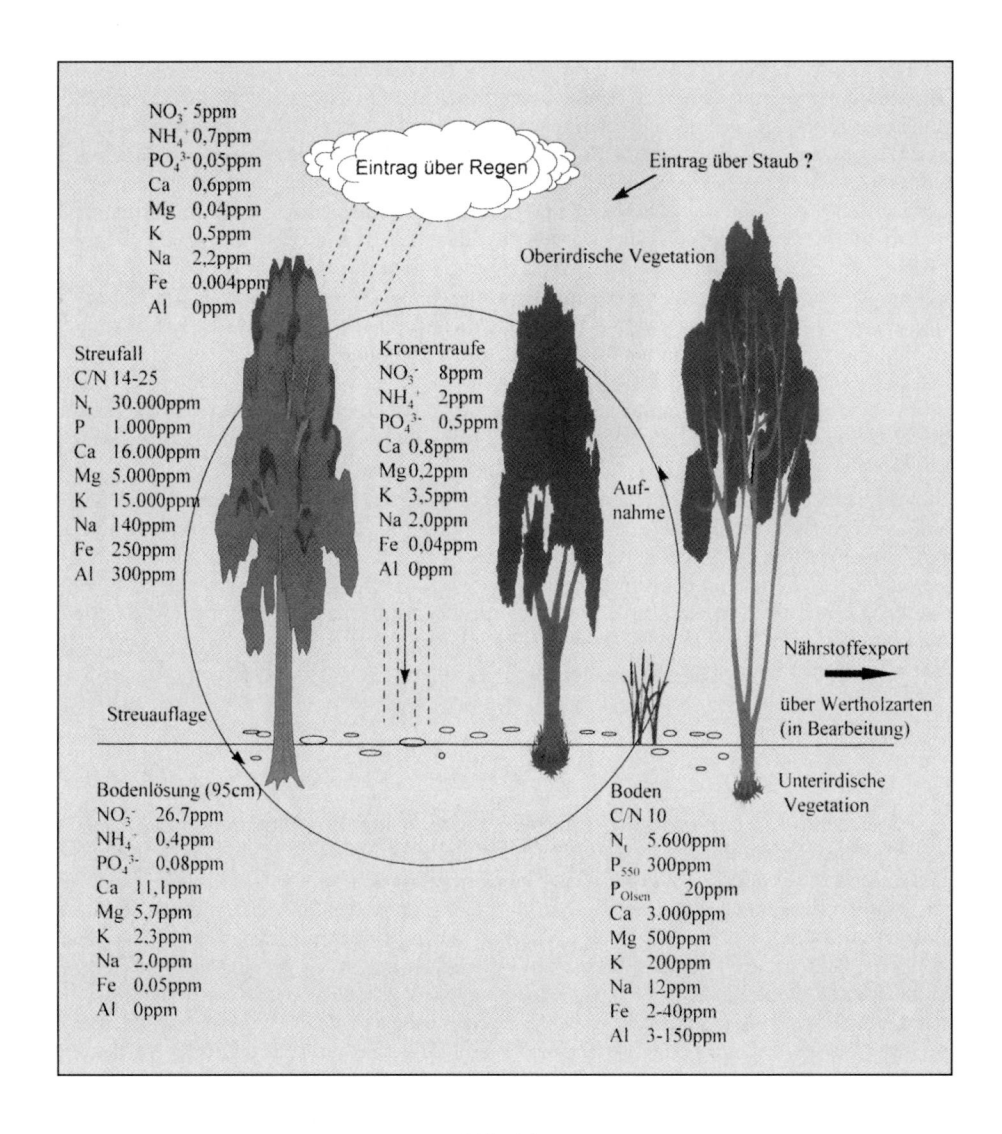

über Werthölzarten
(in Bearbeitung)

Streuauflage

Bodenlösung (95cm)
NO₃⁻ 26,7ppm
NH₄⁺ 0,4ppm
PO₄³⁻ 0,08ppm
Ca   11,1ppm
Mg   5,7ppm
K   2,3ppm
Na   2,0ppm
Fe   0,05ppm
Al   0ppm

Boden
C/N 10
N_t 5.600ppm
P_{550} 300ppm
P_{Olsen} 20ppm
Ca   3.000ppm
Mg   500ppm
K   200ppm
Na   12ppm
Fe   2-40ppm
Al   3-150ppm

Unterirdische
Vegetation

Abb. 12:
Nährstoffkonzentrationen im Waldökosystem – Meßstation FCB (9.95 – 5.96)
Nutrient concentration in the forest ecosystem – field station FCB (9/95 – 5/96)

Die mittleren Nährstoffkonzentrationen vom Meßzeitraum 16.09.95 – 29.05.96 im Waldökosystem (FCB) sind zusammenfassend in Abb. 12 dargestellt. Mit dem Streufall findet vor allem eine gute Nachlieferung von Ca, P und K statt. Die Konzentration bei K und P liegen deutlich über Angaben aus Ghana (immergrüner Regenwald). Berechnet man eine erste vorläufige externe Nährstoffbilanz auf der Grundlage der Konzentrationen (keine Frachten!), so lassen sich erste Abschätzungen der Nährelemententwicklung vornehmen (s. Tab. 9). Mit der Tiefensickerung werden vor allem gelöste Kationen, freigesetzt über die hydrolytische Verwitterung, ausgetragen, die für die Vegetation keine Bedeutung besitzen und in der Bodenmatrix reichlich vorhanden sind (Si, Fe). Während für Natrium wie auch Chlorid, wie vielfach nachgewiesen, keine wesentliche Veränderung durch die Kronen- und Bodenpassage stattfindet, stellt der Oberboden für PO_4^{3-} eine wichtige Senke dar, was mit den P_{550}-Gehalten gut korreliert. NH_4^+ wird überwiegend im Humushorizont gespeichert und von der Vegetation schnell wieder aufgenommen (interner Nährstoffkreislauf). Durch die N-Mineralisation im Oberboden wird wesentlich mehr NO_3^- ausgewaschen, als eingetragen wird.

Aufgrund der unterschiedlichen Witterungsverläufe der Meßzeiträume ist das Ca-Verhältnis sehr unterschiedlich. Die laufenden Messungen in 1996/97 (Staubimpaktor) und die Frachtbilanzierung sind für eine Abschätzung der externen Nährstoffbilanz unbedingt notwendig. Erste Berechnungen mit den Niederschlags- und Sickerwassermengen 1995/96 deuten wie in Tab. 9 an, daß für Ca und Mg die Nährstoffbilanz negativ ist, mit deutlich höheren Verlusten der Kationen in der Kakaoplantage gegenüber dem Waldökosystem. Die hohe Bestandsanreicherung bei Kalium führt zu einer positiven Bilanz.

8. Ausblick

Eine nachhaltige forstwirtschaftliche wie landwirtschaftliche Nutzung in der Regenwaldzone der Elfenbeinküste setzt voraus, daß der interne Nährstoffzyklus ausgeglichen ist und durch Holzexport oder Ernteentzüge keine negative Nährstoffbilanz eintritt. Kurzfristig können Regenerationszyklen des Baumbestandes oder der Plantagennutzung (Kaffee, Kakao) über den Nährstoffvorrat des Bodens (je nach Bodenqualität) gesichert werden. Längerfristig führt eine negative Bilanz mit bodenchemischem oder bodenphysikalischem Streß (Mangelelemente, Bodenwasserversorgung) zu Veränderungen in Struktur und Artenzusammensetzung des Waldes, so daß auch die übrigen Ziele des ökologischen Begleitprogrammes mit Erhaltung der Tierpopulationen und Artendiversität gefährdet werden.

Die begonnenen Untersuchungen (seit 1995) zum Wasser- und Nährstoffumsatz im Vergleich von naturnahem Waldbestand und eines vorherrschenden Nutzungstyps (Kakaoplantage) im FCB (saisonierter Regenwaldtyp) können eine Grundlage zur Beantwortung einer nachhaltigen Nutzung liefern. Sie sollen im Rahmen des GTZ-Entwicklungsprojektes ergänzt werden durch vergleichende Untersuchungen zum Wasserumsatz und Nährstoffeintrag im immergrünen Regenwald (FC Songan) und dem stark degradierten saisonierten Regenwald (FC Béki), um die über die Bodenqualität aufgezeigten deutlichen Unterschiede gegenüber dem gut versorgten FCB für den Nährtstoffumsatz zu bewerten. Dabei sollen mehrjährige Simulationen über ein Wasserhaushaltsmodell auf der Basis der Meßstationen eine Bewertung der im Osten der Côte d'Ivoire bedeutsamen jährlichen Niederschlagsvarianz für Trockenstreß und Varianz des Nährstoffumsatzes ermöglichen. – Die Inhalte in der Landschaftsökologie, wie sie in Göttingen entwickelt und bearbeitet werden, beinhalten neben Grundlagenthemen zum Landschaftshaushalt vor allem Fragen der angewandten geoökologischen Forschung, wie sie an diesem Beispiel eines Entwicklungsprojektes in Westafrika deutlich werden. Über die direkte Einbindung von Doktoranden und Diplomanden (s. Literatur) in längerfristige Projektarbeiten wird damit auch eine enge Verzahnung von Forschung und Lehre erzielt.

Danksagung: Ohne die finanzielle und administrative Förderung der Arbeiten seitens der GTZ und SODEFOR wären die Untersuchungen nicht möglich gewesen. Persönlich möchte ich mich für die besondere Hilfe vor Ort durch Dr. Waitkuwait, Dr. Fickinger und für die fortwährende Unterstützung zur Umsetzung des Konzeptes der „ökologischen Begleituntersuchungen" durch Dr. H.-J. Wöll bedanken. Der Einsatz der ivorischen Mitarbeiter im FCB (Tanoh, Joseph, Augustine) und das auch persönliche Engagement des Doktoranden F. Hetzel und der Diplomanden (Gast, Michler, Walter) sowie des stud. Praktikanten Karsten mit umfangreichen Feldaufnahmen und kontinuierlicher Betreuung der Feldmeßstationen mit praktischer Entwicklungshilfe direkt vor Ort (Ausbildungskomponente) ermöglichten die umfangreichen Detailanalysen.

Literatur

ANHUF, D.& P. FRANKENBERG (1991): Die naturnahen Vegetationszonen Westafrikas. Die Erde, 122: 243–265.

AUBERT, G. & P. SEGALEN (1966): Projet de classification des sols ferrallitiques. Cah. ORSTOM, sér. Pédol., IV (4): 97–111.

BALLÉ, P. & ANOH, J.C. (1992): La sauvegarde du patrimoine forestier en Côte d'Ivoire. Tropenbos Sér. 1, Abidjan.

BERNHARD-REVERSAT, F. (1977): Recherches sur les variations stationelles des cycles biogéochimiques en forêt ombrophile de Côte d'Ivoire. Cahiers ORSTOM, sér. pédologie, vol. XV, 2: 175–189.

BRINKMANN, W.L.F. (1985): Studies on hydrobiogeochemistry of a tropical lowland forest system. GeoJournal, 11 (1): 89–101.

DEZZEO, N. (1990): Bodeneigenschaften und Nährstoffvorratsentwicklung in autochthon degradierten Wäldern SO-Venezuelas. Göttinger Beiträge zur Land- und Forstwirtschaft in den Tropen und Subtropen, H. 53, 104 S.

DRECHSEL, P. (1992): Beziehungen zwischen Standort, Ernährungszustand und Wuchsleistung von Teak (Tectona grandis L.f.) im humiden Westafrika. Bayreuther Bodenkdl. Ber. 31, Bayreuth, 218 S.

FÖLSTER, H. (1983): Bodenkunde-Westafrika. In: Afrika-Kartenwerk W4, Berlin, 101 S.

GAST, C. (1995): Bodenpotential und Bodenveränderung in Abhängigkeit von Alter und Art der landwirtschaftlichen Nutzung in der Pufferzone des FCB – Côte d'Ivoire. Diplomarbeit: 99 S.

GEROLD, G. (1986): Klimatische und pedologische Bodennutzungsprobleme im ost-bolivianischen Tiefland von Santa Cruz. Jb.Geogr.Ges.Hannover, 1985: 69–162.

GEROLD, G. (1991): Human impact on forest ecosystems and soil deterioration in tropical Bolivia. in: W.ERDELEN et.al. (Hrsg.): Tropical Ecosystems, Weikersheim: 107–120.

GEROLD, G. (1994): Différenciation et qualité des sols pour une exploitation forestière durable en FCB. Exposé du séminaire Fabrikschleichach: 71–86.

GEROLD, G. (1996): Bodendifferenzierung, Bodenqualität und Nährstoffumsatz in den „forêts classées" der Ostregion der Côte d'Ivoire. GTZ-Projektbericht, 29 S. u. Anhang.

GLASER, B. & DRECHSEL, P. (1992): Beziehungen zwischen verfügbarem Bodenphosphat und den Phosphatgehalten von Tectona grandis (Teak) in Westafrika. Z. Pflanzenernähr. u. Bodenkd., 2: 115–120.

GOLLEY, F.B.; MCGINNIS, J.T.; CLEMENTS, R.G.; CHILD, G.I. & DUEVER, M.J. (1975): Mineral cycling in a tropical moist forest ecosystem. Athens, University of Georgia: 248 S.

HETZEL, F. (1993): Bodendifferenzierung und Bodenqualität eines Regenwaldgebietes in der Elfenbeinküste. Diplomarbeit: 140 S.

HETZEL, F. & WALTER, N. (1996): Nährstoffumsatz und Wasserbilanz im forêt classée de la Bossematié und einer angrenzenden Kakaoplantage. Zwischenbericht zum GTZ-Projekt, August 96: 119 S.

JORDAN, C.F. (1982): The nutrient balance of an Amazonian rain forest. Ecology, 63: 647–657.

LANDON, J.R. (1984): Booker tropical soil manual. London: 450 S.

MICHLER, H. (1994): Bodenqualität und Nährstoffumsatz im Regenwaldgebiet des FCB. Ein Vergleich von Regenwald, landwirtschaftlichen Nutzflächen und Chromolaena-Brache. Göttingen, Diplomarbeit: 203 S.

MÜHLENBERG, M. et.al. (1993): Bericht über die ökologischen Begleitmaßnahmen in der Projektphase 1991–1993. Projektber. GTZ: 86 S.

MÜHLENBERG, M. & SLOWIK, J. (1996): Synopsis 1995. Bewertung der Ergebnisse im Ökologie-Sektor. Projektber. GTZ: 54 S.

NYE, P.H. (1961): Organic matter and nutrient cycles under moist tropical forest. Plant and soil, 13: 333–346.

SCHROTH, G. & PITY, B. (1992): Rapport de mission pour le projet „Stabilisation des systèmes de production agricole dans la région d'Abengourou" – aspects agro-écologiques. Abidjan: 64 S.

SPANGENBERG, A. (1994): Nährstoffvorräte und -exporte von Eucalyptus urograndis-Plantagen in Ostamazonien (Jari), Brasilien. Göttinger Beiträge zur Land- und Forstwirtschaft in den Tropen und Subtropen, 93: 103 S.

WIESE, B. (1988): Elfenbeinküste. Wiss. Länderkunde, 29: 303 S.

WÖLL, H.-J. (1993): Intégration des aspects écologiques dans les plans d'aménagement forestier. GTZ/SODEFOR, 4. nov. 1993, Abidjan: 1–28.

YOBOUE, V. (1991): Caractéristiques physiques et chimiques des aérosols et des pluies collectés dans la savane humide de Côte d'Ivoire. Thèse du doctorat, Toulouse: 146 S.

Frank Lehmkuhl

Flächenhafte Erfassung der Landschaftsdegradation im Becken von Zoige (Osttibet) mit Hilfe von Landsat-TM-Daten

Zusammenfassung: Im Becken von Zoige in 3400 bis 3700 m Höhe am Ostrand des tibetischen Plateaus werden die Sandflächen vorzeitlicher Dünen, Sandfelder und Sandlößdünen durch Überbeweidung remobilisiert und vergrößert (bis zur Dünenneubildung). Es können acht verschiedene geoökologische Reliefeinheiten von der Talaue des Huanghe und seinen Terrassen über die Talhänge, flachen Kuppen und Rücken bis zu den vermoorten Beckenbereichen unterschieden werden. Die monsunalen Sommerniederschläge von durchschnittlich 654 mm/a und eine Julimitteltemperatur von 10,7°C würden unter natürlichen Bedingungen geschlossene alpine Matten oder sogar Wald (zumindest an Nordhängen) ermöglichen. Durch intensivere Nutzung infolge Vergrößerung der Viehherden seit den 80er Jahren werden die Matten insbesondere in Kuppenlagen und an ostexponierten Hängen bis zur völligen Zerstörung der Vegetation degradiert. Winterliche Trockenheit bei größeren Windgeschwindigkeiten verursacht dann die Sandverlagerung. Mit Hilfe analoger und digitaler Auswertung einer Landsat-TM-Szene von 1989 konnten die verschiedenen Landschaftseinheiten einschließlich der Dünenareale und degradierten Flächen erfaßt werden. Hierbei zeigte sich, daß die Sandfelder im Bereich der Satellitenbildszene bereits fast 30.000 ha Fläche (= 5%) einnehmen und somit die Angaben der County-Regierung mit 6.000 ha deutlich zu niedrig liegen. Weitere 160.000 ha (20%) sind stark oder mäßig stark degradiert, und 20% sind Moorstandorte, die sich nicht oder nur bedingt nutzen lassen. Eine Rückkehr zu einer nachhaltigen Nutzung der Weiden dieser Hochgebirgsregionen sollte schnellstmöglich erfolgen, um diese Gebiete an der Grenze der Ökumene auch für zukünftige Generationen zu erhalten.

[Areal recording of land degradation of the Zoige Basin (Eastern Tibetan Plateau) using Landsat-TM data]

Summary: At the eastern margin of the Tibetan Plateau, in the Zoige Basin (3,400 to 3,700m a.s.l.), ancient dunes, areas of sand fields and sandy loess are remobilised and increased. Eight geoecological land systems can be separated from the valley floor of the Huanghe, the hummocky and undulated ground surface to the flat basins with peat. The monsoon precipitation during the summer results in annual precipitation of 654mm/a in average. This and the average July mean temperature of 10,7°C allows under natural conditions a complete alpine meadow and probably even forest at least at the north facing slopes. However, there is a degradation of the vegetation and development of sand fields mainly at the top of hummocks and at east facing slopes. This has been caused by overgrazing due to an increasing number of livestock since the eighties. The low precipitation of the winter with high wind speed predominantly from the north and northwest caused the shifting of sand. By means of mapping and controlled classification of a Landsat-TM-scene different geoecological landscape units including dunes and degraded areas could be registered. It can be shown, that sand fields cover almost 30,000 ha in total area of the satellite image (= 5%, this figure significantly diverging from the Countys official declaration of only 6,000 ha). Further 160,000 ha (20%) are classified as spare (degraded) meadow and are endangered by desertification processes. The local people should turn back to a sustainable development of this alpine meadows as soon as possible to preserve these endangered ecosystems at the margin of the inhabited world.

1. Einleitung

In der alpinen Mattenstufe am Ostrand des tibetischen Plateaus konnten im Becken von Zoige (Ruoergai Plateau) während Feldarbeiten 1989, 1991 und 1994 Beobachtungen zur aktuellen Landschafts- und Vegetationsdegradation durchgeführt werden (vgl. LEHMKUHL 1993). Auf der Grundlage der Geländebefunde ist das Ausmaß der Veränderungen durch eine digitale Landsat-TM-Auswertung flächenhaft erfaßt worden.

Aus Tibet und seinen Randbereichen sind erst wenige Untersuchungen zu Problemen der Überbeweidung und Vegetationsdegradation bekannt (u.a. DAMM 1993, LEHMKUHL 1995a, TANG & SHANG 1991, ZHANG 1995, ZHENG 1995), während aus den Gebieten nördlich des tibetischen Plateaus, den Randbereichen der chinesischen Wüsten, zahlreiche Arbeiten international zugänglich sind (u.a.: COQUE & GENTELLE 1991, GRUSCHKE 1991, MENSCHING 1990, MECKELEIN 1986, ZHU et al. 1988).

Das Untersuchungsgebiet befindet sich im Nordwesten der Provinz Sichuan an der Grenze zu den Provinzen Gansu und Qinghai. Das Becken von Zoige weist Höhenlagen zwischen 3400 bis 3800m auf, und die umrahmenden Gebirge erreichen Gipfelhöhen bis über 4300m. Die Hauptvorfluter sind der Huanghe-Oberlauf (tibetisch: Matschü oder Maqu) und seine beiden Nebenflüsse Baihe (Garqu) und Heihe (Mequ, s. Abb. 1).

Der Bezirk von Zoige, dessen Westgrenze der Huanghe bildet, gehört politisch zur „Abazang (Tibetan) and Qiang Nationalities Autonomous Prefecture" innerhalb der Provinz Sichuan. Der Bezirk von Zoige umfaßt 10.280 km^2 mit 46.000 Einwohnern (1974; 85% Tibeter), was einer Bevölkerungsdichte von 4,5 Einwohnern pro km^2 entsprach. Im Osten des Bezirkes ist Ackerbau bis ca. 2500m Höhe (51 km^2 = 0,5% der Gesamtfläche) möglich. Die potentielle Waldgrenze befindet sich in etwa 3800 bis 4000m Höhe. Der Waldanteil wird mit 298 km^2 (= 2,9% der Gesamtfläche) angegeben (ADMINISTRATION MAP OF SICHUAN 1979). Während die Anteile des Acker- und Waldlandes seit 1974 annähernd unverändert geblieben sind, hat sich die Bevölkerungszahl um 14.000 auf etwa 60.000 Einwohner (1994) vergrößert. Die nutzbaren Weideflächen werden mit 6.063 km^2 (= 59,4%) angegeben. Hier differiert die Größe des verfügbaren Weidelandes in unterschiedlichen Quellen geringfügig je nach dem Anteil der als Weide nutzbaren Moorflächen. Diese werden insgesamt mit 2.466 km^2 (= 24,2%) angegeben, wovon 24% bis 30% nicht als Weideflächen verwendbar sind.

Durch die Liberalisierung seit 1981 sind parallel zum Bevölkerungsanstieg die Viehbestände überproportional angestiegen: Während sich für 1975 ein Bestand von 425.782 Yaks (oder Großvieheinheiten = GVE) bestimmen läßt, wurde der Bestand 1994 mit 543.400 GVE angegeben (frdl. mdl. Mitt. d. Bezirksregierung in Zoige-County, Nov. 1994). Nach Zheng (1995) beträgt die Kapazität der Weideflächen in Zoige etwas über 370.000 GVE (vgl. Tab. 1).

In den verschiedenen chinesischen Quellen (ADMINISTRATION MAP ... 1979, ZHENG 1995, mdl. Mitt. d. County-Regierung) werden die Gesamtviehbestände in Schafe umgerechnet, wobei einem Yak 5 Schafe und einem Pferd 6 Schafe entsprechen. Zheng berechnete die Kapazität des Weidelandes in Zoige auf 1.864.942 Schafe (372.988 Yaks, s. Tab. 1). Bei einem verfügbaren nutzbaren Weideland von ca. 606.300ha ergibt sich ein Verhältnis von 0,24 ha/Schaf oder 1,18 ha/Yak. Der Bestand 1985 wird von Zheng mit 2.497.622 Schafen (499.524 Yaks = 1,21 ha/Yak) angegeben. Für 1990 errechnet sich aus den Angaben der County-Regierung ein Bestand von 2.668.025 Schafen (533.605 Yaks oder 1,14 ha/Yak) und für 1994 umgerechnet 543.400 Yaks (1,12 ha/Yak). Der Bestand steigt somit um mehr als 1% pro Jahr und lag 1990 um 43,1% bzw. 1994 um 45,7% über der von ZHENG errechneten Kapazität des Weidelandes (s. Tab. 1).

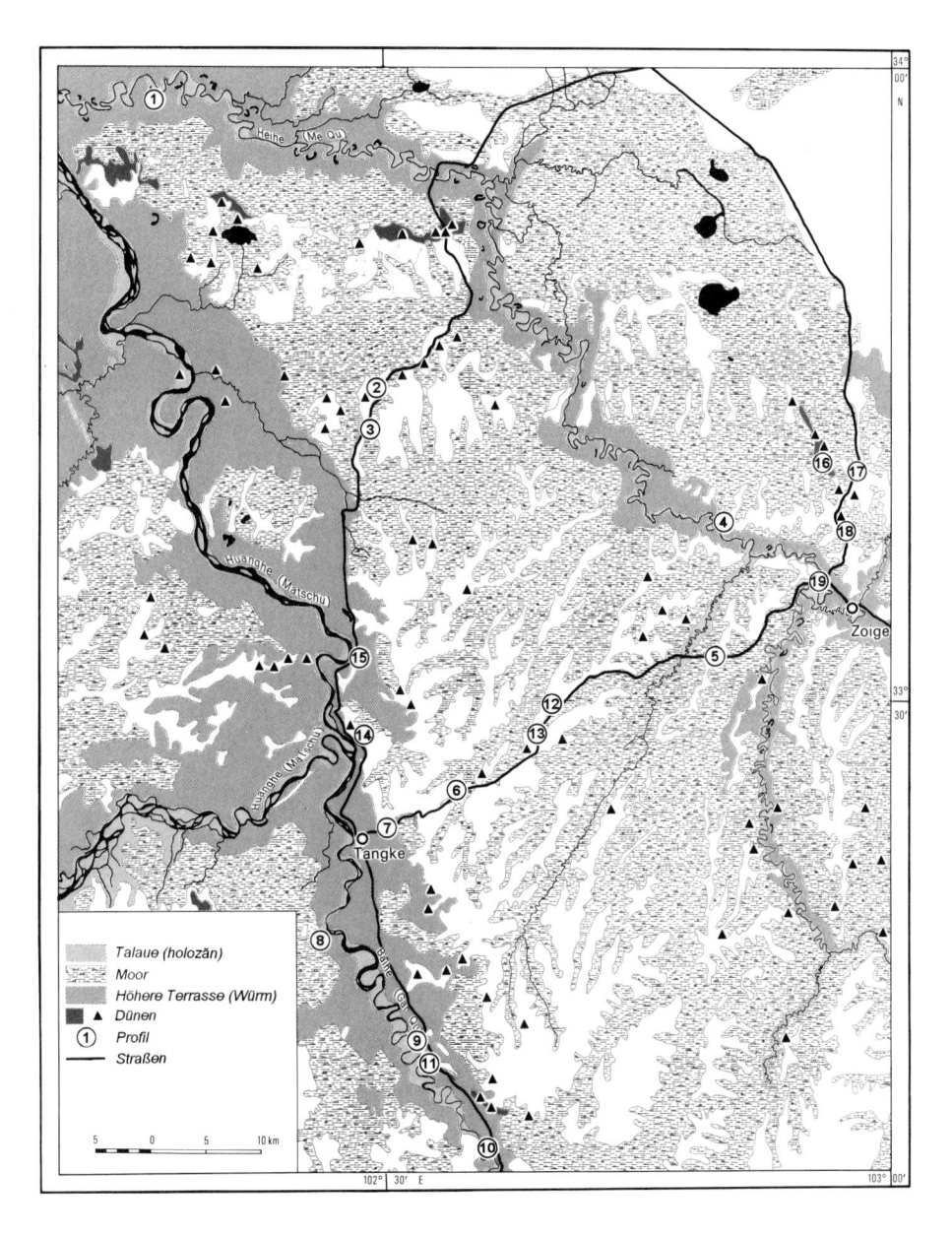

Abb. 1:
Übersichtskarte des Untersuchungsgebietes mit Standorten („Profile") von Detailuntersuchungen (im Text nicht berücksichtigt).
Map of the investigation area with location of exposures (not described in detail).

	Yaks	Schafe	Pferde	GVE	ha/VE	% Überbestockung
1975	255 189	630 962	37 000	425 782	1.42	+14.2
1985	339 148	486 814	36 490	499 524	1.21	+33.8
1990	390 814	488 938	37 502	533 605	1.14	+43.1
1994	400 000	531 000	31 000	543 400	1.12	+45.7
Kapazitätsberechnung nach Zheng 1995				372 988	1.63	

Tab. 1:
Viehbestände von Zoige County für ausgewählte Jahre. Quellen: ADMINISTRATION MAP...1979, ZHENG 1995, mdl. Mitt. d. County-Regierung.
Livestock of Zoige County for different years. Sources: Administration Map ... 1979, ZHENG 1995, pers. comm. Zoige-County.

Es wurden während der Geländearbeiten acht geoökologische Reliefeinheiten ausgewiesen. Aus einer Landsat-TM-Szene (Landsat 5 TM; path 131, row 37 vom 22.8.1989) wurden die Areale mit Sanddünen sowie nach dem Deckungsgrad der Vegetation fünf alpine Matten- bzw. Typen landwirtschaftlicher Nutzflächen und nach dem Wasseranteil drei unterschiedliche Moortypen klassifiziert. Dabei sollten die Areale mit Sanddünen und die degradierten Matten sowohl in ihrer räumlichen Verbreitung als auch quantitativ erfaßt werden. Aufgrund der aktuellen bioklimatischen Verhältnisse an diesem monsunal geprägten humiden Ostrand Tibets würden unter natürlichen Bedingungen in diesem Raum geschlossene Matten, höchstwahrscheinlich mit Wäldern zumindest an den Nordhängen, vorherrschen (CHEN 1987, LEHMKUHL & LIU 1994, WINKLER 1994). Dies wird durch Aufzeichnungen und Beobachtungen früherer Forschungsreisender (TAFEL 1914) und Pollenanalysen (FRENZEL 1994, SCHLÜTZ 1995) bestätigt.

Der Raum zeichnet sich durch eine anthropogene Übernutzung aus, die durch Weideschäden zur Remobilisierung und weiterer Ausdehnung fossiler Dünen und fixierter Sandareale führt (LEHMKUHL 1993; ZHENG 1995). Weiterführende Arbeiten sollten die Tragfähigkeit des Raumes unter dem Aspekt einer angepaßten und nachhaltigen Nutzung des Naturraumes ermitteln.

Es soll im folgenden gezeigt werden, daß Formen der Vegetationsdegradation und daraus resultierende Erosionserscheinungen im Weideland bis zur Akkumulation und Weiterbildung von Dünen infolge Überbeweidung in dieser Region am Ostrand des tibetischen Plateaus (Beckens von Zoige oder Ruoergai Plateau) eine beträchtliche Größenordnung erreicht haben und das Ökosystem empfindlich aus dem Gleichgewicht bringen.

2. Der Naturraum des Untersuchungsgebietes

Das Becken von Zoige, höchstwahrscheinlich ein im Zuge der Hebung des tibetischen Plateaus im Tertiär angelegtes „pull-apart basin" (s. LEHMKUHL & SPÖNEMANN 1994), liegt an der ersten markanten Biegung des Huanghe bei etwa 102°E. Die in West- und Zentraltibet hauptsächlich E-W-streichenden Gebirgszüge (Qinling-Richtung) gehen hier am E-Rand des Plateaus in eine E-W-Richtung (Minshan-Richtung) über. Dabei gibt es Übergange, wie z.B. die NW-SE-Richtung des Bayan Har Shan. Im Becken von Zoige werden metamorphe jurassische Schiefer und Kalke sowie lokale Vorkommen von neogenem Sandstein weitflächig von bis zu 300 m mächtigen quartären Lockersedimenten und Mooren überdeckt. Bei letzteren handelt es sich überwiegend um die Ablagerungen des Huanghe in der Talaue und auf höheren Terrassen sowie um äolische Ablagerungen (Sandlöß und Dünen). Im Untergrund, insbesondere in den Talschlüssen der Nebentäler, sind oft limnische Sedimente vorhanden (vgl. LEHMKUHL 1993). Die wenigen, meist SW-NE streichenden

Rücken, die sich aus den tieferen, durchweg vermoorten Becken 200 bis maximal 300 m herausheben, sind von Solifluktionsschuttdecken und dünnen Sandlößlagen überdeckt.

Der von Westen kommende Huanghe biegt hier nach Norden um und verläßt das Becken in nordwestlicher Richtung. Das Gefälle der Flüsse ist im eigentlichen Becken mit 0,2 bis 0,3% sehr viel geringer als in den angrenzenden Gebirgsbereichen. Die Talaue (bis 3m über dem Flußniveau) und die höheren Terrassen (8 bis 12 m und 28 bis 41 m) sind von Sanden und Schluffen bedeckt (vgl. LEHMKUHL 1993, Tab. 1). Insbesondere die 8 bis 12 m hohen würmzeitlichen Terrassen weisen aufgrund der bis 2 m mächtigen Feinsandlößdecken sehr gute Bodeneigenschaften auf und werden daher als Winterweiden und zum Winterfutteranbau genutzt.

Die Jahresmitteltemperatur beträgt in Zoige (3477 m, Zeitraum 1957–1990) 0,8°C, die Temperatur des wärmsten Monats (Juli) 10,7°C und die des Januars -10,4°C. Die monsunalen Niederschläge von 500 bis 700 mm (im Mittel 654 mm) pro Jahr fallen zu 86% im Sommerhalbjahr und sind für die Entwicklung einer alpinen Mattenstufe sehr günstig. Die Wälder und Matten der Ostabdachung des tibetischen Plateaus gehören zu der artenreichsten Region der Holarktis, sind jedoch floristisch und vegetationsgeographisch kaum erforscht. Die potentielle natürliche Waldgrenze liegt hier in ca. 3700 m Höhe, wie Fichtenwälder nördlich des Zoige-Beckens anzeigen. Die Wälder der hochmontanen und submontanen Stufe beschränken sich hier aber weitgehend auf nordexponierte Hänge. In welchem Umfang die Waldfreiheit der Sonnhänge und des Zoige-Beckens anthropo-zoogen bedingt ist, ist derzeit nicht bekannt. Nähere Angaben zur Vegetation und zum Klima dieser Region sind bei CHEN 1987 und LEHMKUHL (1993, 1995b) zu finden.

3. Degradierung der alpinen Matten in unterschiedlichen geoökologischen Reliefeinheiten

Es lassen sich insgesamt acht geoökologische Reliefeinheiten im Becken von Zoige ausweisen, in denen die Matten aufgrund der Intensität der Nutzung und der Erosion unterschiedlich degradiert sind (s. Abb. 2).

1) Die holozäne Talaue der Hauptflüsse des Huanghe, Baihe und Heihe mit mäandrierenden Flüssen, Altarmen und einem Hochflutbett. Die Flüsse führen im Winterhalbjahr wenig Wasser; der Hauptabfluß erfolgt aufgrund der monsunalen Niederschlagscharakteristik sowie der Schnee- und Gletscherschmelze im Sommer. Die trockengefallenen und kaum bzw. nicht bewachsenen Hochwasserbereiche stellen aktuelle Liefergebiete für Sande dar. Die anthropo-zoogene Degradierung dieser Bereiche ist unterschiedlich groß. Die Hochflutbereiche weisen auch unter den natürlichen Bedingungen nur eine geringe Pflanzendecke auf. Matten in höherer Randlage sind zumeist mäßig bis stark degradiert.

2) Die ca. 20 bis 30m höhere, letztglaziale Terrassenfläche des Huanghe (und Beihe, Heihe) mit einer 50 bis 200cm mächtigen Sandlößauflage. Diese ebenen Terrassenflächen stellen die besten Weidegründe dar. Am Huanghe in der Nähe der Siedlung Tangke werden Flachs und Kartoffeln angebaut. Größere Areale dienen im Herbst der Heugewinnung. Die höheren Terrassen am Huanghe werden im Satellitenbildausschnitt überwiegend als Winterweiden oder aber zur Gewinnung von Winterfutter (Heu) genutzt und dienen daher zumeist nur im Winterhalbjahr oder unmittelbar nach der Mahd als Weideflächen. Diese Bereiche sind daher intakte Vegetationsflächen. Die umliegenden Matten sind, außer in der Umgebung der Zeltlager der Nomaden und südlich der Siedlung Tangke, ebenfalls nur schwach degradiert.

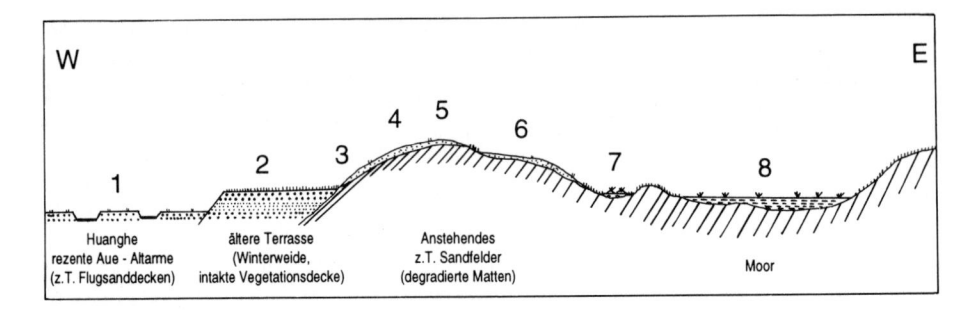

```
         W                                                              E
                          4  5
                 2    3       6
           1                            7        8
         ~~~~~  ___~~~  ~~~            ~~~      ~~~
           Huanghe      ältere Terrasse   Anstehendes
         rezente Aue - Altarme   (Winterweide,   z.T. Sandfelder         Moor
         (z.T. Flugsanddecken)  intakte Vegetationsdecke)  (degradierte Matten)
```

1	**Aue und Altarme des Huanghe**	
	Sandfelder, Hochflutbereiche mit geringen Vegetationsdecken, degradierte Matten, Wasserflächen	
2	**Höhere Terrassen des Huanghe**	
	kaum degradierte Matten, Winterweiden	
3	**Unterhänge**	
	kaum degradierte Matten, Winterweiden, stellenweise feuchtere Standorte	
4	**W-exponierte Hänge**	
	degradierte Matten, Sommerweiden	
5	**Kuppenlagen**	
	sehr stark degradierte Matten, Sommerweiden	
6	**E-exponierte Hänge**	
	stark degradierte Matten, Sommerweiden	
7	**Flachgründige Moore in den Becken**	
	stellenweise Winterweiden	
8	**Tiefgründige Moore in den Becken**	
	stellenweise offene Wasserflächen	

Abb. 2:
Geoökologische Reliefeinheiten im Zoige-Becken.
Geoecological land systems of the Zoige basin.

3) Bereich der konvexen Unterhänge, wo kolluvial umgelagertes Material akkumuliert wird. Hier sind oftmals recht geschlossene Matten und eingezäunte Bereiche zur Winterfuttergewinnung zu finden. In S- und SE-Exposition sind zumeist die Wintersiedlungen der Nomaden. In der Umgebung der Zelt- und Winterlager werden die sonst zumeist nur mäßig degradierten alpinen Matten stärker zerstört. Dabei setzt die Erosion häufig an Yakscheuerstellen an (s. Abb. 3).

4) u. 5) Aus den Beckenbereichen 200 bis 300 m aufragende Höhenzüge. Sie streichen zumeist SSW-NNE und werden von Dezimeter mächtigen Decksedimentfolgen aus Solifluktionsschutt und Sand oder Sandlöß aufgebaut. Die W-exponierten Hänge sind dabei mäßig bis stark degradiert. Die Decksedimentauflage wird fluvial zum Unterhang verlagert (s. Abb. 4) oder äolisch abgetragen. An den E-exponierten Hängen finden sich

Abb. 3:
Degradierte Matte und Yakscheuerstellen an den Hängen westlich der Siedlung Zoige in 3460 m (33°32'N/102°33'E; Abb. 1, Profil 12). Der Hintergrund zeigt die flachen vermoorten Beckenbereiche. – Photo: F. Lehmkuhl, 19.10.1994.
Degraded alpine meadow and erosion by Yaks at the east-facing slope west of Zoige in 3,460 m a.s.l. In the background the flat basins with peat bogs.

aufgrund der im Winter vorherrschenden W- und NW-Winde im Lee von Kuppen und Bergrücken lokal umgelagerte Sand- bzw. Feinsandakkumulationen, die wiederum sekundär äolisch oder fluvial weiter verlagert werden können.

6) Kuppen- und Bergrücken. Sie sind aufgrund ihrer exponierten Position gegenüber der Winderosion am anfälligsten. Decksedimente aus Sandlöß oder Sand fehlen daher zumeist. Die lückenhaften und zumeist stark degradierten Vegetationsdecken sind über Anstehendem oder wenige Zentimeter mächtigem Solifluktionsschutt entwickelt. In einigen Bereichen sind bereits Sanddünen und größere zusammenhängende Sandfelder vorhanden (s.u. und Abb. 5). Die Sandakkumulationen greifen dabei zunächst auf die E- und SE-exponierten Hänge über. Vegetation befindet sich zwar auch auf den höchsten Dünenkämmen, wird jedoch in der Regel sofort wieder abgegrast.

7) u. 8) Weit gespannte, von flachgründigen Mooren bedeckte Becken. Diese im Sommer unterschiedlich feuchten Standorte werden im Winterhalbjahr beweidet und sind z.T. stark degradiert. In den größeren Becken sind tiefgründige Moore und stellenweise auch offene Wasserflächen vorhanden.

Abb. 4:
Fluviale Erosion und Abspülung von Sanden auf einer ostexponierten Sandfläche westlich der Siedlung Zoige in 3480 m Höhe (33°32'N/102°33'E; Abb. 1, Profil 12). – Photo: F. Lehmkuhl, 19.10.1994.
Fluvial erosion of sand material at an east facing sand field west of Zoige in 3,480 m a.s.l.

4. Rezente Prozessdynamik und Dünenfelder

In dem kalt-ariden Winterhalbjahr mit monatlichen Niederschlägen von durchschnittlich 15mm (Dezember bis Februar unter 10mm) kommt es wegen der geringen winterlichen Schneedecke zusätzlich zur Austrocknung des Bodens durch Frost. Das Feinmaterial des Oberbodens, welches in dieser Höhenstufe zumeist aus Sandlöß oder Feinsand besteht, kann dann besonders in der winterlichen Trockenperiode durch Deflation und durch Prozesse des Rasenschälens (*turf exfoliation*; TROLL 1973) vollständig erodiert werden. Dadurch wird die Verlagerung des von der Vegetation entblößten Feinmaterials durch die starken winterlichen Winde, die oftmals Sturmstärke erreichen und dominant aus westlichen bis nordwestlichen Richtungen kommen, ermöglicht. Diese klimatischen Bedingungen im ariden Winterhalbjahr sind für die Prozesse der Bodenerosion und Dünenbildung entscheidend. Da für die Degradation der Vegetation und Freilegung der vorzeitlichen Sande eine Überbeweidung durch zu hohen Viehbestand ursächlich ist (s. Abb. 3), ist hier der Begriff der (montanen) Desertifikation verwendet worden (LEHMKUHL 1993).

Im November 1994 konnte auch eine fluviale Abspülung von freigelegten Dünensanden beobachtet werden. An einem ostexponierten Hang südwestlich der Siedlung Zoige wurden die Sande im Mittelhang durch flächenhafte und linienhafte Erosion zerschnitten.

Abb. 5:
Größeres, zusammenhängendes Sandfeld nordwestlich der Siedlung Zoige in 3460 m
(33°43'N/102°57'E; Abb. 7, Profil 16). – Photo: F. Lehmkuhl, 19.10.1994.
Large sandfield northwest of Zoige in 3,460 m a.s.l.

Im Unterhang wurde das abgepülte Material bei nachlassendem Gefälle in kleinen Schwemmfächern akkumuliert (s. Abb. 4).

Über die Verbreitung, Morphologie, Entstehung und Ausdehnung der Sanddünenfelder ist bereits an anderer Stelle berichtet worden (LEHMKUHL 1993). Es konnte nachgewiesen werden, daß es sich bei der Dünenbildung um eine jüngste Regenerationsphase handeln muß. Während es um die Jahrhundertwende keine Dünen gegeben haben kann (vgl. TAFEL 1914, Bd. 2:289), läßt sich nach den Angaben der County-Regierung die Ausdehnung der Dünenareale seit 1960 nachweisen. Die Fläche der Sanddünen nahm kontinuierlich von 1.134 ha (1970) auf 2.935 ha (1980), 3.600 ha (1990) und über 6.000 ha (1994) zu. Mit diesen sicherlich zu geringen Zahlen der County-Regierung (vgl. LEHMKUHL 1993: 100) sind allerdings nur die reinen Sandfelder erfaßt. Die bereits degradierten Flächen mit einem Deckungsgrad der Vegetation von 50–70% und weniger bei gleichzeitiger Dominanz von Weideunkräutern dürften mindestens noch einmal die doppelte Größenordnung ausmachen.

5. Räumliche Verbreitung der degradierten Matten und Sandfelder im Becken von Zoige

Auf Falschfarbenkompositen der Landsat-TM-Szene lassen sich nun die Geländebefunde verifizieren, Details wiedererkennen und auf die Fläche übertragen. Besonders gut lassen sich bereits visuell die Flußläufe, Seen, Moore, stark degradierten Matten und offe-

Abb. 6:
Falschfarbenkomposit der Landsat-TM-Szene vom 22.8.89 der Kanäle 2 - 3 - 4 aus der Umgebung des Huanghe. Lage des Satellitenbildauschnittes siehe Abb. 7 (= Ausschnitt 1).
Landsat-TM colour composite (22.8.1989, channels 2 - 3 - 4) from the surrounding areas of the Huanghe. Position of this section see fig. 7 (=Ausschnitt 1)

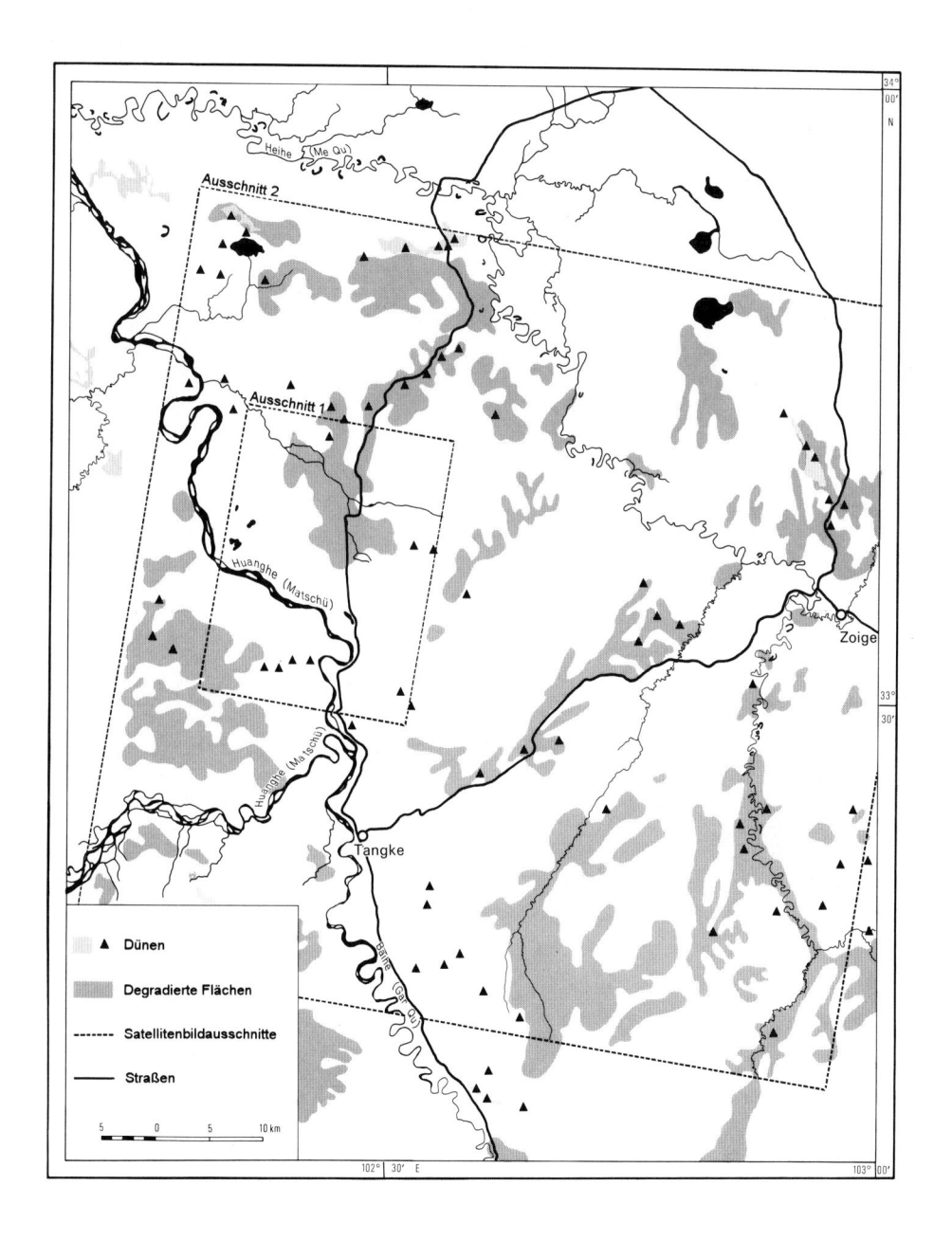

Abb. 7:
Kartierung der Dünen und degradierten Matten nach der Landsat-TM-Szene.
Map of degraded alpine meadows and dunes fields according to the Landsat-TM image.

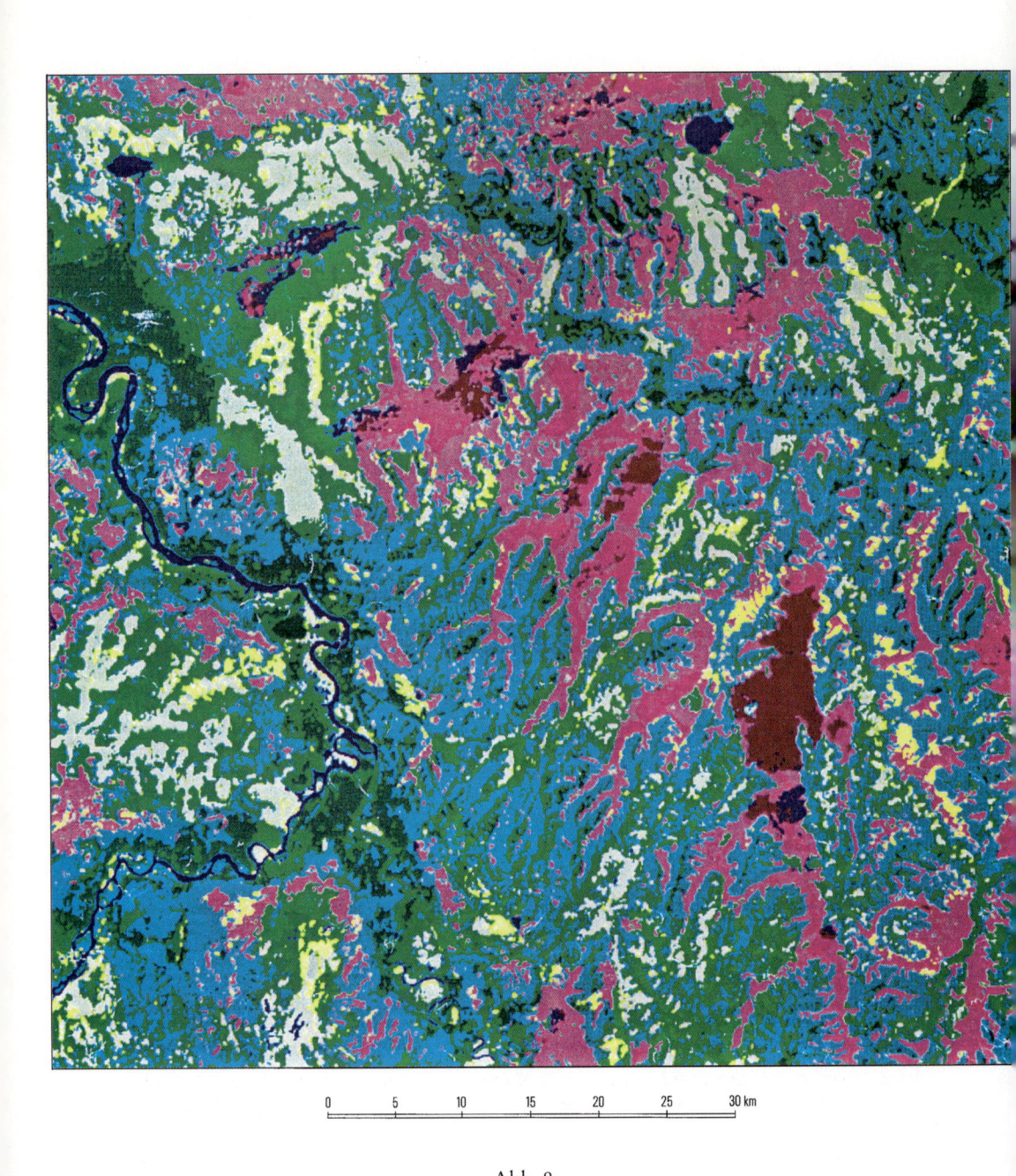

Abb. 8:
Klassifikation der Landsat-TM-Szene auf Grundlage von Testgebieten und der Geländekenntnisse. Lage des Satellitenbildauschnittes siehe Abb. 7 (= Ausschnitt 2).
Classification of the Landsat-TM scene based on test areas and field studies. Position of this section see fig. 7 (= Ausschnitt 2).

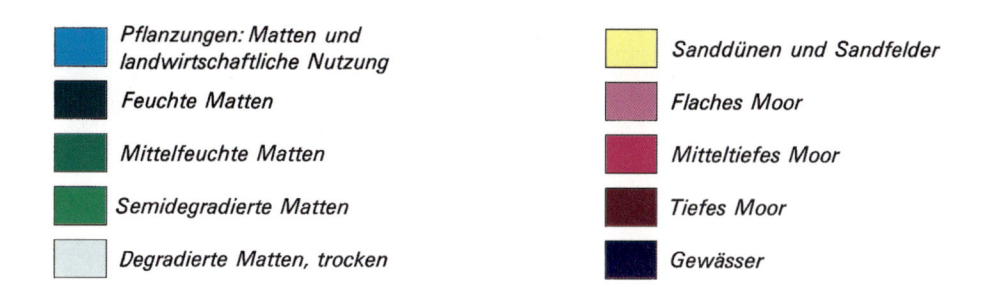

■ Pflanzungen: Matten und landwirtschaftliche Nutzung
■ Feuchte Matten
■ Mittelfeuchte Matten
■ Semidegradierte Matten
□ Degradierte Matten, trocken

■ Sanddünen und Sandfelder
■ Flaches Moor
■ Mitteltiefes Moor
■ Tiefes Moor
■ Gewässer

Legende zu Abb. 8
Legend for Abb. 8

nen Sandfelder unterscheiden. Abb. 6 zeigt als Beispiel einen Ausschnitt aus der Umgebung des Huanghe (zur Lage s. Abb. 7; Ausschnitt 1) in den Kanälen 2 – 3 – 4.

Das flächenhafte Ausmaß der Degradierung der Weideflächen infolge Vergrößerung der Viehbestände seit 1981 läßt sich mit Hilfe der Satellitenbilder in diesem Raum aus mehreren Gründen sehr gut erfassen:

1) Es handelt sich um ein heute weitgehend waldfreies Gebiet in der alpinen Mattenstufe Osttibets. Dadurch ergibt sich ein relativ einfaches Vegetationsmuster (im Gegensatz beispielsweise zu dem komplexen Mosaik der Landnutzung in Mitteleuropa).

2) Die Niederschlagsvariabilität ist verhältnismäßig gering, und selbst das trockenste Jahr (1965) der Niederschlagsreihe 1957–90 hatte noch 493,6 mm Jahres- und 254,6 mm Sommerniederschlag (Juni bis August). Somit ist die Vegetationsdegradation unmittelbar ein Abbild der Übernutzung bestimmter Weideareale.

Die Verteilung der Sanddünenfelder (blaue Farbtöne der Abb. 6) zumeist in Kuppen- oder Rückenlage sowie am Rand der höheren Terrassen des Huanghe und Beihe wurde aus Vergrößerungen der Satellitenbilder auskartiert und ist in Abb. 7 dargestellt. In den Senken und Becken sind in den dunklen Farben die Moorstandorte gut erkennbar und lassen sich nach dem Wassergehalt deutlich als trockene (olivfarben) oder feuchte (schwarz; z.T. offene Wasserflächen) Standorte unterscheiden. Der Huanghe erscheint aufgrund seiner hohen Suspensionsfracht hellblau. Die höheren Terrassenflächen mit den gelben Farbtönen sind die von dichteren Grasmatten bedeckten Winterweiden. Aus dem Verteilungsmuster der Dünenfelder läßt sich auch die dominante Windrichtung ableiten. So ist in Abb. 6 am oberen (nördlichen) Bildrand deutlich die Toposequenz feuchter Moorstandort (Becken) – degradierte Matte (W-exponierter Hang) – Sandfeld (Kuppe und E-exponierter Hang) – Moor zu erkennen. Des weiteren zeigen Dünen am rechten unteren Rand mit Sandschwänzen im Osten und Südosten ebenfalls eine dominante west- bis nordwestliche Windrichtung an.

Auf der Grundlage der Geländebeobachtungen wurden die Gewässer, drei verschiedene Moorstandorte (trocken bis feucht), vier verschiedene Mattenstandorte (trocken = degradiert bis feucht = kaum oder nicht degradiert) sowie die offenen Sanddünen klassifiziert. Die Klassifikation (*parallelepiped classifier*) mehrerer Testgebiete eines kleinen Ausschnittes wurde auf einen 589.824 ha großen Ausschnitt übertragen (s. Abb 7). Das Ergebnis der Klassifizierung ist in Abb. 8 und Tab. 2 dargestellt.

Landschaftseinheit	Fläche ha	% der Gesamtfläche
Matten und landwirtschaftliche Nutzung	139 804	23.70
Feuchte Matten	50 924	8.63
Mittelfeuchte Matten	64 238	10.89
Semidegradierte Matten	118 248	20.05
Degradierte Matten	50 818	8.62
Sanddünen und Sandfelder	29 712	5.04
Flache Moore (trocken)	21 160	3.59
Mitteltiefe Moore	88 557	15.01
Tiefe Moore (feucht)	8 801	1.49
Gewässer	17 564	2.98
Summe	589 824	100.00

Tab. 2:
Ergebnisse der Klassifikation der Landsat-TM-Szene vom 22.8.1989.
Results of the Landsat-TM classification.

Das Areal der Sandfelder liegt mit 29.712 ha (5% der Gesamtszene) deutlich über den von der County-Regierung angegebenen 6.000 ha, enthält allerdings bei dieser Klassifizierung auch die Siedlungsfläche von Zoige und die Pisten. Dieser Fehler ist allerdings mit höchstens 10% zu veranschlagen. Des weiteren muß man berücksichtigen, daß sich der Satellitenbildausschnitt nicht mit der administrativen Grenze von Zoige County, auf die sich die offiziellen Zahlen beziehen, deckt. Die Gebiete westlich des Huanghe gehören zur Provinz Gansu, und die nördlichen Regionen von Zoige sind nicht erfaßt. Dennoch zeigen diese Zahlen, daß die Sandareale wesentlich größer sind als es die offiziellen Zahlen angeben. Zudem sind die bereits stark degradierten (trockenen) Mattenstandorte (degradierte und semidegradierte Matten mit etwa 20% Flächenanteil; s. Tab. 2) ebenfalls gefährdet. In Anbetracht der großen Sumpf- und Moorflächen (etwa 20%) sowie der gering bewachsenen Höhenzüge im Becken gehören die übersandeten und degradierten Flächen immer noch mit zu den wertvollsten Weideplätzen des Beckens von Zoige. Nach Aussagen einheimischer Nomaden reicht jedoch das Nahrungsangebot auf einigen Weideflächen nahe des Huanghe, die bis etwa 1985 drei bis vier Monate genutzt wurden, heute nur noch für vier bis sechs Wochen aus.

6. Ausblick

Nach den eigenen, auch vergleichenden Beobachtungen während sechs mehrmonatiger Expeditionen seit 1988 ist eine deutliche Zunahme der Beweidung in fast allen Regionen des tibetischen Hochlandes zu beobachten. Eine nachhaltige Bewirtschaftung der Hochgebirgsweiden findet aufgrund von Überstockung in zahlreichen Bereichen nicht mehr statt. Während in den degradierten Weidegebieten am Ost- und Südostrand des tibetischen Plateaus aufgrund höherer Niederschläge zum einen die Schäden an der Vegetationsdecke nicht so groß sind und sich zum anderen bei nachlassender Beweidung innerhalb weniger Jahre häufig eine geschlossene Mattenvegetation wieder einstellt, sind die Schäden in den Hochgebirgsweiden im ariden Teil Westtibet zumeist irreversibel (LEHMKUHL 1993,

1995a). Hier werden die unter günstigeren Klimabedingungen im Holozän entstandenen Decksedimente (zumeist Sande oder Sandlöß), auf denen die besten Matten zu finden sind, bei einer Überbeweidung entblößt und durch äolische und fluviale Prozesse bis auf den anstehenden Fels oder Schutt abgetragen (LEHMKUHL 1995b). Insbesondere eine zwischen 1989 und 1996 zu beobachtende Zunahme der Schafherden intensiviert diese Prozesse. Als besonders problematisch sind die Weideschäden der Vegetation an der Mattenobergrenze und in den trockeneren Gebieten Tibets zu beurteilen, da die Regenerationsfähigkeit der Vegetation hier gegenüber den feuchteren klimatischen Bedingungen im Osten deutlich geringer ist (vgl. LEHMKUHL 1995a). Wenn die Sandlößdecken fehlen, ist nur noch eine sehr spärliche Vegetation möglich, und dieser Zustand ist dann irreversibel.

In steileren Hanglagen, die in den Einzugsgebieten des Yangtsekiang im Süden und des Huanghe weiter im Norden überwiegen, führt die Bodenerosion ferner zu einem weiteren Anstieg der Suspensionsfracht in den Flüssen und kann lokale Hochwasserereignisse verstärken.

Eine Rückkehr zu einer nachhaltigen Nutzung der Weiden dieser Hochgebirgsregionen sollte also schnellstmöglich erfolgen, um diese Gebiete an der Grenze der Ökumene auch für zukünftige Generationen zu erhalten. Dünenfixierungsmaßnahmen allein reichen zur Bekämpfung der Desertifikationserscheinungen nicht aus, sondern sollten durch eine gleichzeitige Reduzierung der Viehbestände und durch eine geregelten Rotation der Weideflächen ergänzt werden. Die Akzeptanz dieser notwendigen Maßnahmen durch die nomadische Bevölkerung sollte zuvor gesichert sein (LEHMKUHL 1993). Die nachhaltige Bewirtschaftung von Hochgebirgsweiden wurde während des Umweltgipfel in Rio 1992 (UNCED; Agenda 21, Artikel 13) als wichtiger Aspekt der zukünftigen Entwicklung der Bergregionen hervorgehoben.

Danksagung: Der Autor dankt der Deutschen Forschungsgemeinschaft (Bonn), der Max-Planck-Gesellschaft (München) sowie der Academia Sinica (Beijing) für die Übernahme der Expeditionskosten sowie Herrn Dipl.-Geogr. C. Stappenbeck für die Hilfe bei der Klassifizierung der Satellitenbildszene.

Literatur

ADMINISTRATION MAP OF SICHUAN (1979), Chengdu. [chinesisch]
CHEN, CHUNGEN (1987): Standörtliche, vegetationskundliche und waldbauliche Analyse chinesischer Gebirgsnadelwälder und Anwendung alpiner Gebirgswaldbaumethoden im chinesischen fichtenreichen Gebirgsnadelwald. – Diss. d. Universität f. Bodenkultur 30. Wien, 316 S.
COQUE, R. & P. GENTELLE (1991): Desertification along the piedmont of the Kunlun Chain (Hetian-Yutian Sector) and the southern border of the Taklamakan Desert (China): Preliminary geomorphological observations (1). – Revue de Géomorphologie Dynamique 60(1): 1–27.
DAMM, B. (1993): Weidewirtschaft, Faktoren und Ausmaß von Degradationserscheinungen in Hochweidegebieten Osttibets (Sichuan/Qinghai), China. – Geoökodynamik 14: 117–139.
GRUSCHKE, A. (1991): Neulanderschließung in den Trockenräumen der Volksrepublik China. Konsolidierung und Neuorientierung seit Beginn der 80er Jahre. – Geogr. Rundschau 43: 673–680.
HÖVERMANN, J. & F. LEHMKUHL (1994): Vorzeitliche und rezente geomorphologische Höhenstufen in Ost- und Zentraltibet. – Göttinger Geogr. Abh. 95: 15–69.
FRENZEL, B. (1994): Über Probleme der holozänen Vegetationsgeschichte Osttibets. – Göttinger Geogr. Abh. 95:143–166.
LEHMKUHL, F. (1993): „Desertifikation" im Becken von Zoige (Ruoergai Plateau), Osttibet. – Berliner Geogr. Arbeiten 79:82–105.
LEHMKUHL, F. (1995a): Aktuelle Inwertsetzung und Gefährdung im Hochgebirgsraum am Ost- und Nordrand des tibetischen Plateaus. – Regensburger Geogr. Schriften 25: 75–93.

LEHMKUHL, F. (1995b): Geomorphologische Untersuchungen zum Klima des Holozäns und Jungpleistozäns Osttibets. – Göttinger Geogr. Abh. 102: 1–184.

LEHMKUHL, F. & LIU SHIJIAN (1994): An outline of physical geography including Pleistocene glacier landforms of Eastern Tibet (Provinces Sichuan and Qinghai). In: LEHMKUHL, F. & LIU SHIJIAN (Eds.): Landscape and Quaternary climatic changes in Eastern Tibet and surroundings. – GeoJournal 34(1): 7–30.

LEHMKUHL, F. & J. SPÖNEMANN (1994): Morphogenetic problems of the upper Huanghe drainage basin. In: LEHMKUHL, F. & LIU SHIJIAN (Eds.): Landscape and Quaternary climatic changes in Eastern Tibet and surroundings. – GeoJournal 34 (1): 31–40.

MECKELEIN, W. (1986): Zu Physischer Geographie und agraren Nutzungsproblemen in den innerasiatischen Wüsten Chinas. – Geoökodynamik 7: 1–28.

MENSCHING, H.G. (1990): Desertifikation. – Ein weltweites Problem der ökologischen Verwüstung in den Trockengebieten der Erde. – Darmstadt. 170 S.

SCHLÜTZ, F. (1995): Zur holozänen Vegetationsgeschichte im Gebiet des Nianbaoyeze an der Grenze der Provinzen Qinghai und Sichuan. – Göttinger Geogr. Abh. 102: 185–200.

TAFEL, A. (1914): Meine Tibetreise. Eine Studienfahrt durch das nordwestliche China und durch die innere Mongolei in das östliche Tibet. 2 Bde.; Stuttgart, Berlin, Leipzig.

TANG, BANGXING & SHANG, XIANGCHAO (1991): Geological Hazards on the Eastern Border of the Qinghai-Xizhang (Tibetan) Plateau. – Excursion Guidebook XIII. INQUA 1991, XIII International Congress, 28 p. Beijing.

TROLL, C. (1973): Rasenabschälung (Turf Exfoliation) als periglaziales Phänomen der subpolaren Zonen und der Hochgebirge. – Z. Geomorph. N.F., Suppl.Bd. 17: 1–32.

WINKLER, D. (1994): Die Waldvegetation in der Ostabdachung des Tibetischen Hochlandes. Dreidimensionale Vegetationszonierung mit Bodenuntersuchungen am Beispiel des Jiuzhai-Tals in NNW-Sichuan (NO-Kham). – Berliner Geographische Abhandlungen – Beihefte, Bd. 2; 118 S.

ZHANG, BAIPING (1995): Geoecology and sustainable development in the Kunlun Mountains, China. – Mountain Research and Development 15(3): 283–292.

ZHENG, YUANGCHANG (1995): Main problems of the ecologic environment in the North-Eastern Qinghai-Xizang Plateau. – Göttinger Geographischen Abhandlungen 95: 263–271.

ZHU, ZHENDA; LIU, SHU & DI, XINMIN (1988): Desertification and rehabilitation in China. Lanzhou, 222 p.

Jürgen Spönemann und Bernd Schieche

Fernerkundung mittels Satelliten als Datenquelle der Agrarstatistik am Beispiel des Landkreises Göttingen

Zusammenfassung: Die Möglichkeiten, die landwirtschaftliche Bodennutzung mittels Satellitendaten großräumig, lagebezogen und schnell zu registrieren, sind für den Landkreis Göttingen auf der Grundlage von zwei LANDSAT/TM- und neun ERS-1-Aufnahmen des Jahres 1995 untersucht worden. Deren Daten sind in einem kombinierten Verfahren unüberwachter (ISODATA) und überwachter (Max. Likelihood) Klassifikation ausgewertet worden. Die Datenanalyse geht von einem Testgebiet von 774 ha aus und erfaßt die landwirtschaftliche Nutzfläche des Landkreises Göttingen von rund 57000 ha. Es wurden vier Klassen intensiver und zwei Klassen extensiver Nutzungsarten unterschieden.

Die Verwendung von LANDSAT-Daten der Anbauphase war auf die vorhandenen zwei wolkenfreien Aufnahmen des Testgebietes und eine des gesamten Landkreises beschränkt. Ein im ganzen befriedigendes Ergebnis war damit nicht zu erreichen.

Die multitemporale Auswertung der ERS-Daten beruht auf sechs und auf neun Aufnahmeterminen, die sich aus der Analyse der Reflexionsfaktoren und der Verlaufssignaturen ergeben haben. Die Validierung der Ergebnisse basiert auf der Konfusionsmatrix des Testgebietes und auf dem Vergleich mit der amtlichen Statistik des Landkreises. Die Flächenanteile der ermittelten Klassen am jeweiligen Gesamtgebiet wurden mit einer maximalen Abweichung von 6 % (sechs Termine) und 4 % (neun Termine) für das Testgebiet und von 13 % (sechs Termine) und 6 % (neun Termine) für den Landkreis erfaßt. Das ERS-System erweist sich damit als brauchbare Datenquelle einer großräumigen Agrarstatistik.

[The use of satellite data for the registering of agricultural landuse exemplified by the District of Göttingen]

Summary: The possibilities of registering the agricultural landuse of large areas rapidly and site-related are checked for the District of Göttingen, based on two LANDSAT/TM and nine ERS-1 images of 1995. The data have been analysed by the combined use of unsupervised classification (ISODATA) and supervised classification (Max. Likelihood). The analysis is based on a test site of 774 ha and related to the total crop area of the District of about 57000 ha. Four classes of arable crops and two classes of extensive landuse have been separated.

The use of LANDSAT data of the growing season was restricted to the only two available cloud-free images of the test site and to the one cloud free image of the total District. A sufficiently accurate result could not be achieved by these data.

The multitemporal analysis of the ERS data is based on time series of six and of nine images, which followed from an analysis of the backscatter factors and of the temporal signatures. The results of the analysis of the time series are validated by the confusion matrix of the test site and in comparison with the official statistics of the District. Related to the true acreage, the areas of the separated classes differ by less than 6 % (series of six images) and 4 % (series of nine images) as for the test site and by less than 13 % (series of six images) and 6 % (series of nine images) as for the District. The ERS system thus proves as a useful data source for large-scale agricultural statistics.

1. Einleitung

Von der Europäischen Union wird seit 1988 ein Zehnjahresprogramm zur Anwendung der Fernerkundung in der Agrarstatistik betrieben: *"Monitoring of Agriculture by Remote Sensing (MARS)"*. Sein Zweck ist es, die nationalen agrarstatistischen Berichte zu ergänzen, zu standardisieren und zu interpretieren (vgl. TERRES et al. 1995). Ein prinzipieller Vorteil der Fernerkundung ist die lagegenaue Zuordnung der Daten. Durch Verknüpfung mit anderen Dateien über Geographische Informationssysteme (GIS) können Inventuren vorgenommen und Veränderungen schnell erfaßt werden (STADLER 1991). So werden parzellenbezogene Satellitendaten gegenwärtig von der Europäischen Union zur Kontrolle der subventionierten Flächenstillegungen herangezogen. 1993 sind auf diese Weise in 11 Mitgliedstaaten rund 35000 Anträge überprüft worden (TERRES et al. 1995). Auch in Deutschland wird die Fernerkundung als zeit- und personalsparendes Instrument bei der Kontrolle der Flächenstillegungen eingesetzt, und zwar 1995 in ca. 1250 Fällen (OKONIEWSKI 1996). Eine Ausweitung ist beschlossen.

Ein grundsätzliches Problem der praktischen Nutzung von Satellitendaten, mit dem auch die genannten Projekte zu tun haben, ist die Wetterabhängigkeit der bisher operationell genutzten Systeme. Die optischen Aufnahmesensoren von LANDSAT und SPOT empfangen nur bei wolkenfreier Atmosphäre Informationen von der Erdoberfläche. Bei dem wechselhaften Wetter der Mittelbreiten sind völlig wolkenfreie Aufnahmen deshalb selten (vgl. Tab. 1 und KÜHBAUCH 1991, Abb. 1). Konsequenterweise werden deshalb verstärkt aktive Sensoren, vor allem solche mit Radar, erprobt. Am Geographischen Institut der Universität Göttingen wird dieser Entwicklung Rechnung getragen, indem nach der Verwendung von LANDSAT-Daten in der Agrarraumanalyse die Möglichkeiten von Satellitenradar des European Remote Sensing Satellite (ERS) in einem von der Deutschen Agentur für Raumfahrtangelegenheiten (DARA) geförderten Projekt untersucht werden (SPÖNEMANN & SCHIECHE 1996).

Tab. 1: Verfügbarkeit von LANDSAT/TM- Aufnahmen des Landkreises Göttingen aus den Monaten April bis August
a: gesamtes Kreisgebiet (Orbit 195); b: östliches Kreisgebiet (Orbit 194).
Quelle: ESA- Eurimage, 1996
*Availability of LANDSAT- TM data of the District of Göttingen for April to August
a: total District area (orbit 195);   b: eastern part of District (orbit194).*
Source: ESA- Eurimage, 1996

Bewölkung [%]	1993		1994		1995		1996	
	a	b	a	b	a	b	a	b
>10...<20	30.6.	9.7.	-	-	-	-	-	-
>0...<10	-	-	3.4.; 4.8.	23.4.; 12.7.; 28.7.	23.8.	-	-	-
0	27.4.	-	-	-	3.5.	29.6.; 31.7.	6.6.	-

Hauptziel der Untersuchung ist es, für den Landkreis Göttingen als Beispiel einer typischen Agrarlandschaft Mitteleuropas die Brauchbarkeit von Satellitendaten als Informationsquelle der Agrarstatistik zu prüfen. Dabei sollen die operationellen Möglichkeiten passiver (LANDSAT/TM) und aktiver Systeme (ERS) miteinander verglichen werden. Im Rahmen einer Vereinbarung als „Principal Investigator" mit der European Space Agency (ESA) stellte diese die ERS-Daten für 1995/96 zur Verfügung, und es wurde zunächst das Material des Jahres 1995 ausgewertet.

2. Untersuchungsmethoden

2.1 Datenmaterial

Die eng begrenzte Verfügbarkeit von brauchbaren Daten passiver Fernerkundungssysteme wird mit Tab. 1 deutlich. Der gesamte Landkreis Göttingen wird von den LANDSAT/TM-Szenen 194/24 und 25 erfaßt, das Testgebiet Reinshof (Abb.1) liegt in Szene 194/25. Die einzige völlig wolkenfreie Aufnahme des Landkreises aus der relevanten Zeitspanne für das Jahr 1995 vom 3. Mai stammt aus einem frühen Entwicklungsstadium der Nutzpflanzen mit geringen Unterschieden zwischen Getreide und Grünland. Von den drei das Testgebiet Reinshof erfassenden Aufnahmen fällt die letzte in die Zeit weitgehend abgeernteter Getreidefelder, sodaß selbst für ein Teilgebiet nur zwei Aufnahmen für eine multitemporale Analyse der landwirtschaftlichen Nutzfläche verfügbar sind.

Die verwendeten ERS-Aufnahmen stammen aus der Phase G (Third Multidisciplinary Phase) mit einer Repetitionsrate von 35 Tagen. Da der Landkreis Göttingen von drei Umlaufbahnen teils tags (absteigende Bahn), teils nachts (aufsteigende Bahn) erfaßt wird, liegen für die Zeit von April bis Oktober insgesamt 12 Aufnahmen vor (Tab. 2). Von ihnen sind 9 bearbeitet worden.

Tab. 2: Verwendete ERS-1-Daten (Quelle: ESA-Eurimage 1996)
Used ERS-1 data (source: ESA-Eurimage 1996)
The data have been received through the 2. ESA ERS Announcement of Opportunity (A02)

Ausschnitt	Datum der Aufnahme	Uhrzeit (UTC)	Orbit	Orbitrichtung
1035	02.04.1995	21:23:29	19427	aufsteigend
2565	27.04.1995	10:15:06	19778	absteigend
1035	07.05.1995	21:23:32	19928	aufsteigend
2565	16.05.1995	10:18:00	20050	absteigend
2565	01.06.1995	10:15:11	20279	absteigend
2565	20.06.1995	10:18:04	20551	absteigend
2565	06.07.1995	10:15:11	20780	absteigend
1035	16.07.1995	21:23:39	20930	aufsteigend
2565	25.07.1995	10:18:06	21052	absteigend
2565	10.08.1995	10:15:14	21281	absteigend
2565	14.09.1995	10:15:11	21782	absteigend
2565	19.10.1995	10:15:14	22283	absteigend

2.2 Datenbearbeitung

Die in der Untersuchung verwendeten LANDSAT/TM-Daten liegen geometrisch und systemkorrigiert, die ERS-Daten im GTC (Geocoded Terrain Corrected)-Format vor. Die digitale Bearbeitung wurde mit der EASI/PACE Software Version 5.3 auf Windows-PC wie auch der Version 6.0.1 auf Workstation ausgeführt. Die Bildausgabe erfolgte teils über einen Tektronix-Thermosublimationsdrucker, teils über einen Canon-Farblaserdrucker.

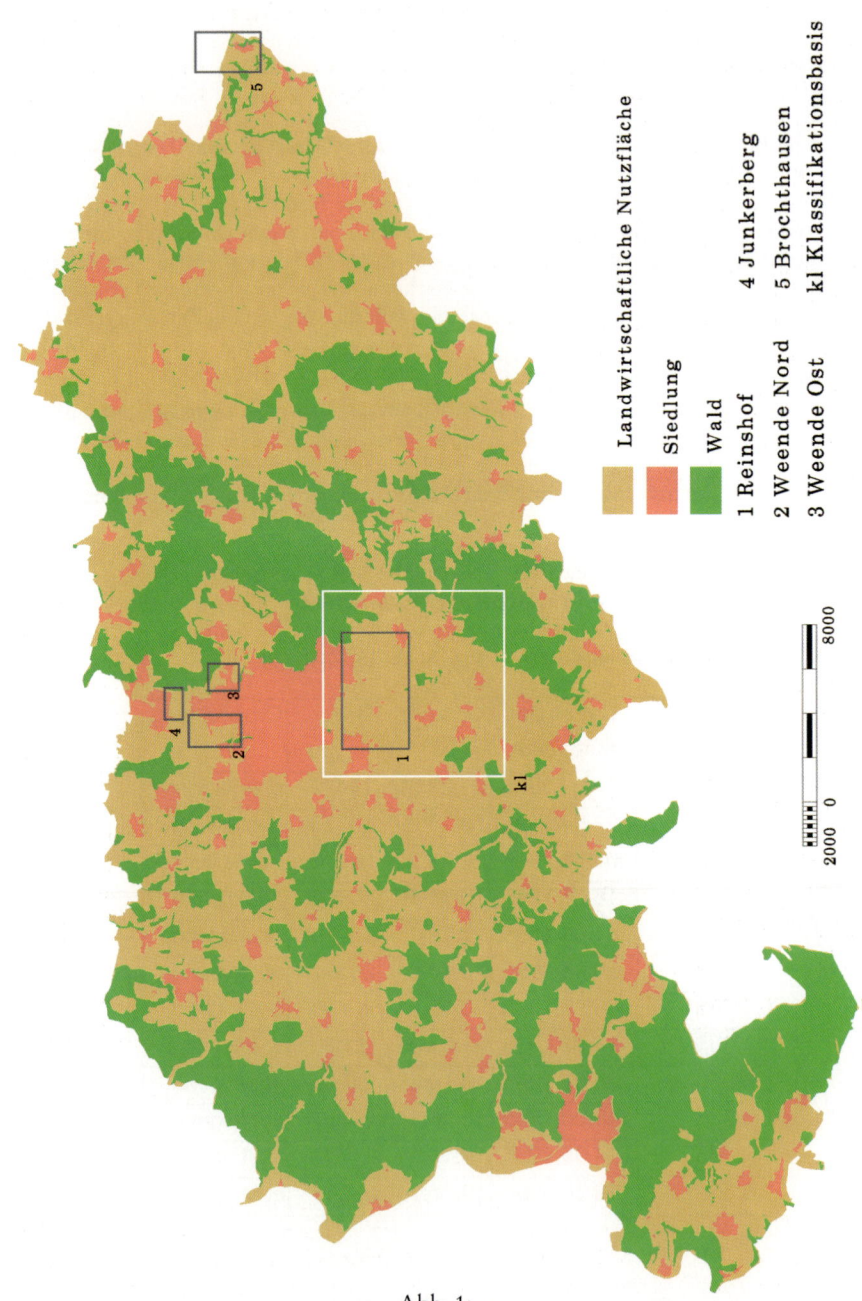

Abb. 1:
Landkreis Göttingen mit Lage der Testgebiete (Koordinaten von 1 siehe Abb. 8)
(aus HURLEMANN 1997, verändert)
District of Göttingen and location of testsites (Coordinates of 1 see Abb. 8)
(after HURLEMANN 1997, *modified)*

Die ERS-Daten liegen zwar in geokodierter Form vor, sind aber auf ein UTM-Netz bezogen. Für die flächenbezogenen Vergleiche wurden alle Satellitendaten auf Gauß-Krüger-Koordinaten referenziert. Die für die multitemporale Auswertung erforderliche pixelgenaue Überlagerung erfolgte durch Bild-zu-Bild-Referenzierung mit dem Programm GCPWorks von PCI, das Resampling („Ummustern") der neuen Pixel nach dem Nearest-Neighbour-Verfahren. Eine Überprüfung der GCP-Zuordnung nach der Root-Mean-Square-Error-Formel ergab einen Lagefehler von durchweg weniger als 0,5 Pixeln.

Zur Bildverbesserung wurden alle ERS-Daten dreifach gefiltert, und zwar mit dem Enhanced-Frost-Filter (3x3) und dem Gamma-Map-Speckle-Filter (3x3 und 5x5). Für die visuelle Bildausgabe wurden extrem geglättete Szenen mit einem Edge-Sharpening-Filter (3x3) kantenverstärkt.

Nach der Bildverbesserung wurde zur Reduzierung der Datenmenge das Grauwertspektrum der 16-Bit-Originaldaten von ERS auf 8-Bit-Grauwerte herunterskaliert, wobei keine Verringerung der Bildqualität oder des Informationsgehaltes eintrat.

Zur Verschneidung der verarbeiteten Bilddaten mit kartographischen Sachverhalten, vor allem mit Parzellengrenzen, wurde als Vektor-GIS die PC-Version 3.4D des ARC/Info-Programms benutzt.

2.3 Felderhebungen

Die Beziehungen zwischen den Reflexionsbedingungen agrarischer Oberflächen und den von den Sensoren empfangenen Signalen sind an den in Abb. 1 ausgewiesenen Testarealen untersucht worden. Den nach Ausdehnung und Umfang der Erhebungen bedeutsamsten Anteil hat das Gebiet 1 (Reinshof) mit den Feldern eines Versuchsgutes der Universität Göttingen.

Die regelmäßigen Erfassungen der Oberflächenmerkmale an den Tagen der Satellitendurchgänge waren 1995 auf dieses Testgebiet beschränkt. Mit einer Fläche von 774 ha hat es zwar nur einen Anteil von 1,4 % an der landwirtschaftlichen Nutzfläche des Landkreises Göttingen, ist aber nach vorherrschenden Nutzungsarten annähernd repräsentativ (Tab. 3). Von 254 Parzellen einheitlicher Nutzung sind insgesamt 60 detailliert erfaßt worden. Wuchshöhe, Wachstumsstadium, Kulturdeckungsgrad, Bearbeitungsrichtung und Oberflächenrauhigkeit sind von 40 Parzellen aufgenommen worden, darunter von 6 Parzellen auch die Trockenbiomasse (von 1 m^2) und der Pflanzenwassergehalt (durch Schranktrocknung). Von 20 der 60 Parzellen standen weitere, vom Forschungs- und Studienzentrum Landwirtschaft und Umwelt der Universität Göttingen ermittelte Merkmale zur Verfügung, darunter die Bodenfeuchte und der Wassergehalt der Biomasse. Diese Daten sind zunächst exemplarisch ausgewertet worden, wie im Kap. 3.1 beschrieben.

3. Auswertung der ERS-Daten

Die für die Stärke des Radarechos verantwortlichen Zustandsgrößen der reflektierenden Oberflächen sind in den Grundzügen bekannt (vgl. ESA SPECIALIST PANEL 1995). Nach wie vor stellt jedoch ihre Vielfalt und ihr unterschiedliches Zusammenwirken ein Grundproblem der Datenanalyse dar. Um die operationelle Analyse von Radardaten zu erleichtern, sind die an der Reflexion beteiligten Faktoren drei Gruppen zugeordnet, die methodisch getrennt behandelt werden. **Permanente Faktoren** gehen als regionale Konstanten in die Datenanalyse ein. Die Hangneigung ist hier bereits berücksichtigt worden (SCHEPP 1996). Die **saisonalen Faktoren**, die sich aus den Veränderungen der Oberfläche im Verlauf der Nutzungs- oder Vegetationsperiode ergeben, bilden die Grundlage der

Tab. 3: Referenzdaten der Ergebniskontrollen
Quellen: a) eigene Erhebungen b) Statistische Berichte Niedersachsen (1996) (für 1995)
Reference data for the accuracy control
Sources: a) ground check b) Statistische Berichte Niedersachsen (1996) (for 1995)

		a: Testgebiet Reinshof		b: Landkreis Göttingen	
		ha	%	ha	%
Landwirtschaftliche Nutzfläche	LNF	773,69	100,0	57001	100,0
Winterweizen	WW	304,11	39,3	17464	30,6
Wintergerste und -roggen	WG+R	98,28	12,7	10357	18,2
Zuckerrüben	ZR	157,27	20,3	3853	6,8
Raps	RA	39,56	5,1	5700	10,0
Dauergrünland*	GR	125,11	17,5	9222	16,2
Rotationsbrache*	BR	39,36	5,1	6370	11,2
sonstige				4035	7,1

* siehe Kap. 5

multitemporalen Auswertung der Radardaten. Die regelhafte zeitliche Abfolge der Bodenbearbeitung, der Kulturdeckung und der Biomasse, der Bestandesstruktur und der Oberflächenrauhigkeit bewirkt einen entsprechenden regelhaften Verlauf der Stärke des Radarechos[1]. Diese Verlaufssignaturen (*temporal signatures*) ermöglichen erst eine operationelle Anwendung von Radardaten. **Temporäre Faktoren** sind solche, die das Radarecho infolge äußerer Einwirkungen kurzfristig beeinflussen (vgl. ESA SPECIALIST PANEL 1995). Von ihnen haben die aktuelle Bodenfeuchte, aber auch das dem Blattwerk anhaftende Interzeptionswasser und (bei Nachtaufnahmen) die Taufeuchte die größte Bedeutung. Die von ihnen verursachten Reflexionswerte können das Grundmuster der Verlaufssignaturen erheblich verändern. Häufig sind diese Veränderungen gleichsinnig mit den Verlaufssignaturen, verstärken also die klassifikatorischen Merkmale einer Oberfläche. Teilweise sind sie aber gegenläufig und wirken dann als Störfaktoren, deren Einfluß – ebenso wie der der Hangneigung – korrigiert werden muß. Gegenwärtig können solche Störungen nur exemplarisch erfaßt und berücksichtigt werden.

Als Maß der Strahlungsintensität einer reflektierenden Oberfläche wird Sigma-Null (σ_0) aus dem dekadischen Logarithmus der Intensität x 10, einer Kalibrationskonstanten und Korrekturfaktoren berechnet und in Dezibel (dB) angegeben (vgl. LAUR 1992). Die Sigma-Null-Werte sind also nicht linear zu werten, was bei der Interpretation ebenso zu berücksichtigen ist wie die systembedingte Schwankungsbreite von +/– 0,42 dB (ESA/ESRIN *note*).

[1] Die Begriffe Radarecho, Reflexion und Rückstreuung werden synonym verwendet.

3.1 Reflexionsfaktoren

Die den Wandel der Verlaufssignaturen bestimmenden externen Faktoren werden am Beispiel einzelner Parzellen behandelt, deren Oberflächen weitgehend identisch sind und sich nur in dem zu untersuchenden Merkmal signifikant unterscheiden.

Zu den permanenten Reflexionsfaktoren gehört das Geländerelief mit der Hangneigung. Ein dem Sensor zugewandter Hang reflektiert stärker als die benachbarte Ebene, ein abgewandter Hang schwächer. Selbst die geringen Hangneigungsunterschiede landwirtschaftlicher Flächen wirken sich deshalb meßbar aus, wie am Beispiel von rapsbestandenen, parallel zur Satellitenbahn exponierten Hängen gezeigt werden kann. Der ERS-Radarstrahl trifft auf die Ebene mit einem Winkel von (im Mittel) 67° zur Horizontalen. Der Einfallswinkel auf dem mit 6° geneigten zugewandten Hang beträgt also 73°, auf dem mit 4° geneigten abgewandten Hang 63°. Diese Unterschiede äußern sich im Mittel von jeweils 8 Messungen in Sigma-Null-Werten von -6.92 (Ebene), -6,27 (zugewandt) und -8,93 (abgewandt). Die durch die Meßperiode hindurch trotz wechselnder Reflexionsbedingungen gleichsinnigen Änderungen (Abb. 2) zeigen die Auswirkung der Hangneigung auf die Reflexionsstärke an. Wie eine größere Zahl von Messungen ergeben hat, wirkt sich dieser Faktor in der Größenordnung von 0,5 bis 1 dB aus (SCHEPP 1996).

Das Beispiel der Rapsfelder demonstriert mit dem Wandel der Bestandesstruktur (*canopy structure*) gleichzeitig die Bedeutung eines saisonalen Reflexionsfaktors für die Stärke des Radarechos. Die Entwicklungsstadien werden mit den Kennziffern des *European Code* (EC) angegeben. Während der Blühphase (EC 59) mit einer rauhen, aber dichten Oberfläche ist die Rückstreuung relativ stark. Mit der Schotenbildung (EC 70) wird die Oberfläche offener, und die Strahlung dringt tiefer in den Bestand ein. Infolge stärkerer Streuung im Bestand (Volumenstreuung) wird das Radarecho nun gedämpft. Mit wachsender Reife (EC 80) wird der Bestand lichter. Die Volumenstreuung vermindert sich, und von der Bodenoberfläche findet eine stärkere Rückstreuung statt, so daß die Reflexion wieder zunimmt und im Vollreifestadium (EC 83) ein Maximum erreicht (Abb. 2).

In ähnlicher Weise wirken sich saisonale Faktoren auf die Rückstreuung von Getreidefeldern aus (Abb. 3). Mit Beginn der Ährenreife (EC 70) steigt die Reflexion zunächst aus analogen Gründen wie beim Raps an. Die Auswirkung der Oberflächenstruktur des Bestandes wird durch den nun folgenden Unterschied von Wintergerste und Winterweizen deutlich. Da die Gerste sich schneller entwickelt, beginnt die Reife bereits Anfang Juni. Mit der Ausbildung der stark begrannten, waagerecht stehenden Ähren (EC 87) kommt es in diesem Stadium zu einer besonders starken Reflexion, die mit dem Übergang zur Vollreife (EC 91; nicht abgebildet) wegen der damit verbundenen Ährensenkung wieder abnimmt. Die weitere, weitgehend übereinstimmende Entwicklung ist von Auswirkungen temporärer Faktoren auf die Bodenoberfläche abhängig, auf die weiter unten eingegangen wird.

Ein grundsätzlich anderes Reflexionsverhalten zeigen die Zuckerrüben als eine Anbaufrucht mit breitblättriger Oberfläche (Abb. 4). Bis zum Blattschluß (EC 40) hängt die Reflexion mehr oder weniger vom Zustand der Bodenoberfläche ab und kann stark variieren. Bei weitgehend geschlossenem Blätterdach sind die Schwankungen der Rückstreuung als Folge der nun unbedeutenden Veränderungen bis zur Ernte recht gering. Vor der Ernte (EC 45) kann die mit der Vitalitätsminderung einhergehende Erschlaffung der Blätter eine Abnahme der Reflexion bewirken.

Am Beispiel der Zuckerrübenfelder läßt sich der Einfluß der temporären Faktoren Bearbeitungs- bzw. Reihenrichtung und Bodenfeuchte gut demonstrieren (Abb. 4). Bis zum Schließen des Bestandes (EC 20 bis EC 45) ist die Bearbeitungs- oder Reihenrichtung der Parzellen wirksam: Bei senkrecht zum Radarstrahl verlaufenden Reihen wird vor und nach dem Auflaufen deutlich stärker reflektiert als bei ungefähr parallel verlaufenden Reihen.

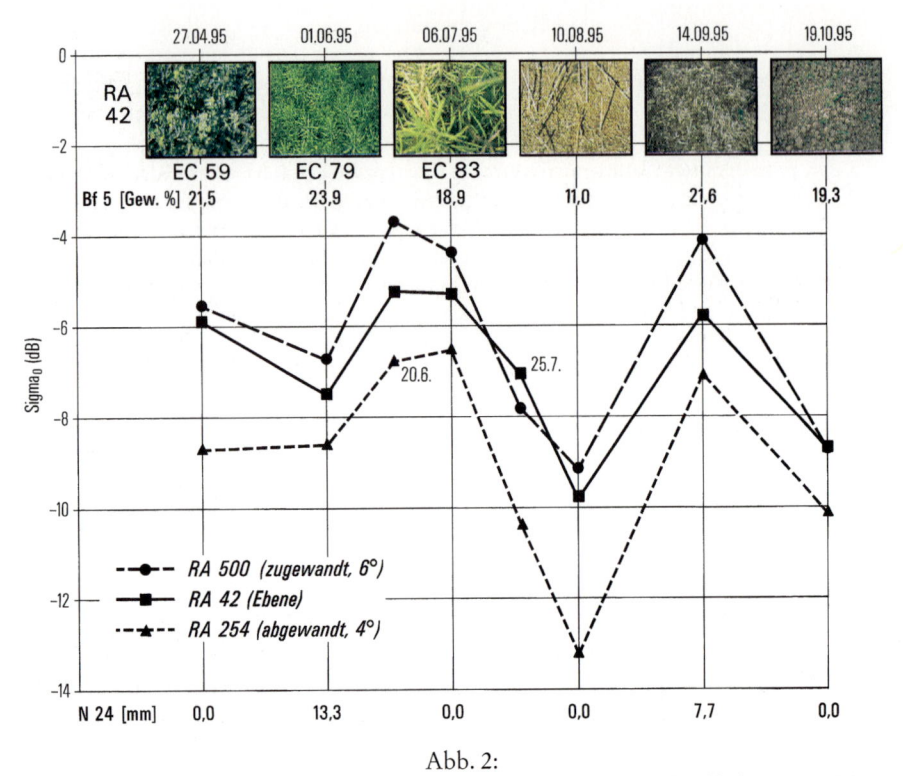

Abb. 2:
Vergleich der Rückstreu-Koeffizienten von Rapsfeldern unterschiedlicher Exposition und Neigung (N 24: 24-Stunden-Niederschlag vor Aufnahmetag;
Bf 5: Bodenfeuchte der obersten 5 cm)
Comparison of the backscatter coefficients of rape fields with different exposure and slope (N 24: 24-hour rainfall before datatake; Bf 5: soil moisture of the uppermost 5 cm layer)

Der Unterschied verliert sich erst mit vollständigem Blattschluß (der bei Parzelle 46 am spätesten eingetreten ist). Bei geringer oder fehlender Pflanzenbedeckung wirken sich Niederschläge hoher Intensität stark auf die Reflexion aus. Die maximalen Rückstreuwerte am 1.6. fallen mit dem maximalen 24-Stundenwert (13,3 mm) (gemessen vor den ERS-Überflügen) während der Untersuchungsspanne zusammen. Der besonders hohe Wert der Parzelle 46 resultiert aus einer im Vergleich mit den anderen Parzellen höheren Bodenfeuchte als Folge höheren Tongehaltes.

Obgleich die Niederschlagsmengen am 1.6.1995 den verfügbaren Meßdaten zufolge im gesamten Landkreis etwa gleich hoch waren, haben sie sich auf den Parzellen mit dichter Pflanzenbedeckung nicht erkennbar auf die Stärke der Reflexion ausgewirkt, wie die Raps- und die Wintergetreidefelder zeigen (Abb. 2 und 3). Diese demonstrieren mit den Reflexionswerten des 14.9. zugleich, wie nach der Ernte hohe Niederschläge unmittelbar vor der ERS-Aufnahme sich verstärkend auf das Radarecho auswirken. Dabei sind die Korrelationen allein mit der Niederschlagsmenge oder der Bodenfeuchte (der obersten 5 cm) schwach. Nach den Feldbeobachtungen ist der Bodenwassergehalt direkt an der Oberfläche, der sich bei niedrigen Versickerungsraten kurzfristig extrem erhöhen kann, ausschlag-

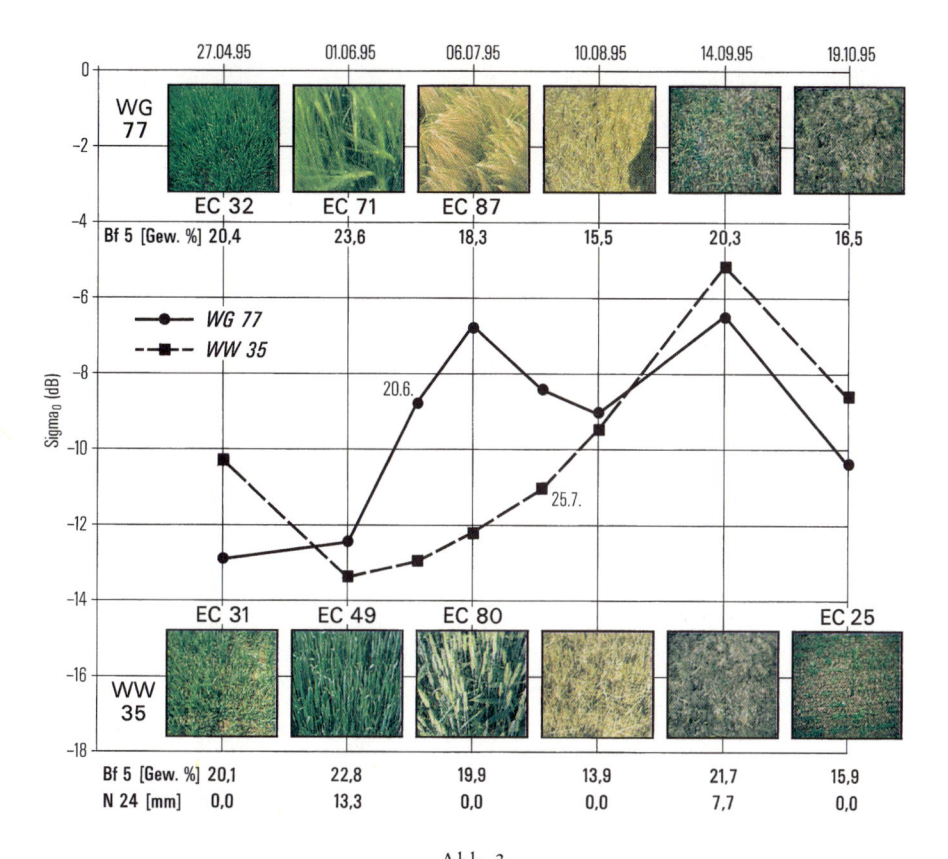

Abb. 3:
Vergleich der Rückstreu-Koeffizienten von Wintergerste und Winterweizen
(N 24 und Bf 5: siehe Abb. 2)
Comparison of the backscatter coefficients of winter barley and winter wheat
(N 24 *and* Bf 5: *see* Abb. 2)

gebend für die Stärke des Radarechos. Dieser Faktor ist bisher nicht systematisch untersucht worden.

Wie die vorstehenden Beispiele gezeigt haben, ist ein einzelnes Rückstreusignal als klassifikationsfähige Signatur kaum geeignet. Nur eine multitemporale Datenauswertung bietet genügend Informationen, um unterschiedliche Ausprägungen der Pflanzenbestände klassifikatorisch unterscheiden zu können.

3.2 Verlaufssignaturen

An die Stelle der stark differenzierenden Spektralsignaturen optischer Fernerkundungssysteme treten bei den Radarsystemen die multitemporalen Verlaufssignaturen. Mit den Beispielen saisonaler Faktoren (Abb. 2 bis 4) sind einige bereits vorgestellt worden. Ihr repräsentativer Charakter wird durch den Vergleich mit den Mittelwertkurven (Abb. 5) bestätigt.

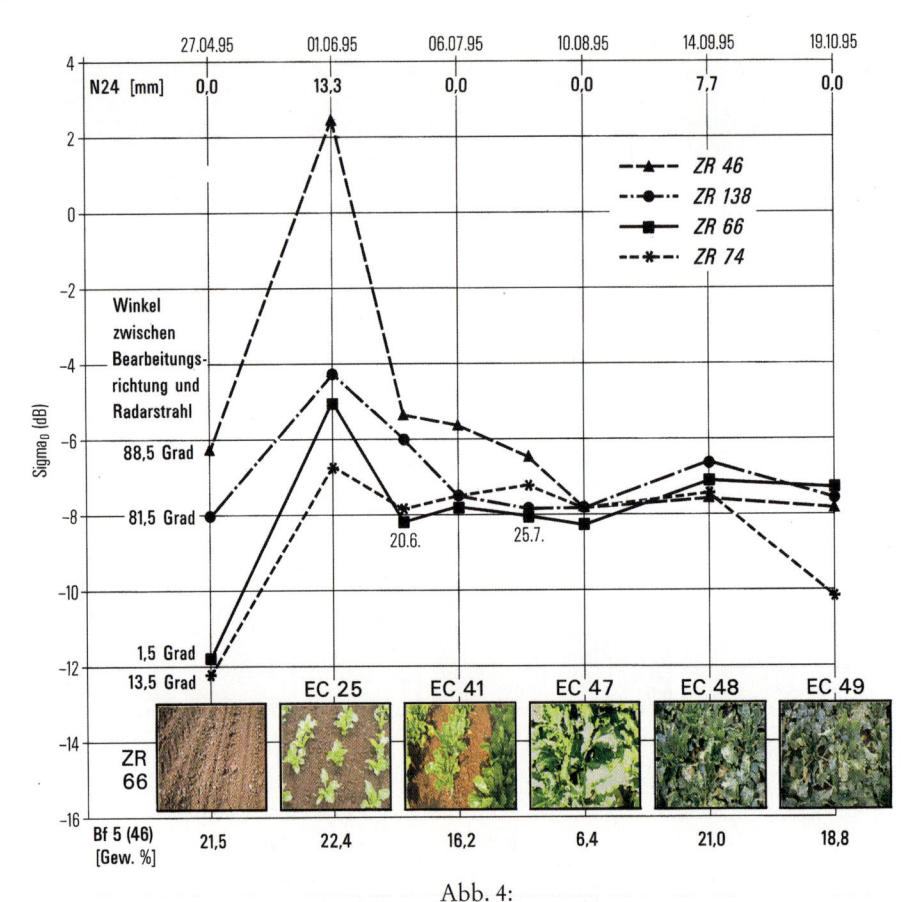

Abb. 4:
Vergleich der Rückstreu-Koeffizienten bei unterschiedlicher Bearbeitungsrichtung von Zuckerrübenfeldern (N 24 und Bf 5: siehe Abb. 2)
Comparison of backscatter coefficients resulting from different tilth directions of sugarbeet fields (N 24 *and* Bf 5: *see* Abb. 2)

Die hier ermittelten Verlaufssignaturen stimmen in den Grundzügen mit denen anderer europäischer Regionen weitgehend überein, und zwar nicht nur im zeitlichen Wandel, sondern auch in der Stärke der Rückstreuwerte. Verschiebungen der Maxima und Minima ergeben sich aus phänologischen Unterschieden der saisonalen Faktoren (vgl. ESA SPECIALIST PANEL 1995).

Infolge der Dominanz der saisonalen Reflexionsfaktoren unterscheiden sich die Verlaufssignaturen der meisten Ackerfrüchte so ausgeprägt, daß sie bei passender Wahl der Überflugtermine durch vier bis sechs ERS-Aufnahmen (HURLEMANN 1997) mit ausreichender Genauigkeit erfaßt werden können (vgl. Abb. 5).

Dauergrünland und Dauerbrache sind Nutzungsarten mit geringer Auswirkung saisonaler Faktoren auf die Reflexion, die in der Regel ganzjährig relativ gering ist (vgl. Abb. 6). Schwankungen ergeben sich, wenn durch Schnitt oder Beweidung die Vegetationsdecke dezimiert und infolge geringerer Volumenstreuung die Reflexion erhöht wird, oder wenn an

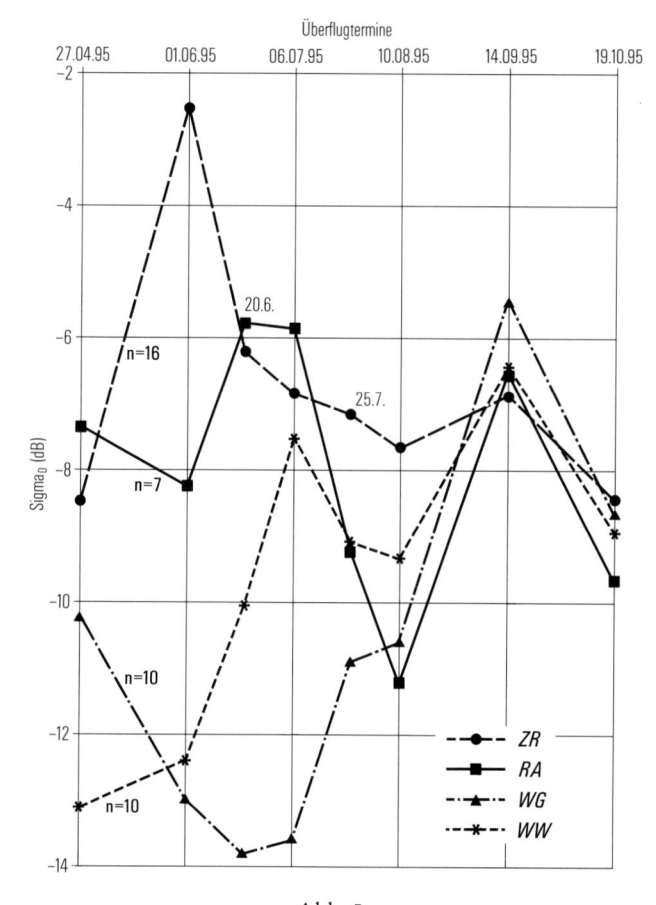

Abb. 5:
Gemittelte Verlaufssignaturen der wichtigsten Feldfrüchte (ZR: Zuckerrübe; RA: Raps; WG: Wintergerste; WW: Winterweizen)
Mean temporal signatures of the main crops (ZR: sugarbeet; RA: rape; WG: winter barley; WW: winter wheat)

der dicht-glatten Oberfläche durch Spiegelung oder bei langanhaltender Trockenheit infolge Abnahme der Bodenfeuchte oder des Pflanzenwassergehalts die Reflexion herabgesetzt wird.

Die Verlaufssignaturen von Rotationsbrache sind naturgemäß sehr uneinheitlich. Je nach Begrünungs- und Bearbeitungsstand beherrschen saisonale oder temporale Faktoren die Rückstreuwerte. Gemeinsames Merkmal der Verlaufssignaturen sind nur deren durchgehend starke Schwankungen (vgl. Abb. 7). Eine befriedigende Trennung von Dauergrünland und Rotationsbrache erfordert deswegen eine größere Anzahl von Aufnahmeterminen und ihre Ausdehnung über die Wuchsperioden der Ackerfrüchte hinaus. Nach systematischen Versuchen hat sich eine Folge von neun Terminen von Anfang April bis Ende Oktober als optimale Grundlage erwiesen (HURLEMANN 1997).

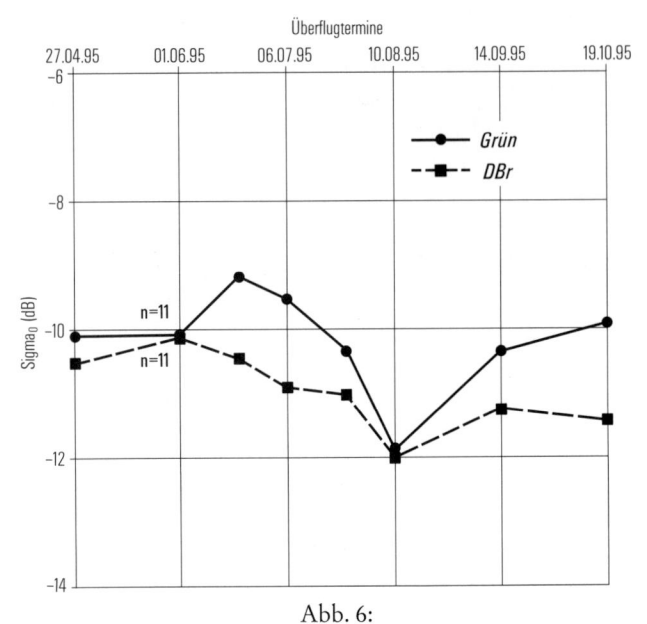

Abb. 6:
Gemittelte Verlaufssignaturen von Grünland (Grün) und Dauerbrache (DBr)
Mean temporal signatures of grassland (Grün) *and permanent fallow* (DBr)

4. Klassifikationen

Die Untersuchung war auf eine Klassifikation mit bekannten Merkmalen („überwachte Klassifikation") angelegt, mit den Felderhebungen einschließlich der Kartierung der Referenzflächen als Grundlage. Probeläufe haben jedoch ergeben, daß eine Kombination unüberwachter und überwachter Verfahren bessere Ergebnisse bringt. Das mag daran liegen, daß bei der visuellen Festlegung der Referenzflächen (der sog. Trainingsgebiete) eine optimale Auswahl häufig verfehlt wird.

Als effektivstes unüberwachtes Verfahren hat sich die Cluster-Analyse mittels ISODATA-Methode (Iterative Self-Organizing-Data Analysis) erwiesen. Bei jeder Wiederholung wird die Lage der Clustermittelwerte im Merkmalsraum neu berechnet, und die Pixel werden den veränderten Clustern wieder zugeordnet. Es kommt durch Aggregierung zu einer Verminderung der Clusterzahl. Der Grad der Übereinstimmung der so gebildeten Cluster mit den tatsächlich vorhandenen Landnutzungsklassen des Testgebietes wird interaktiv (am Bildschirm) geprüft. Wenn die maximal mögliche Zuordnung der Pixel erreicht ist, wird das Verfahren beendet. Die Lage dieser Cluster im Merkmalsraum definiert die gesuchten Klassen, deren inhaltliche Bedeutung sich aus dem Vergleich mit den Referenzarealen des Testgebietes ergibt.

Die Vorteile der Methode bestehen vor allem darin, daß die den Klassen inhärente Grauwertverteilung ohne die möglicherweise verfälschende Auswahl von Musterklassen berücksichtigt wird und die zeitliche Variabilität der Verlaufssignaturen durch die „Form" der Cluster im Merkmalsraum erfaßt werden kann.

Die in einem Ausschnitt (Abb. 1: Klassifikationsbasis) von 64 km^2 durch das ISODATA-Verfahren gewonnenen Klassen wurden mit dem Testgebiet Reinshof (Abb. 8) verglichen und definiert. In einem zweiten Schritt wurden diese Klassen als Grundlage einer

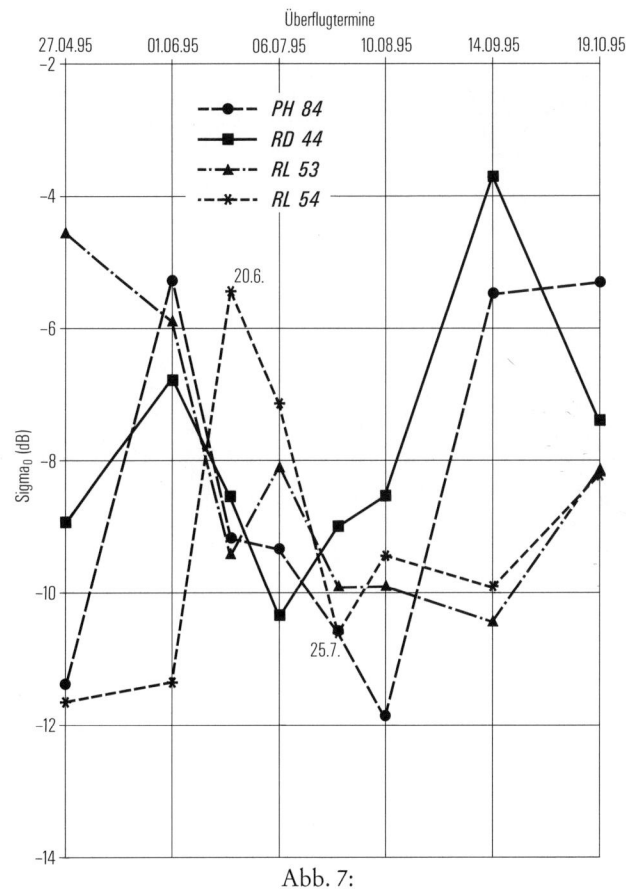

Abb. 7:
Verlaufssignaturen von (Rotations-)Brache (Ph: Phacelia; RD: Diverse; RL: Klee/Gras)
Temporal signatures of short term fallow (Ph: Phacelia; RD: various; RL: clover/grass)

Klassifikation mit bekannten Merkmalen („überwachte Klassifikation") nach dem Maximum-Likelihood-Verfahren verwendet, um die Flächen der landwirtschaftlichen Bodennutzung des Landkreises Göttingen zu ermitteln. Dabei wurden jedoch nicht alle Anbauarten erfaßt (vgl. Tab. 3). Unter den rund 7 % Sonstigen haben Mais (2,6 %) und Hafer (1,4 %) den größten Anteil. Bis zum Winterroggen mit 2,7 % sind jedoch alle relevanten Feldfrüchte berücksichtigt worden.

5. Ergebnisse

Die Qualität der Datenbearbeitung und der Klassifikation muß unter zwei Aspekten beurteilt werden: 1. Wie differenziert sind die Nutzungsformen und -arten zu ermitteln? 2. Wie genau sind sie nach Lage und Flächenanteil zu erfassen?

Von der tatsächlich vorhandenen agrarischen Nutzung (Abb. 8) hat das ISODATA-Verfahren mittels der ERS-1-Daten sechs Klassen erfaßt. Die mit nur wenigen Parzellen vertretenen Nutzungsarten Sommergetreide, Hafer, Mais und Sondernutzung (kleine Versuchsparzellen) waren verständlicherweise nicht eindeutig zu trennen. Im Unterschied zur

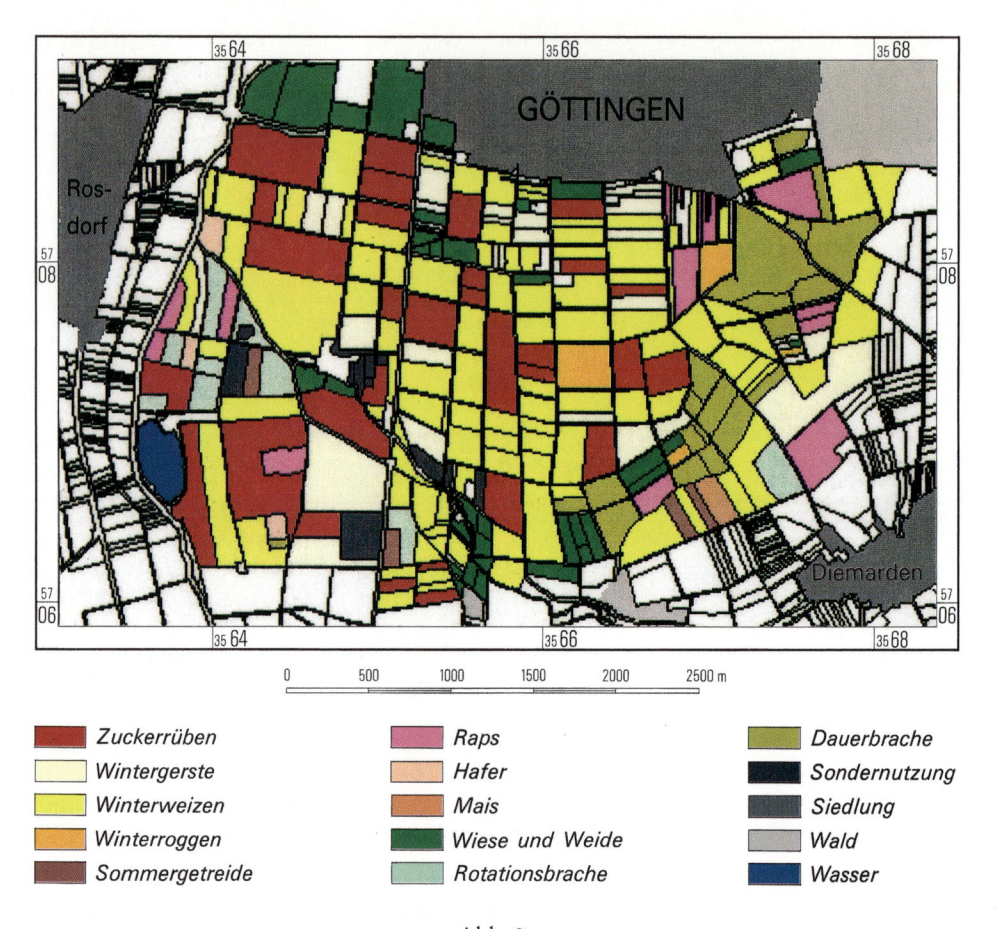

Abb. 8:
Referenzkarte der Landnutzung (nach Felderhebungen) des Testgebietes Reinshof 1995
Reference map of landuse (from ground check) of the testsite of Reinshof 1995

Auswertung der ERS-Daten, bei der Wintergerste und -roggen nicht zu trennen waren, ließen diese sich mit LANDSAT/TM noch erkennen. Der Vergleichbarkeit wegen sind sie aber in der Statistik (Tab. 4) zusammengefaßt worden. Das Dauergrünland (Wiese und Weide) mußte mit der Dauerbrache zusammengefaßt werden, weil die beiden Nutzungsarten selbst im Feld nicht eindeutig unterschieden werden konnten.

Für den Vergleich mit der amtlichen Statistik sind dem Dauergrünland die Klassen „Klee und Kleegras" und „Grasanbau auf Ackerland" (zusammen 0,1 %) zugeordnet worden, weil auch sie sich rein optisch stark gleichen. Die Ackerlandbrache ist mit Rotationsbrache gleichgesetzt worden und schließt die Flächenstillegung ein. Die damit verbundenen Verschiebungen der Flächenanteile sind zwar wegen der geringen Flächengrößen der betroffenen Klassen relativ unbedeutend, beeinträchtigen aber die strenge Vergleichbarkeit.

Die Trennung der Klassen und die Resultate der Klassifikationen werden in Konfusionsmatritzen pixelweise durch den Vergleich mit der Referenzkarte geprüft. Daraus erge-

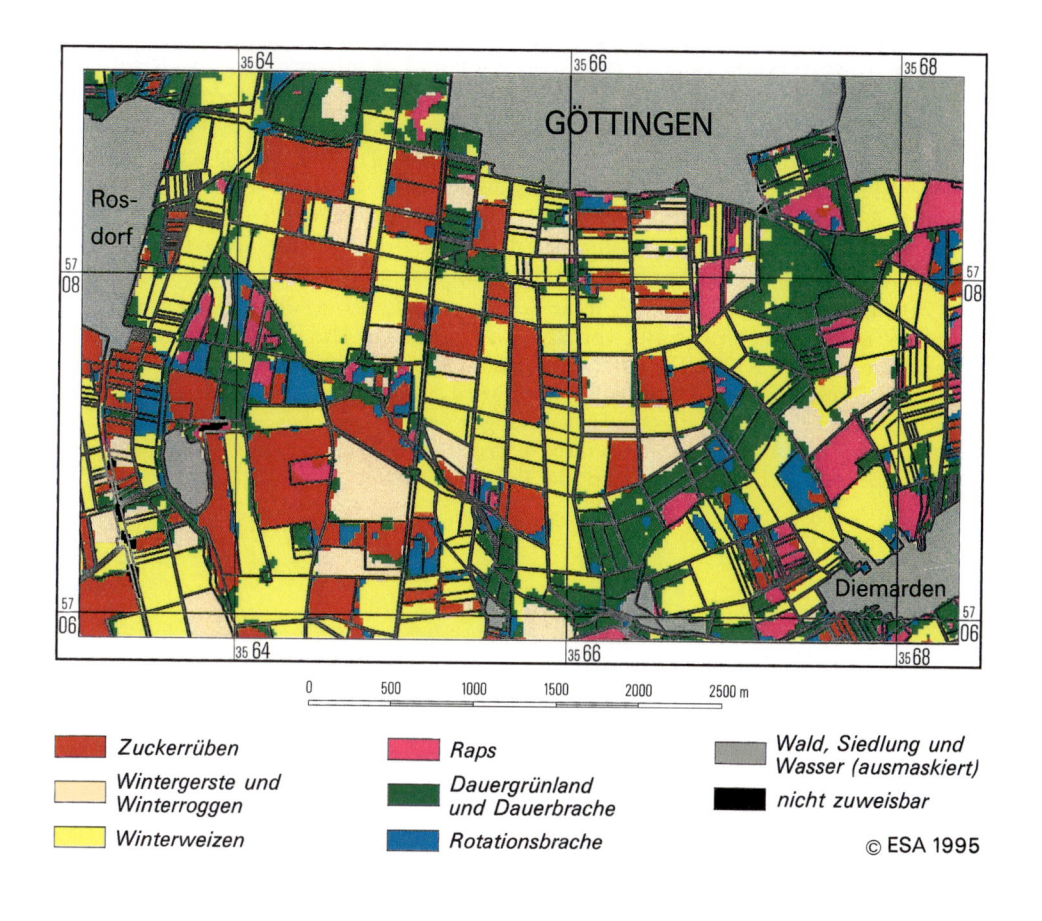

■	Zuckerrüben	■ Raps	■ Wald, Siedlung und Wasser (ausmaskiert)
■	Wintergerste und Winterroggen	■ Dauergrünland und Dauerbrache	■ nicht zuweisbar
■	Winterweizen	■ Rotationsbrache	© ESA 1995

Abb. 9:
Multitemporale Landnutzungsklassifikation des Testgebietes Reinshof aus ERS-1-Daten
(sechs Termine 1995)
ERS-1 multitemporal landuse classification of the testsite of Reinshof (six dates 1995)

ben sich die Anteile der richtig und der falsch oder nicht zugeordneten Pixel. Der Anteil der richtig zugeordneten Pixel der Klassen des Testgebietes ist in Tab. 4 unter R_{CM} (= Resultate der Konfusionsmatrix) aufgelistet. Aus den Prozentwerten sind die Größe der richtig bestimmten Klassenareale und ihr Anteil an der Gesamtfläche berechnet und durch Differenzbildung mit den entsprechenden Anteilen des Referenzgebietes verglichen worden. Die unter $Diff_A$ (= Differenz der Arealanteile) aufgeführten Werte stellen also die aus Fehlklassifizierungen resultierenden Abweichungen der klassifizierten von den wirklichen Anteilen dar. Ihre Absolutsumme ergibt mit dem Komplementärwert die jeweilige Gesamtgenauigkeit.

Die R_{CM}- und $Diff_A$-Werte des Testgebietes Reinshof ändern sich nicht gleichsinnig. Niedrigen, ja extrem niedrigen Zuordnungsgenauigkeiten entsprechen nur geringe Anteilsabweichungen. Darin äußert sich ein methodischer (leider unvermeidbarer) Nachteil der Untersuchung, der in der ungleichen Flächengröße der Referenzareale der Klassen liegt, denn bei relativ kleinen Flächen verursachen auch niedrige Zuordnungsgenauigkeiten nur geringe Anteilsabweichungen.

Vom Testgebiet Reinshof sind mit der monotemporalen LANDSAT/TM-Klassifikation nur Zuckerrüben und Grünland befriedigend genau erfaßt worden (Tab. 4). Die Gesamtgenauigkeit ist mit 76,7 % (Tab. 6) relativ gering. Die bitemporale Klassifikation erreicht mit 83,4 % ein als zufriedenstellend zu wertendes Ergebnis. Außer Zuckerrüben und Grünland ist auch der Winterweizen recht genau erkannt worden. Die Arealabweichungen bleiben unter 4 %, wobei jedoch der Brachewert angesichts der sehr niedrigen Klassifikationsgenauigkeit von R_{CM} = 31,1 % nicht aussagekräftig ist.

Die ERS-1-Daten erlauben mit sechs Terminen die Erfassung des Testgebietes Reinshof mit einer Gesamtgenauigkeit von 82,4 %, ermöglichen also das Genauigkeitsniveau der bitemporalen LANDSAT/TM-Klassifikation. Auch die Arealabweichungen sind von gleicher Größenordnung. Mit neun Terminen wird eine deutlich größere Genauigkeit von 87,7 % erreicht, und auch die Arealabweichungen sind geringer. Die wichtigste Verbesserung betrifft die Brachefelder, deren recht niedriger $Diff_A$-Wert bei einer Genauigkeit von 68 % eine realistische Größenordnung der Erfassung anzeigt.

Tab. 4: Resultate der Klassifikation des Testgebietes Reinshof
R_{CM} : Resultate aus den Konfusionsmatritzen
$Diff_A$: Differenzen aus Referenzareal und Klassifikationsareal als Anteil an der Testgebietsfläche
Classification results of the test site of Reinshof
R_{CM} : *Results from the confusion matrices*
$Diff_A$: *Differences of reference area and classification area as proportion of the test site area*

	LANDSAT/TM				ERS-1			
	monotemporal [1]		bitemporal [2]		6 Termine [3]		9 Termine [4]	
	R_{CM} [%]	$Diff_A$ [%]	R_{CM} [%]	$Diff_A$ [%]	R_{CM} [%]	$Diff_A$ [%]	R_{CM} [%]	$Diff_A$ [%]
WW	81,8	-7,1	90,5	-3,6	85,7	-5,6	90,5	-3,7
WG+R	45,7	-6,1	73,1	-3,8	76,3	-3,0	83,3	-2,1
ZR	97,0	-0,6	90,7	-1,9	92,5	-1,5	92,6	-1,5
RA	67,3	-1,7	70,7	-1,4	77,9	-1,1	80,7	-1,0
GR	85,7	-2,5	86,5	-2,7	77,7	-3,9	86,4	-2,4
BR	11,3	-4,5	31,3	-3,5	52,0	-2,5	68,1	-1,6
nicht o. falsch zugeordnet		23,3		16,6		17,6		12,3

[1] 3.5.95 [2] 3.5. + 29.6.95 [3] 2.4., 27.4., 7.5., 1.6., 6.7., 16.7.95
[4] 2.4., 27.4., 7.5., 1.6., 6.7., 16.7., 10.8., 14.9., 19.10.95

Die Leistungsfähigkeit von Satellitenradar zeigt sich im Vergleich einer Klassifikation aus sechs Terminen mit der Referenzkarte (Abb. 8 und 9). Abgesehen von der Reduktion der Klassenzahl durch Zusammenlegung und der dadurch bedingten Vernachlässigung der sehr gering vertretenen Nutzungsarten, ist die Erfassung der Ackerfrüchte und des Dauergrünlandes (in der oben beschriebenen Definition) weitgehend korrekt. Auch die Parzellen mit Rotationsbrache (einschließlich der Flächenstillegung) sind in bemerkenswertem Umfang richtig erfaßt worden. Fehlerhafte Zuordnungen treten vor allem entlang der Parzellengrenzen und bei geringen Parzellengrößen auf und sind das Ergebnis von

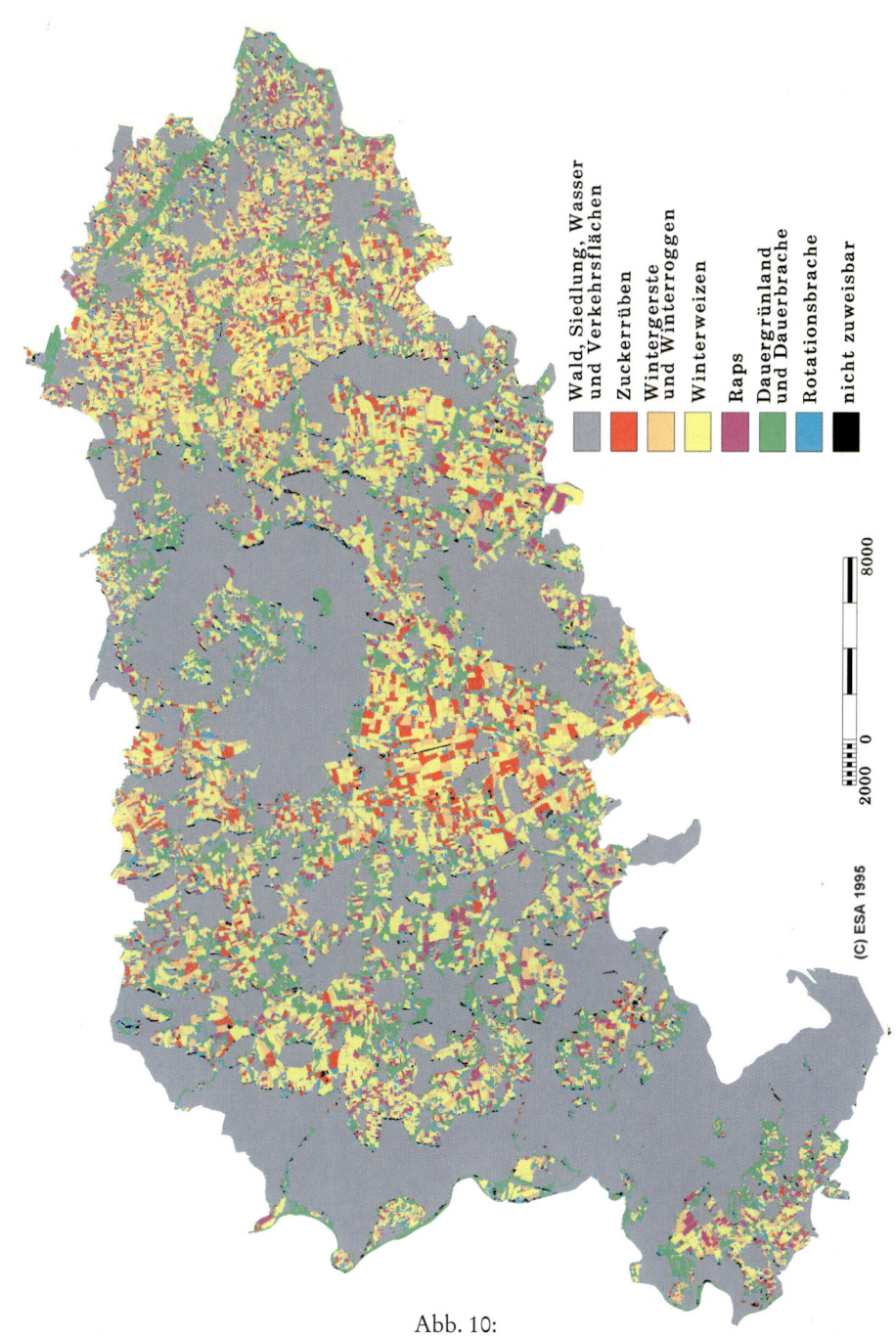

Abb. 10:
Multitemporale Landnutzungsklassifikation des Landkreises Göttingen aus ERS-1-Daten
(neun Termine 1995) (aus HURLEMANN 1997)
*ERS-1 multitemporal landuse classification of the District of Göttingen
(nine dates 1995) (after HURLEMANN 1997)*

Mischpixeln. Die Flächengenauigkeit könnte durch parzellenbezogene Segmentierung erhöht werden, worauf jedoch im Hinblick auf die Erfassung des gesamten Landkreises – für den eine solche Parzellierung im GIS noch nicht vorliegt – verzichtet worden ist.

Die landwirtschaftliche Nutzfläche des Landkreises Göttingen ist aus der topographischen Karte 1 : 25.000 durch Digitalisierung mit insgesamt rund 59 000 ha ermittelt worden. Die Abweichung vom Wert der amtlichen Statistik (Tab. 3) kann zwei Gründe haben: 1. Der Anteil der Verkehrsflächen, im wesentlichen der Feldwege, erhöht die klassifizierte Fläche. 2. Die amtliche Flächenerhebung beruht auf Angaben der landwirtschaftlichen Betriebe mit Sitz im Kreisgebiet, berücksichtigt aber nicht die Lage der Nutzflächen inner- oder außerhalb der Kreisgrenze. Der Vergleich von Klassifikationsergebnissen mit der amtlichen Statistik unterliegt also – zusätzlich zu den Problemen der Klassendefinition (siehe oben) – auch aus diesem Grund dem Vorbehalt der ungleichen Bezugsbasis.

Tab. 5: Ergebnisse der Klassifikation des Landkreises Göttingen
$Diff_A$: Differenzen der Arealanteile nach amtl. Statistik (vgl. Tab. 3) und nach Klassifikationsstatistik
Classification results of the District of Göttingen
$Diff_A$: *Differences of area proportions from official statistics (see* Tab. 3*) and from classification statistics*

	LANDSAT/TM monotemporal			ERS-1 6 Termine			ERS-1 9 Termine		
	ha	%	$Diff_A$ [%]	ha	%	$Diff_A$ [%]	ha	%	$Diff_A$ [%]
LNF	59024	100,0	+3,5	59024	100,0	+3,5	59024	100,0	+3,5
WW	15928	27,0	-3,6	17068	28,9	-1,7	17838	30,2	-0,4
WG +R	4490	7,6	-10,6	6930	11,7	-6,5	8390	14,2	-4,0
ZR	8015	13,6	+6,8	5786	9,8	+3,0	5764	9,8	+3,0
RA	3716	6,3	-3,7	5712	9,7	-0,3	5516	9,3	-0,7
GR	23242	39,4	+23,2	16750	28,4	+12,2	12871	21,8	+5,6
BR	1490	2,5	-8,7	5071	8,6	-2,6	6466	11,0	-0,2
nicht zu-geordnet	2142	3,6	-3,6	1706	2,9	-2,9	2179	3,7	-3,7
			Σ |60,2|			Σ |29,2|			Σ |17,6|

Tab.6: Gesamtgenauigkeit der Klassifikation bei unterschiedlichen Datengrundlagen
Overall accuracy of classification for different data bases

	LANDSAT/TM		ERS-1	
	monotemporal	bitemporal	6 Termine	9 Termine
Testgebiet Reinshof	76,6%	83,3%	82,4%	87,7%
Landkreis Göttingen	39,8%	-	70,8%	82,4%

Das Ergebnis der monotemporalen LANDSAT/TM-Auswertung ist mit einer Gesamtgenauigkeit von 40 % unbrauchbar. Die ERS-Daten ergeben mit 6 Aufnahmen eine Gesamtgenauigkeit von 71 %, mit 9 Aufnahmen eine solche von 82 % (Tab. 6). Mit diesem Wert ist bei einer Zahl von 6 Klassen eine recht geringe mittlere Fehlerquote erreicht, die sich in sehr geringen Abweichungen der Arealanteile ($Diff_A$) äußert (Tab. 5). Da eine pixelbasierte Validierung dieser Werte wegen fehlender Kontrolldaten nicht möglich ist, kann ihre Zuverlässigkeit nur schwer beurteilt werden. Eine auf die Testareale 2 bis 5 (Abb. 1) gestützte visuelle Überprüfung der Klassifikationsresultate, die in der Karte der Landnutzung (Abb. 10) dargestellt sind, ergibt eine weitgehend zutreffende Erfassung der größeren Parzellen. Die geringen Abweichungen der Diff$_A$-Werte von der amtlichen Statistik können deswegen als brauchbares Ergebnis der ERS-Datenanalyse beurteilt werden.

6. Schlussfolgerungen

Die Vorteile der Satellitendaten optischer Sensoren, die vor allem in der guten spektralen Auflösung und der daraus resultierenden Informationsdichte von Spektralsignaturen bestehen, sind wegen der wetterbedingten Unsicherheiten und Beschränkungen ihrer Verfügbarkeit operationell kaum zu nutzen. Aus diesem Grunde bietet sich für Europa Satellitenradar als sichere Datenquelle an. Die fehlende spektrale Auflösung wird durch die zeitliche Dichte der Aufnahmen und die daraus zu gewinnenden Verlaufssignaturen kompensiert. Sie ermöglichen es, die Hauptklassen der agrarischen Bodennutzung zu erfassen und ihre Flächenanteile zu ermitteln.

Es kann nicht das Ziel der Nutzung von Fernerkundungsdaten sein, die in Deutschland durch Gesetz (Bundesgesetzblatt 1992) geregelten Verfahren der Flächenerhebung zu ersetzen oder gar zu verbessern. Mit einer Totalerhebung alle vier Jahre und jährlichen Stichprobenerhebungen (deren Fehler nach internen Berechnungen des Niedersächsischen Landesamtes für Statistik bei 0,4 % liegt und generell auf unter 1 % geschätzt wird – vgl. BRADBURY 1994) sind genaue und umfassende Daten verfügbar. Spezielle Erfordernisse der Agrarstatistik können jedoch möglicherweise mit Satellitendaten erfüllt werden. Dazu gehören die in der Einleitung genannten Bestrebungen einer Vereinheitlichung der unterschiedlichen nationalen agrarstatistischen Datengrundlagen, die vom Statistischen Amt der Europäischen Union geforderten Schätzungen von Flächen der Hauptanbaufrüchte im Frühjahr (Ausschreibung eines neuen MARS-Pilotprojektes Juli 1996) und parzellengenaue Inventuren der Hauptnutzungsarten. Die bisher erreichten Erfolge bei der Auswertung von Satellitenradar rechtfertigen die Erwartung, daß mit der Verfeinerung der Methoden durch Anwendung von Interferometrie, multipolarisierenden und multifrequentiellen Systemen diese Forderungen erfüllt werden können.

Danksagung: Die Untersuchung war nur möglich dank der Unterstützung durch die ESA, die die ERS-Daten zur Verfügung gestellt hat, und durch die Deutsche Agentur für Raumfahrtangelegenheiten (DARA), die das Vorhaben durch Sach- und Personalmittel fördert. Den Projektmitarbeitern Peter Hurlemann und Holger Schepp danken wir für digitale Datenanalysen, Norbert Etzrodt und Henning Hoffmann für die Felderhebungen. Herrn Dr. M. Wildenhayn (Forschungs- und Studienzentrum Landwirtschaft und Umwelt) und seinen Mitarbeitern gilt unser Dank für die Erhebung und Bereitstellung von Daten im Rahmen ihres INTEX-Projektes.

Literatur

BRADBURY, D. (1994): Statistische Systeme zur Messung von Fläche, Erzeugung und Ertrag. Statistisches Amt der Europäischen Union (EUROSTAT), Studie Nr. 38540006: 1–33.
ESA SPECIALIST PANEL (1995): Satellite Radar in Agriculture. Experience with ERS-1. European Space Agency ESA SP-1185. Noordwijk, 69 S.
HURLEMANN, P. (1997): Möglichkeiten der Landnutzungsklassifikation mittels ERS-1-Radar- und LANDSAT/TM-Aufnahmen im Landkreis Göttingen. Geographische Diplomarbeit Univ. Göttingen, unveröff.

KÜHBAUCH, W. (1991): Artenerkennung und Zustandsbeschreibung landwirtschaftlicher Nutzpflanzenbestände mit Fernerkundung. Ber. Gesellsch. Informatik i. d. Land-, Forst- und Ernährungswirtschaft, 1: 1–16.
LAUR, H. (1992): ERS-1 SAR Calibration. Derivation of Backscattering Coefficient Sigma$_0$ in ERS-1.SAR.PRI Products. European Space Agency ESA/ESRIN. Frascati, 16 S.
OKONIEWSKI, J. (1996): Kontrolle der flächengebundenen Beihilfen durch Fernerkundung. Informationen für die Agrarberatung 9/96: 6–8.
SCHEPP, H. (1996): Die Abhängigkeit des ERS-1 Radarechos von der Exposition. Eine multitemporale Untersuchung aus dem Landkreis Göttingen. Geographische Diplomarbeit Univ. Göttingen, unveröff.
SPÖNEMANN, J. & B. SCHIECHE (1996): Satellitenradar in der Geographie. Georgia Augusta 65: 11–20.
STADLER, R. (1991): Schritte zur operationalen Einbindung der Satellitenfernerkundung in die amtliche Statistik. Ber. Gesellsch. Informatik i. d. Land-, Forst- und Ernährungswirtschaft, 1: 17–25.
STATISTISCHE BERICHTE NIEDERSACHSEN (1996): Bodennutzung und Ernte 1995. Niedersächsisches Landesamt für Statistik. Hannover.
TERRES, J. M., J. DELINCE, M. VAN DE STEENE & A. HAWKINS (1995): The use of remote sensing and GIS capabilities to support the Reform of the Common Agricultural Policy of the European Community. Remote Sensing Review 12: 53–60.

Hans-Joachim Bürkner, Wilfried Heller und Hans-Jürgen Hofmann

Geographische Aussiedlerforschung in den achtziger und neunziger Jahren

Zusammenfassung: Der Beitrag stellt in Grundzügen die Entwicklung der geographischen Aussiedlerforschung dar, wie sie in den vergangenen zehn Jahren am Geographischen Institut der Universität Göttingen stattgefunden hat. Die Einordnung der präsentierten empirischen Ergebnisse dokumentiert dabei gleichzeitig einen theoretischen und konzeptionellen Neuorientierungsprozeß innerhalb der sozialgeographischen Aussiedlerforschung, der zur Etablierung der Disziplin im Rahmen der sozialwissenschaftlichen Migrationsforschung beigetragen hat. Anhand der Analyse des Verhaltens von Aussiedlern aus Rumänien konnten Mitte der 80er Jahre noch keine besonders auffälligen Abweichungen vom Verhalten der autochthonen Bevölkerung festgestellt werden. Seit Ende der 80er Jahre, mit dem starken Ansteigen der Aussiedlerzahlen infolge des Zusammenbruchs der sozialistischen Regime, zeigten verschiedene empirische Befunde deutliche Anzeichen einer zunehmenden Marginalisierung der verschiedenen Aussiedlergruppen. Gleichzeitig zeigte sich eine stark eingeschränkte Wohnungsmarktfähigkeit der Aussiedler, wodurch im Zusammenspiel mit kommunalen Steuerungsprozessen im Bereich des Sozialwohnungsteilmarktes kleinräumliche Wohnsegregationen in erheblichem Umfang hervorgerufen worden sind. Die Thematisierung dieses Aspekts der Aussiedlerzuwanderung stellte daher die konsequente Fortsetzung der Forschungen dar. Erste Ergebnisse zeigen, daß Kolonieeffekte in institutionalisierten Zusammenhängen nur begrenzt wirksam sind, daß aber im Bereich der informellen Kommunikationssysteme deutliche Formierungsprozesse stattgefunden haben. Die Bedeutung dieser Prozesse im Kontext einer Integration der Zuwanderer in die bundesdeutsche Gesellschaft wird zukünftig der Schwerpunkt der geographischen Aussiedlerforschung in Göttingen sein.

[Research on ethnic Germans (Aussiedler) in the eighties and nineties: Geographical perspectives]

Summary: *This paper deals with the development of geographical research at Göttingen University during the last ten years on issues of the migration of Ethnic Germans ('Aussiedler') to Germany. The discussion of recent empirical findings includes theoretical and conceptional reflections which have contributed to connecting Social Geography to the mainstream of Social Sciences migration research. In the mid1980s, the spatial behaviour of Aussiedler from Romania did not significantly differ from the behaviour of resident Germans. Since the end of the 1980s, the figures of Aussiedler migrating to Germany increased substantially. From this time on, processes of social marginalization of different groups of Aussiedler have gained importance. Empirical findings show a great reduction of socio-economic status among Aussiedler. Furthermore, it is obvious that Aussiedler were not successful on the private housing market. Even after a long stay, they primarily live in apartments of the public housing sector. Together with communal controlling effects, this situation leads to spatial concentrations within public housing areas. Against this background, our research focused on the segregation of Aussiedler, particularly on aspects of social interaction of the members of Aussiedler ingroups. First findings indicate that institutions within Aussiedler colonies have not developed to a large extent while informal modes of institutionalization tended to expand remarkably, e.g. communication systems of the Aussiedler population within segregated housing areas. In the future, geographical research on Aussiedler immigration will deal with the relevance of these systems for the integration of immigrants into the host society.*

1. Einleitung

Zehn Jahre Aussiedlerforschung in Göttingen stellen einen wichtigen Markierungspunkt der Behandlung des Themas „Aussiedler" in der geographischen Migrationsforschung im deutschsprachigen Raum dar. Sie stehen für eine konzeptionelle Neuorientierung, nämlich fort von der Flüchtlings- und Vertriebenenforschung und hin zu neueren Ansätzen der sozialwissenschaftlichen Migrationsforschung. Sie stehen in ihrer Gesamtheit auch für eine gewisse Kontinuität, mit der sich diese Neuorientierung inzwischen etabliert hat. Für die Zukunft sind weitere interessante Fragestellungen und Forschungsaufgaben zu erwarten. Anlaß genug also, um eine rückblickende Bestandsaufnahme der Forschungsaktivitäten vorzunehmen und künftige Weichenstellungen zu skizzieren.

Die Eingliederung von deutschen Aussiedlern aus Rumänien, Polen und der ehemaligen Sowjetunion in der Bundesrepublik Deutschland stellte bis Mitte der 80er Jahre innerhalb der geographischen Migrationsforschung ein stark vernachlässigtes Thema dar (vgl. die Hinweise in HELLER & KOCH 1987, S. 21 f.). Von einer Aussiedlerforschung im Sinne eines theoretisch begründeten Forschungsansatzes und eines zugeordneten Methodenkanons konnte bis zu diesem Zeitpunkt allgemein nicht gesprochen werden. Mit dem Anwachsen der Migrationsströme gegen Ende der 80er Jahre wurden die Probleme der Aussiedlerzuwanderung in der anthropogeographischen Literatur vereinzelt aufgegriffen, allerdings eher unsystematisch und mit sehr lockeren theoretischen Anleihen (vgl. die Beiträge im Themenheft der BUNDESANSTALT FÜR LANDESKUNDE UND RAUMFORSCHUNG 1989 sowie Bals 1991, METZ & BORSCH 1991, Jolanthe BLASCHKE 1992 und VEITH 1994). Dagegen existiert in den benachbarten Sozialwissenschaften eine vergleichsweise umfangreiche, ältere Forschungstradition, die auf zwei Strängen aufbaut: zum einen auf der Flüchtlings- und Vertriebenenforschung (vgl. die Beiträge in HARMSEN 1983), zum anderen auf der Sozialisationsforschung der 70er Jahre (HAGER 1980, HAGER & WANDEL 1978, ROBEJSEK 1979, GRIESE 1982). Die letztgenannte Forschungsrichtung hat sich besonders im Zusammenhang mit der Analyse der Eingliederungsprobleme von Aussiedler-Jugendlichen bis in die Gegenwart gehalten (vgl. KOSSOLAPOW 1987), während die Ausläufer der Flüchtlings- und Vertriebenenforschung in bezug auf Aussiedler nur noch sporadisch in Erscheinung treten (vgl. LÜTTINGER 1986, LÜTTINGER & ROSSMANN 1989).

Im folgenden geben wir einen Überblick über unsere wichtigsten Arbeiten und Untersuchungsergebnisse zur sozialen und ökonomischen Integration von Aussiedlern. Zunächst erfolgt eine theoretische Standortbestimmung sowie eine Darstellung der Entwicklung der grundlegenden Forschungskonzeption, die für die Mehrzahl der Forschungsprojekte in diesem Bereich verwendet wurde.

2. Ansatzpunkte der Aussiedlerforschung in Göttingen

2.1. Bereich Flüchtlingsforschung

Seit die Aussiedlerzuwanderung in den 80er Jahren zunehmend als Bestandteil der Einwanderungsproblematik in der Bundesrepublik Deutschland begriffen wurde, ist nicht nur eine Reihe von neuen Forschungsthemen bearbeitet worden; auch die verwendeten theoretischen Ansätze und die regionalen Untersuchungsrahmen haben sich deutlich verändert.

Noch in den 60er und 70er Jahren beherrschte die traditionelle Flüchtlingsforschung das Feld (s. JOLLES 1965, VEITER 1975). Hier wurde die materielle Seite der Zuwanderung von Vertriebenen und Flüchtlingen nach dem 2. Weltkrieg in den Vordergrund des Interesses gestellt. Die Integrationsprobleme der Migranten in bezug auf die Aufnahmegesellschaft sowie die sozialen und räumlich-sozialen Strukturen, die von den Zugewanderten selbst geschaffen wurden, wurden zwar zur Kenntnis genommen, aber in ihrer sozialen und ökonomischen Verursachung kaum ausreichend erklärt.

Insbesondere die weitgehende Theorielosigkeit der Flüchtlingsforschung machte sie für die Untersuchung von Eingliederungsproblemen wenig effektiv. Begriffe wie „Integration", „Assimilation" oder auch „Segregation" wurden zwar beiläufig erwähnt, aber kaum definiert und erst recht nicht in einem geeigneten theoretischen Zusammenhang verwendet.

Somit ergaben sich für die Untersuchung der aktuellen Integrationsprobleme von Aussiedlern kaum ausreichende Anknüpfungspunkte in Form von Forschungsansätzen oder theoretischen Konzepten, auf die die geographische Aussiedlerforschung hätte zurückgreifen können. Lediglich ein wichtiger, bis dahin vernachlässigter Aspekt der Analyse der quantifizierbaren Rahmenbedingungen der Aussiedlerzuwanderung konnte im Rahmen einer Göttinger Dissertation (KOCH 1991) aufgegriffen werden. Es handelt sich dabei um das räumliche Verhalten der Aussiedler in der BRD, genauer gesagt um die Wohnstandortwahl nach der Einreise sowie die räumliche Mobilität nach der ersten Wohnsitznahme. Dieses Thema war von der älteren Flüchtlingsforschung bereits gestreift, aber nicht auf breiterer empirischer Basis bearbeitet worden. Eine Darstellung der wichtigsten Ergebnisse folgt unten in Kap. 3.

Mit der detaillierten Analyse des Mobilitätsverhaltens der Aussiedler waren die Möglichkeiten der Fortführung und Weiterentwicklung von Forschungsfragen aus dem Bereich der älteren Flüchtlingsforschung weitgehend erschöpft. Ein weiteres Verbleiben in dieser Forschungstradition hätte auf lange Sicht kaum neue Anregungen und Ergebnisse erbracht. Wichtige neue Impulse für die geographische Aussiedlerforschung, vor allem im Hinblick auf die soziale und ökonomische Integration der Aussiedler im Aufnahmeland, wurden daher aus anderen Forschungsbereichen bezogen, und zwar hauptsächlich aus jüngeren Ansätzen der soziologischen, ethnologischen und politologischen Migrationsforschung. Hierdurch wurde eine erfolgreiche Annäherung der geographischen Aussiedlerforschung an den *mainstream* der sozialwissenschaftlichen Migrationsforschung erreicht.

2.2. Die neuere Migrantenforschung

Seit Beginn der 80er Jahre hat sich in der europäischen Migrationsforschung eine deutliche Verlagerung der Forschungsschwerpunkte vollzogen; ein Paradigmenwechsel scheint in greifbare Nähe gerückt zu sein (s. dazu Jochen BLASCHKE 1994). Hatte sich die Erforschung der Folgen der Zuwanderung von Arbeitsmigranten, Aussiedlern, Flüchtlingen und Asylsuchenden bis zum Ende der 70er Jahre fast ausschließlich an der klassischen Assimilationstheorie orientiert, so wurden in der Folgezeit zunehmend Forschungsansätze diskutiert, die sich mit der Entwicklung und Ausdifferenzierung von *migrant communities bzw. ethnic communities*[1] befassen. Hier werden in erster Linie die sozialen, soziokulturellen und räumlich-sozialen Strukturen untersucht, die von den Einwanderern selbst geschaffen

---

[1] Der Begriff „ethnic community" wurde bereits in den 60er Jahren von BRETON geprägt (Jochen BLASCHKE 1994, S. 32), fand jedoch erst in den achtziger Jahren Eingang in den allgemeinen Sprachgebrauch der Migrationsforschung. Er impliziert Grenzziehungsprozesse aufgrund von Ethnizität im weitesten Sinne, d. h. im Falle der Aussiedler aufgrund der soziokulturellen Praxis sowie der Fremd- und Selbstzuschreibungen, die im Herkunftskontext entwickelt wurden und im Aufnahmeland zum großen Teil reproduziert werden.

wurden. Es wird nicht mehr ausschließlich danach gefragt, wie stark sich die Merkmale und Verhaltensweisen der Migranten an diejenigen der Mitglieder der Aufnahmegesellschaft annähern und wie diese Annäherung zu erreichen sei, sondern es werden vermehrt die integrativen Leistungen der Einwanderergesellschaften und die damit zusammenhängende Binnenintegration ihrer Mitglieder zu Untersuchungsgegenständen erhoben (z. B. HECKMANN 1981 u. 1982, ELWERT 1982, DROSSOU u. a. 1991).

Diese Entwicklung wurde von der geographischen Migrationsforschung in den 80er Jahren kaum nachvollzogen, obwohl – insbesondere mit dem Konzept der Einwandererkolonie (HECKMANN 1982 u. 1992) Anknüpfungspunkte zu klassischen sozialökologischen Fragestellungen (z. B. nach dem Verhältnis von räumlichen Konzentrationen von Zuwanderern und den sozialen Strukturen und Beziehungsgeflechten innerhalb dieser Wohnquartiere) gegeben waren. Nur vereinzelt wurden Eigenleistungen von Einwanderergesellschaften, z. B. ökonomische Tätigkeiten von Ausländern in deutschen Städten, thematisiert (WIEBE 1982, LEIER & SCHOLZ 1987), allerdings nicht unter Bezug auf Koloniekonzepte oder veränderte Fragestellungen im oben beschriebenen Sinne.

Für die Weiterentwicklung unserer Fragestellungen war vor allem das Binnenintegrationskonzept von ELWERT von großer Bedeutung (ELWERT 1982 und 1984). Indem wir uns diesem Konzept nach Vorarbeiten von BÜRKNER (1987) stärker zuwandten, konnten wir zwei Ziele zugleich verfolgen: Zum einen konnte eine empfindliche Lücke in der geographischen Migrationsforschung geschlossen werden bis zum heutigen Tag werden diesbezügliche Fragestellungen nur ausnahmsweise in empirischen Untersuchungen verfolgt. Zum anderen konnten wir eine Übertragung von theoretischen Ansätzen aus der sozialwissenschaftlichen Migrationsforschung auf die Untersuchung der Folgen der Aussiedlerzuwanderung vornehmen, die bis dato weder von der sozialwissenschaftlichen noch von der geographischen Aussiedlerforschung geleistet worden war.

ELWERTs These von dem durch Binnenintegration bestimmten gesellschaftlichen Integrationsprozeß von Zuwanderern stellt die Frage, ob eine stabile Einbindung in die verschiedenen Systeme der Aufnahmegesellschaft nicht besser glücken kann, wenn sich diese Zuwanderer zunächst stärker in die sozialen und (sub-)kulturellen Bezüge der Eigengruppe integrieren. Ein solcher Ansatz ist sowohl mit Blick auf die herkömmlichen sozialwissenschaftlichen Integrationstheorien unterschiedlicher Provenienz als auch mit Blick auf den konzeptionellen Zuschnitt des überwiegenden Teils der praktischen Eingliederungsarbeit ein Novum und steht dabei auch im krassen Gegensatz zum bisherigen gesellschaftlichen Selbstverständnis in bezug auf den Umgang mit Einwandererminoritäten. Entscheidend dabei ist, daß – anders als bei den üblicherweise ethnozentristisch ausgerichteten herkömmlichen Betrachtungsweisen und Auffassungen von gesellschaftlicher Integration – die Fremdheit der Zuwanderer im Rahmen der Binnenintegrationsthese nicht tabuisiert oder ignoriert, sondern erstmals paradigmatisch als wesentliches Moment des Einwanderungskontextes akzeptiert und als legitimer Bestandteil des Eingliederungsprozesses antizipiert wird. Elwert geht dabei davon aus, daß die Belastungen der Einwanderungssituation unter den zuwandernden Menschen eine Art Sozialgruppensituation schaffen, d. h. daß es aufgrund gemeinsamer Herkunftsbezüge und gleichartiger Erfahrungen mit der Aufnahmegesellschaft notwendigerweise zu 'Solidarität' unter den Gruppenmitgliedern und gleichzeitig zur Abgrenzung als ethnisch definierter Gruppe von anderen Bevölkerungsgruppen der Aufnahmegesellschaft kommt. Im Zuge dieser Solidarität können Leistungen der Gruppe für den Einzelnen zum bestimmenden Moment für seine Integration in die Aufnahmegesellschaft – verstanden als Partizipation an materiellen und ideellen gesellschaftlichen Gütern – werden, und zwar im wesentlichen auf drei Ebenen: Erstens können die Rückmeldungen aus der Gruppe im Zusammenhang mit einer individuellen kulturellen Selbstvergewisserung für psychische Stabilität und andauerndes Selbstbewußtsein sorgen, da die herkunftskulturellen Bezüge nicht verleugnet und als Makel begriffen zu werden brauchen; demzufolge kommt es weniger häufig zu Stigmatisierungen sowie den entsprechenden Folgen der gesellschaftlichen Desintegration und Marginalisierung. Zweitens werden durch die Interaktionen im Rahmen der Eigengruppe in wesentlich stärkerem Maße alltagsempirische Kenntnisse vermittelt, als dies im Rahmen einer vorzugsweise auf die Aufnahmegesellschaft ausgerichteten Kommunikation möglich wäre. Und drittens – so wird machttheoretisch argumentiert – kann die Eigengruppe für die Entstehung von informellen Informationssystemen und *pressure groups* sorgen, wodurch sich Informationsbedürfnisse besser und zielgerichteter befriedigen und spezifische Interessen der Einwanderer besser vertreten lassen (vgl. ELWERT 1982, S. 718 ff.).

Voraussetzung für die Anwendung dieses Konzepts auf die Gruppe der Aussiedler ist zum einen der Umstand, daß es sich bei den meisten Aussiedlergemeinschaften um Gruppen mit einer gewissen inneren Kohäsion handelt. In der Regel existieren nicht nur intensive Binnenkommunikationsstrukturen, sondern auch starke Tendenzen zur Bildung von räumlichen Konzentrationen.

Zum anderen ist es erforderlich, die in der älteren Aussiedlerforschung vorherrschende Vorstellung aufzugeben, bei den Aussiedlern handele es sich um Personen, die – als ethnische Deutsche – nach ihrer Ankunft einen reibungslosen bzw. konfliktfreien Übergang in die Aufnahmegesellschaft bewerkstelligen könnten. Traf diese Annahme in der Frühzeit der Aussiedlerzuwanderung (d. h. in den 50er Jahren) noch teilweise zu, so haben sich seitdem erhebliche soziokulturelle Eingliederungsprobleme entwickelt. Die Bedingungen der Zuwanderung haben sich grundlegend verändert, und zwar sowohl auf seiten der Aussiedler bzw. der von ihnen gebildeten sozialen Gemeinschaften als auch auf seiten der sie umgebenden Mehrheitsgesellschaft. Zum einen haben sich die soziokulturellen Differenzen zwischen den (sozialistischen) Herkunftsgesellschaften, den Aussiedler-Herkunftsgemeinschaften, der Aufnahmegesellschaft sowie auch den Aussiedler-Gemeinschaften in der BRD selbst jeweils enorm verstärkt, so daß bei den Aussiedlern mittlerweile ein ähnlicher Kulturschock beobachtet werden kann, wie er für Arbeitsmigranten aus anderen Kulturen die Regel ist. Zum anderen haben die zunehmenden Abwehrreaktionen und sozialen Ausgrenzungen der bundesrepublikanischen Aufnahmegesellschaft gegenüber Migranten seit Mitte der 80er Jahre (und zusätzlich verstärkt seit Beginn der 90er Jahre) dazu geführt, daß die Aussiedler in die umfangreiche Riege der diskriminierten Fremden eingereiht wurden. Obwohl die Aussiedler bis in die 90er Jahre hinein von der offiziellen Politik in materieller Hinsicht stärker gefördert wurden als andere Gruppen, wurden sie im sozialen Bereich tendenziell für unerwünscht erklärt, da sie das vermeintlich drängende Zuwanderungsproblem zusätzlich verschärfen würden. Insofern hat sich der Druck von außen auf die Aussiedlergemeinschaften verstärkt, häufig mit dem Resultat, daß die Binnenbeziehungen intensiviert wurden.

3. Räumliches Verhalten von Aussiedlern aus Rumänien

Bei diesem Forschungsprojekt, das von der Deutschen Forschungsgemeinschaft gefördert und im Jahr 1987 mit der Dissertation von Friedhelm Koch abgeschlossen wurde (KOCH 1991), handelt es sich um die erste größere geographische Arbeit, die sich mit der Aussiedlermigration befaßt. Die Untersuchung bezieht sich sowohl auf das Abwanderungs- als auch auf das Zielgebiet der Migranten: Einerseits beschäftigt sie sich mit den Determinanten, dem Umfang und dem zeitlichen Verlauf der Emigration sowie mit den Aussiedlungsmotiven der Migranten, andererseits mit der räumlichen Verteilung der Migranten in der Bundesrepublik Deutschland sowie mit dem Binnenwanderungsverhalten und dessen Determinanten auf unterschiedlichen räumlichen Maßstabsebenen, nämlich mit den

Wanderungen zwischen den Bundesländern, innerhalb der einzelnen Bundesländer und innerhalb von Städten.

Die Arbeit stützt sich vor allem auf die folgenden Materialien (abgesehen von den von Behörden zur Verfügung gestellten Statistiken):

1. eine schriftliche Zufallsstichproben-Befragung von 250 Aussiedlungsfällen mit insgesamt etwa 600 Personen (sie wurde 1986 in der Aussiedlererfassungsstelle in Nürnberg durchgeführt);

2. eine Auswertung aller Aussiedlungsfälle des Kreises Sibiu (Hermannstadt) in Siebenbürgen der Jahre 1977 bis 1983, die aufgeführt werden in den Einweisungslisten für Nordrhein-Westfalen in der Erfassungsstelle Unna-Massen (7721 Fälle mit 2.362 Personen) und in den Tagesregistrierlisten des Grenzdurchgangslagers Friedland bei Göttingen in Niedersachsen (1.182 Fälle mit 2.040 Personen);

3. eine Auswertung der Karteien der Bezieher der Siebenbürgischen Zeitung und der Banater Post in der Bundesrepublik Deutschland, um auf diese Weise die räumliche Verteilung der Deutschen aus Rumänien in Deutschland annähernd festzustellen, da es darüber keine Statistiken gibt;

4. eine schriftliche Zufallsstichprobenbefragung von insgesamt 315 Haushaltsvorständen in Gummersbach und in der Siebenbürger-Sachsen-Siedlung Drabenderhöhe im Oberbergischen Kreis in Nordrhein-Westfalen 1985/86 (dieser Kreis wurde ausgewählt, weil er einen auffälligen Siedlungsschwerpunkt von deutschen Aussiedlern aus Rumänien darstellt).

Die Rumäniendeutschen stammen überwiegend aus den Dörfern Siebenbürgens und des Banats. Sie sind im Durchschnitt jünger als die Bevölkerung in Deutschland, da im ländlichen Raum die Geburtenrate höher als im städtischen ist. Außerdem ist die Migration der Rumäniendeutschen hinsichtlich ihrer Altersstruktur selektiv, da die Älteren oft ein stärkeres Festhalten an ihrer Heimat zeigen und deshalb erst als letzte oder gar nicht abwandern.

Als das wichtigste Aussiedlungsmotiv wird die Familienzusammenführung angegeben, aber auch andere Motive sind relevant, vor allem die Wahrung der ethnischen und kulturellen Identität und materielle Gründe. Die Priorität der Familienzusammenführung unter den Nennungen geht darauf zurück, daß die bei den rumänischen Behörden gestellten Aussiedlungsanträge ausschließlich auf diesem Motiv basieren mußten.

Der Ort der Erstniederlassung stimmt in den meisten Fällen mit dem Wohnort von Verwandten und Bekannten überein. Rumäniendeutsche Siedlungsschwerpunkte oder sog. Flüchtlings- und Vertriebenenstädte (z. B. Geretsried, Traunreut und Waldkraiburg in Oberbayern) üben eine anziehende Wirkung auf Neuankömmlinge aus. Außerdem spielen sog. Urheimat-Vorstellungen für die Niederlassung eine Rolle (z. B. das Rhein-Mosel-Gebiet, Baden-Württemberg). Auch die Ähnlichkeiten zwischen den rumäniendeutschen und süddeutschen Dialekten, Sitten und Gebräuchen sowie zwischen den Siedlungsbildern und Naturräumen Siebenbürgens und vielen Teilen Süddeutschlands wirken attraktiv.

Nach der Erstansiedlung ist die großräumige Mobilität bei den Rumäniendeutschen im Durchschnitt wesentlich schwächer ausgeprägt als bei der einheimischen Bevölkerung. Lediglich Aussiedler mit hoher beruflicher Qualifikation weisen eine ähnliche Mobilitätsrate auf wie die entsprechende einheimische Vergleichsgruppe. Das kleinräumliche Mobilitätsverhalten (auf Kreisebene) der Aussiedler unterscheidet sich zur Zeit der Untersuchung (Mitte der 80er Jahre) nicht auffällig von dem der autochthonen Bevölkerung – anders dagegen in den 90er Jahren, als infolge der besonders massenhaften Zuwanderungen nach dem Zusammenbruch der sozialistischen Regime im Ostblock die Wohnungsmarktsituation in Deutschland sich dramatisch zuspitzte, so daß dadurch oft Umzüge von einer vorläufigen Wohnung zur anderen ausgelöst wurden (vgl. dazu die Ergebnisse der nachfolgend dargestellten Forschungsprojekte).

4. Forschungsergebnisse zum Problem der sozialen und ökonomischen Integration von Aussiedlern

4.1. Soziale und ökonomische Integration von Aussiedlern in südostniedersächsischen Städten

Eine erste Annäherung an das Problem der sozialen und ökonomischen Integration von Aussiedlern fand noch vor der politischen Wende statt, und zwar in einem räumlichen Kontext, der bereits in dieser Phase der wachsenden, wenn auch noch nicht im Zenit stehenden Aussiedler-Zuwanderung von zunehmenden lokalen Verteilungskämpfen um knappe Ressourcen für Minderheiten (Wohnungen, Arbeitsplätze) gekennzeichnet war. Besonders in den aufnehmenden Städten Ost- und Südostniedersachsens, die bereits in den 70er Jahren zu den bevorzugten Wanderungszielen von Aussiedlern gehört hatten, kam es zu zunehmenden Konzentrationen von Aussiedlern sowie zur Zuspitzung von sozialen Problemlagen.

Im Rahmen eines vom Niedersächsischen Ministerium für Wissenschaft und Kultur geförderten Forschungsprojekts wurde anhand einer teilstandardisierten Befragung von 788 Aussiedlern in den Städten Wolfsburg, Hannover, Braunschweig und Garbsen im Jahr 1989 der Frage nachgegangen, welche sozialen Beziehungsstrukturen und welche Wege der beruflichen Integration den Aussiedlern unter den neuen, sich verschärfenden Bedingungen zur Verfügung standen. Da die Aussiedler aus dem polnischen Bereich zum Untersuchungszeitpunkt die mit Abstand größte Gruppe der Neuankömmlinge wie auch der bereits wohnhaften Aussiedler-Bevölkerung stellten, konzentrierte sich die empirische Analyse auf diese Population. Zu Vergleichszwecken wurde die am zweitstärksten vertretene Gruppe der Rußlanddeutschen in das Befragungssample aufgenommen (s. HELLER & HOFMANN 1992, HOFMANN u. a. 1991 u. 1992, HOFMANN 1994).

In bezug auf die soziale Integration zeigen die Ergebnisse einen im Vergleich zu anderen Minoritäten in Deutschland geringen Grad der Restitution der Herkunftszusammenhänge im Sinne der Bildung von weithin sichtbaren Einwanderergesellschaften. Zwar existierten in den Untersuchungsstädten z. T. beachtliche Wohnkonzentrationen auf Haus- bzw. Blockbasis im Verein mit Ansätzen zu ethnischen (hier: Aussiedler-) Nachbarschaften, jedoch war es zum damaligen Zeitpunkt kaum zur Verfestigung von sozialen Binnenstrukturen im Sinne der Koloniebildung gekommen. Eine Analyse des Kontaktverhaltens der befragten Aussiedler zeigt eine geringe Kontaktintensität sowohl zu Einheimischen als auch zu anderen Aussiedlern, wobei der Grad des Zusammenwohnens mit Mitgliedern der jeweiligen Gruppen keinen Zusammenhang mit der Kontaktintensität aufweist. Vielmehr ist ein ausgeprägter individueller Rückzug in die Privatsphäre zu beobachten, der in vielen Fällen zu Zuständen der sozialen Isolation führt. Intensive Beziehungen werden generell weniger in der Nachbarschaft als vielmehr in der eigenen Verwandtschaft gepflegt, wobei die (eher zufällige) Verteilung der Wohnstandorte der Verwandten darüber entscheidet, in welchem Ausmaß das Wohnumfeld den Rahmen für die Gestaltung der Verwandtschaftskontakte bildet. Die Einwanderergesellschaft formiert sich somit am Aufenthaltsort in Form von festgefügten kleinen Verwandtschaftskreisen, die untereinander oft nur geringe Anknüpfungspunkte besitzen. Eine „lokale Öffentlichkeit" innerhalb der Einwanderergesellschaft wird zwar zumeist über informelle Treffpunkte, insbesondere für Jugendliche und jüngere Erwachsene, hergestellt; sie besitzt jedoch nur ein begrenztes Integrationspotential, da ihre Reichweite gering ist. Weitergehende Institutionalisierungen, z. B. in Form von „ethnischen" Einrichtungen (Einzelhandelsgeschäften, Reisebüros, Vereinslokalen usw.) waren zum Untersuchungszeitpunkt kaum zu beobachten. In dieser Hinsicht setzte eine bescheidene Entwicklung bei den Aussiedlern aus Polen erst zu Beginn der 90er Jahre ein (s. dazu Kap. 4.3).

Erst nach einer längeren Aufenthaltsdauer gelingt es der Mehrzahl der Aussiedler, ihr Kommunikationsfeld im Wohnbereich auszuweiten, und zwar sowohl in Richtung der Mitglieder der Herkunftsgruppe als auch in Richtung der Einheimischen. Dieser Befund ist umso bemerkenswerter, als es an verbal bekundeter Kontaktbereitschaft in aller Regel nicht mangelt. Auch wenn man in Rechnung stellt, daß Fragen nach der Kontaktbereitschaft von den Vermutungen der Befragten hinsichtlich der sozialen Erwünschtheit ihrer Antworten beeinflußt werden (hier: von der perzipierten Erwartung der Einheimischen, die Aussiedler mögen sich möglichst schnell anpassen), ist unbestreitbar, daß der Realisierung entsprechender Wünsche eine Reihe von Schwierigkeiten entgegenstehen: Kontakte zu Einheimischen werden sowohl durch ein Klima der wachsenden Diskriminierung und Anfeindung von Aussiedlern als auch durch eine deutliche soziale und kulturelle Distanz der Gruppen behindert. Kontakte zu anderen Aussiedlern werden häufig unter dem Druck einer einheimischen Umgebung erschwert, die die Kommunikation unter Aussiedlern als Zeichen einer mangelnden Anpassungsbereitschaft interpretiert und negativ sanktioniert.

Hinsichtlich der ökonomischen Integration zeichnete sich im Jahre 1989 bereits eine Entwicklung ab, die Mitte der 90er Jahre ihren vorläufigen Höhepunkt erreichte: Trotz z. T. erheblicher Förderungsmaßnahmen im Bereich der beruflichen Eingliederung, die allerdings aufgrund politischer Diskontinuitäten häufig nicht zu dem gewünschten Effekt führten, entwickelten sich die Aussiedler immer mehr zu einer arbeitsmarktpolitischen Problemgruppe. In der Befragungsstichprobe schlug sich dieser Umstand in einem hohen Anteil von Arbeitslosen nieder (fast 50 %), wobei sich bereits ein Trend zur Langzeitarbeitslosigkeit abzeichnete. Neben Sprachproblemen, die für den nachholenden Erwerb von beruflichen Qualifikationen oder für die Beschäftigung in qualifizierten Tätigkeitsbereichen hinderlich sind, machen sich besonders mangelnde mitgebrachte oder nicht anerkannte Qualifikationen bei der Arbeitsaufnahme negativ bemerkbar. Die Mehrzahl der befragten Aussiedler mußte im Verlauf der Wanderung eine deutliche berufliche Dequalifizierung hinnehmen, da die im Herkunftsland erworbenen Abschlüsse in der Regel nicht oder nur mit sehr großen Einschränkungen verwendbar waren. Die Ursachen liegen in den sehr unterschiedlichen Ausbildungs- und Berufssystemen sowie häufig auch in großen Differenzen der technologischen Standards. So ist es vielen Aussiedlern mit – nach den Maßstäben des Herkunftslandes – guter Qualifikation auch nach einigen Jahren des Aufenthalts in Deutschland nicht möglich, mehr als eine unqualifizierte Tätigkeit aufzunehmen. Soziale Aufwärtsmobilität wird auch bei Teilnahme an beruflichen Qualifizierungsmaßnahmen oft erst nach einer längeren Aufenthaltsdauer herstellbar, allerdings nur dann, wenn die arbeitsmarktrelevanten Altersgrenzen noch nicht überschritten wurden.

4.2. Wohnungsmarktintegration von Aussiedlern in der Bundesrepublik

Die zunehmende Wohnungsnot zu Beginn der 90er Jahre sorgte im Zusammenhang mit der anhaltenden Zuwanderung in die Städte der Bundesrepublik für spezifische Problemlagen für Minderheiten auf den städtischen Wohnungsmärkten. Nicht nur für die Ausländerwohnbevölkerung, sondern auch für die neu zuwandernden Aussiedler wurde die Lage auf dem Wohnungsmarkt prekär. Dies äußerte sich in einem starken Trend zum längeren Verbleib in Notunterkünften unmittelbar nach der Aufnahme sowie in einer verstärkten Inanspruchnahme des Sozialwohnungsmarktes. War es noch Mitte der 80er Jahre für Aussiedler häufig möglich gewesen, eine Wohnung auf dem freien Mietwohnungsmarkt zu finden, so war diese Option unter den neuen Bedingungen angespannter Wohnungsmärkte kaum noch vorhanden. Diese Beobachtung wurde zum Anlaß für ein weiteres, im Jahr 1992 mit Förderung des Bundesministeriums für Raumordnung, Bauwesen und Städtebau durchgeführtes Projekt, das sich mit der Integration der Aussiedler in den deutschen Wohnungsmarkt befaßte.

Die Untersuchung stützte sich auf eine teilstandardisierte Befragung von insgesamt 1575 Haushaltsvorständen in acht Gemeinden im ganzen Bundesgebiet, die jeweils unterschiedliche Siedlungsstrukturtypen und Größenordnungen repräsentieren. Es wurden sowohl Aussiedler mit relativ kurzer Aufenthaltsdauer in Übergangswohnheimen als auch solche mit längerer Aufenthaltsdauer in Wohnungen aller relevanten Wohnungsteilmärkte befragt (HELLER u. a. 1993, S. 43 f.)

Die Ergebnisse bestätigen zunächst den Trend zur Aufenthaltsverlängerung in den provisorischen Unterkünften. Die kommunale Wohnungsnot, die sich auf der strukturellen Ebene in fehlenden Angeboten für einkommensschwache Haushalte bemerkbar macht, wird für die Aussiedler auf der individuellen Ebene in zweierlei Hinsicht erfahren: Zum einen weisen sie aufgrund ihrer schlechten materiellen Lage zu Beginn ihres Aufenthalts eine geringe Mietzahlungsfähigkeit auf, so daß sie bei knappem Wohnungsangebot und hohem Mietenniveau auf dem freien Wohnungsmarkt kaum Chancen haben. Sie sind in hohem Grade auf den Sozialwohnungsteilmarkt angewiesen, der jedoch bei angespannter Wohnungsmarktlage von anderen benachteiligten Gruppen ebenfalls verstärkt nachgefragt wird. Besonders in den Zentren der Aussiedlerzuwanderung kam es zum Untersuchungszeitpunkt daher zu langen Wartezeiten bei der Vergabe von Sozialwohnungen.

Zum anderen sind die Wahlmöglichkeiten der Aussiedler auf dem Wohnungsmarkt derart eingeschränkt, daß nur schmale Marktsegmente erschlossen werden können. Hierbei nutzen sie – ähnlich wie andere Minderheiten auch – überwiegend Ressourcen innerhalb der Eigengruppe: Bei der Wohnungssuche spielt die Vermittlung durch Verwandte eine große Rolle (HELLER u. a. 1993, S. 64). Im Unterschied zu anderen Gruppen nutzen sie jedoch nicht alle erreichbaren Vermittlungsmöglichkeiten, sondern beschränken ihre Suche auf die ihnen bekannten formellen Instanzen (in der Regel die kommunalen Wohnungsvermittlungen) sowie auf die Eigengruppe, die in diesem Fall als Nothilfegemeinschaft fungiert, allerdings mit eher bescheidenem Erfolg. Denn die Wohnungsversorgung ist – gemessen an den gängigen Parametern Wohnungsgröße und -ausstattung – als unterdurchschnittlich zu bezeichnen. Häufig sind nach Verlassen des Übergangswohnheims mehrere Wohnungswechsel zu absolvieren, bevor eine Wohnung gefunden wird, die für die Suchenden halbwegs aktzeptabel ist. Die innerstädtische und auch regionale Mobilität der Aussiedler hat aufgrund ihrer verschlechterten Lage auf dem Wohnungsmarkt somit im Vergleich zu den 80er Jahren deutlich zugenommen.

Die große Bedeutung der sozialen Binnenbeziehungen bei der Wohnungsvermittlung kommt den Interessen vieler Aussiedler auch insofern entgegen, als ein ausgesprochen starker Wunsch zum Wohnen in der Nähe der Verwandten oder – sollte dies nicht möglich sein – zumindest in der Nähe von anderen Aussiedlern vorhanden ist. Allerdings ist dieser Wunsch häufig nicht völlig realisierbar, obwohl auf der anderen Seite deutliche Wohnsegregationen feststellbar sind. Letztere werden eher von den Verteilungsmechanismen bei der Vergabe von Sozialwohnungen hervorgerufen. Die Aussiedler der Stichprobe, die nicht mehr in Übergangswohnheimen wohnten, lebten nicht nur zu hohen Anteilen in Sozialwohnungen (mehr als 40 % der Befragten); diejenigen, die im Besitz einer Sozialwohnung waren, wohnten auch deutlich segregierter als Befragte, die Mietwohnungen des sog. freien Marktes oder Wohneigentum bewohnten (vgl. BÜRKNER 1996). Dieser Umstand ist eine Folge der Tatsache, daß Sozialwohnungen meistens in größeren, räumlich zusammenhängenden Gebäudekomplexen gelegen sind. Besonders in den Schwerpunktregionen des Aussiedlerzuzugs (z. B. in den Städten Ostniedersachsens) kam es teilweise zu einer räumlich geschlossenen Vergabe der Sozialwohnungen in Großwohnsiedlungen am Stadtrand.

Da die kleinräumliche Wohnsegregation somit von den Wohnungsmarktmechanismen verursacht wird, die kein freies Wahlhandeln der Individuen zulassen, formieren sich die sozialen Beziehungen anders, als es der Fall gewesen wäre, wenn die Segregation ausschließlich auf freiwilliger Basis zustandegekommen wäre. Im Unterschied zu den Ergebnissen der Aussiedlerbefragung des Jahres 1989 (s. oben Kap. 4.2) ließen sich zwar zumindest schwach signifikante Zusammenhänge zwischen dem Grad der kleinräumlichen Wohnsegregation und der Intensität von Kontakten zu anderen Aussiedlern im Wohnumfeld nachweisen. Jedoch ist auch hier die Bedeutung der Verwandtschaftskontakte – auch über größere Entfernungen hinweg – größer als diejenige der Bekanntenkontakte in der Nachbarschaft. Für den Sozialwohnungsteilmarkt läßt sich hierfür folgende Erklärung anführen: Die Vergabeverfahren der Wohnungsämter führen zwar insgesamt zu Wohnkonzentrationen, bewirken aber zugleich eine eher zufällige räumliche Verteilung der Aussiedler mit Verwandtschaftsbeziehungen oder anderen Formen der Zusammengehörigkeit über das gesamte Wohnungskontingent. Da die Verwandtschafts- und Bekanntschaftsnetze der Aussiedler häufig klein sind, ist die Wahrscheinlichkeit, mit solchen Aussiedler-Nachbarn zusammenzuwohnen, zu denen auch intensive Beziehungen unterhalten werden können, eingeschränkt. Dennoch ist davon auszugehen, daß die institutionell kanalisierte Festlegung der Wohnstandorte häufig mit den individuellen Wohnpräferenzen in bezug auf die Zusammensetzung der Nachbarschaft übereinstimmt. Immerhin steht der Wunsch, mit anderen Aussiedlern zusammenzuwohnen, an zweiter Stelle aller Umzugsmotive (hinter dem Wunsch, die Wohnungsausstattung zu verbessern). In nicht wenigen Fällen versuchen die Wohnungssuchenden auf dem Sozialwohnungsmarkt auch, über informelle Wege (d. h. über den Informationsaustausch innerhalb des Verwandten- und Aussiedlerbekanntenkreises sowie über gezielte Vorsprachen von Verwandten bei den Wohnungsämtern) auf das Vergabeverfahren Einfluß zu nehmen. Institutionelle Faktoren in Verbindung mit der Wirksamkeit individueller Wohnpräferenzen bestimmen somit den Grad der Wohnsegregation, aber auch – indirekt – die Gestaltung der Binnenkontakte im Wohnumfeld in höherem Maße, als dies bei anderen Minderheiten auf dem Wohnungsmarkt der Fall ist.

4.3. Soziale und räumliche Segregation von Aussiedlern in südostniedersächsischen Städten

4.3.1. Entdeckungszusammenhang

Die Beobachtung, daß es nicht nur unter Arbeitsmigranten und Flüchtlingen zu räumlich-sozialen Segregationen kommt, sondern auch unter Aussiedlern, hat uns dazu angeregt, die Bedingungen und Folgen der Segregation von Aussiedlern in den Schwerpunktregionen ihrer Zuwanderung näher zu untersuchen. Hierzu lag lediglich eine ältere sozialökologische Untersuchung vor (SCHWINGES 1982).

Die Frage des Ausmaßes und der Folgen von kleinräumlicher Wohnsegregation stand daher in einer größeren empirischen Untersuchung im Blickpunkt, die 1992/93 in Hannover, Braunschweig und Wolfsburg unter Aussiedlern aus Polen – wiederum mit Hilfe des Niedersächsischen Ministeriums für Wissenschaft und Kultur – durchgeführt wurde. Die Auswahl der Untersuchungsstädte orientierte sich an den unverkennbaren Zuwanderungsschwerpunkten in Niedersachsen, denn von 1976 bis zum Beginn der empirischen Phase des Forschungsprojekts Ende 1992 hatten diese drei Städte fast ein Viertel aller dem Land Niedersachsen zugewiesenen Aussiedler aufgenommen. Die Konzentrationen in den größeren Stadtregionen des Landes waren zu diesem Zeitpunkt noch in erster Linie durch Aussiedler aus Polen zustandegekommen; erst ab 1991, nachdem eine Gesetzesänderung durch das Aussiedler-Aufnahme-Gesetz vom 30. Juni 1990 (AAG) dafür gesorgt hatte, daß speziell die Zuwanderung aus Polen stark zurückgedrängt werden konnte, begannen sich Aussiedler aus den Nachfolgestaaten der Sowjetunion zunächst als stärkste Gruppe der relativen (jährlichen) Zuwanderung, nur wenig später aber auch als stärkste Gruppe in absoluter Hinsicht zu etablieren. Um Fragen der residentiellen Segregation gezielt angehen zu können, wurden die empirischen Erhebungen in relativ eng begrenzten räumlichen Einheiten auf der Ebene von Stadtteilen und als Totalerhebungen durchgeführt. In jeder Untersuchungsstadt wurde ein größeres Quartier innerhalb einer als Siedlungsschwerpunkt von Aussiedlern bekannten randstädtischen Großsiedlung ausgewählt. Daneben wurden zu Vergleichszwecken jeweils kleinere Erhebungen in weniger geschoßflächenintensiv bebauten ehemaligen Stadtrandgemeinden mit z. T. noch dörflichen (Rest-)Kernen durchgeführt.

4.3.2. Ausmaß der kleinräumlichen Wohnsegregation

Bei der 606 Fälle umfassenden teilstandardisierten Erhebung konnte festgestellt werden, daß die Segregationsindizes gegenüber der 1988/89er Untersuchung etwas zurückgegangen waren, da nur noch weniger als ein Drittel (ca. 28 %) aller Aussiedler in hoch segregierten Wohnungsnachbarschaften lebte. Insbesondere für die Gruppe der Aussiedler aus Polen ergaben sich deutlich niedrigere Werte (ca. 14 % der Befragten lebten in stark segregierten Nachbarschaften), was letztlich mit der bereits erwähnten Änderung der Gesetzeslage zu tun hat, da die Zuwanderung aus Polen mit Einführung des Aussiedleraufnahmegesetzes (AAG) praktisch auslief und im großen und ganzen kurz danach (gegen Ende 1990) zum Abschluß kam. Infolge einer im allgemeinen unter Aussiedlern feststellbaren starken kleinräumlichen Mobilität setzten daraufhin bei nunmehr ausbleibenden Nachzügen offenbar Desegregationsprozesse in den Wohnquartieren ein. Gestiegen waren demgegenüber die Segregationsindizes für die anderen Aussiedlergruppen, worunter in erster Linie Migranten aus den Nachfolgestaaten der Sowjetunion zu verstehen sind. Hier waren die Werte mittlerweile an das graduelle Niveau der Aussiedler aus Polen herangekommen, d. h. ebenfalls etwa 14 % aller Befragten lebten in Nachbarschaften, die durch Aussiedler dieser Herkunftsländer dominiert wurden. Angesichts der unvermindert hohen Zuwanderungszahlen aus diesen Ländern ist davon auszugehen, daß der Trend einer zunehmenden Wohnsegregation sich fortgesetzt und mittlerweile zu weitaus höheren Anteilen geführt hat.

4.3.3. Determinanten der Wohnsegregation

Mit Hilfe der Analyse von Marktvermittlungswegen bei der Wohnungnahme durch Aussiedler konnte die herausragende Bedeutung der administrativ gelenkten Zuweisung nachgewiesen werden, wodurch gleichzeitig erkennbar wurde, daß die Aussiedler über eine nur sehr eingeschränkte Wohnungsmarktfähigkeit verfügen. Weder der Eigentumsanteil noch der Anteil an privaten Mietwohnungen war von relevanter Bedeutung, so daß für über 80 % der Befragten das Angewiesensein auf den Sozialwohnungsteilmarkt festgestellt werden mußte. Damit kann auch die deutlich überwiegende Wohnungnahme der Aussiedler in den meistens randstädtischen Großwohnsiedlungen mit hochgeschossiger Bauweise erklärt werden, weil dies die Bereiche sind, in denen sich die Kommunen mit Hilfe staatlicher Sozialwohnungsbauprogramme vor allem in den 70er und 80er Jahren Belegungsrechte gesichert haben. Die Konzentration der Aussiedler in diesen Bereichen ist daher nicht auf die Realisierung individueller Wohnstandortwünsche zurückzuführen, sondern letztlich durch Mechanismen des Wohnungsmarktes zustandegekommen, da unter den gegebenen Bedingungen des Marktes eine administrative Lenkung in aufnahmefähige Segmente gleichbedeutend mit der räumlichen Konzentration ist – oder m. a. W.: die soziale und räumliche Segregation zusammenfallen.

Interessanterweise zeigten diese Untersuchungen auch, daß die Vermittlungen durch das Wohnungsamt im prozentualen Vergleich deutlich stärker zu segregierten Strukturen führten, als dies bei anderen Vermittlungswegen (informeller Art, durch Wohnungsbaugesellschaften oder Makler etc.) der Fall war. Hintergrund für diesen Trend dürften unterschiedliche Spielräume der jeweils Verantwortlichen sein, einen sozialpolitisch gewollten Grad der ‚Durchmischung' in den einzelnen Wohnhäusern zu forcieren. Während es der kommunalen Sozialwohnungsbewirtschaftung aufgrund stärkerer Belegungsverpflichtungen in weniger großem Umfang möglich ist, diesbezüglichen Vorgaben zu folgen, gelingt es der privat betriebenen Wohnungsvergabe – insbesondere durch Wohnungsbaugesellschaften mit weniger starken Pflichten – viel eher, entsprechende Überlegungen und Maßgaben auch in die Tat umzusetzen.

Ebenfalls mit der abgeschlossenen Zuwanderung der Aussiedler aus Polen hängt die schwerpunktmäßige Lokalisierung von stark segregierten Wohnstrukturen in größeren Mehrfamilienhäusern (mit mehr als 5 Familien) zusammen. Anders als bei den aktuell weiterhin in großer zahlenmäßiger Stärke zuwandernden Aussiedlern aus den Nachfolgestaaten der Sowjetunion, für die hohe Segregationsgrade vor allem im Bereich von mehr als sechsstöckigen Hochhäusern gemessen wurden, zeigte sich für die Aussiedler aus Polen, daß Segregation überwiegend in Wohnhäusern der mittleren Größe stattfindet. In den kleineren Wohnhäusern (mit 5 oder weniger Familien) hingegen waren überwiegend ausgeglichen besetzte oder von Einheimischen dominierte Wohnungsnachbarschaften anzutreffen. Prinzipiell konnte damit ein positiver Zusammenhang zwischen der Größe der Wohnhäuser und dem Segregationsgrad festgestellt werden, jedoch mit der Einschränkung, daß die auf die Erstwohnsitznahme folgende kleinräumige Mobilität innerhalb der Untersuchungsgruppe zu desegregativen Prozessen in den mit dem schlechtesten Image versehenen Hochhäusern geführt hat.

4.3.4. Soziale Kontakte in den Wohnquartieren

Einer der zentralen weiterführenden Aspekte im Zusammenhang sowohl mit der residentiellen Situation im allgemeinen als auch mit der kleinräumigen Wohnsegregation im besonderen bestand darin, die Beschaffenheit der Nachbarschaftskontakte in den untersuchten Wohnquartieren zu erfassen. Dabei war zunächst festzustellen, daß das Vorhandensein der Nachbarschaften von anderen Aussiedlern aus Polen und von Einheimischen weitaus häufiger angegeben wurde als das Vorhandensein der Nachbarschaften weiterer Bevölkerungsgruppen (Aussiedler aus anderen Herkunftsländern, Ausländer). Dieser deutliche Unterschied in der *Wahrnehmung* nachbarschaftlicher Präsenz der einzelnen Bevölkerungsgruppen deckte sich in der Tendenz durchaus mit entsprechenden Aggregatdaten zur quantitativen Verteilung dieser Gruppen in den einzelnen Wohnquartieren, zeigte in einem besonderen Fall aber eine sehr deutliche Abweichung, denn der Wahrnehmung der Befragten zufolge gab es häufiger Nachbarschaften zu anderen Aussiedlern aus Polen als zu Einheimischen. Diese den Aggregatdaten zuwiderlaufenden Ergebnisse zeigten bereits die in bezug auf die Kontakte größere Wichtigkeit der Eigengruppe an, denn offensichtlich vermischten sich hier quantitative und qualitative Aspekte von Nachbarschaft in dem Sinne, daß die qualitativ bedeutsameren Nachbarschaften auch zur Wahrnehmung von größeren Haufigkeiten beitrugen.

Die herausragende Bedeutung der Kontakte zu anderen Aussiedlern aus Polen wurde schließlich auch explizit bestätigt, da durch die Analyse der sozialen Interaktionen in den Nachbarschaften gruppenspezifische Muster[2] sehr deutlich zutage traten. Zwar zeigten sich im Bereich geringer Kontakte in Form gelegentlicher Gespräche mit den Nachbarn keine bedeutsamen Unterschiede im Verhalten der befragten Aussiedler gegenüber den verschiedenen Bevölkerungsgruppen, jedoch änderte sich dies sehr stark im Bereich sehr guter Kontakte in Form von gegenseitigen Einladungen und Besuchen. Hier konnten die mit Abstand meisten Begegnungen innerhalb der Eigengruppe beobachtet werden. Demgegenüber wurden völlig fehlende Kontakte besonders im Umgang mit Aussiedlern aus anderen Ländern gemessen (vgl. HOFMANN 1995, S. 205).

Anhand dieser Ergebnisse konnten erstmals in einer empirischen Untersuchung auch die Kontakte zwischen Aussiedlern verschiedener Herkunftsländer thematisiert werden. Es zeigte sich dabei deutlich, wie sehr die wegen derselben ethnischen Herkunft oder doch zumindest wegen der gemeinsamen Motivation, in das „Land der Väter" zurückzukehren, immer wieder betonten ethnokulturellen Gemeinsamkeiten gegenstandslos sind und wie wenig verbindende Elemente zwischen den einzelnen Aussiedlergruppen existieren. Die Vergleichbarkeit der qualitativen Kontaktmuster mit denen gegenüber Ausländern machte indes deutlich, daß es sich vielmehr um eine (Gruppen-)Konkurrenzssituation im Einwanderungskontext handelt, in deren Mittelpunkt der Kampf um gesellschaftliche Ressourcen steht, der seinerseits die gesellschaftlich-soziale Randständigkeit der Beteiligten anzeigt.

4.3.5. Soziale Kontakte und Wohnsegregation

Insbesondere unter Berücksichtigung der neuerdings wieder verstärkt geführten sozialpolitischen Diskussion um die Folgen von kleinräumlicher Wohnsegregation für die Integration von Zuwanderern (FORUDASTAN 1996, HEUER & ORTLAND 1996) erwies sich die Frage nach einem Zusammenhang zwischen der Wohnsegregation einerseits und der Qualität der Kontakte von Aussiedlern zu Mitgliedern anderer Bevölkerungsgruppen andererseits als zunehmend praxisrelevant. Die Alltagsvorstellungen der Öffentlichkeit und auch die professionellen Perspektiven der meisten Akteure aus den Bereichen Wohnungswirtschaft und Sozialverwaltung gehen von einem negativen Ghetto-Begriff aus und sehen in segregierten Wohnstrukturen für alle beteiligten Gruppen ausschließlich Nachteile. Insbesondere für die Einwanderer selbst wird Segregation nach dieser Einschätzung zum Synonym für Isolation und gesellschaftliche Desintegration, wobei allerdings das positive Gegenteil (d. h. einer Integration) notwendigerweise als schlichte Übernahme von Standards der Aufnahmegesellschaft durch die Einwanderer verstanden werden muß. In der sozial-

---

[2] Neben den Kontakten zur Eigengruppe wurden hier auch solche zu Aussiedlern aus anderen Herkunftsländern, Einheimischen und Ausländern untersucht.

wissenschaftlichen Diskussion des Phänomens und auch in der konzeptionellen Arbeit einiger Wohlfahrtsorganisationen werden dagegen zunehmend differenzierte Überlegungen angestellt, zumal in den meisten empirischen Untersuchungen, die in diesem Kontext in den 80er Jahren zur Integration von Arbeitsmigranten durchgeführt worden sind, der Anteil erklärter Varianz, der durch die Variable 'Segregation' zustande kommt, unerheblich ist. Allerdings ist bei der Beurteilung von Wohnsegregation im Zusammenhang mit gesellschaftlicher Integration der schlichte Umkehrschluß, daß die räumliche Nähe des Miteinanders positiv für die Eingliederung ist, in dieser Diskussion nicht argumentationsleitend. Vielmehr werden die Vorteile des engen Miteinanders innerhalb der Eigengruppe im Sinne der ELWERTschen Binnenintegrationsthese in erster Linie als *soziale* Zusammenhänge und nicht notwendigerweise als *räumliche* Zusammenhänge gesehen, d. h. diese Sozialgruppenbezüge können sich durchaus über räumlich nicht zusammenhängende Teilgebiete erstrecken. Es stellte sich damit also die Frage, welche Auswirkungen Segregationsphänomene auf das konkrete Kontaktverhalten der Einwanderer überhaupt haben.

In unserer Untersuchung wurde zunächst deutlich, daß es einen schwachen statistischen Zusammenhang zwischen der kleinräumlichen Wohnsegregation und der Kontaktintensität zu anderen Aussiedlern aus Polen gibt, da insbesondere die Anzahl der gegenseitigen Besuche und Einladungen mit dem Anteil der Aussiedler aus Polen in einem Wohnhaus steigt. Daran zeigte sich also, daß besonders die weitgehenden, qualitativ wichtigen Kontakte, die bei der soziokulturellen Identitätsfindung im Einwanderungskontext eine herausragende Rolle spielen, durch Anhäufungen von Aussiedlernachbarschaften durchaus gefördert werden können. Interessanterweise war mit dieser verstärkten Hinwendung zur Eigengruppe innerhalb der stark segregierten Wohnverhältnisse *keine* gleichzeitig auch verstärkte Abkehr der Befragten von der Gruppe der Einheimischen zu beobachten. Die Kontaktintensität zu einheimischen Nachbarn blieb vielmehr ohne signifikanten Zusammenhang zur Segregation. Damit konnte gezeigt werden, daß eine stärkere Bezugnahme auf die Eigengruppe im Rahmen der gegebenen Verhältnisse nicht notwendigerweise im Gegensatz zu Öffnung gegenüber der Aufnahmegesellschaft steht (vgl. HOFMANN 1995, S. 206 ff.).

Aus diesen Ergebnissen lassen sich einerseits auf der Interaktionsebene durchaus relevante Hinweise auf das Vorhandensein von Ansätzen zur Koloniebildung unter den Aussiedlern aus Polen ableiten. Hinzu kommt, daß gegenüber früheren Untersuchungen bestimmte Phänomene in den Wohnquartieren neu zu registrieren waren. So hatten sich einige Dienstleistungsbetriebe mit einem speziellem Angebot für die Aussiedlerbevölkerung (z. B. eine private Paketbeförderung nach Polen oder die Herstellung und der Handel mit schlesischen Wurst- und Fleischspezialitäten) und auch einige informelle Treffpunkte mit regelrechten Informationsbörsen etabliert, die einige Jahre zuvor noch nicht zu beobachten gewesen waren. Andererseits zeigte eine Analyse von Nutzungen und Gelegenheiten im Bereich der sozialen Infrastruktur, daß wiederum wichtige soziale Kontakte außerhalb der Familie und der engeren Nachbarschaft überwiegend bei Gelegenheiten zustandekommen, die von Institutionen der Aufnahmegesellschaft (v. a. von der Kirche) ermöglicht werden, so daß die institutionelle Seite eines Koloniezusammenhangs zwar vorhanden, aber in ihrer Bedeutung für die engeren sozialen Kontakte nicht übermäßig stark entwickelt ist.

5. Zukunftsperspektiven

Mit dem Untersuchungsschwerpunkt „Binnenstrukturen von Aussiedlergruppen" reiht sich die geographische Aussiedlerforschung in Göttingen in einen entwicklungsträchtigen Zweig des neuen Paradigmas der sozialwissenschaftlichen Migrationsforschung ein. Innerhalb des damit einhergehenden Umschwungs von der Ausländerforschung hin zur

Erforschung von ethnischen Beziehungen (Jochen BLASCHKE 1994, S. 32 f.) stellt insbesondere die Untersuchung der Formierung, Ausdifferenzierung und Komplettierung von *migrant communities* ein Forschungsfeld dar, das eine intensivierte Bearbeitung erfahren wird.

Unsere bisherigen Untersuchungsergebnisse weisen darauf hin, daß Wohnsegregationen bei Aussiedlern eher als Randbedingungen denn als konstitutive Bedingungen der Binnen- und Inter-Gruppen-Beziehungen anzusehen sind. Dies ist auf den Umstand zurückzuführen, daß die Wohnsegregation dieser Gruppe hauptsächlich aufgrund von Wohnungsmarktmechanismen im Zusammenspiel mit administrativen Lenkungsprozessen entsteht. Dennoch lassen die Ergebnisse die begrenzte Wirksamkeit von Kolonieeffekten erkennen.

Die Tragweite der räumlichen Bedingungen von sozialen Binnenprozessen wird möglicherweise im Rahmen von jüngeren integrationspolitischen Ansätzen zur konzentrierten Ansiedlung von rußlanddeutschen Spätaussiedlern in der Bundesrepublik Deutschland zu beobachten sein. Dabei handelt es sich um Maßnahmen für eine Gruppe, die teilweise eine wesentlich höhere soziale Kohärenz aufweist als beispielsweie die Ausiedler aus Polen. Besonders die verschiedenen religiösen Gemeinschaften, in deren Gruppenzusammenhang die Rußlanddeutschen migrieren, spielen vermutlich eine wichtige Rolle für die Rekonstruktion und Weiterentwicklung von sozialen Strukturen und Beziehungen innerhalb der Ansiedlungen.

Dieser Entwicklung wird im Rahmen der Göttinger Aussiedlerforschung bereits in naher Zukunft Rechnung getragen werden. Wichtige Aspekte der Binnenintegration von Aussiedlern werden im Rahmen eines derzeit laufenden, von der Deutschen Forschungsgemeinschaft geförderten Forschungsprojekts untersucht, das sich mit den sozialen, soziokulturellen und ökonomischen Folgen der Ansiedlung von Spätaussiedlern aus der Gemeinschaft Unabhängiger Staaten (GUS) in den alten und neuen Bundesländern in weitgehend geschlossenen Siedlungen bzw. Gebäudekomplexen befaßt. Hierbei geht es nicht nur um die Frage, inwieweit das Zusammenwohnen von Aussiedlern Binnenintegrationsprozesse fördert (also letztlich um die Fortführung der Diskussion über den Zusammenhang von Wohnsegregation und sozialer Interaktion), sondern verstärkt um die Erfassung von Formierungsprozessen von Einwandererkolonien sowie um die Evaluierung der Folgen dieser Prozesse für die gesamtgesellschaftliche Eingliederung. In diesem Zusammenhang wird besonders die Frage nach der Entstehung von informellen und institutionalisierten Kommunikationswegen der Aussiedler-*communities* zu den lokalen Aufnahmegesellschaften bearbeitet.

Aus der Untersuchung von Ansiedlungsprojekten können somit exemplarische Erkenntnisse über die Bedingungen, den Verlauf und die Folgen der Binnenintegration gewonnen werden. Darüber hinaus sind aber auch die Grenzen von Binnenintegrationsprozessen zu bestimmen, und zwar sowohl anhand der Bewertung von kolonieinternen wie auch -externen Faktoren. Als interne Faktoren wären die Bildung von sozialen Spaltungen entlang von religiösen, schichtenspezifischen oder generationsspezifischen Kriterien sowie entsprechende Kommunikationsschwierigkeiten zu nennen. Als externe Faktoren können die Fremdwahrnehmung der Kolonien durch die Mitglieder der Aufnahmegesellschaft und daraus resultierende Diskriminierungs- und Distanzierungsprozesse angesprochen werden. Auf der Basis der Evaluationsergebnisse sollen situationsspezifische Eingliederungskonzepte und Maßnahmen für die gezielte Betreuung und Unterbringung von Aussiedlern in der besonderen räumlich-sozialen Situation, die für die Ansiedlungsprojekte in der Bundesrepublik Deutschland charakteristisch ist, formuliert werden.

Literatur

BALS, C. (1991): Aus- und Übersiedler als Herausforderung für die Raumplanung. In: GOPPEL, K. & F. SCHAFFER [Hrsg.]: Raumplanung in den 90er Jahren. Festschrift für Karl Ruppert. Augsburg, 68–76. = Beiträge zur Angewandten Sozialgeographie, 24.

BLASCHKE, Jolanthe (1992): Das räumliche Verhalten der Aussiedler in Stuttgart. Dargestellt an den Siedlungen Pfaffenäcker und Neugereut. Stuttgart. =Materialien des Geographischen Instituts der Universität Stuttgart, 31.

BLASCHKE, Jochen (1994): Internationale Migration: ein Problemaufriß. In: KNAPP, M. [Hrsg.]: Migration im neuen Europa. Stuttgart, 23–50.

BRETON, R. (1964): Institutional Completeness of Ethnic Communities and the Personal Relations of Immigrants. American Journal of Sociology, 70: 193–205.

BÜRKNER, H.-J. (1987): Die soziale und sozialräumliche Situation türkischer Migranten in Göttingen. Saarbrücken, Fort Lauderdale. = Schriften des Instituts für Entwicklungsforschung, Wirtschafts- und Sozialplanung GmbH (isoplan-Schriften), 2.

BÜRKNER, H.-J. (1992): Soziokulturelle Herkunftsbedingungen Jugendlicher und junger Erwachsener aus Rumänien und ihre Rolle für Probleme und Konflikte im Einwanderungskontext. In: Staatliches Institut für Lehrerfort- und -weiterbildung des Landes Rheinland-Pfalz (SIL) (Hrsg.): Eingliederung junger Aussiedler. Band 2: Eingliederungsbedingungen in der Bundesrepublik Deutschland. Speyer, 169–206.

BÜRKNER, H.-J. (1996): Kleinräumliche Wohnsegregation von Aussiedlern in der Bundesrepublik Deutschland. Unveröff. Manuskript, Göttingen.

BUNDESFORSCHUNGSANSTALT FÜR LANDESKUNDE UND RAUMORDNUNG [Hrsg.] (1989): Aussiedler – erneut ein räumliches Problem? Bonn. = Informationen zur Raumentwicklung, 5/1989.

DROSSOU, O., C. LEGGEWIE & B. WICHMANN [Hrsg.] (1991): Einwanderergesellschaft Göttingen. Berichte und Analysen zur Lebenssituation von Migranten und Migrantinnen. Göttingen.

ELWERT, G. (1982): Probleme der Ausländerintegration. Gesellschaftliche Integration durch Binnenintegration? Kölner Zeitschrift für Soziologie und Sozialpsychologie, 34: 717–731.

ELWERT, G. (1984): Die Angst vor dem Ghetto. Binnenintegration als erster Schritt zur Integration. In: Bayaz, A. u. a. [Hrsg.]: Integration – Anpassung an die Deutschen? Weinheim, Basel, 51–74.

FORUDASTAN, F. (1996): „Deutsche Volkszugehörige" zum Reizthema gemacht. Daten und Fakten: Aussiedler rücken in den Blickpunkt. Frankfurter Rundschau v. 28.2.1996.

GRIESE, H. M. (1982): Erwachsenensozialisation und Akkulturationsprobleme. In: BUNDESZENTRALE FÜR POLITISCHE BILDUNG [Hrsg.]: Politische Bildung mit Spätaussiedlern. Bonn, 94–112. =Schriftenreihe der Bundeszentrale für politische Bildung, 184.

HAGER, B. (1980): Probleme soziokultureller und gesellschaftlicher Integration junger Migranten. Dargestellt am Beispiel der oberschlesischen Übersiedler in der Bundesrepublik Deutschland. Dortmund. = Veröffentlichungen der Forschungsstelle Ostmitteleuropa, Reihe A, 35.

HAGER, B. & F. WANDEL (1978): Probleme der sozio-kulturellen Integration von Spätaussiedlern. Mit besonderem Bezug auf Jugendliche aus Oberschlesien. Osteuropa, 28: 193–209.

HARMSEN, H. (Hrsg.) (1983): Die Aussiedler in der Bundesrepublik Deutschland. Forschungen der AWR Deutsche Sektion. 2. Ergebnisbericht. Anpassung, Umstellung, Eingliederung. Wien. = Abhandlungen zu Flüchtlingsfragen, 12/2.

HECKMANN, F. (1981): Die Bundesrepublik: Ein Einwanderungsland? Zur Soziologie der Gastarbeiterbevölkerung als Einwandererminorität. Stuttgart.

HECKMANN, F. (1982): Ethnischer Pluralismus und „Integration" der Gastarbeiterbevölkerung. Zur Rekonstruktion, empirischen Erscheinungsform und praktisch-politischen Relevanz des sozialräumlichen Konzepts der Einwandererkolonie. In: VASKOVICS, L. A. [Hrsg.]: Raumbezogenheit sozialer Probleme. Opladen, 157–181. = Beiträge zur sozialwissenschaftlichen Forschung, 35.

HECKMANN, F. (1992): Ethnische Minderheiten, Volk und Nation. Soziologie inter-ethnischer Beziehungen. Stuttgart.

HELLER, W. & F. KOCH (1987): Deutsche Aussiedler aus Rumänien – Landsleute oder eine Minorität? Zur räumlichen Mobilität einer Einwanderergruppe (eine Untersuchung aus geographischer Sicht). Jahrbuch für ostdeutsche Volkskunde, 30: 21–55.

HELLER, W. & H.-J. HOFMANN (1992): Aussiedler Migration to Germany and the Problems of Economic and Social Integration. Swansea. = Migration Unit Research Paper 2, October 1992.

HELLER, W. u. a. (1993): Integration von Aussiedlern in den deutschen Wohnungsmarkt. Bonn. = Bundesministerium für Raumordnung, Bauwesen und Städtebau.

HEUER, K.-H. & G. ORTLAND (1996): Aussiedler – ein ganz neues Phänomen. Integrationsversuche mit Phänomenen eines Teufelskreises. Wiederabdruck in: JWInformationsdienst, XXXVII/9–10: 3–6.

HOFMANN, H.-J. (1992): Politische und soziokulturelle Herkunftsbedingungen junger erwachsener AussiedlerInnen aus Polen und ihre Bedeutung im Einwanderungskontext. In: Staatliches Institut für Lehrerfort- und -weiterbildung des Landes Rheinland-Pfalz (SIL) (Hrsg.): Eingliederung junger Aussiedler. Band 2: Eingliederungsbedingungen in der Bundesrepublik Deutschland. Speyer, 117–168.

HOFMANN, H.-J. (1994): Ethnic Germans from Eastern Europe and the Former Soviet Union in Germany. Migration World Magazine, 22: 12–14.

HOFMANN, H.-J. (1995): Soziale Binnenstrukturen von Aussiedlern aus Polen in niedersächsischen Städten – Ansätze zu Einwandererkolonien? In: GANS, P. & F.-J. KEMPER [Hrsg.]: Mobilität und Migration in Deutschland. Erfurt, 197–211. = Erfurter Geographische Studien, 3.

HOFMANN, H.-J., H.-J. BÜRKNER & W. HELLER (1992): Aussiedler – eine neue Minorität. Forschungsergebnisse zum räumlichen Verhalten sowie zur ökonomischen und sozialen Integration. Göttingen. = Praxis Kultur- und Sozialgeographie, 9.

HOFMANN, H.-J., W. HELLER & H.-J. BÜRKNER (1991): Aussiedler in der Bundesrepublik Deutschland. Geographische Rundschau, 43: 736–739.

JOLLES, H. M. (1965): Zur Soziologie der Heimatvertriebenen und Flüchtlinge. Köln, Berlin.

KOCH, F. (1991): Deutsche Aussiedler aus Rumänien. Analyse ihres räumlichen Verhaltens. Köln, Wien. = Studia Transylvanica, 20.

KOSSOLAPOW, L. (1987): Aussiedler-Jugendliche. Ein Beitrag zur Integration Deutscher aus dem Osten. Weinheim.

LEIER, M. & F. SCHOLZ (1987): Räumliche Ausbreitung türkischer Wirtschaftsaktivitäten in Berlin (West) am Beispiel türkischer Markthändler. Berlin. = FU Berlin, Institut für Anthropogeographie, Angewandte Geographie und Kartographie, Occasional Paper, 2.

LÜTTINGER, P. (1986): Der Mythos der schnellen Integration. Eine empirische Untersuchung zur Integration der Vertriebenen und Flüchtlinge in der BRD bis 1971. Zeitschrift für Soziologie, 15: 20–36.

LÜTTINGER, P. & R. ROSSMANN (1989): Integration der Vertriebenen. Eine empirische Analyse. Frankfurt, New York.

METZ, R. & R. BORSCH (1991): Einwanderungsgruppen. Übersiedler und Aussiedler und ihr Einfluß auf Raumstrukturen in Bayern. In: GOPPEL, K. & F. SCHAFFER [Hrsg.]: Raumplanung in den 90er Jahren. Festschrift für Karl Ruppert. Augsburg, 77–93. = Beiträge zur Angewandten Sozialgeographie, 24.

ROBEJSEK, P. (1979): Probleme und Möglichkeiten der Integration deutschstämmiger Spätaussiedler. Osteuropa, 29: 563–578.

SCHWINGES, U. (1982): Integration of Immigrants. In: FRIEDRICHS, J. [Hrsg.]: Spatial Disparities and Social Behaviour. Hamburg, 82–101.

VEITER, T. [Hrsg.] (1975): 25 Jahre Flüchtlingsforschung. Ein Rückblick auf Flucht, Vertreibung und Massenwanderung. Stuttgart.

VEITH, K. (1994): Überlegungen zur Zuwanderung am Beispiel Aussiedler. Informationen zur Raumentwicklung, 5/6: 363–371.

WIEBE, D. (1982): Sozialgeographische Aspekte ausländischer Gewerbetätigkeiten in Kiel. Zeitschrift für Wirtschaftsgeographie, 26: 69–78.

Werner Kreisel

Angewandte Geographie in der Tourismusforschung – Aufgaben und Chancen

Zusammenfassung: Die Beschäftigung mit dem Tourismus als Gegenstand der Geographie beginnt in Göttingen mit Hans Poser, dessen 1939 erschienene Untersuchung über den Fremdenverkehr im Riesengebirge für eine ganzheitliche Betrachtung des Fremdenverkehrs plädiert. Ein solcher Ansatz ist heute mehr denn je aktuell. Er entspricht dem Bemühen, die einzelnen Teildisziplinen, die sich mit dem Tourismus beschäftigen, zu vernetzen und das „System Fremdenverkehr" in einer integrativen Sichtweise zu erfassen. Die Geographie kommt diesem Anspruch nahe, indem sie das „Wirkungsgefüge" des Fremdenverkehrs, also wirtschaftliche, ökologische, politische und sozio-kulturelle Faktoren berücksichtigt. Nur so kann eine nachhaltige Entwicklung erreicht werden, nämlich ein Tourismus, der langfristig positive Effekte hat, die Potentiale von „Landschaft" und „Umwelt" dauerhaft nutzt und somit zu einem strategisch orientierten Ressourcen- und Qualitätsmanagement wird. Für die Geographie als klassische Raumwissenschaft steht dabei die jeweilige Region im Mittelpunkt; Tourismusplanung ist daher Teil der Regionalentwicklung. Im Sinne eines nachhaltigen Tourismus kommt darüber hinaus der „Landschaftsinterpretation" eine große Bedeutung zu. Die ansprechende, methodisch-didaktisch überlegte Vermittlung und Präsentation der Landschaft und ihrer Elemente kann bei den Besuchern das Bewußtsein für landschaftliche Werte und die Einsicht in die Notwendigkeit eines umweltverträglichen und sozialverantwortlichen Tourismus fördern.

[Applied Geography in Tourism Research]

Summary: Tourism research in Göttingen has a long tradition. It started with Hans Poser's study on tourism development in the Riesengebirge (1939) in which he strongly supports tourism to be considered as a complex system, dependant on special landscapes and causing effects not only on economy, but on ecology and society. This idea of tourism being a whole network of manifold facets connected with each other is recently of growing interest. Today's tourism research tries to involve various disciplines in order to reach an overall and more complete view of the different aspects of tourism. By taking into account the economic, ecological, social and cultural aspects of an area geography is qualified to develop guidelines for sustainability in tourism planning, to define the carrying capacity of a region and to work out particular planning measures. The potentials of landscape and environment, natural, social and cultural, are the bases for any tourism development; for that reason they have to be used in a sensitive and sustainable way. Tourism planning has to become a strategically oriented resource-handling and quality-management. Interpretation as the art of explaining the meaning and significance of landscapes and sites visited by the public helps to achieve the aims of sustainable tourism by enhancing public awareness for the values and importance of landscape and the needs of environment conservation.

1. Fremdenverkehrsgeographie – Eine Göttinger Tradition

Die Beschäftigung mit dem Tourismus als Gegenstand der Geographie beginnt in Göttingen mit Hans Poser, der sich neben seinem Hauptschaffenskreis, der klimatischen Geomorphologie und überhaupt der Physischen Geographie, auch der Siedlungs- und Wirtschaftsgeographie zugewandt hat. Seine 1939 erschienenen Untersuchungen über den Fremdenverkehr im Riesengebirge haben den Tourismus erstmalig in den Mittelpunkt des wissenschaftlichen Interesses gerückt (HÖVERMANN, OBERBECK 1972, S. 9–18). Für Poser steht fest, daß eine nur statistische Behandlung des Fremdenverkehrs, wie sie gelegentlich in länderkundlichen oder wirtschaftsgeographischen Werken gefunden werden kann, ebensowenig sinnvoll ist, wie die Beschränkung auf das Aufweisen und Ausfindigmachen der natürlichen Grundlagen des Fremdenverkehrs. Der Blick muß vielmehr auf das Ganze gerichtet sein; „erst so wird uns das Wesen der geographischen Bedeutung des Fremdenverkehrs offenkundig, erst so zeigt sich die Mannigfaltigkeit der Zusammenhänge und Probleme ..." (POSER 1939 b, S. 177).

Der Fremdenverkehr schafft einen Sondertyp der Kulturlandschaft; ein Fremdenverkehrsgebiet ist daher eine kulturgeographische Raumeinheit mit einem bestimmten siedlungs-, wirtschafts- und verkehrsgeographischen Gepräge, einem eigenen Lebensrhythmus sowie einem typischen raum-zeitlichen Wandel. Im Riesengebirge entwickelte sich der Wanderverkehr seit der Mitte des 17. Jhdts. ins Gebirge hinein, gefolgt vom Sommerfrischenverkehr seit der Mitte des 19. Jhdts., während der Wintersportverkehr schon seit dem Anfang des 19. Jhdts. betrieben wurde. Der raum-zeitliche Wandel, der auch in Verbindung mit der Eisenbahnentwicklung vor sich ging, führte zur touristischen Erschließung des Gebirges und bewirkte die gegenwärtigen (1939) Strukturen des Fremdenverkehrs im Riesengebirge.

Die Fremdenverkehrswirtschaft beschränkt sich dabei nicht auf die engere touristische Infrastruktur, sondern beeinflußt durch ihre Multiplikatorfunktionen weitere Teile des Wirtschaftslebens. Grundfaktoren der Ausbildung von Fremdenverkehrsräumen sind die landschaftlichen und klimatischen Gegebenheiten im Fremdenverkehrsgebiet sowie der bevölkerungsgeographische Faktor im Herkunftsgebiet der Besucher, zwischen denen sich ein gegenseitiges Spannungverhältnis entwickelt. Die „Landschaft", das Klima und die Siedlungen sind die geographischen Grundlagen im Fremdenverkehrsgebiet; entscheidend für die Fremdenverkehrsspannungen zwischen dem Riesengebirge und seinem Einzugsgebiet ist der „landschaftliche Gegensatz", der die primäre Voraussetzung jeglichen Fremdenverkehrs darstellt. Die Bedeutung von Posers Untersuchungen im Riesengebirge liegt vor allem darin, daß der Fremdenverkehr nicht als eng begrenzter, in sich geschlossener Kosmos aufgefaßt wird, sondern seine vielfältigen Voraussetzungen und Auswirkungen herausgearbeitet werden.

Auf Posers Erkenntnissen bauen zahlreiche Arbeiten auf, die sich überwiegend auf den niedersächsischen Raum konzentrieren. K. KULINAT arbeitet in seinen Untersuchungen über den Fremdenverkehr an der niedersächsischen Küste (1969) dessen Standortfaktoren heraus. Diese sind als die eigentlichen Objekte des Erholungs-Fremdenverkehrs (z.B. schöne Landschaft, Berge, Meer) im allgemeinen nicht wirtschaftlicher Art, andererseits aber werden sie durch das Wohnen und die Verpflegung der Fremden „kommerzialisiert". Mit dem Naherholungsverkehr, insbesondere der quantitativen Erfassung räumlicher Phänomene der Kurzerholung befaßt sich R. KLÖPPER in seinem Beitrag für die Poser-Festschrift (1972, S. 539–548). D. UTHOFFs Untersuchung über den Fremdenverkehr im Solling und seinen Randgebieten (1970) faßt in Anlehnung an Poser die Fremdenverkehrsregion als „Sondertyp der Kulturlandschaft" auf: Die „Standortvoraussetzungen" des Fremdenverkehrs sind in der jeweiligen Natur- bzw. Kulturlandschaft zu suchen. Der Fremdenverkehr ist in die Landschaft eingebunden und stellt andererseits auch selber ein landschaftsprägendes Element dar. H. D. BRANDS Arbeit über die Bäder im Oberharz (1967) geht gleichfalls vom räumlichen Erscheinungsbild des Fremdenverkehrsgebietes aus und erklärt die Rolle, die der Fremdenverkehr bei seiner Ausbildung gespielt hat. H. HIRT (1968) untersucht die Bedeutung der Seen des niedersächsischen Tieflands für den Fremdenverkehr und behandelt seine Struktur in qualitativer und quantitativer Hinsicht.

Einige neuere Arbeiten gehen mehr in planerische Richtung. Hierzu gehören die Untersuchungen von G. VÖLKSEN über Ferienzentren und Erholungslandschaft am Beispiel des Harzes (1978) sowie über Freizeitparks und technische Freizeiteinrichtungen in der Landschaft (1981). In Anlehnung an KRIPPENDORF betont der Verf., daß der landschaftliche Bezug in jedem Fall zu stärken ist, ansonsten würde die regionale Identität Schaden leide und es komme zu Konflikten. Ein Bericht der Forschungsgruppe Infrastruktur und Tourismus unter der Leitung von H. D. VON FRIELING (1982) behandelt die Fremdenverkehrsentwicklung von Norddeich. Weitere Arbeiten thematisieren die Fremdenverkehrsinfrastruktur an niedersächsischen Beispielen (VON FRIELING 1989, BARLAGE, VON FRIELING 1989). J.-F. KOBERNUSS (1989) untersucht das raum- und zielgruppenorientierte Informationsangebot am Beispiel der Konzeption und Realisierung eines Kulturlandschaftsführers über die Lüneburger Heide. Mit der Rolle touristischer Messen und Ausstellungen und mit der Frage, in welcher Weise diese von Fremdenverkehrsorganisationen als Marketinginstrumente begriffen und genutzt werden, befaßt sich schließlich CHR. VON SCHLIEBEN (1993).

Diese kurze Übersicht belegt, daß die Fremdenverkehrsgeographie in Göttingen eine bereits lange Tradition hat. Zu den aufgeführten Untersuchungen kommen zahlreiche Abschlußarbeiten von Studierenden, die regional und thematisch weitgestreut verschiedene Aspekte des Fremdenverkehrs behandeln.

2. Perspektiven der Fremdenverkehrsgeographie

2.1. Geographische Tourismusforschung als ganzheitlicher Ansatz

Das schweizerische Tourismuskonzept (FREYER 1995, S. 27, vgl. KRIPPENDORF 1984, KASPAR 1991) unterscheidet vier große Teilbereiche, die in das „System Fremdenverkehr" einwirken:

* das gesellschaftliche System mit seinen Werthaltungen
* das System Umwelt mit den vorhandenen Ressourcen
* das Wirtschaftssystem
* das System des Staates mit dem Politikbereich, das übergeordnet, als Steuersystem für die anderen Teilbereiche angesiedelt ist.

Es geht nun darum, die einzelnen Teildisziplinen, die sich mit dem Tourismus beschäftigen, zu integrieren und zu „vernetzen", eine multifunktionale und „ganzheitliche Sichtweise zu praktizieren" und Tourismus als „Querschnittsdisziplin" zu verstehen (FREYER 1995, S. 31 f.). Hierzu ist die Geographie mit ihrem integrativen Ansatz am ehesten geeignet. Sie kann die verschiedenen „Module" eines ganzheitlichen Tourismusmodells am besten zusammenfassen („Ökonomie-Modul", „Gesellschafts-Modul", „Umwelt-Modul", „Freizeit-Modul", „Individual-Modul", „Politik-Modul"). Die Geographie betrachtet das „Wirkungsgefüge" des Fremdenverkehrs, das schon Hans Poser betont hat, berücksichtigt also wirtschaftliche, ökologische, politische und sozio-kulturelle Faktoren in der praxisbezogenen Tourismusplanung und macht ihre gegenseitige Vernetzung transparent. Sie weist auf Gefährdungen hin, die sich durch touristische Maßnahmen für Ökologie und Gesellschaft – und letztendlich auch für die Wirtschaft – ergeben können. Sodann definiert und evaluiert sie die Potentiale für eine vorausschauende touristische Planung, schätzt Folgewirkungen touristischer Projekte ab und legt Leitlinien einer touristischen Entwicklung fest. Die jeweiligen Interessen der einzelnen am Tourismus beteiligten Gruppen müssen hierbei möglichst objektiv berücksichtigt werden. Eine touristische Inwertsetzung muß im Sinne des Zielgebietes einen Beitrag zur Landesentwicklung leisten. Dem Interesse der Touristen (Daseinsgrundfunktion „Sich-Erholen") sollte entsprechend Rechnung getragen werden. Die Reisebranche schließlich soll einen vertretbaren Gewinn erwirtschaften (vgl. Abbildung in Kap. 2.4).

Gemäß dem Selbstverständnis der Geographie als klassische Raumwissenschaft ist der Hauptgegenstand ihres wissenschaftlichen Interesses auch im Zusammenhang mit der Tourismusforschung der *Raum*, die *Region*, die *Landschaft*, in der sich Tourismus abspielt. Sie hebt sich damit deutlich von anderen wissenschaftlichen Disziplinen ab, deren zentrale Themen bspw. die Tourismuswirtschaft an sich, oder die Verhaltensweisen der Touristen sind. Die Geographie muß solche Aspekte natürlich in ihre Überlegungen miteinbeziehen, wie oben schon ausgeführt worden ist. Sie werden jedoch nicht für sich allein analysiert, sondern sind in die umfassendere Fragestellung des regionalen Kontextes eingebunden, werden also in ihrer Bedeutung für den jeweiligen Raum bewertet: „Welche Voraussetzungen, Potentiale, Stärken und Schwächen weist die Region auf? Welchen Nutzen bringt der Tourismus? Welche Ausbaugrenzen dürfen nicht überschritten werden? ..." Da der Tourismus in eine regionale Struktur und Situation einbezogen ist, muß er auch als einer von mehreren Bausteinen einer regionalen Entwicklung angesehen werden. Tourismus wirkt im Zusammenspiel mit vielen anderen Faktoren auf eine Regionalentwicklung im umfassenden Sinne. Insgesamt ergeben sich folgende Forderungen:

* Die Kenntnis und die Erforschung der Vielgestaltigkeit des Tourismus und seiner Aktivitäten muß darauf hinzielen, den Tourismus in einer vertretbaren Form zu propagieren. Dies beinhaltet die möglichst umfassende Berücksichtigung von wirtschaftlichen, gesellschaftlichen und ökologischen Aspekten mit dem Ziel einer „nachhaltigen" Tourismusplanung mit speziellem Augenmerk auf die Region.
* Um einem „nachhaltigen Tourismus" zum Durchbruch zu verhelfen, muß sich die Wissenschaft vom rein akademischen Bereich lösen und sich angewandten Fragestellungen widmen. D.h.: Die Geographie muß sich noch stärker als bisher in den Planungsprozeß einschalten und darf sich nicht mit Bestandsanalyse, Ursachenforschung und Herleitung einer Situation zufriedengeben.
* Die zu behandelnden konkreten Themen müssen dabei für die Praxis relevant sein, und nach ihnen muß ein wirklicher Bedarf bestehen. Die Geographie sollte dabei nicht nach kurzfristigen modischen Nischen suchen, denn bei aller Notwendigkeit der Detailkenntnis ist ihre Stärke nicht die Spezialisierung, sondern der Gesamtüberblick.
* Die Geographie muß nach dem Grundsatz: „Global denken, regional bzw. lokal handeln" Maßstäbe setzen, sowohl in der Formulierung allgemeiner Entwicklungsrichtlinien als auch im Bereich der praktischen Umsetzung.

2.2. Von der Tourismuskritik zu konkreten Strategien

Wachsender Reichtum der Industriestaaten, steigende Mobilität, zunehmende Freizeit förderten seit den fünfziger Jahren baulichen Gigantismus, Landschaftszerstörung, Zerbrechen von Traditionen ohne Rücksicht auf Verluste und nur mit dem Blick auf kurzfristigen Gewinn. Solche Mißstände nahm die Tourismuskritik als Beweis für die angeblich rein negativen Auswirkungen des Tourismus auf und lehnte diesen zunächst prinzipiell ab. Die

Normung, Montage und Serienanfertigung des Produktes Tourismus wird bis in die Gegenwart beklagt: Alles und jedes, geistige wie materielle Dinge, werde zu Objekten des Tausches und Konsums (THIEM 1994, S. 160 ff.)

Die Tourismuskritik war jedoch anfänglich wenig konkret, sondern hatte mehr eine allgemeine Gesellschaftskritik im Visier: „Zwar steht ... die Erklärung des Tourismus im Zentrum, doch ist die Optik häufig auf bestimmte gesellschaftliche Zusammenhänge und Mechanismen eingeengt. So wird in manchen Interpretationen der Tourismus als Massenfluchtbewegung als „Beleg" für den negativ bewerteten Zustand der Industriegesellschaft gewertet" (THIEM 1994, S. 168). Aus einer unübersehbar elitären Haltung heraus, die doch manchmal eher den eigenen Interessen verhaftet war als denen der Gesellschaft, wurden touristische Erscheinungsformen kritisiert und Massentouristen als dumm und unsensibel beschimpft: „... eine tiefe Skepsis gegenüber dem Massentourismus heutiger Prägung (blieb erhalten), ... mit dem Unterschied, daß nun nicht mehr in erster Linie die Touristen, sondern die „Macher" aus Tourismuswirtschaft und -politik verantwortlich gemacht werden." (S. 169). Diese Kritik weist immer noch häufig Elemente des Kulturpessimismus auf, „in dem Sinne, dass die Ferienkultur implicit an einem Ideal gemessen wird, das sich an – zum Teil vermeintlichen – historischen Vorbildern oder eigenen Vorstellungen vom „richtigen" Reisen orientiert".

Diese Art von Tourismuskritik hat stets eine Abwehrhaltung gegenüber den Touristen und speziell gegen die „Masse" eingenommen. ROMEISS-STRACKE hat (1996, S. 20) jedoch kürzlich ausgeführt, daß dieser Ansatz ziemlich überheblich ist (1996, S. 20). Unter den aufgeführten „Sieben Versuchen", den Motiven des Reisens näherzukommen, hat die Tourismusforschung bislang ein zentrales Motiv des Reisens völlig vernachlässigt („Siebter Versuch: Liebe"), nämlich die Suche nach „menschlicher Zuwendung und Aufmerksamkeit, Freundlichkeit, ein Lächeln, Achtung der Person – generell ein liebevoller Umgang gehört zum Traum dazu ..."

Nach Meinung von ROMEISS-STRACKE tut eine andere Einstellung gegenüber den Touristen dringend not: „... Obwohl sie selbst Touristen sind, lassen diese informierten Mitmenschen gerne durchblicken, es sei ziemlich unsinnig, was „die Leute" da tun. Volle Strände, volle Kneipen, volle Skipisten gelten als Ausdruck der Dummheit derjenigen, die in diese Fülle geraten sind. ... Es ist bei jeder Diskussion über Tourismus „politically correct" darauf einzugehen, wie schrecklich die massenhafte Mobilität sei, aus ökologischer, sozialer oder ethischer Sicht. Dieser intellektuelle Ablaßhandel in der Diskusson des Phänomens Tourismus verhindert jedoch eher die Erkenntnis, als sie zu fördern. Die meisten Tourismus-Theoretiker dürfen die Touristen in Wirklichkeit nicht mögen. Interesse an der Erkenntnis ohne Sympathie für den Gegenstand der Erkenntnis kann aber nicht weit führen. Vielleicht liegt hier einer der Gründe, warum die deutsche Tourismusforschung so wenig innovativ ist. Erst eine offene und liebevolle Neugier auf das, was da wirklich vor sich geht, öffnet den Blick für die neuen Strukturen, die sich da bilden."

Die radikalsten Auffassungen hatten die These vertreten, daß man zu Hause bleiben sollte, Reisen sei eine Zwangshandlung und biete nur eine illusorische Kompensation gegenüber entfremdeten Arbeits- und Lebensverhältnissen. Angesichts der Schädigungen, die der Tourismus in Ökologie, Kultur und Gesellschaft verursachte, kam es dann zu einem Umdenken, das sich bemühte, konkret neue Inhalte und Formen des Reisens und damit einen „sanften Tourismus" zu entwickeln. Krippendorfs Schlagwort von den Touristen als „Landschaftsfressern" sowie sein Buch über die „Ferienmenschen" (1984) waren richtungsweisend für einen „umwelt- und sozialverträglichen Tourismus", dessen Inhalte dann durch R. JUNGK (1980) einer größeren Öffentlichkeit nähergebracht worden sind.

Wenn er richtig, also „sanft", „angepaßt" und rücksichtsvoll betrieben wird, kann der Tourismus durchaus positive Auswirkungen haben, im Sinne der Wirtschaftsförderung, aber auch der Ökologie und der interkulturellen Begegnung. Notwendig ist die sinnvolle Bewahrung und Nutzung der entsprechenden landschaftlichen Potentiale – aber keinesfalls deren Ausbeutung. Mit den beiden Grundprinzipien der Umweltverträglichkeit und der Sozialverantwortlichkeit beinhaltet „sanfter Tourismus" qualitatives, anstelle ständigen quantitativen Wachstums. Er soll für die Urlaubsregion eine optimale wirtschaftliche Wertschöpfung und eine breite Streuung des wirtschaftlichen Nutzens gewährleisten. Den Urlaubsgästen wird eine bestmögliche Erholung geboten, dabei wird besonderer Wert auf persönliche Entfaltung, Förderung von Kreativität und Verantwortungsbewußtsein gelegt. Den Reiseveranstaltern als den „Mittlern" zwischen Urlaubsregion und Urlaubern schließlich wird ein auf lange Sicht angelegter, verantwortbarer Gewinn ermöglicht. Viele Einzelmaßnahmen arbeiten auf einen angepaßten Tourismus hinaus, sie müssen in Richtung auf ein integriertes Konzept zusammengefaßt werden.

Aus den Diskussionen um den „sanften Tourismus" folgt, daß – im globalen Denken und im lokalen/regionalen Handeln – ein Tourismus vertreten werden muß, der langfristig positive Effekte hat. Dies bedeutet, daß „Nachhaltigkeit" angestrebt werden muß („nachhaltiger Tourismus", „sustainable tourism"; HOPFENBECK, ZIMMER 1993, S. 256): „Sustainable Tourism is all forms of tourism development and activity which enable a long life for that cultural activity which we call tourism, involving a sequence of economic tourism products compatible with keeping in perpetuity the protected heritage resource, be it natural, cultural or built-, which gives rist to tourism" (TRAVIS 1992, S. 20). Die Ressource „Umwelt" soll sensitiv und dauerhaft genützt werden, so daß der Tourismus gleichwohl einen Beitrag zum wirtschaftlichen Wachstum leisten kann. Der „nachhaltige und umweltgerechte Tourismus" wird so zu einem strategisch orientierten Ressourcen- und Qualitätsmanagement:

Principles for Sustainable Tourism (TOURISM CONCERN 1992, S. 3):

1. Using resources sustainably
   The conservation and sustainable use of resources – natural, social and cultural – is crucial and makes long-term business sense.

2. Reducing overconsumption and waste
   Reduction of overconsumption and waste avoids the costs of restoring long-term environmental damage and contributes to the quality of tourism.

3. Maintaining diversity
   Maintaining and promoting natural, social and cultural diversity is essential for long-term sustainable tourism, and creates a resilient base for the industry.

4. Integrating tourism into planning
   Tourism development which is integrated into a national and local strategic planning framework and which undertakes environmental impact assessments, increases the long-term viability of tourism.

5. Supporting local economies
   Tourism that supports a wide range of local economic activities and which takes environmental costs and values into account, both protects those economies and avoids environmental damage.

6. Involving local communities
   The full involvement of local communities in the tourism sector not only benefits them and the environment in general but also improves the quality of the tourism experience.

7. Consulting stakeholders and the public
   Consultation between the tourism industry and local communities, organizations and

institutions is essential if they are to work alongside each other and resolve potential conflicts of interest.
8. Training staff
Staff training which integrates sustainable tourism into work practices, along with recruitment of local personnel at all levels, improves the quality of the tourism product.
9. Marketing tourism responsibly
Marketing that provides tourists with full and responsible information increases respect for the natural, social and cultural environments of destination areas and enhances customer satisfaction.
10. Undertaking research
On-going research and monitoring by the industry using effective data collection and analysis is essential to help solve problems and to bring benefits to destinations, the industry and consumers.

Die Durchsetzung solcher Konzepte in der Praxis macht Schwierigkeiten, da sich die beiden „Hauptakteure", nämlich Tourismuswirtschaft und Natur/Landschaftsschutz lange unversöhnlich und unfähig zur Diskussion gegenüberstanden. Zu grundverschieden waren die jeweiligen Ausgangspunkte. Inzwischen festigte sich bei vorausblickenden Vertretern des Natur- und Landschaftsschutzes und bei fortschrittlichen Verantwortlichen der Tourismuswirtschaft die Überzeugung, daß die richtige Tourismusplanung sowohl ein Mittel zur Schonung der Umwelt als auch zur strukturellen Regionalentwicklung sein kann: Wo landschaftliche und kulturelle Ressourcen vorhanden, geschützt und nicht verbraucht sind, bestehen gleichzeitig gute Voraussetzungen zum Aufbau eines umwelt- und sozialverträglichen Tourismus. Daher darf sich eine Kooperation nicht auf die Reparatur bereits erfolgter Schäden beschränken, sondern muß schon in den Anfängen einer touristischen Planung einsetzen. Der Geographie kommt dabei eine zentrale Rolle als Mittler zu: Sie sieht eine touristische Situation nicht nur aus einem Blickwinkel, kann daher moderieren, alle Beteiligten an einen Tisch bringen und eine „touristische Plattform" schaffen, auf der bestehende Konflikte und unterschiedliche Ansichten über die richtige Tourismusentwicklung ausgetragen werden können.

Besonders wichtig ist eine sensible Tourismusentwicklung in Schutzgebieten. Während des 20. Jahrhunderts wurden in Europa und weltweit Nationalparke, Naturparke und andere Schutzgebiete geschaffen, um einige der bedeutendsten Natur- und Kulturlandschaften unter Schutz zu stellen (FNNPE 1993, S. 80). Der erste Zweck von Schutzgebieten ist es dabei, diesem immer seltener werdenden Erbe besonderen Schutz zuteil werden zu lassen, doch haben diese Bereiche gleichzeitig durch ihre hohe Attraktivität eine Bedeutung für die Besucher und den Fremdenverkehr. Viele europäische Schutzgebiete weisen bereits steigende Besucherzahlen und einen wachsenden Ansturm auf. Um so wichtiger werden Beschränkungen und Lenkungsmaßnahmen. Etliche Aktionspläne bestehen bereits – zumeist ohne Beteiligung der Geographie. So hat die Federation of Nature and National Parks of Europe (FNNPE) eine 15-Punkte- Leitlinie erarbeitet (1993, S. 82):

Entwickeln eines natur- und sozialverträglichen Aktionsplanes für Schutzgebiete
(Dieser sollte Teil des Gesamtmanagementplanes einer Region sein)
1. Feststellung der Schutzziele. Diskussion und Abstimmung natur- und sozialverträglicher Ziele mit anderen wichtigen Partnern.
2. Erstellung einer Liste aller Natur- und Kulturgüter, der touristischen Einrichtungen und Zukunftspotentiale, und Analyse der Information.
3. Zusammenarbeit mit der einheimischen Bevölkerung, der Tourismuswirtschaft und anderen lokalen und regionalen Organisationen.
4. Identifizierung des Images und des Wertes des Schutzgebietes.

5. Feststellung der Zugangskapazität verschiedener Teile des Gebietes in qualitativer und quantitativer Hinsicht.
6. Beobachtung und Analyse der Tourismuswirtschaft und der Besucherwünsche und -bedürfnisse in zwei Phasen – vor und nach der Entwickung von Möglichkeiten für neue Formen des Tourismus.
7. Hilfestellung hinsichtlich neuer und ggfs. ungeeigneter Entwicklungsrichtungen.
8. Erarbeiten von neuen Tourismusprodukten, welche auch Möglichkeiten für Bildungstourismus enthalten.
9. Feststellen der Auswirkungen auf die Umwelt.
10. Definition des notwendigen Managements wie etwa Zonierung und Kanalisierung, welche mit der Interpretation und der Bildung verbunden sind.
11. Erarbeiten von Verkehrsmanagementmaßnahmen und von nachhaltigen Transportsystemen.
12. Entwicklung einer Kommunikations- und PR-Strategie, um das Image des Schutzgebietes, neue Tourismusprodukte und Management-Techniken zu fördern.
13. Erstellung eines Beobachtungsprogrammes des Schutzgebietes und der Besuchernutzung. Dies soll auch Grundlage für die Überarbeitung des Managementplanes sein, um sicherzustellen, daß der Tourismus innerhalb der tolerablen Grenzwerte für die Zugangskapazität bleibt.
14. Ermittlung der benötigten Mittel und Finanzquellen inklusive der Mittel für die Aus- und Fortbildung.
15. Anwendung des Planes.

Immer mehr Verantwortliche sehen die Notwendigkeit einer nachhaltigen Tourismusentwicklung ein. Die Geographie muß offensiv darauf hinwirken, daß diese Überzeugung weiter an Boden gewinnt: Eine Befriedigung unserer heutigen Bedürfnisse darf nicht die Lebensgrundlagen künftiger Generationen zerstören. Wir müssen „von den Zinsen leben, nicht von der Substanz!"

2.3. Bestimmung von Belastungsgrenzen

Ein zentrales geographisches Thema ist das Problem der Tragfähigkeit, die Festlegung von Grenzwerten für die jeweils zur Verfügung stehenden Ressourcen. Bisher befaßt sich die Geographie jedoch nur randlich mit Fragen der touristischen Tragfähigkeit von Räumen. Mit dem Bevölkerungswachstum und der zunehmenden Freizeit werden Nutzungskonflikte zunehmen. Die Frage der Belastungsgrenzen sowie der Kompatibilität verschiedener Landnutzungen und Flächennutzungskonkurrenzen wird gravierender werden. Das Problem ist es, den tragbaren Nutzungsgrad zu bestimmen, bei dem

* eine Minimierung der negativen Umwelteinwirkungen
* und gleichzeitig ein hoher Grad der Befriedigung der Touristenbedürfnisse

erzielt werden kann (HOPFENBECK, ZIMMER 1993, S. 269). Angestrebt werden muß die optimale Kapazität, gleichzeitig muß der „Sättigungspunkt" bestimmt werden, der nicht überschritten werden darf, um die Balance nicht aus dem Gleichgewicht zu bringen:

„Einige (der anzulegenden) Kriterien werden quantitativ meßbar sein (z.B. mit bestimmten Koeffizienten), andere dagegen nur qualitativ beschreibbar (z.B. mit Kosten-Nutzen-Analysen, UVPs). Der Sättigungspunkt als Ergebnis einer „Balance" zwischen verschiedenen Kriterien wird stark von der Saisonalität abhängen und davon, ob das Gebiet schon entwickelt ist oder nicht. Diese theoretische „Grenze" ist Basis jeglicher strategischer Entwicklungsplanung. Essentielle Grundlage für diesen Prozeß ist eine Vorstellung über die anzustrebenden Ziele (Qualität statt Quantität, kleine statt große Projekte etc.)" (HOPFENBECK, ZIMMER 1993, S. 270).

Das Österreichische Institut für Raumplanung sieht das Fassungsvermögen einer Region im wesentlichen durch fünf Komponenten bestimmt (ÖSTERREICHISCHER GEMEINDEBUND 1989, S. 18f.):

a) die physische (landschaftsstrukturelle Kapazität)
b) die Nutzungskapazität (Aufnahmefähigkeit)
c) die ökologische (natur und landschaftserhaltende) Kapazität
d) die sozialpsychologische Kapazität (Kapazität des menschlichen Zusammenlebens)
e) die Umgebungs- oder Effektkapazität (infrastrukturelle und Versorgungskapazität).

VAN DER BORG (1992, S. 487 ff.) zeigt am Beispiel von Venedig drei Formen der akzeptablen Kapazität:

a) eine physikalische Belastungsgrenze:
bei Überschreiten dieser Grenze werden die örtliche Umwelt und die örtlichen kulturellen Ressourcen geschädigt;
b) eine ökonomische Belastungsgrenze:
bei Überschreiten sinkt die Qualität der Urlaubseindrücke dramatisch;
c) eine soziale Belastungsgrenze:
die Anzahl an Besuchern, die eine Kunststadt aufnehmen kann, ohne daß dadurch die anderen sozialen und ökonomischen Funktionen dieser Stadt beeinträchtigt werden.

Ein schlüssiges Konzept für die Bestimmung von Belastungsgrenzen hat SEILER erarbeitet (1989). In seinen „Kennziffern einer harmonisierten touristischen Entwicklung" stellt er 7 Schlüsselgrößen heraus, die er dann auf der Grundlage des „tourismuspolitischen Systems der Schweiz" auf eine Reihe von schweizerischen Gemeinden anwendet (S. 50 ff.): Die *Landschaft* wird daraufhin untersucht, inwieweit ein Maß für die Landschaftsschonung erfüllt ist. Die *Landwirtschaft* hängt als Zielbereich mit der Landschaft zusammen, da eine für den Tourismus zugängliche Landschaft in starkem Maße auf eine funktionsfähige Landwirtschaft angewiesen ist. *Beherbergung und Transport* beleuchten die beiden wichtigsten Komponenten des abgeleiteten Tourismusangebots in direktem Zusammenhang mit den touristischen Wachstumsantriebskräften. Bei der *Beherbergung* steht das Verhältnis Parahotellerie und Hotellerie im Vordergrund. Die *Auslastung* ist die Nahtstelle zwischen dem Angebot und der Nachfrage. Die *Selbstbestimmung* bildet eine Brücke zwischen den Interessen der ortsansässigen Bevölkerung und dem durch den Tourismus erzielten wirtschaftlichen Erfolg. Die *Kulturelle Identität* bewertet das Verhältnis zwischen Ortsansässigen und Touristen sowie die Beziehung der Ortsansässigen untereinander. Ergänzt werden die „Schlüsselgrößen" durch „Ergänzungsgrößen". Insgesamt ergeben sich 61 Indikatoren, die Berücksichtigung finden können. Die Quintessenz ist ein Warn- und Chancenprofil der 7 Schlüsselgrößen, das qualitative Aussagen ergibt: grün (Chance/problemlos); gelb (Vorsicht); rot (Warnung – sofort steuern).

Jedoch sind für jedes untersuchte Gebiet oder jeden Tourismusort – abgesehen von den gleichen anerkannten Grundprinzipien – spezielle Kriterien für eine Begrenzung der touristischen Nutzung zu erarbeiten. Denn die Ausgangssituation und die vorhandenen Daten sind jeweils unterschiedlich, die Ziele der Betroffenen und die Potentiale weichen voneinander ab. Daher kann kaum ein allgemein gültiges quantitatives System der Meßbarkeit von

Belastungsgrenzen, das auf alle Gebiete übertragbar ist, entwickelt werden. Jedenfalls müssen Kriterien so ausgearbeitet und formuliert werden, daß sie für die touristische Praxis nachvollziehbar und umsetzbar sind.

Das gleiche gilt auch für die Methoden, die verhindern sollen, daß die landschaftlichen Ressourcen überbeansprucht werden (Maßnahmen zur Landschaftszonierung, zur Beschränkung von Besucherzahlen und zur Besucherlenkung). BARTH zeigt am Beispiel von Waldgebieten (1995, S. 393 ff.), daß die Besucher mit psychologisch geschickten Maßnahmen auch ohne große Kosten auf weniger störanfällige Bereich gelenkt werden („gregarischer Effekt"). Dennoch erleben sie ein attraktives landschaftliches Ambiente, ohne daß die wirklich gefährdeten, landschaftlich besonders wertvollen Zonen zu stark in Mitleidenschaft gezogen werden. Das gewünschte Ziel einer sinnvollen Zonierung kann so erreicht werden, z.B. eine Zone I: Touristische „Rummelzone" mit Flächenerschließung, Zone II – „Spaziergängerzone" mit Linienerschließung, Zone III: „Rucksackwanderzone" mit Punkterschließung und Zone IV: „Naturschutzzone" ohne Erholungserschließung.

2.4. Förderung landschaftsbezogener Angebote

Um die genannten Ziele zu erreichen, muß sich die Geographie stärker als bisher in der touristischen Planung engagieren. Dies bedeutet, landschaftsbezogenen Tourismus in der Praxis durchzusetzen. Die Maxime muß dabei lauten: „Was bietet die Landschaft für die Erholung" und nicht: „Was für Erholungsinfrastruktur kann in die Landschaft geholt werden"! Nur ein landschaftsbezogener Tourismus gewährleistet die „Nachhaltigkeit" und bewirkt ein regionaltypisches, identifizierbares Image einer Fremdenverkehrsregion. Er verhindert somit einen landschaftlichen Ausverkauf bspw. durch touristische Infrastruktur, die nicht in den jeweiligen Raum gehört.

Auf verschiedenen Ebenen sind inzwischen Konzepte eines landschaftsbezogenen Tourismus umgesetzt worden. Aktuelle Trends in der Nachfrage, nach denen die Gruppe der „trendsensiblen" Urlauber, die besonderen Wert auf Landschaft und Umweltqualität legen, das bedeutendste und am stärksten wachsende Marktsegment ist, kommen solchen Bestrebungen entgegen. In Deutschland fördern Bundesregierung und Landesregierungen seit längerem planerische Maßnahmen mit dem Ziel eines Ausgleichs zwischen dem zunehmenden Freizeit- und Erholungsdruck und dem Schutz wertvoller Landschaftsbereiche. Die Erstellung landschaftsbezogener Angebote ist auf kommunaler und regionaler Ebene gleichfalls in verschiedenen Ländern erfolgreich praktiziert worden („Öko-Modell Hindelang", Salzburger Land, „Natürlich Dorfurlaub in Österreich"). Auch im Beherbergungssektor arbeitet man mit Erfolg im Bereich des Umweltschutzes und an der Bewahrung des Regionaltypischen (Leitfäden für umweltbewußte Hotelführung, Gütesiegel). Auch viele Reiseveranstalter haben inzwischen die Bedeutung der Umwelt für die zunehmend sensibilisierte Bevölkerung erkannt.

Die Beschäftigung mit der „Landschaft" ist ein zentrales geographisches Anliegen. In der angewandten Tourismusplanung geht es jedoch nicht um theoretische Erörterungen, was „Landschaft" sei. Vielmehr ist das Ziel, die touristisch relevanten Strukturen von Räumen und Regionen herauszuarbeiten. Dazu werden die wesentlichen, die dominanten Elemente einer Landschaft erfaßt – also das naturlandschaftliche und das kulturlandschaftliche Inventar. Hieraus resultiert die Definition der für die touristische Entwicklung relevanten Themen, sowie die Bewertung von Potentialen, Stärken und Schwächen (vgl. Abb.).

Exemplarisch ist eine Untersuchung der Region Hohes Venn-Eifel (PROTOUR 1995): Eine detaillierte Analyse von natur- und kulturlandschaftlichen Gegebenheiten erfaßt die Potentiale der Region für den Tourismus. Das landschaftsbezogene „Angebot", die Fremdenverkehrsressourcen von Eifel und Hohem Venn in der Natur- und in der Kulturland-

Konzept der touristischen Regionalentwicklung

1. Analyse des Inventars

Gesellschaft
Kultur
Politik
Wirtschaft
Umwelt

=

Tourismusbranche — Region — Touristen

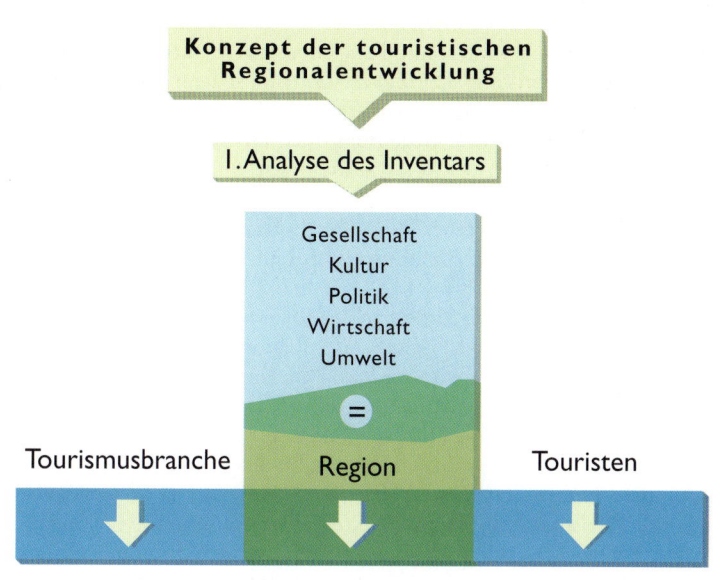

Interessenausgleich unter dem Aspekt von Tragfähigkeit und Nachhaltigkeit

2. Bewertung der Potentiale

Stärken
Schwächen
Chancen
Risiken

3. Konzeption eines touristischen Leitbildes

Festlegung von Entwicklungszielen

Relevante Themen und Landschaften

Angebrachte Vermittlungsstrategie

4. Konkrete Maßnahmen zur Umsetzung

Entwicklung von Einzelmaßnahmen

Umsetzung von Einzelmaßnahmen

Landschafts-interpretation

5. Erfolgskontrolle

schaft werden herausgearbeitet und somit die wichtigsten Themen bestimmt, die bei einem landschaftsbezogenen touristischen Leitbild im Zentrum stehen: Das Moor als Natur- und Wirtschaftsraum; die Hecken des Monschauer und Malmedyer Landes; Wasser, Bäche, Flüsse und Seen (Stauseen) mit ihrer Bedeutung auch für die wirtschaftliche Entwicklung des Raumes; Wälder und artenreiche Wiesen; die Besiedlungsgeschichte, insbesondere die römische Zeit (römische Wasserleitung), die Klöster in Eifel und Ardennen; das aus dem Mittelalter herrührende Eisengewerbe, Woll- und Ledermanufakturen. Alle diese Themen haben ihre Spuren in der Landschaft hinterlassen und lohnen sich für eine touristische „Entdeckung".

Eine genauere Differenzierung fördert in der Region Hohes Venn-Eifel fünf touristische Landschaften zutage, die „fünf Gesichter der Region" (PROTOUR 1995, S. 28–31): das *Eifelvorland* (Grünflächen, Bauernhöfe aus massigem Kalkstein, Wiesenhecken, Kalksteinbrüche), das *Hohe Venn* (Moorgebiet, heute großenteils unter Naturschutz, „Vennhaus", bis zu 6 m hohe Buchenhecken), die *Hocheifel* (enge, tief eingegrabene Täler, langgestreckte, bewaldete Höhenzüge, Hecken, Ardennerhaus, Eifelhaus), die *Rureifel* (mäandrierende, tief eingeschnittene Flüsse, Stauseen, Eifeler Winkelhof, alte Wollmanufakturen, Fachwerkgebäude des Eifelstädtchens Monschau), die *Kalkeifel* (intensiver Ackerbau, römerzeitliche Funde, Tuchwebereien – Bad Münstereifel). Die Definition solcher Regionen und ihrer Teillandschaften ist die entscheidende Voraussetzung für die Erstellung eines touristischen Leitbildes sowie für die Maßnahmen zur Umsetzung der angestrebten Ziele in die Praxis.

2.5. „Landschaftsinterpretation"

„Our world is rich and diverse. Every place has its own identity; a unique character shaped by its landscape, wildlife, buildings, and by the culture and industry of the people who live there. Discovering and enjoying our surrounding brings rewards for both visitors and residents: interpretation helps to achieve this. Interpretation is the art of explaining the meaning and significance of sites visited by the public" (Centre for Environmental Interpretation, Manchester Metropolitan University, CEI, Selbstdarstellung).

Im Zusammenhang mit der Förderung eines nachhaltigen Tourismus kommt viel darauf an, das öffentliche Bewußtsein zu schärfen und in einer ansprechenden Präsentation darzubieten. Das bedeutet eine wissenschaftlich korrekte Information, aber gleichzeitig eine methodisch-didaktisch wohlüberlegte Vermittlung. Dies leistet die „Landschaftsinterpretation". Auch hierbei kommt der Geographie eine besondere Aufgabe zu. Denn sie setzt die für den Tourismus wichtigen landschaftlichen Aspekte fest und muß diese dann entsprechend präsentieren, indem sie das Wesentliche hervorhebt und das Unwichtige wegläßt. Da die Landschaft den Besuchern nähergebracht, ihr Wert verdeutlicht und das Bewußtsein dafür geschärft werden soll, bedeutet dies, daß nicht nur das „Was", also die Auswahl von Themen, wichtig ist, sondern auch das „Wie", auf welche Weise man eine „Botschaft" vermitteln will. In den angelsächsischen Ländern hat man in dieser Richtung Pionierarbeit geleistet. Dort sind Begriffe wie „environmental interpretation" („Landschaftsinterpretation") oder „interpreting our heritage" wesentlich besser ins allgemeine Bewußtsein integriert. TILDEN (1976, S. 9) arbeitet 6 Grundprinzipien einer sinnvollen Interpretationsstrategie heraus:

„I. Any interpretation that does not somehow relate what is being displayed or described to something within the personality or experience of the visitor will be sterile.

II. Information, as such, is not Interpretation. Interpretation is revelation based upon information. But they are entirely different things. However, all interpretation includes information.

III. Interpretation is an art, which combines many arts, whether the materials presented are scientific, historical or architectural. Any art is in some degree teachable.

IV. The chief aim of Interpretation is not instruction, but provocation.

V. Interpretation should aim to present a whole rather than a part, and must address itself to the whole man rather than any phase.

VI. Interpretation addressed to children (say, up to the age of twelve) should not be a dilution of the presentation to adults, but should follow a fundamentally different approach. To be at its best it will require a separate program." (S. 9).

Bei der „Landschaftsinterpretation" sollen komplizierte Sachverhalte möglichst einfach ausgedrückt werden: „... Words like dendrochronology and photosynthesis and biota and excursions into latin taxonomy, not merely do not aid him, they throttle him ..." (TILDEN 1976, S. 14). Eine wissenschaftliche Sondersprache, die nur Eingeweihte verstehen, ist unbedingt zu vermeiden. Klare, prägnante und verständliche Aussagen sind gefragt. Keinesfalls bedeutet dies einen Verlust an wissenschaftlicher Substanz, sondern es ist vielmehr eine wissenschaftliche Leistung, aus komplizierten Zusammenhängen die wesentlichen Aspekte als Quintessenz herauszufiltern. Es handelt sich um eine „Kunst", man muß dem zu vermittelnden Sachverhalt eine Form geben: Bloße Information ist also keine Interpretation. Sie berührt den Besucher nicht, wenngleich (korrekte) Information die Vorstufe der Vermittlung ist. Der Besucher soll nicht belehrt, sondern vielmehr berührt, aufgerüttelt, provoziert werden, dadurch, daß Berührungspunkte aus seiner eigenen Erfahrungswelt einen persönlichen Bezug zu der zu vermittelnden Landschaft herstellen und „Betroffenheit" bewirken. Zusammenhänge sollen vermittelt, dann erst können die Einzelheiten als Teil eines Gesamten verstanden werden. Die Landschaftsinterpretation strebt besseres „Verständnis" (understanding) an, aber soll auch durch „Erlebnis" wirken und einen Erlebniswert aufweisen (enjoyment).

Solche Aspekte werden in Deutschland bisher kaum berücksichtigt. Eine Untersuchung der bestehenden 43 Lehrpfade in Eifel und Hohem Venn durch das CEI kam bspw. zum Ergebnis, daß keiner den Ansprüchen der Landschaftsinterpretation genügte. In vielen Fällen ist die Vermittlung wenig originell. Nicht Verständnis und Erlebnis, sondern Lernen und Belehrung stehen ohne didaktisches Geschick im Vordergrund, oftmals von einzelnen zusammenhanglosen Fakten ohne ersichtlichen Bezug zu der umgebenden Landschaft. Es nimmt nicht Wunder, daß auf diese Weise Zusammenhänge, Entwicklungen, Gefährdungen von ökologischen und gesellschaftlichen Strukturen nur selten transparent werden. Der Besucher wird nicht berührt, solche Angebote verursachen Langeweile, finden wenig Resonanz und haben so kaum einen positiven Effekt. Vieles, was durch Bewußtseinsbildung bei den Besuchern die Einsicht in die Notwendigkeit einer nachhaltigen Entwicklung vertiefen könnte, wird damit verspielt.

„Erlebnis", „Erfahrung", „Erkenntnis" und „Einsichten" sind auch ein zentrales Thema der Erlebnispädagogik. So ist nicht das Lernen mit dem Kopf Trumpf, sondern das Lernen mit der Hand und die unmittelbare Beobachtung und Erfahrung. „Wer etwas ‚behandelt', wer sich mit etwas ‚befaßt', wer etwas ‚begreifen' will, der muß dazu auch Chancen erhalten – im wahrsten Sinne des Wortes. Wann werden wir endlich erfassen, daß der ‚Nürnberger Trichter', der nach wie vor hohen Stellenwert besitzt, das falsche Instrument ist, unser Verhalten zukunftsorientiert zu verändern? ..." (ZIEGENSPECK 1996, S. 57).

„Landschaftsinterpretation" als Vermittlung landschaftlicher Besonderheiten ist von der Geographie bisher zu Unrecht nur randlich behandelt worden. Dieser anwendungsorientierten Aufgabe, die neben didaktischem Geschick außerordentliche Fachkenntnis und hohes Abstraktionsvermögen erfordert, sollte mehr Gewicht beigemessen werden, um so mehr, als andere Wissenschaftszweige in diesem Bereich schon wesentlich aktiver sind (u.a. Forstwissenschaft mit ansprechenden „Waldlehrpfaden").

3. Geographie und touristische Planungspraxis

Für die Geographie steht die jeweilige Region im Mittelpunkt. Tourismus ist Teil einer regionalen Struktur. Die Beschäftigung mit dem Fremdenverkehr ist daher auch unter dem Gesichtspunkt einer sinnvollen Regionalentwicklung zu sehen, zu welcher der Fremdenverkehr im Zusammenspiel mit anderen Faktoren beitragen soll. „Entwicklung" ist dabei nicht nur auf wirtschaftliche Aspekte beschränkt, sondern wird umfassender im Sinne der „Nachhaltigkeit" verstanden. Die Geographie erfaßt Potentiale, arbeitet Stärken und Schwächen heraus, definiert Regionaltypisches und bestimmt Ausbaugrenzen – möglichst objektiv und unter Abwägung aller heranziehbaren Kriterien.

Für anwendungsorientierte fremdenverkehrsgeographische Untersuchungen besteht in vielen Regionen, so auch in Göttingen und seiner Umgebung beträchtlicher Bedarf. So befinden sich im direkten Umkreis eine Reihe von Schutzgebieten, Nationalparks und Naturparks, in denen Fragen der Tragfähigkeit und der Besucherlenkung und der angemessenen Präsentation zu lösen sind. Eine praxisorientierte Ausbildung der Studierenden im Fach Geographie mit dem Schwerpunkt „Tourismusforschung" kann neue Berufsfelder erschließen. Einen solchen Praxisbezug bei Vermittlung eines soliden theoretischen Rüstzeugs in ständigem Kontakt mit allen Bereichen und Beteiligten des Tourismus in der Region Göttingen und darüber hinaus zu vermitteln, ist eine der Aufgaben, die sich die Abteilung Kultur- und Sozialgeographie für die Zukunft gesetzt hat.

Literatur

BARLAGE, D. & H.D. VON FRIELING (1989): Freizeitrelevante Infrastruktur in Urlaubsgebieten und ihre Nutzung durch Urlauber. =Das Wirtschaftsgeographische Praktikum, 11. Göttingen, 199 S.

BARTH, W.E. (1995): Naturschutz: Das Machbare. Praktischer Umwelt- und Naturschutz für alle. Ein Ratgeber. 2. verb. Auflage, Hamburg, 467 S.

BRAND, H.D. (1967): Die Bäder am Oberharz. Eine fremdenverkehrsgeographische Untersuchung. = Schriften der wirtschaftswissenschaftlichen Gesellschaft zum Studium Niedersachsens, Reihe A: Forschungen zur Landes- und Volkskunde, 84. Göttingen, Hannover, 91 S.

CENTRE FOR ENVIRONMENTAL INTERPRETATION (CEI) [Hrsg.] (1990): Environmental Interpretation. The Bulletin of the Centre for Environmental Interpretation. Evaluating Interpretation. Manchester.

CENTRE FOR ENVIRONMENTAL INTERPRETATION (CEI) [Hrsg.] (1983): Interpretation: Who does it, how and why? Terry Stevens. Occasional Papers: No. 2, October 1983.

FEDERATION OF NATURE AND NATIONAL PARKS OF EUROPE (FNNPE) (1993): Loving them to death? Sustainable tourism in Europe's Nature and National Parks. Grafenau, Eupen, 96 S.

FREYER, W. (1995): Tourismus – Einführung in die Fremdenverkehrsökonomie. Lehr- und Handbücher zu Tourismus, Verkehr und Freizeit. 5. vollst. überarb. und erweiterte Auflage, München, Wien, 456 S.

FRIELING, H.D. VON (1982): Fremdenverkehrsentwicklung Norddeich. = Das Wirtschaftsgeographische Praktikum, 3. Göttingen, 99 S.

FRIELING, H.D. VON: (1989): Die Nutzung der Fremdenverkehrsinfrastruktur. Empirische Untersuchungen in Bensersiel/Ostfriesland und Neuhaus/Solling. = Das Wirtschaftsgeographische Praktikum, 10. Göttingen, 115 S.

HIRT, H. (1968): Die Bedeutung der Seen des niedersächsischen Tieflandes für den Fremdenverkehr. = Schriften der wirtschaftswissenschaftl. Gesellschaft zum Studium Niedersachsens, Reihe A: Forschungen zur Landes- und Volkskunde, 86. Göttingen, Hannover, 100 S.

HÖVERMANN, J. & G. OBERBECK (1972): Hans Poser zu seinem 65. Geburtstag. In: HÖVERMANN, J. & G. OBERBECK [Hrsg.]: Hans Poser Festschrift. Göttingen, S. 9–18.

HOPFENBECK, W. & P. ZIMMER (1993): Umweltorientiertes Tourismusmanagement. – Strategien, Checklisten, Fallstudien. Landsberg/Lech, 534 S.

JUNGK, R. (1980): Wieviel Touristen pro Hektar Strand? Plädoyer für „sanftes Reisen". In: GEO, Heft 10/1980, S. 154–156.

KASPAR, C. (1991): Die Fremdenverkehrslehre im Grundriss. 4. Aufl. Bern, Stuttgart, 184 S.

KLÖPPER, R. (1972): Zur quantitativen Erfassung räumlicher Phänomene der Kurzerholung (Naherholungsverkehr). In: HÖVERMANN, J. & G. OBERBECK [Hrsg.]: Hans Poser Festschrift. Göttingen, S. 539–548.

KOBERNUSS, J.F. (1989): Reiseführer als raum- und zielgruppenorientiertes Informationsangebot. Konzeption und Realisierung am Beispiel Kulturlandschaftsführer Lüneburger Heide. = Praxis Kultur- und Sozialgeographie, 4. Göttingen, 123 S.

KRIPPENDORF, J. (1976): Die Landschaftsfresser. Tourismus und Erholungslandschaft – Verderben oder Segen? Bern, 160 S.

KRIPPENDORF, J. (1988): Für einen ganzheitlich orientierten Tourismus. In: KRIPPENDORF, J. et al. [Hrsg.]: Für einen anderen Tourismus. Probleme – Perspektiven – Ratschläge. Frankfurt a.M., S. 18–28.

KRIPPENDORF, J. (1984): Die Ferienmenschen. Für ein neues Verständnis von Freizeit und Reisen. Zürich/Schwäbisch Hall, 241 S.

KULINAT, K. (1969): Geographische Untersuchungen über den Fremdenverkehr der niedersächsischen Küste. = Schriften der wirtschaftswissenschaftlichen Gesellschaft zum Studium Niedersachsens, Reihe A: Forschungen zur Landes- und Volkskunde, 92. Göttingen, Hannover, 140 S.

KULINAT, K.(1972): Die Typisierung von Fremdenverkehrsorten. Ein Diskussionsbeitrag. In: HÖVERMANN, J. & G. OBERBECK [Hrsg.]: Hans Poser Festschrift. Göttingen, S.521–538.

ÖSTERREICHISCHER GEMEINDEBUND [Hrsg.] (1992): Tourismus, Landschaft, Umwelt. Ein Leitfaden zur Erhaltung des Erholungs- und Erlebniswertes der touristischen Landschaft. Wien.

PILLMANN, W. & S. PREDL [Hrsg.] (1992): Strategies for Reducing the Environmental Impact of Tourism. Wien.

POSER, H. (1939): Geographische Studien über den Fremdenverkehr im Riesengebirge. Ein Beitrag zur geographischen Betrachtung des Fremdenverkehrs. = Abhandlungen der Gesellschaft der Wissenschaften zu Göttingen, Mathematisch-Physikalische Klasse, Dritte Folge, Heft 20. Göttingen, 190 S.

POSER, H. (1939): Die fremdenverkehrsgeographischen Beziehungen des norddeutschen Tieflandes zum Riesengebirge, ihre Grundlagen und Auswirkungen. In: ABEL, H. [Hrsg.]: Deutsche Geographische Blätter. Bremen, S. 177–190.

PROJEKTGRUPPE TOURISMUSFÖRDERUNG HOHES VENN-EIFEL (PROTOUR) [Hrsg.] (1995): Hohes Venn-Eifel. Mit der Natur gewinnen. Tradition, Trends und Potentiale im Tourismus. Eupen, Düren, 96 S.

ROMEISS-STRACKE, F. (1989): Neues Denken im Tourismus. Ein tourismuspolitisches Konzept für Fremdenverkehrsgemeinden. (Hrsg.: Allgemeiner Deutscher Automobil-Club e.V.). München, 69 S.

ROMEISS-STRACKE, F. (1996): Die Triebe des reisenden Subjekts. In: touristik management 3/96, S. 16–19.

ROMEISS-STRACKE, F. (1996): Verstellter Blick. In: touristik management 3/96, S. 20.

SCHLIEBEN, CH. VON (1993): Touristische Messen und Ausstellungen – ihre Nutzung als Marketinginstrumente durch Fremdenverkehrsorganisationen. = Praxis Kultur- und Sozialgeographie, 10. Göttingen, 121 S.

SEILER, B. (1989): Kennziffern einer harmonisierten touristischen Entwicklung. Sanfter Tourismus in Zahlen. = Berner Studien zu Freizeit und Tourismus, 24. Bern, 194 S.

THIEM, M. (1994): Tourismus und kulturelle Identität. – Die Bedeutung des Tourismus für die Kultur touristischer Zielgebiete. = Berner Studien zu Freizeit und Tourismus, 30. Bern, Hamburg, 298 S.

TILDEN, F. (1977): Interpreting our heritage. 3. Ausgabe, Chapel Hill, 110 S.

TOURISM CONCERN/WWF (1992): Beyond the Green Horizon. Principles for sustainable tourism. Godalming.

TRAVIS, A.S. (1992): Sustainable Concepts and Innovations in City-Tourism and in Eco-Tourism. In: PILLMANN, W. & S. PREDL [Hrsg.]: Strategies for Reducing the Environmental Impact of Tourism. Wien.

UTHOFF, D. (1970): Der Fremdenverkehr im Solling und seinen Randgebieten. = Göttinger Geographische Abhandlungen, 52. Göttingen, 182 S.

VAN DER BORG, J. (1992): The Management of Cities of Art. In: PILLMANN, W., PREDL, S. [Hrsg.]: Strategies for Reducing the Environmental Impact of Tourism. Wien.

VÖLKSEN, G. (1979): Ferienzentren und Erholungslandschaft – Die raumordnerisch-landespflegerische Problematik touristischer Großprojekte – erläutert am Beispiel des Harzes. = Forschungen zur niedersächsischen Landeskunde, 111. Göttingen, Hannover, 92 S.

VÖLKSEN, G. (1981): Freizeitparks und technische Freizeiteinrichtungen in der Landschaft. = Forschungen zur niedersächsischen Landeskunde, 119. Göttingen, Hannover, 56 S.

ZIEGENSPECK, J. (1996): Erlebnispädadogik – Entwicklungen und Trends. In: Spektrum Freizeit. Forum für Wissenschaft, Politik & Praxis, Heft 1, S.51–58.